对《深入浅出Rails》的赞誉

"《深入浅出Rails》延续了深入浅出系列的传统，提供了现实世界的有用信息让你快速学习。《深入浅出Rails》对Rails学习者来说是一本绝妙的书，同样绝妙的还有对那些最新功能的重温。"

—— Jeremy Durham，Web开发者

"真希望我开始学习Rails的时候这本书已经出版了，那样的话我将受益良多。"

—— Mike Isman，Web开发者

"我太爱'深入浅出'系列了。它们融教育性和娱乐性为一体！！"

—— LuAnn Mazza

"《深入浅出Rails》是对Web 2.0迭代开发的一次绝佳的广泛介绍。本书将为你展示Rails是如何方便快捷地开发稳健的下一代网站的。"

—— Matt Proud，系统管理员和开发人员

"《深入浅出Rails》是一本我希望在开始学习Rails时便拥有的书。它以一种幽默而又字字珠玑的方式让你学会你所需要掌握的基础知识。"

—— Eamon Walshe，敏捷开发讲解员

对《深入浅出Ajax》的赞誉

"Ajax不仅仅是利用现有技术，对Web应用做一些小改动，然后宣告它是支持Ajax的。Rebecca M.Riordan在《深入浅出Ajax》中带领你一步步完成搭建Ajax应用的全过程，为你展示出Ajax不仅是'小小的异步组成部分'，而且也是Web设计的更好方法。"

——Anthony T. Holdener III，《Ajax: The Definitive Guide》的作者

"你不光是在阅读'深入浅出'系列书籍，你更是在实践'深入浅出'系列书籍。而这就是'深入浅出'系列书籍出类拔萃的地方。"

——Pauline McNamara，大学电子教学项目的技术顾问，瑞士

"作者以绝妙的手法教导读者与Ajax有关的各个方面，不仅切中要害，更以启发读者，让读者自己发现问题的方式来带领读者探索有关Ajax的各种问题。在一些还没有明确答案的地方，更以开放的观点给读者提供所有选项，并且鼓励读者独立思考、自行决策。"

——Elaine Nelson，网站设计师

"处于Ajax困境中？通过阅读本书，你将彻底走出Ajax的迷雾，你的心智将完全融入Ajax的核心概念并且在整个过程中体验到寓教于乐的道理。"

——Bear Bibeault，Web应用架构师

对其他“深入浅出”系列书籍的赞誉

“我昨天才拿到这本书并开始读它……然后我就停不下来了。它真的很酷。很有趣的同时，它的内容也很丰富，而且说到了点子上。我真的留下了很深的印象。”

—— Erich Gamma，IBM 杰出工程师，也是《Design Patterns》的共同作者

“我读过的关于软件设计的书中最好玩也最厉害的书之一。”

—— Aaron LaBerge，技术副总，ESPN.com

“曾经漫长又错误百出的学习过程现在被利落地缩简为一本引人入胜的小册子。”

—— Mike Davidson，CEO，Newsvine，Inc.

“每一章的核心都有优雅的设计，每一个概念的表达都伴随着等量的实用性和机智。”

—— Ken Goldstein，Executive Vice President，Disney Online

“我爱《深入浅出HTML与CSS、XHTML》——它以一种有趣的形式教你学习你所需要知道的所有东西。”

—— Sally Applin，UI 设计师及艺术工作者

“平时阅读关于设计模式的书或文章时，我不得不偶尔用什么东西压一压我的眼睛，来确保我的注意力集中。但是读这本书时就一点也不需要这样做。也许听起来有点奇怪，但是这本书确实让学习设计模式变得很好玩。

“当其他关于设计模式的书喊着‘Buehler……Buehler……Buehler……’的时候，这本书却在花车上高喊‘动起来，宝贝!’”

—— Eric Wuehler

“简单地说，我爱这本书。实际上，我当着我妻子的面吻了它。”

—— Satish Kumar

O'Reilly Media, Inc. 介绍

O'Reilly Media, Inc. 是世界上在 UNIX、X、Internet 和其他开放系统图书领域具有领导地位的出版公司，同时是联机出版的先锋。

从最畅销的《The Whole Internet User's Guide & Catalog》（被纽约公共图书馆评为二十世纪最重要的50本书之一）到 GNN（最早的 Internet 门户和商业网站），再到 WebSite（第一个桌面PC的Web服务器软件），O'Reilly Media, Inc.一直处于Internet发展的最前沿。

许多书店的反馈表明，O'Reilly Media, Inc. 是最稳定的计算机图书出版商 —— 每一本书都一版再版。与大多数计算机图书出版商相比，O'Reilly Media, Inc. 具有深厚的计算机专业背景，这使得 O'Reilly Media, Inc. 形成了一个非常不同于其他出版商的出版方针。O'Reilly Media, Inc. 所有的编辑人员以前都是程序员，或者是顶尖级的技术专家。O'Reilly Media, Inc. 还有许多固定的作者群体 —— 他们本身是相关领域的技术专家、咨询专家，而现在编写著作，O'Reilly Media, Inc. 依靠他们及时地推出图书。因为 O'Reilly Media, Inc. 紧密地与计算机业界联系着，所以 O'Reilly Media, Inc. 知道市场上真正需要什么图书。

深入浅出Rails

David Griffiths 著

童健 译

O'REILLY®

Beijing • Cambridge • Köln • Sebastopol • Tokyo

O'Reilly Media，Inc.授权东南大学出版社出版

东南大学出版社

图书在版编目（CIP）数据

深入浅出 Rails：中文 /（美）格里菲思（Griffiths, D.）著；童健译．—南京：东南大学出版社，2011.12

书名原文：Head First Rails

ISBN 978-7-5641-3074-9

I. ①深… II. ①格… ②童… III. ①计算机网络－程序设计 IV. ① TP393.092

中国版本图书馆 CIP 数据核字（2011）第 227073 号

江苏省版权局著作权合同登记

图字：10-2010-276 号

深入浅出 Rails（中文版）

出版发行：东南大学出版社
地　　址：南京四牌楼 2 号　　邮编：210096
出 版 人：江建中
网　　址：http://www.seupress.com
电子邮件：press@seupress.com
印　　刷：扬中市印刷有限公司
开　　本：787 毫米 × 980 毫米　16 开本
印　　张：37.5 印张
字　　数：473 千字
版　　次：2011 年 12 月第 1 版
印　　次：2011 年 12 月第 1 次印刷
书　　号：ISBN 978-7-5641-3074-9
印　　数：1~3000 册
定　　价：98.00 元（册）

本社图书若有印装质量问题，请直接与读者服务部联系。电话（传真）：025-83792328

谨以此书献给Dawn，并纪念我的母亲，Joan Beryl Griffiths。

《深入浅出Rails》的作者

David Griffiths 在12岁那年看到一篇有关Seymour Papert工作的文章之后便开始编程了。15岁的时候，他编写代码实现了Papert的计算机语言LOGO。在大学学习了纯数学之后，他开始给计算机写代码，也给杂志写文章。他现在在英国做敏捷开发的培训人员，帮助人们创建更加简单也更有价值的软件。他的业余时间主要花在和可爱的妻子Dawn一起旅行上。

目录（摘要）

	介绍	xxi
1	飞驰的Rails: 开始了	1
2	Rails应用，生来有序: 超越支架	45
3	一切都在变化中: 插入、更新和删除	103
4	事实还是推论？: 数据库查询器	153
5	防止错误: 验证你的数据	187
6	把它们集合起来: 建立连接	219
7	减少流量: ajax	263
8	现在看起来一切都不一样了……: XML和多种表现形式	307
9	更上一层楼: REST和Ajax	357
10	真实世界里的Rails: 真实世界里的应用	401

目录（详细内容）

介绍

让你的大脑关注Rails。当你努力地学会一些东西的时候，你的大脑则帮你确认这种学习不是无价值的。你的大脑是这么想的：“最好给更重要的事情留下一些空间，就像哪些野生动物是需要避开的，以及光着身子玩滑雪板是不是个糟糕的想法。”那么该怎样说服你的大脑，让它觉得你的生活依赖于学习Rails？

谁适合阅读这本书？	xxii
我们知道你在想什么	xxiii
元认知（Metacognition）	xxv
让你的大脑顺从你的方法	xxvii
读我	xxviii
技术审阅团队	xxx
致谢	xxxi

1 开始了

飞驰的Rails

想让你的Web应用开发像飞一样快吗？那么你需要了解Rails。Rails是现有**最酷、最快速**的**开发框架**，它可以让你以从未想象过的速度开发出具有**完备功能的Web应用**。开始了解Rails很简单，你所需要做的只是**安装Rails**，同时翻过此页继续阅读。在你明白之前，你已经**领先好几英里**了。

这个应用需要做很多事情	3
那么关于这个应用我们需要些什么呢？	4
Rails适用于那些以数据库为中心的应用，就像这个售票系统	6
你可以用rails命令来创建一个新的Web应用	7
现在需要在默认应用中加入你自己的代码	9
支架就是生成的代码	10
数据库中还没有数据表!	14
通过运行迁移来创建这个数据表	15
好棒! 你挽救了好朋友的工作!	19
为了更改应用，你需要深入了解应用的架构	20
你的应用包含三个部分: 模型(model)、视图(view)、控制器(controller)	21
Rails真情指数	22
这三种不同类型的代码存放在独立的文件夹中	25
视图中的文件需要被编辑	26
编辑视图中的HTML	27
现在这个应用需要存储更多的信息	31
迁移就是Ruby脚本	32
Rails可以生成迁移	33
给你的迁移一个“聪明”的名字，然后Rails就会为你编写代码	34
你需要用rake运行你的迁移	35
但是改动数据库还不够	36

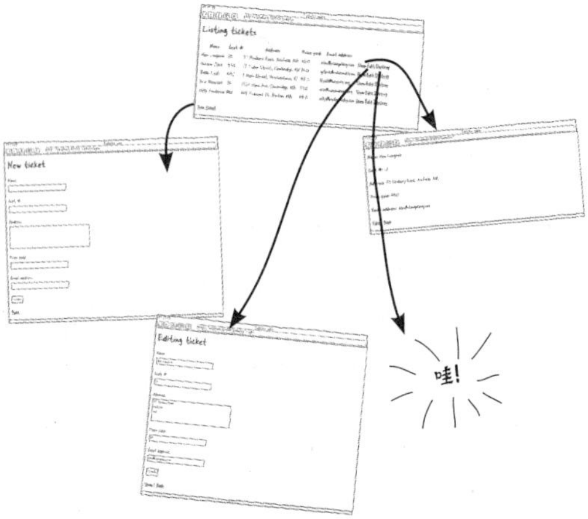

2 超越支架

Rails应用，生来有序

到底Rails干些什么呢？你已经见识了**支架**是如何生成一堆堆的代码并以魔鬼般的速度帮你编写Web应用的，但是如果你想要做一点变化的话会怎么样呢？在本章中你会看到如何真正地**控制**你的Rails开发，并且深入地探究框架的底层。你将要学习Rails如何决定运行哪些**代码**，如何从数据库中读取**数据**，还有**网页**是如何生成的。最后，你就可以用**你**想要的方式来发布数据了。

支架做的事太多了 49

让我们从生成Mebay模型开始…… 50

然后我们就用rake真正地创建数据表 51

但是控制器是怎样的呢？ 52

视图是通过页面模板创建出来的 54

页面模板包含了HTML 55

路由会告诉Rails你的网页在哪儿 57

视图没有要显示的数据 64

那么页面应该显示哪些内容？ 65

控制器把广告发送给视图 66

Rails把记录转化成对象 68

数据在内存中，而网页可以看见它们 69

有个问题——用户找不到他们想要的网页 73

路由按照优先级顺序运行 76

为了把数据放入视图，你还需要控制器中的代码 78

索引页面需要来自所有记录的数据 79

Ad.find(:all) 一次读取整个数据表 80

数据作为一个称为数组的对象返回 81

数组就是一些编号后的对象序列 82

用for循环读取所有的广告 86

数组中的每个元素都需要HTML 87

Rails把页面模板转换成Ruby代码 88

可以用脚本段把循环加入到页面模板中 89

在循环的每次执行中，页面都会生成一个链接 90

生成的HTML是什么样的呢？ 91

但是有两个页面模板……我们要修改每个模板的代码吗？ 94

但是MeBay发送过来的新的静态内容怎么办？ 97

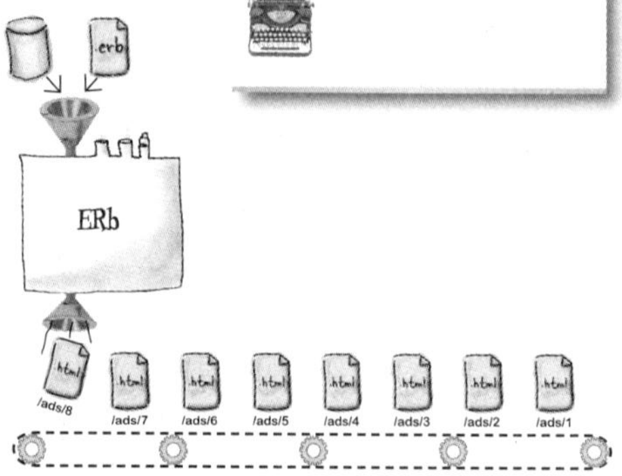

3 插入、更新和删除

一切都在变化中

变化无处不在——尤其对数据而言。到目前为止，你已经看过如何通过支架来迅速搞定一个Rails应用，以及如何编写你自己的代码来展示数据库中的数据。但是，如果你希望用户能够自行编辑数据的话应该怎么做呢？如果支架无法实现你所期望的方式呢？你将会在本章学习到如何用你所希望的方式来**插入**、**更新**和**删除**数据。而当你这么做的时候，你就会更深入地了解Rails是如何运作的，而且你还能学到一点儿安全知识。

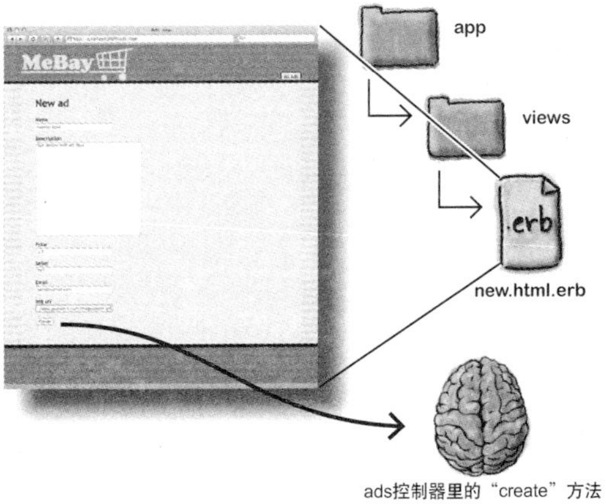

人们希望在线张贴新广告 104
你已经知道如何搭建一个发布数据库中数据的应用 105
保存数据就像读取数据的反向那样工作 106
你需要一个用来提交数据的表单和一个保存此数据的动作方法 107
表单与对象相关吗？ 109
Rails能够创建与模型对象相关联的表单 110
@ad表单对象还没有被创建 114
表单对象需要在表单被显示之前创建好 115
表单广告对象将在控制器的new动作中被创建 116
现在每个页面模板都有一个匹配的控制器方法 117
表单不会发送回对象，它发送回数据 119
Rails需要在数据被保存之前把数据转化成对象 120
手把手教你控制器的create方法 121
控制器需要保存记录 122
不要创建新页面，使用现有页面 128
但是控制器动作如何才能显示另一个动作的页面呢？ 129
重定向使控制器能够指定显示哪个视图 130
但是如果广告在张贴后需要修改该怎么办？ 133
更新广告就像创建广告一样……只有一点小区别 134
你需要找到一个广告而不是创建它，
你需要更新这个广告而不是保存它 135
限制对某个功能的访问 142
……但是现在旧广告需要被删掉 145
自己编写代码可以让你实现比支架更多的功能 151

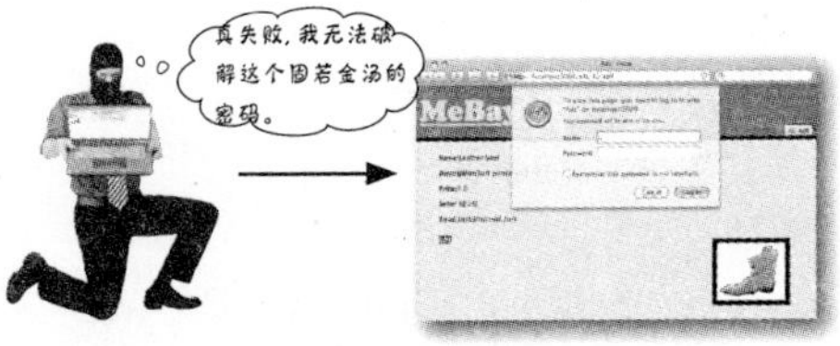

4 数据库查询器

事实还是推论？

你作出的每个决定都会有其原因。在Rails中，知道如何作出**明智的决定**可以节省你的时间和精力。我们会在本章来看一下**用户的需求**是如何在应用的**一开始**就影响你的选择的。你应该使用支架然后再修改生成的代码？应该直接从头开始创建代码？无论哪种方法，一旦你开始定制自己的应用，你就必须了解**查询器**（finder）：通过一种有意义的方式来**获取数据**并由此满足**用户的需求**。

Rubyville健身俱乐部让你保持体形 154
这个应用其实看起来很接近教练们的需求…… 157
我们选择修改支架 158
设计搜索功能 159
让我们从建立表单开始 160
为界面添加搜索功能 163
我们如何查找客户记录呢？ 171
我们只需要那些client-name = 搜索字符串的记录 172
每个属性都有一个查询器 173
我们需要匹配客户名字或者教练名字 178
查询器生成数据库查询 179
我们需要修改SQL查询中的条件 180
使用:conditions来提供SQL 181

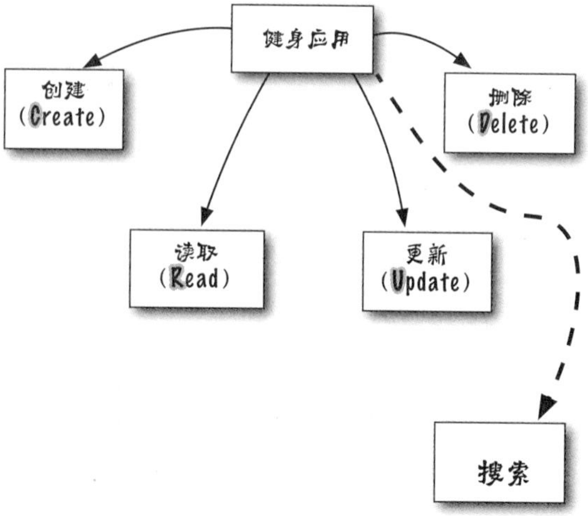

5 验证你的数据

防止错误

每个人都会犯错……但是很多错误都可以被避免！即使你的用户全神贯注，他们依然可能把错误的数据输入到你的Web应用中，**使得你不得不妥善处理它们。**但是请设想一下，如果有一种方法可以在第一时间**阻止错误**的发生会如何呢？这就是为什么我们要引入**验证器**（validator）。请继续读下去，我们将为你展示如何添加**聪明的Rails验证器**到你的Web应用中，使你能够**控制**什么样的数据被允许输入以及什么样的数据应该被排除在外。

注意——应用里有错误数据	188
验证代码放在模型中	190
Rails使用验证器来实现简单验证	191
验证器是如何工作的？	192
让我们检查某些东西是否是数字	194
用户在他们的健身表单中漏填了一些数据	196
我们该如何检查必须填写的域？	197
验证器很简单而且工作得很好	200
MeBay发生了很奇怪的事情	203
验证器有效，但是它们没有显示错误	204
如果你搭建自己的页面，你需要编写自己的错误消息代码	207
控制器需要知道是否存在错误	208
我们还要显示错误消息！	212
MeBay系统现在看起来挺滋润	214

6 建立连接

把它们集合起来

团结就是力量。迄今为止，你已经知道了Rails的一些**关键组成部分**。你创建了整个Web应用并且根据你的需要对Rails产生的内容进行了**定制**。但在现实世界里，**情况可能更为复杂**。请继续读下去……是时候来创建一些**多功能的网页**了。而且，也是时候来处理**复杂的数据关系**和通过编写你自己自定义的**验证器**来控制你的数据了。

椰子航空需要一个订票系统 220

我们需要在一个页面上同时看到航班和座位预订信息 222

让我们看看座位支架代码给了我们什么 223

我们需要让预订表单和座位列表出现在航班页面上 224

我们怎样才能把一个页面的内容分解到几个文件里呢？ 225

ERb将组织我们的页面 229

我们如何创建预订表单局部模板？ 230

现在我们需要在模板中包含局部模板 231

我们需要给局部模板一个seat变量！ 234

你可以把局部变量传递给局部模板 235

我们还需要为座位列表做一个局部模板 242

人们最终登上了错误的航班 244

关系把不同模型连接起来 245

但我们如何定义关系呢？ 247

但有些人有太多的行李 249

我们需要编写自己的验证器 250

我们需要反转关系 253

这个系统在椰子航空投入运行 260

7 ajax

减少流量

人们希望获得最佳的生活体验……以及最佳的应用体验。无论你多么精通Rails，对于一些传统Web应用你可能也会做得不那么成功。有时候，用户想要更**动态**的东西或者能够回应他们的每一次突发奇想的东西。Ajax使你能够搭建**快速的、反应灵敏的Web应用**，它是专门设计用来给予用户Web应用**必须提供的最佳体验**，而Rails已经提供了一组它自己的Ajax库，你随时可以使用。是时候方便快捷地把Ajax精华添加到你的Web应用了，让用户享有比以前更佳的体验。

椰子航空有个新的促销计划	264
页面的哪一部分变化最快？	265
浏览器不总是更新整个页面吗？	270
还有什么方法可以发送请求？	271
首先我们需要包含Ajax库……	272
……接下来我们需要添加一个Ajax “Refresh”链接	273
浏览器需要主动询问更新	278
我们一定要让浏览器反复询问吗？	279
你可以像监听按钮事件一样监听定时器事件	280
Ajax真情指数	284
有些人的单身派对有问题了	285
表单需要生成一个Ajax请求	286
表单需要由JavaScript来控制	287
我们需要替换create方法	289
这段代码会有怎样的效果呢？	290
航班预订有个问题	295
我们只知道如何一次更新页面的一部分内容	296
控制器需要返回JavaScript而不是HTML	297
那么Rails生成了些什么？	301
如果你没有表明在哪儿放置响应，那么它就会被执行	302

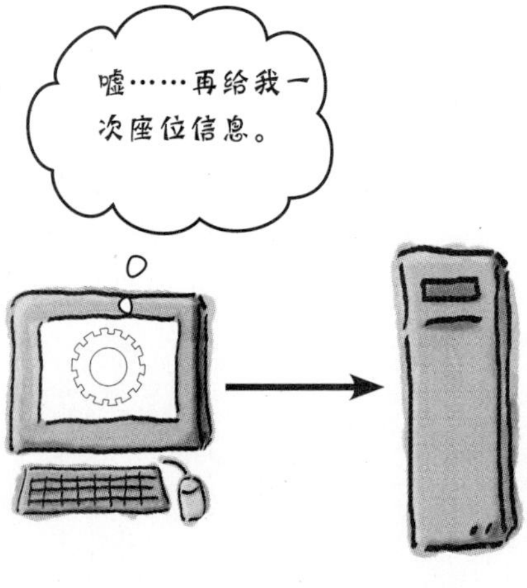

8 XML和多种表现形式

现在看起来都不一样了……

你不可能一直取悦每个人。你能吗？我们已经看过了你如何使用Rails来快速且简单地开发能够**完美满足一系列需求**的Web应用。但是如果又有**其他需求出现**的话该怎么办？如果有些人想要**基本的网页**，而另外一些人则想要**Google混搭**（mashup），还有更多的人希望你的应用能够作为**RSS源**（feed）存在，你又该怎么做呢？你将在本章中创建同样基础数据的**多种表现形式**，让你能够以**最少的代码**来呈现**最大的灵活性**。

在世界各地登山	308
用户讨厌这个界面！	309
数据需要在地图上	310
我们需要创建一个新的动作	311
新动作看起来可以工作……	312
新页面需要一幅地图……这才是关键！	313
我们需要什么样的代码呢？	314
这段代码仅能工作在本地主机上	315
现在我们需要地图数据	316
我们需要生成什么样的数据呢？	318
我们从模型中生成XML	319
模型对象能够生成XML	320
控制器代码看起来是什么样呢？	321
此时，在20 000英尺的高度……	326
我们需要生成XML和HTML	327
XML和HTML仅仅只是表现形式而已	329
我们应该如何确定使用哪一种格式？	330
地图页面是如何工作的呢？	334
代码可以正式运行了	336
RSS源就是XML	344
我们将创建一个名叫news的动作	345
我们必须更改XML的结构	348
所以我们将使用一种新模板：XML Builder	349
现在让我们把源加入到页面中	353
在世界最高点！	355

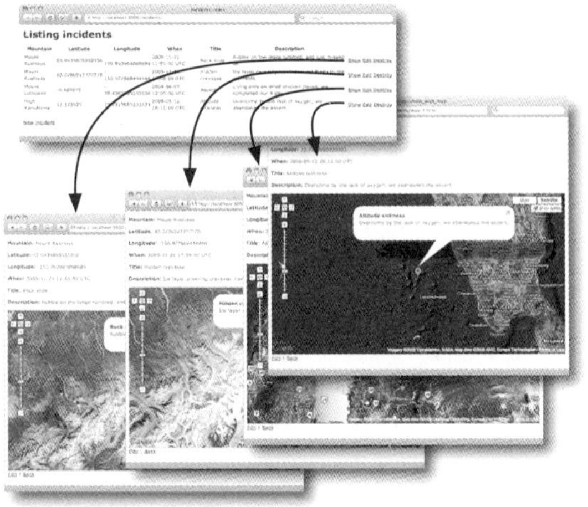

9 REST与Ajax

更上一层楼

是时候巩固你的混搭技术了。到目前为止，你已经看过如何添加Google地图到你的Web应用中来清晰地展现空间数据。但是如果你想要**扩展已经存在的功能**呢？请继续读下去，我们会为你展示如何添加**更先进的Ajax精华**到你的**混搭式应用**（mash-ups）中。而且，你会通过这种方式学习到更多REST的知识。

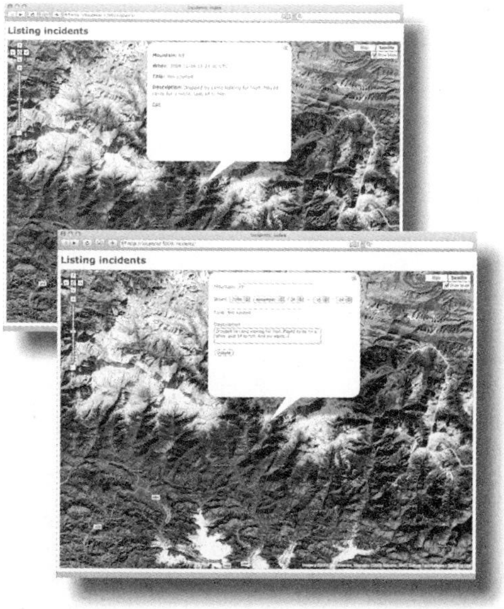

事件太多了！	358
地图可以显示更多的详细信息	359
我们能够扩展基于Ajax的地图	360
但我们怎样才能改变索引页面呢？	361
“show”动作需要生成怎样的内容？	362
新的地图功能成功了！	367
我们也需要使用Ajax来创建请求	368
地图局部模板可以让我们指定一个“new”动作	370
我们如何证明一个事件已经被保存？	375
表单需要更新弹出窗口的<div>的内容	376
雪崩！	381
现在编辑是如何实现的……	382
我们可以在弹出窗口中加入一个“Edit”链接	383
我们从修改“edit”动作开始	384
我们还需要在show页面上增加一个新链接	386
那么我们该如何使用link_to辅助函数？	387
让Ajax链接来拯救我们	391
我们用错了路由！	393
HTTP方法是选择路由的一个因素	394
什么是HTTP方法？	395
Head First Climbers需要你！	398

10 真实世界里的应用

真实世界里的Rails

你已经学到了很多Ruby on Rails的知识。但是为了能够把你的知识运用到**真实世界**里，你还需要思考几件事情。你应该如何把你的应用连接到**另一个数据库**？你该如何**测试**Rails应用？你如何才能最有效地使用Rails和**Ruby语言**？你可以在哪儿找到Rails的**最新进展**？请继续读下去，我们会让你占领有利地形并由此把你的开发技能提升到更高的层次。

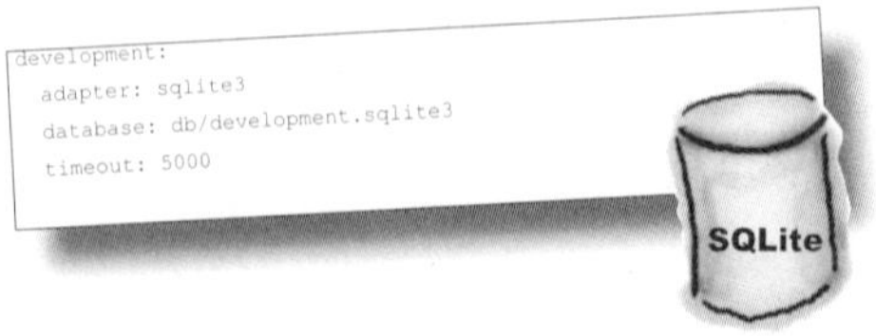

看！这儿有满满一页的Ruby“试试看” 405

Web应用也需要测试 406

有哪些类型的测试可用呢？ 407

上线运行 408

那么你该如何更改数据库配置呢？ 409

什么是REST？ 410

迷失方向的Web应用 411

生活在Edge上 412

获取更多的信息 413

消遣性读物…… 414

相关话题的“深入浅出”系列书籍 415

离开Rails村…… 417

如何使用本书

介绍

在本节里，我们将回答一个棘手的问题：“为什么他们把这样的内容放在了一本讲Rails的书里呢？”

谁适合阅读这本书？

如果对于下面所有的问题你都回答“是”：

1. 你会对HTML感到紧张吗？
2. 你是否具有一门计算机语言的相关经验，比如Java、C#或者PHP？
3. 你是否愿意花时间在Web上搭建一些比较酷的东西？

那么这本书就适合你。

谁应该远离这本书？

如果你对下面任意一个问题回答“是”：

1. 你是否从来都没有接触过HTML？
2. 你是否是一名熟练的Rails开发人员，正在寻找一本参考书？
3. 你是否害怕尝试不同的事物？宁可接受牙根管治疗也不愿意混搭条纹与花格子布的衣服？认为将服务器与客户端拟人化的技术性书籍是不够认真严肃的？

如果是这种情况的话，用不着担心。请选择由Elisabeth Freeman和Eric Freeman撰写的《深入浅出HTML与CSS、XHTML》，然后再回到本书

那么这本书就不适合你。

[来自市场部门的补充：这本书适合于任何有信用卡的人。]

我们知道你在想什么

“这怎么可能是一本正经的Rails书籍？”

“这一堆图片都是什么呀？”

“我真的可以通过这种方式从中学到知识？”

我们也知道你的大脑在想什么

你的大脑渴望新鲜玩意儿。它总是寻找、扫描、等待一些不同寻常的东西。你的大脑生来如此，正是因为这样的特质，才能帮助你生存下去。

那么你的大脑会如何对待那些你每天面对的、一成不变、平淡无奇的事情呢？它会尽量阻止这些事情去干扰真正的工作——记录要紧的事情。大脑不会保存那些无聊的事情，它们无法通过“这显然不重要”的过滤机制。

你的大脑如何知道什么是重要的事情呢？假设有一天你外出远足，然后一只老虎跳到了你的面前，你的大脑和身体会怎么反应呢？

神经紧绷、情绪激动、肾上腺素激增。

这就是你的大脑知道的方式……

这很重要！请不要忘记它！

但是，想象一下你呆在家里或者在图书馆。这是一个安全、温暖、没有老虎出没的地方。你正在学习、为考试做准备或者试图学习一些你的老板认为需要花上一周，最多十天就能学会的高深技术。

但是有一个问题。你的大脑在帮你一个大忙，它会试图确保这件显然不重要的事情不会挤占紧缺资源。毕竟，资源最好被用来存储真正重要的事情，比如老虎、火灾，比如最近三季《美国偶像》的胜利者。而且也不会有什么简单的方法来告诉你的大脑：“嘿，大脑呀，非常感谢你，无论这本书有多无趣、多么让我昏昏欲睡，还是请你把这些东西记下来。”

我们把“Head First”的读者当作初学者

那么怎样来学习新东西呢？首先，你必须了解它，然后你要确保你不会忘记它。这不是说用填鸭的方式对待你。根据认知科学、神经生物学、教育心理学的最新研究，学习过程所需要的不仅仅是纸上的文字。我们知道什么可以让你的大脑“开机”。

Head First学习守则：

让它可视化。图片比纯文字更容易让人记住，而且也让学习更有效率（在知识的回想和转化上最多有89%的效率提升）。它让学习内容更易理解。把文字放在相关的图片里面或者周围，而不是一页的底部或者下一页，这样初学者在解读相关内容时达到事半功倍的效果。

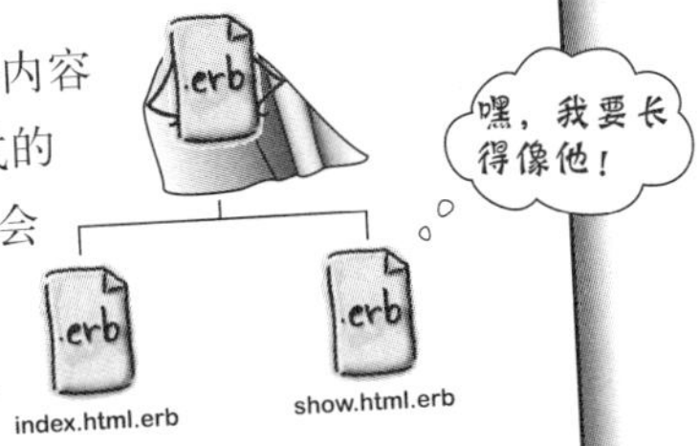

使用对话式和拟人化风格。最新的研究表明，如果内容演讲者使用第一人称、对话式风格而不是过于正式的语气来直接与读者对话，学生在课后测试里的表现会有最多40%的提高。讲述故事而不是做报告。使用非正式的语言。不要太严肃。哪一种情况你更容易集中注意力：是晚宴伴侣的耳边细语，还是一场演讲？

让初学者更深入地思考。换一种说法，除非你积极调动你的神经细胞，否则你的头脑中不会留下太多的东西。读者必须被刺激，亲自参与，产生好奇心并自发去解决问题，得出结论，最后形成新知识。而要做到这一点，你需要接受挑战，勤做练习，以问题诱导思考，用活动活化左右脑并触发多重感知。

引起——并且保持——读者的注意力。我们都有“我真的想要学这个，但是我没办法全神贯注于每一页上”的经验。你的大脑会注意那些不寻常的、感兴趣的、怪异的、引人注目的、意想不到的事情。学习一个全新的、困难的技术课题并不一定意味着枯燥。如果它可以变得有趣起来，你的大脑就会学得快得多。

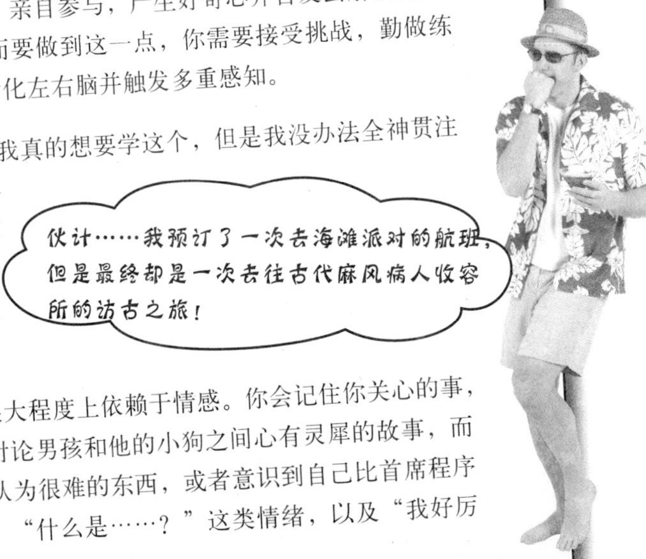

调动他们的情绪。我们现在知道你的记忆能力很大程度上依赖于情感。你会记住你关心的事，当你心有所感时，你就会记住它。我们不是在讨论男孩和他的小狗之间心有灵犀的故事，而是在说，当你解开了一个谜题，学会了其他人认为很难的东西，或者意识到自己比首席程序员Bob懂得更多时所产生的惊讶、好奇、有趣、“什么是……？”这类情绪，以及“我好厉害！”这样的感觉。

元认知（metacognition）：想想你如何思考

如果你真的想学习，而且你希望学习得更快、更深入，请观察你如何集中注意力。想想你如何思考，学学如何学习。

在我们的成长过程中，大多数人并没有学过元认知或者学习理论的课程。我们被期待去学习，但是很少被教导如何学习。

我们假定当你拿着这本书的时候，你真的希望掌握Rails，而且你可能也不希望花费太多的时间。如果你希望使用你从本书中读到的知识，你需要记住你所读到的内容。而要做到这一点，你就需要理解读到的内容。为了从这本书或者其他书和学习经验里获得更多的知识，你需要对你的大脑负责，让你的大脑关注这些内容。

秘诀是让你的大脑认为你正在学习的新学的知识确实很重要，与你的生死存亡有关，就像吃人的老虎一样。否则，你就会陷入一场长期战役里，你的大脑依然会尽它最大的努力来使新东西无法留下痕迹。

所以问题在于你如何让你的大脑把Rails当成一只饥饿的老虎来看待?

有缓慢且繁琐的方法，也有快速且有效的方法。缓慢的方法就是纯粹的重复。你当然知道再乏味的知识只要你反复学习总能学会和记住。只要重复的次数足够多，你的大脑会觉得："虽然这似乎对他不那么重要，但是他翻来覆去地看这个部分，所以我觉得它应该是重要的。"

而快速的方法就是做增强大脑活动的事，尤其是不同类型的大脑活动。前一页提到的就是解决方案的大部分内容，它们都被证明可以用你所喜欢的方式来帮助你的大脑工作。例如，研究表明把文字放到它们所描述的图片里面（而不是置于页面内其他地方，如图片说明或正文）会让你的大脑尝试理解文字和图片的关系，而这会触发更多的神经元被激活。更多激活的神经元就等于让你的大脑有更多机会来知道这是一些值得注意的事情并且记录下来。

对话式风格的帮助是由于当人们感知到他们正在一个对话中时，他们会试图加强注意力，因为他们必须竖起耳朵，注意整个对话的进行。更让人惊喜的是，你的大脑并不在意这个"对话"是发生在你和书本之间！另一方面，如果写作风格是正式而枯燥的话，你的大脑觉得它和你正在聆听一场讲演，自己只是满屋子的被动听众中的一员，没有必要保持清醒。

但是图片和对话式风格还只是开始……

这是我们所做的：

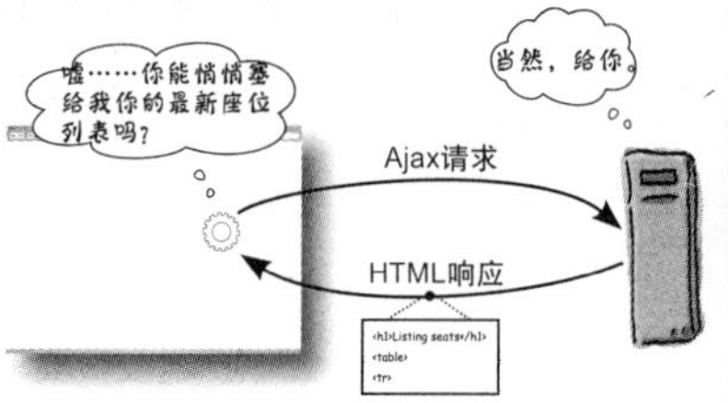

我们使用图片，因为你的大脑对视觉化效果较有感觉，而不是文字。只要能够引起你的大脑的关注，一幅图片胜过千言万语。当文字和图片一起出现时，我们把文字嵌入在图片中，因为当文字放置于它所涉及的图片中，而不是图片说明或埋没在正文中时，大脑会运作得更有效率。

我们重复表现相同内容，把一件事情用不同的方式和不同的媒介以及多种感知来增加内容被记录到你的大脑的多个区域的机会。

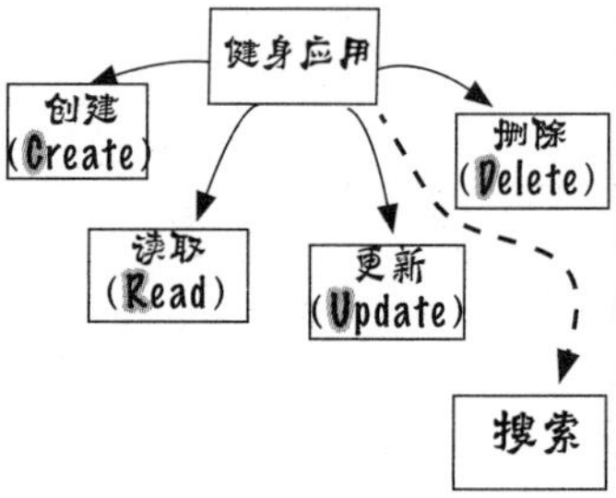

我们以意想不到的方式来使用概念和图片，因为你的大脑更容易接受新奇的事物，而我们使用的图片和构想带有情感内容，因为你的大脑更容易关注生理情绪。这会导致让你有感觉的事物更容易被记住，即使这种感觉只是一点点幽默、惊讶或者有趣。

我们使用拟人化、对话式的风格，因为如果你的大脑认为你处于一个对话而不是被动地听演讲时会更容易集中精力。即使你在阅读时，你的大脑也是这样工作的。

我们引入了超过80个练习活动，因为当你在做事情而不是读事情时你的大脑会学习和记住更多的内容。而我们让练习维持虽然有挑战性但是依然能做到，因为这是大多数人所期望的。

我们使用多种学习风格，因为你可能喜欢循序渐进的过程，有些人可能希望首先了解整体轮廓，而其他一些人则希望看到一个例子。但是无论你倾向于哪种学习方式，每个人都可以通过多种角度来看到相同的内容，从而受益。

我们为你的左右脑都准备了内容，因为你让你的大脑参与得越多，你就越有可能学会并记住，以及保持更长时间的关注。由于让一边大脑工作通常意味着让另一边有机会休息，你可以学习得更久、更有效率。

我们加入了提供不同观点的故事和练习，因为你的大脑在它被迫作出评估和决定时能够学习得更深入。

书中也有相当多的挑战和练习，通过问问题的方式进行，答案不见得都很直接，我们的用意是让你的大脑深涉其中，学得更多，记得更牢。想想看——你不可能只是通过观察健身中心的其他人来让自己塑身。但是我们尽我们的最大努力来确保当你刻苦学习时，你所学的是正确的事情。也就是你并没有浪费额外的脑力去处理一个难以理解的例子，或者分析困难的，有着太多术语的或是过于简单的文字。

我们使用人物。在各种故事、例子、图片中使用人物，因为，嗯，因为你是一个人。你的大脑更关注于人而不是其他事物。

让你的大脑顺从你的方法

那么，我们完成了我们的部分。剩下的就归你了。这些技巧只是一个开始，请聆听你的大脑，找出哪些适合你，哪些不行。试试看吧！

1. **减慢阅读速度。你理解的越多，你需要强记的就越少。**

   请不要只是阅读。有时你需要停下来进行思考。当这本书问你一个问题时，不要直接跳到答案部分。想象一下有人真的在问你这个问题。你让你的大脑思考得越深入，你就越有机会学会和记住更多知识。

2. **做练习，记笔记。**

   我们安排了练习题，但是如果我们帮你完成练习题，那就像让其他人替你训练一样。不要只是看练习题。请使用你的铅笔。有很多证据表明，在学习过程中的实质活动可以强化学习效果。

3. **阅读“没有蠢问题”单元。**

   详细阅读所有的“没有蠢问题”。它们不是无关紧要的说明，而是核心内容的一部分。千万不要忽略它们！

4. **让它成为你上床睡觉前最后阅读的内容，或者至少是最后一件有挑战性的事情。**

   部分学习过程（特别是需要转化为长期记忆的情况下）发生在你放下书本之后。你的大脑也需要一定的时间来对学习的内容进行处理。如果你在处理的时候放入其他的新鲜事物，你刚刚所学习的部分内容就会丢失。

5. **谈论它。响亮地说出来。**

   说话是大脑不同部分的活动。如果你试图理解什么，或者想强化记忆，你应该把它大声说出来。而更好的做法是，尝试大声地解释给其他人听。这样你就会学得更快，你会发掘出一些你在阅读的时候没有想到的新想法。

6. **喝水。大量喝水。**

   你的大脑浸泡在充沛的液体中时工作状态最佳。脱水状态（往往在你感觉干渴前会发生）会减缓认知能力。

7. **聆听你的大脑。**

   注意你的大脑是否过度疲劳。如果你发现你已经在浮光掠影地阅读或者开始遗忘你刚刚读到的内容时，你就需要休息了。一旦你过了一定的时间点，你就不可能通过用强塞内容来加快学习速度，而且你这样做还可能破坏学习过程。

8. **用心感受。**

   你的大脑需要知道什么是重要的事情。你应该进入到故事中。根据提供的照片展开自己的想象。即使因为一个糟糕的笑话而抱怨也比什么都感觉不到来得强。

9. **练习编写Rails应用！**

   想要精通Rails编程只有一条路：编写Rails应用。而这正是你通过这本书所要做的。掌握一门课程的最佳手段就是实践，熟能生巧。我们将给你提供大量的练习：每一章都会有需要搭建的应用。请不要跳过它们——学习的成效就在你自行搭建这些应用的过程中逐步产生。出错也不用担心。事实上，你的大脑从错误中学的速度要比从成功中更快。最后，请确保你在进入下一章之前已经理解本章的内容。每一章都建立在前面章节的基础之上。

读我

这是一本讲述学习经验的书，而不是一本参考书。我们在这本书中特意去掉了那些可能会阻碍学习进程的内容。当你第一次阅读的时候，你需要从首页开始，因为这本书对你已经看过和学过的知识做了一些假设。

在阅读本书之前，你需要先把Ruby on Rails安装到你的机器上。

这不是一本提供入门知识的书，所以我们不会有任何章节来告诉你如何安装Ruby on Rails到你的机器上。你最好从Web获取相关信息。你需要安装Ruby on Rails 2.1版或者更高版本，同时也要安装SQLite 3。你可以从如下网址获取更多的信息:

http://www.rubyonrails.org/down。

这不是一本参考书。

所以不要期望会有大段大段的文字来解释如何用15种不同的方法来实现某件事情。我们希望你通过**实践**来**掌握知识**，所以你可以直接开始。我们会给你足够多的信息来推动你的学习。当你到达本书结尾时，你就会对Rails是如何工作的以及它可以做些什么有一个思维框架。然后你就能够比以前更为迅速和有效地把参考资料装到你的大脑里。心理学家把这称为**组织**信息的能力。

本书的所有代码都可以在Head First网站获得。

我们会在前进的过程中逐渐展示出所有你所需要的代码。与本书一起编程是良策，而在完成代码的同时也让它实现一些你自己的想法则更加绝妙。有时你可能想要一份每章中的代码拷贝，所以我们把这些代码放在了Head First Labs网站上。Rails应用具有很强的独立性，所以你完全可以在本书所实现的功能代码基础上再精雕细琢一番。你可以从如下网站下载代码：

http://www.headfirstlabs.com/books/hfrails

我们并没有完整地解释每段代码。

Rails能够为你生成大段的代码，而我们并不想让你陷入逐行的描述里。我们将描述你需要知道的重要段落，然后继续向前。不用担心——到本书结束的时候，每段代码都会变得清清楚楚的。

这是一本讲Rails的书，而不是讲Ruby的书。

Ruby是编写Rails框架的语言，在本书的学习过程中，我们将教会你刚好够用的Ruby知识。不用担心，如果你已经有一些使用其他编程语言的经验，比如C#或者Java，你会一切顺利的。Rails是一个功能非常强大的系统，你只需要很少的Ruby知识就可以驾驭它。

所有的活动都必须参加。

练习和活动不是附属品，它们是本书核心内容的组成部分。有些帮助你记忆，有些帮助你理解，还有些帮助你运用你所学到的知识。请不要略过任何练习。

重复是刻意的，也是重要的。

“深入浅出”系列书籍的一个显著的差异在于我们希望你真的掌握它。我们希望你在读完本书时能够记住你所学到的知识。大多数参考书并不会把你能够记住多少内容作为它们的目标，但是这本书是讲述学习的，所以你会多次看到相同的概念。

程序范例尽量精简。

读者告诉我们，费力地看完10个仅有微小差异的相同代码段的不同版本是件非常打击人的事情，所以有时我们仅仅显示脚本的修改过的部分。

章节是以技能而不是技术为导向的。

每章都会教给你相应的技能来编写出越来越先进和有价值的应用。所以我们不会在某个章节仅仅讲述如何连接数据库或者设计一个漂亮的界面。相反，每章都会教给你一点点数据库知识、一点点界面知识以及一点点Rails其他方面的知识。每一章结束后，你就能够说，“酷！现在我能够搭建一个实现X的应用。”

技术审阅团队

Andrew Bryan

Jeremy Durham

Matt Harrington

Mike Isman

LuAnn Mazza

Eamon Walshe

技术审阅专家：

Andrew Bryan是来自新西兰奥克兰的软件开发和商业顾问。他目前在一家位于波士顿的在线媒体及广告公司工作，他与他的妻子Agie生活在一起。

Jeremy Durham从2005年初就开始使用Ruby on Rails搭建Web应用。他与他的妻子和两个孩子生活在马萨诸塞州的阿林顿。

Matt Harrington是美国东北大学的校友，他从9岁起就是一名狂热的程序员。

Mike Isman自2006年初加入eons.com团队后就开始使用Ruby on Rails，那时Rails 1.0还没有发布。在Eons工作期间，Mike用Rails编写了一些小型网站，包括livingto100.com的寿命计算器（Life Expectancy Calculator）。他于2004年毕业于罗切斯特大学并获得计算机科学的学位，从那以后他便一直从事Web开发。

LuAnn Mazza是来自于Illinois的计算机分析师。

Eamon Walshe是Exoftware的敏捷开发训练师，之前是IONA科技的杰出工程师。他是一名Rails爱好者，因为Rails能够让开发人员专注于有意义的事情——快速实现真正的商业价值。

致谢

我的编辑：

万分感谢我的编辑，Brett McLaughlin和Lou Barr。他们时刻为我提供建议和支持，每当我碰到一个看起来完全无法解决的难题时，他们不仅能够识别出哪儿出错，还会指出为什么出错并且提供若干个解决方案。

Brett McLaughlin

Lou Barr

我需要特别感谢我的妻子，《Head First Statistics》的作者Dawn Griffiths。如果不是她在最终版本上所做的大量工作，这本书根本无法按时完成。

这本书是我们俩的共同结晶。

Dawn Griffiths

O'Reilly团队：

感谢Caitrin McCullough和Karen Shaner，他们帮助检查从合同到Web内容的方方面面。

感谢Brittany Smith，本书的出版编辑，始终给予我支持。

感谢Catherine Nolan，耐心地帮助我渡过本书的第一阶段。

感谢Laurie Petrycki对于本书的信赖以及让我使用她在剑桥的办公室。

感谢Kathy Sierra和Bert Bates，“深入浅出”系列的创始人，他们的最初设想已经完全转变了技术书籍的撰写方式。

以及不能忘记的：

Brian Hanly，*Exoftware*的CEO，和Steve Harvey，他们的慷慨支持和厚爱使得本书的出版成为可能。

最后是整个**技术审阅团队**，他们不得不在极短的时间内完成了惊人的工作量。

万分感激，无以为报。

1 开始了

飞驰的Rails

想让你的Web应用开发像飞一样快吗？那么你需要了解Rails。Rails是现有**最酷**、**最快速**的**开发框架**，它可以让你以从未想象过的速度开发出具有**完备功能的Web应用**。开始了解Rails很简单，你所需要做的只是**安装**Rails，同时翻过此页继续阅读。在你明白之前，你已经**领先好几英里**了。

星期五，早上9点

你收到的第一封E-mail来自一个碰到麻烦的老朋友：

这就是前面的那封E-mail。

嗨——你好吗?

我需要你帮我一个“大”忙！还记得我说过的那个我们正在做的售票系统吗?它的情况不妙。我们已经为它忙了几个星期了！开发团队确实遇到了一些难题。

你觉得你能帮我们创建这个应用吗?

我们需要一个可以完成下列事件的网站：

- 列出所有已售出的门票
- 创建一条新的门票销售记录
- 读取和显示单一的门票
- 更新某一销售记录的细节
- 删除一条门票销售记录

这个web应用需要实现所有这些操作。它要能创建、读取、更新和删除数据。

我知道这看起来需要很多功能，但是老板说他们至少需要这些特性——而且你知道很难和他讨价还价的！数据结构如下：

门票：

name——购买者的姓名(string)

seat_id_seq——座位号比如 E14 (string)

address——购买者的地址(long string)

price_paid——门票的销售价格 (decimal)

email_address——购买者的电子邮件地址 (string)

操作需要在这个门票数据结构上实现。

我还附上了网页的草图，这样你就知道我们的目标是啥样的了。

哦！而且我们周一前就需要完成这一切，否则我的屁股就要遭殃了！

救命！

这个系统是被设计给音乐会演奏厅的前台工作人员使用的。在每场音乐会之前数据库都会清空，所以每次它只需要记录一场音乐会的具体情况。你觉得你能帮上忙吗?

这个应用需要做很多事件

这儿有一些网页的草图。它们是怎样迎合系统需求的呢?

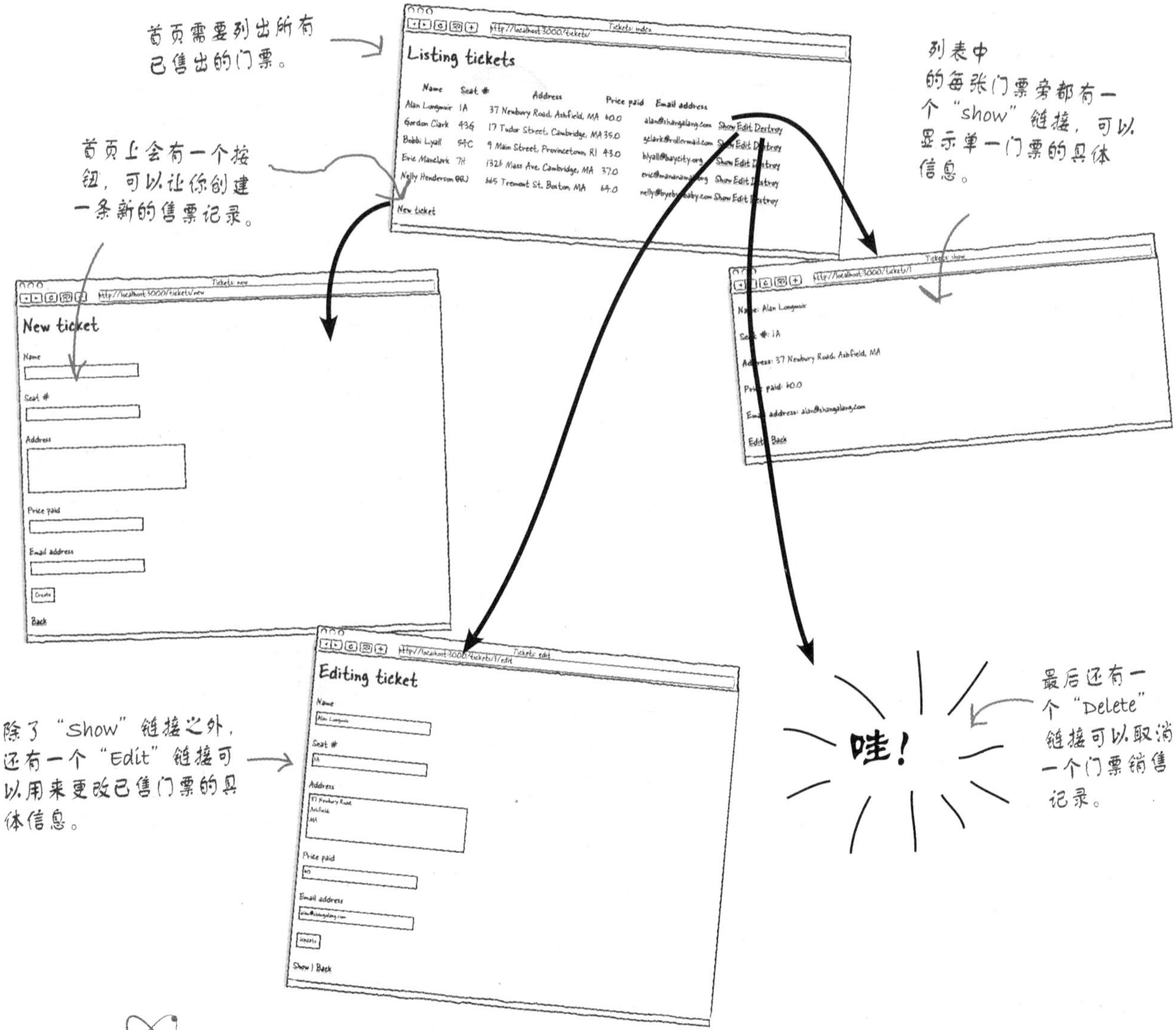

动动脑

你需要什么样的软件来建立和运行这个应用呢?

那么关于这个应用我们需要些什么呢?

为了在演奏厅的服务器上运行这个应用，我们需要几样东西。我们需要：

1. **一套应用框架。**
   我们需要一套预先写好的代码作为这个Web应用的基础。

2. **一个数据库系统。**
   我们需要把数据存储在某种数据库中。

3. **一个Web服务器。**
   我们需要一个地方来运行这个Web应用。

4. **一个对象－关系映射（object-relational mapping）库。**
   为了能够简化数据库的访问，现在大部分Web应用使用对象－关系映射库来把数据库中的记录转换成对象。

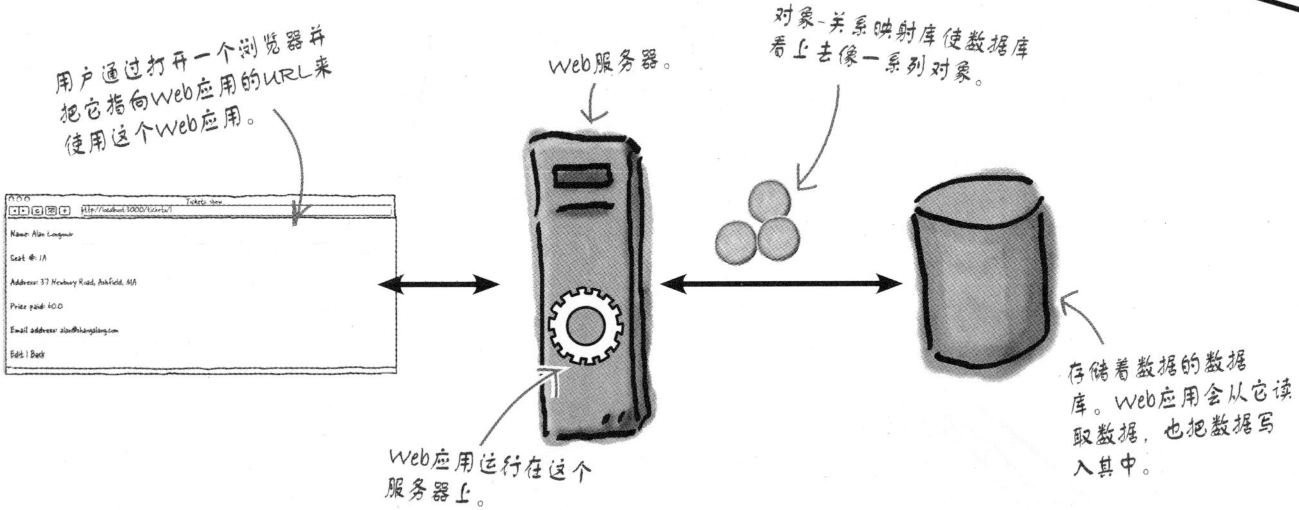

Rails是怎样帮助我们的呢?

不论你用什么语言来写代码，你开发的应用很可能仍需要这三样东西。Rails做的非常好的地方之一就在于它包含了所有这些你需要的软件——**而且它们都是免费捆绑在里面的。**

让我们来看看这一切是怎么实现的。

代码池谜题

Rails里内置了很多特性。你需要做的是猜出这个代码池里哪些特性是这个Web应用所需要的，然后把它们写在下面的空行中。你并不需要所有这些特性。

1 ……………………………………

2 ……………………………………

3 ……………………………………

4 ……………………………………

注意：代码池里的每样东西都只能使用一次！

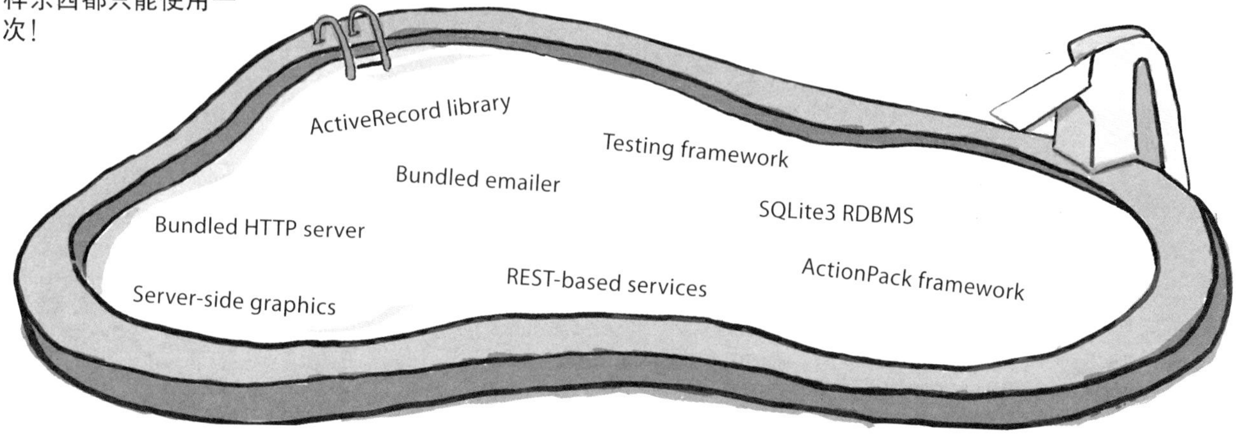

Rails适用于那些以数据库为中心的应用，就像这个售票系统

很多应用的核心部分都会包括一个数据库。这些应用存在的主要原因是为了让用户可以通过它们来访问和更改数据库的内容，而**不需要**直接使用SQL。

那么当你把一个数据库连接到一个Web应用时，需要解决什么问题呢？

首先，这个Web应用需要允许用户访问和更改数据，所以Rails包含了一个名为ActionPack的**应用框架**（application framework），这个应用框架可以帮助你生成数据驱动的交互页面。

其次，Web应用需要运行在一台Web服务器上以显示这些网页，所以Rails包含了一台内置的Web服务器。

第三，你需要一个**数据库**。Rails创建的Web应用被预先配置为能够和一个集成的SQLite3数据库一起工作。

你需要的第四个东西是一个**对象－关系映射库**，为此Rails提供了名为ActiveRecord的对象－关系映射库。它可以让你的数据库看起来像一个简单的Ruby对象集合。

除了这些之外，Rails还包括了一堆**工具脚本**来帮助你管理应用。所以，如果你正在创建一个以数据库为中心的Web应用，你就会发现。

Rails为你提供了你需要的所有东西。

代码池谜题解答

Rails里内置了很多特性。你需要做的是找到代码池里的三个特性，它们是这个Web应用所需要的，并把它们写在下面的空行中。你并不需要所有这些特性。

ActionPack framework

Bundled HTTP server

SQLite3 RDBMS

ActiveRecord library

在某些操作系统中，你需要单独从Rails中安装这一项。

Rails还提供了这些特性，只不过在这个Web应用中不需要它们。

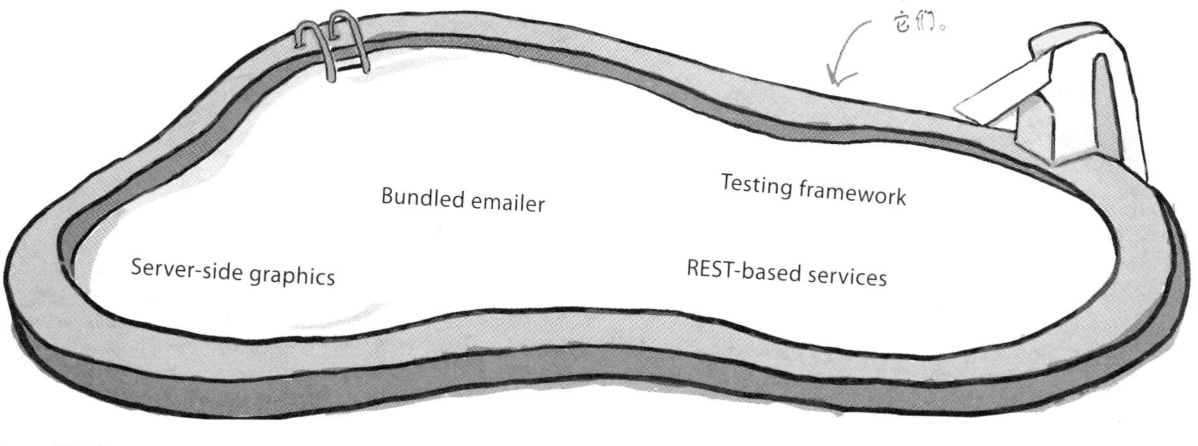

你可以用rails命令来创建一个新的Web应用

那么你如何开始使用Rails呢？

用Rails来创建一个新的Web应用真的非常简单。你所需要做的只是打开一个命令提示符或者一个终端窗口，然后输入**rails tickets**，这里的“tickets”就是你想要创建的Web应用的名字。

这样做！

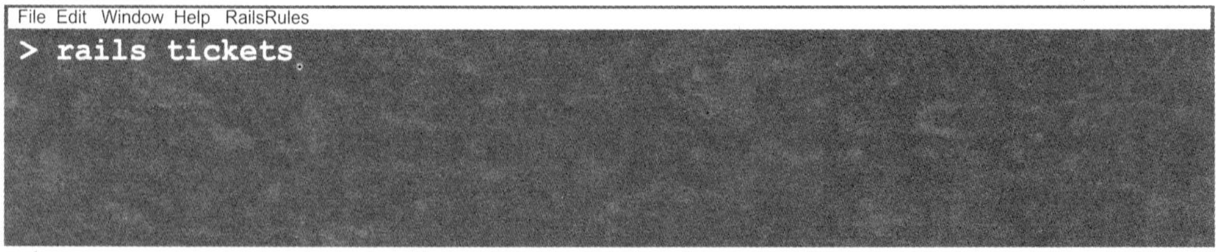

只要在命令提示符后输入“rails tickets”。

它会做些什么呢？

输入rails tickets之后Rails就会聪明地在一个名为“tickets”的新文件夹里生成一个Web应用。还不止这些，在这个tickets文件夹里，Rails生成了一整套的其他文件夹和文件，它们组成了一个新的Web应用的基础结构。

这意味着你仅仅通过一个简单的命令就已经成功地创建了一个完整的基础Web应用。

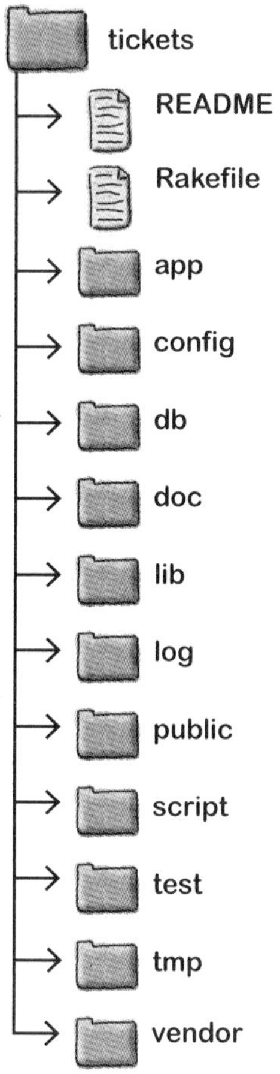

Rails通过一条命令就为你生成了整套的文件和文件夹。这是创建好的整个web应用的结构。

放松

Rails生成了许多文件和文件夹，但是别担心。

它们的存在都是有原因的，你会在本书结束的时候理解它们所做的一切。

试驾

因为你刚刚创建的应用是一个Web应用，你需要启动内置的Web服务器来看到这个应用运行起来。

在命令提示符或者终端窗口，切换到tickets文件夹并输入“**ruby script/server**”。

这是一个控制台。你可以通过Windows的命令窗口或者Linux和Mac的终端进入它。

进入这个应用所在的文件夹……

……然后启动Web服务器。

```
File Edit Window Help
> cd tickets
> ruby script/server
```

屏幕上会出现一些信息来表明这个Web服务器正在运行。现在你可以通过浏览器打开下面这个地址来看到默认主页：

`http://localhost:3000/`

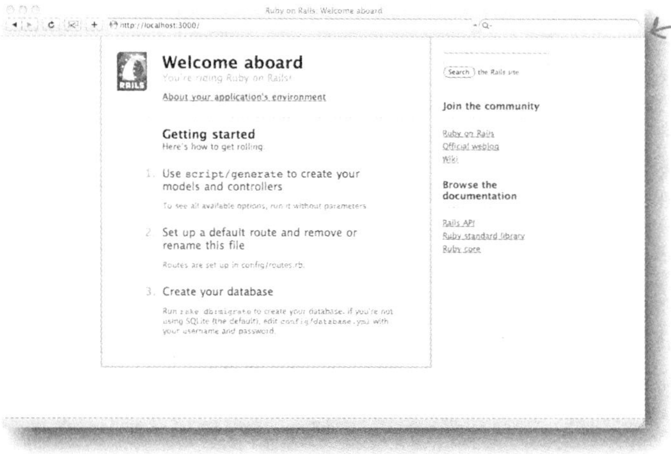

这是默认的Web服务器的主页。

极客新知

Rails默认在端口3000启动它的Web服务器。如果你想使用别的端口，比如8000，那么运行这行命令：

ruby script/server -p 8000

现在需要在默认应用中加入你自己的代码

Rails一开始就会创建你的应用的基本框架，但是你仍然需要根据**你的**具体需求添加代码。每个人的具体应用都是不同的，不过Rails是不是有工具或者捷径来让你更简单地生成自定义代码呢？

嗯，实际上，Rails确实有。你有没有注意Rails是如何生成一套完整的文件框架的？简直就像它知道你将要用到什么似的。这是因为Rails应用遵循了非常强大的命名约定。

Rails原则：约定优于配置

Rails应用总是遵循约定

所有的Rails应用都遵循同样的基本文件结构，使用一致的命名规则。这会使得应用更容易被理解，同时它也意味着内置的Rails工具可以理解你的应用是如何工作的。

为什么这样做很重要呢？哦，那是因为如果这些工具明白了你的应用是如何组织的，你就能使用这些工具来自动完成很多编码任务。通过这种方式，Rails能够使用约定来为你生成代码，而不需要你来配置Web应用。也就是说，Rails遵循**约定优于配置原则**（convention over configuration）。

让我们来瞧瞧Rails最强有力的工具之一：支架（scaffolding）。

没有蠢问题

问： 你一直提到Ruby和Rails，它们有什么区别呢？

答： Ruby是一种编程语言。Rails是一系列Ruby脚本的集合。所以Web服务器、ActionPack应用框架还有那些捆绑的工具脚本实际上都是Ruby脚本……也就是Rails的一部分。

问： 我该怎么编辑新网站的主页呢？

答： 通过应用目录下的public/index.html这个HTML文件。这个public目录包含了应用的所有静态内容。

问： 如果我想启用一个不同的Web服务器会怎么样呢？可以这么做吗？

答： 在开发过程中使用内置的服务器比较合理。不过如果你希望把应用的上线版本发布到另一个Web服务器上也是可以的。

问： 当我运行ruby script/server时，具体在哪个目录下运行有关系吗？

答： 是的，确实有关系。你必须在包含Web应用的文件夹内运行命令。

问： 谁来编译我的代码呢？

答： Ruby是一种解释语言，和JavaScript一样。这就意味着它不需要编译。你可以直接更改你的代码，并立刻运行它。

支架就是生成的代码

那么我们的应用需要做哪些事件呢？让我们来重新看一遍这封E-mail：

这就是前面的那封E-mail。

嗨——你好吗？

我需要你帮我一个“大”忙！还记得我说过的那个我们正在做的售票系统吗？它的情况不妙。我们已经为它忙了几个星期了！开发团队确实遇到了一些难题。

你觉得你能帮我们创建这个应用吗？

我们需要一个可以完成下列事件的网站：

- 列出所有已售出的门票
- 创建一条新的门票销售记录
- 读取和显示单一的门票
- 更新某一销售记录的细节
- 删除一条门票销售记录

这个web应用需要实现所有这些操作。它要能创建、读取、更新和删除数据。

我知道这看起来需要很多功能，但是老板说他们至少需要这些特性——而且你知道很难和他讨价还价的！数据结构如下：

门票：

name——购买者的姓名(string)

seat_id_seq——座位号比如 E14 (string)

address——购买者的地址(long string)

price_paid——门票的销售价格 (decimal)

email_address——购买者的电子邮件地址 (string)

操作需要在这个门票数据结构上实现。

我还附上了网页的草图，这样你就知道我们的目标是啥样的了。

哦！而且我们周一前就需要完成这一切，否则我的屁股就要遭殃了！

救命！

所以，我们需要创建网页来允许我们**创建**（Create）、**读取**（Read）、**更新**（Update）和**删除**（Delete）门票。因为这些操作的首字母分别是C、R、U和D,它们也被称为**CRUD操作**。这些都是以数据库为中心的应用中非常普遍的操作——普遍到Rails提供一种方式就可以快速生成你需要的所有代码和网页。它使用**支架**（scaffolding）来完成所有这些工作。

代码冰箱磁铁

这儿有一个简单的命令，你可以从控制台执行它来生成支架代码。试试看你能否排列好这些代码冰箱磁铁来组成完整的命令。

```
ruby script/generate ..................... ticket name: .....................

...........................:..................... ...........................:.....................

...........................:..................... ...........................:.....................
```

seat_id_seq

string

scaffold

price_paid

decimal

string

text

address

email_address

string

代码冰箱磁铁解答

这儿有一个简单的命令，你可以从控制台生成支架代码。试试看你能否排列好这些代码冰箱磁铁来组成完整的命令。

scaffold是用来生成CRUD操作代码的命令。

```
ruby script/generate scaffold ticket name:string
seat_id_seq:string address:text
price_paid:decimal email_address:string
```

text用于长字符串。

decimal是任何包含小数点的数字。

记住：这个命令需要在"tickets"目录下输入。

那么scaffold命令做了哪些事件呢？

scaffold可以生成一些代码，这些代码允许用户在数据库中进行创建、读取、更新和删除数据的操作。

如果你有一个以数据库为中心的Web应用需要对数据库进行创建、读取、更新和删除，那么scaffold命令就能帮你省下很多编写代码的时间和精力。

在控制台中为门票（ticket）数据表输入scaffold命令，让我们看看会发生什么：

这样做！

```
File Edit Window Help CRUD
> ruby script/generate scaffold ticket name:string
seat_id_seq:string address:text price_paid:decimal
email_address:string
```

试驾

现在该看看我们的应用是否真的奏效了。要看到新的售票网页，让你的浏览器指向：

```
http://localhost:3000/tickets
```

这个名字和输入到scaffold命令中的名字一致。看到Rails把它复数化了吧？

嗯……这绝对有问题。

哪里出错了?尽管我们正确地生成了支架代码，Web服务器上还是出现一个错误。我们得到的是返回的一连串的错误消息。

动动脑

考虑你在Web浏览器中看到的错误消息。你觉得这个应用为什么会出错呢?

数据库中还没有数据表！

这个应用应该可以显示一个空的已售门票列表，但是它没有显示。为什么会这样呢？ 那是因为它需要从数据库中一个名为tickets的数据表中读取这个列表，但是我们还没有创建任何数据表。

我们应该直接连接数据库并创建这个数据表吗？毕竟——数据库就在这个应用里待着呢。但是，为什么我们一定要这么做呢？我们已经给了Rails足够的信息让它为我们创建数据表了。再看一遍我们的scaffold命令：

注意：支架是"ticket"（单数）而数据表被称为"tickets"（复数）。

File Edit Window Help DRY

```
> ruby script/generate scaffold ticket name:string
seat_id_seq:string address:text price_paid:decimal
email_address:string
```

tickets	
name	string
seat_id_seq	string
address	text
price_paid	decimal
email_address	string

在运行scaffold命令的时候，我们已经告诉Rails有关数据结构的详细信息了，而且在Rails里还有一条重要原则：**不要重复你自己(Don't Repeat Yourself)**。如果你已经告诉过Rails一些信息，你就不需要再一次提到它。

那么我们怎样让Rails来创建这个数据表呢？

Rails的原则：

不要重复你自己

Don't

Repent

Yourself

在讨论编程问题的时候，这条原则也被称为DRY。

极客新知

Rails捆绑了一个数据库，SQLite3。它在哪呢？

这个数据库在db文件夹下的development.sqlite3文件里。

通过运行迁移来创建这个数据表

当Rails生成支架的时候，它同时也生成了一小段名为为迁移（migration）的Ruby脚本来创建数据表。迁移就是一个用来调整底层数据库结构的脚本。

观察一下db/migrate文件夹。你会看到那儿有一个名为<timestamp>_create_tickets.rb的文件，其中的<timestamp>是这个文件被创建时的UTC时间戳。如果你在文本编辑器中打开这个文件，它看上去应该就是下面这个样子：

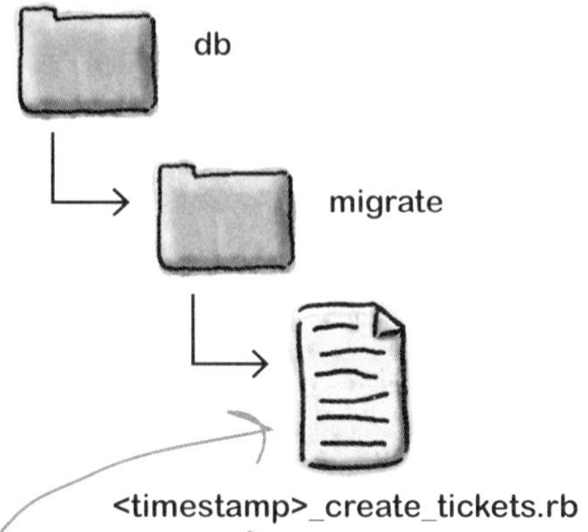

Rails创建的文件的名称中包含它被生成时的UTC日期和时间。

```
class CreateTickets < ActiveRecord::Migration
  def self.up
    create_table :tickets do |t|
      t.string :name
      t.string :seat_id_seq
      t.text :address
      t.decimal :price_paid
      t.string :email_address
      t.timestamps
    end
  end
  def self.down
    drop_table :tickets
  end
end
```

这儿是迁移文件的内容。

别担心，后面我们会更详细的介绍这个。

Rails的类名使用骆驼拼写法，但是文件名使用下划线。

这就是为什么这儿的迁移叫做“CreateTickets”它被放在一个名为“..._create_tickets.rb”的文件里。

迁移就是一小段Ruby脚本。不过不要直接运行这个脚本，你应该通过使用另一个Rails工具来运行这个脚本，这个工具称为rake。为了运行迁移，在命令提示符后输入rake db:migrate。这条命令会运行迁移代码并创建数据表：

```
File Edit Window Help DRY
> rake db:migrate
```

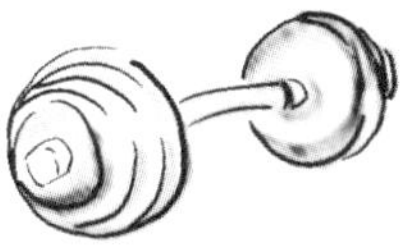

脑力锻炼

为什么迁移文件会在它的文件名里包含日期和时间呢？

试驾

先确认你已经用rake命令创建了你的tickets数据表。然后回到Web浏览器并刷新页面：

```
http://localhost:3000/tickets
```

这个Web应用可以工作了！你只需要几分钟就可以输入一些测试记录：

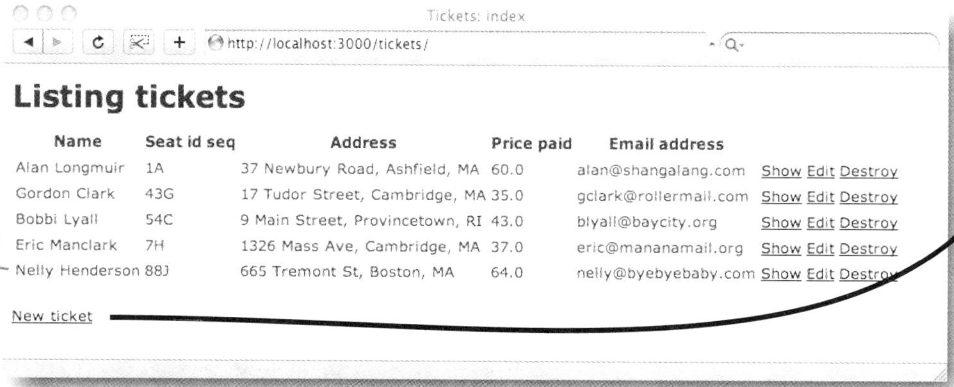

Tickets: index

http://localhost:3000/tickets/

Listing tickets

Name	Seat id seq	Address	Price paid	Email address			
Alan Longmuir	1A	37 Newbury Road, Ashfield, MA	60.0	alan@shangalang.com	Show	Edit	Destroy
Gordon Clark	43G	17 Tudor Street, Cambridge, MA	35.0	gclark@rollermail.com	Show	Edit	Destroy
Bobbi Lyall	54C	9 Main Street, Provincetown, RI	43.0	blyall@baycity.org	Show	Edit	Destroy
Eric Manclark	7H	1326 Mass Ave, Cambridge, MA	37.0	eric@mananamail.org	Show	Edit	Destroy
Nelly Henderson	88J	665 Tremont St, Boston, MA	64.0	nelly@byebyebaby.com	Show	Edit	Destroy

New ticket

这是我们添加的几条记录。你自己继续添加几条吧！

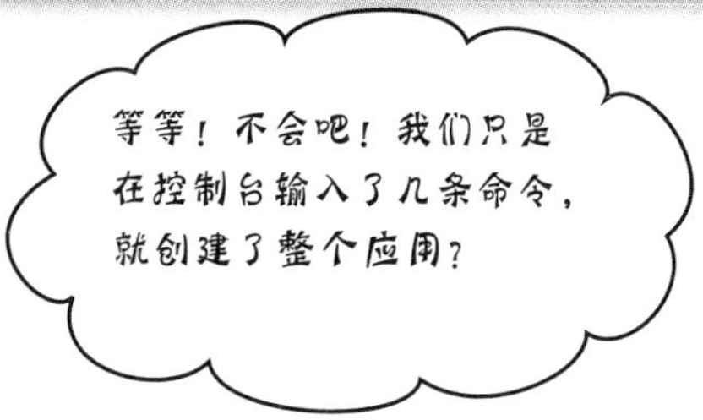

是的——我们完成了比首页多很多的内容。我们已经创建了整个系统。

支架生成了整套的网页，让我们可以创建、更新和删除门票信息。为了弄清楚这个应用是怎样衔接的，让我们来创建并编辑一条新记录。

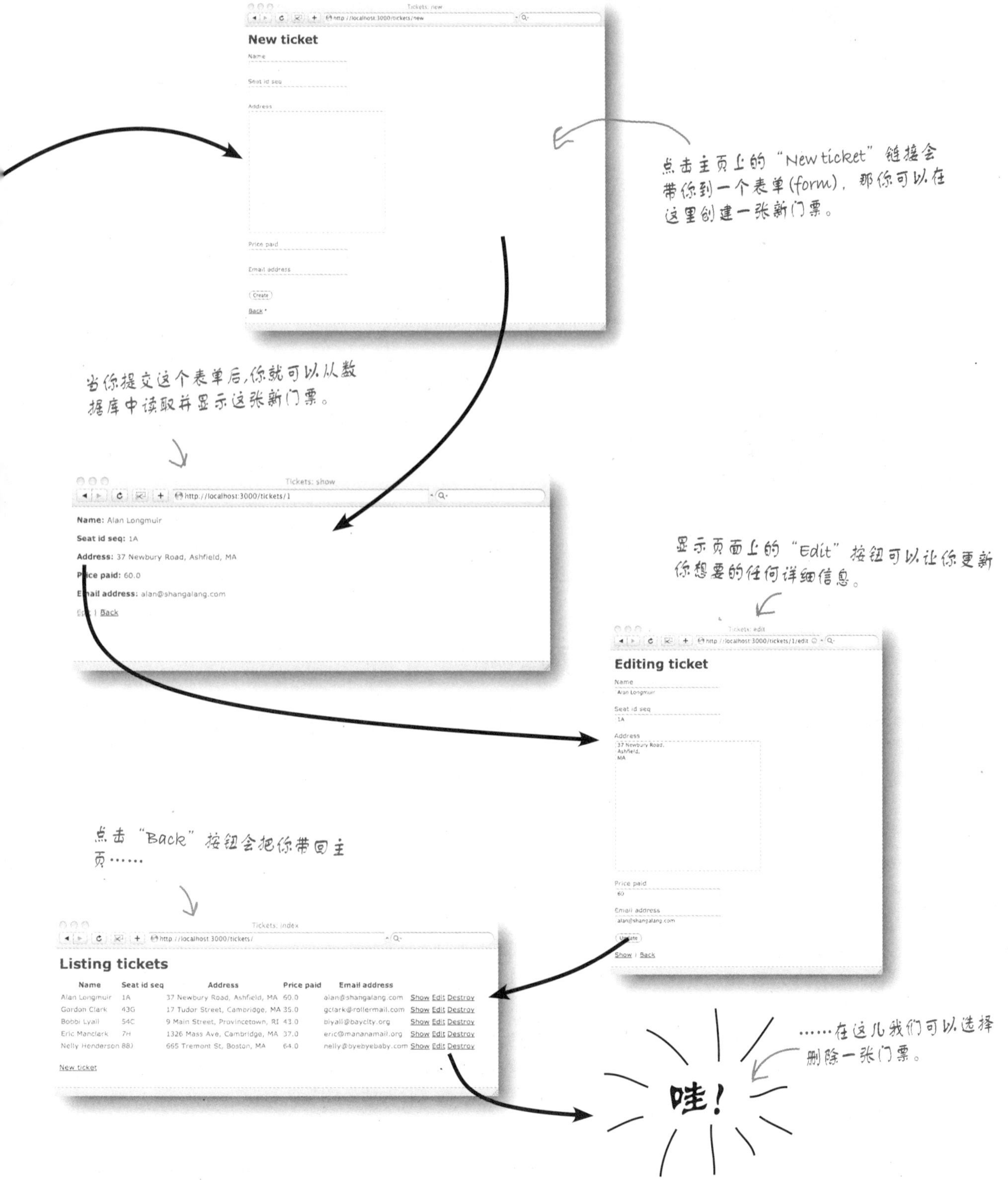
Tickets: new
http://localhost:3000/tickets/new
New ticket
Name
Seat id seq
Address
Price paid
Email address
Create
Back
点击主页上的“New ticket”链接会带你到一个表单(form)，那你可以在这里创建一张新门票。
当你提交这个表单后，你就可以从数据库中读取并显示这张新门票。
Tickets: show
http://localhost:3000/tickets/1
Name: Alan Longmuir
Seat id seq: 1A
Address: 37 Newbury Road, Ashfield, MA
Price paid: 60.0
Email address: alan@shangalang.com
Back
显示页面上的“Edit”按钮可以让你更新你想要的任何详细信息。
Tickets: edit
http://localhost:3000/tickets/1/edit
Editing ticket
Name
Alan Longmuir
Seat id seq
1A
Address
37 Newbury Road, Ashfield, MA
Price paid
60
Email address
alan@shangalang.com
Show | Back
点击“Back”按钮会把你带回主页……
Tickets: index
http://localhost:3000/tickets/
Listing tickets
Name | Seat id seq | Address | Price paid | Email address
Alan Longmuir | 1A | 37 Newbury Road, Ashfield, MA | 60.0 | alan@shangalang.com | Show Edit Destroy
Gordon Clark | 43G | 17 Tudor Street, Cambridge, MA | 35.0 | gclark@rollermail.com | Show Edit Destroy
Bobbi Lyall | 54C | 9 Main Street, Provincetown, RI | 43.0 | blyall@baycity.org | Show Edit Destroy
Eric Manclark | 7H | 1326 Mass Ave, Cambridge, MA | 37.0 | eric@mananamail.org | Show Edit Destroy
Nelly Henderson | 88J | 665 Tremont St, Boston, MA | 64.0 | nelly@byebyebaby.com | Show Edit Destroy
New ticket
……在这儿我们可以选择删除一张门票。
哇！

复习要点

- 这条命令

  ```
  rails <app name>
  ```

  为你在文件夹 <app name>中创建了一个Web应用。Rails同时创建了这个文件夹和一些文件，它们形成了应用的基本结构。

- Rails附带了一个捆绑的Web服务器。为了使这个服务器开始工作，可以使用这条命令

  ```
  ruby script/server
  ```

  默认的主页位于

  ```
  http://localhost:3000/
  ```

- Rails应用遵循约定优于配置原则。
- 对数据库的创建、读取、更新和删除操作被称为CRUD操作。
- 支架可以为你生成CRUD代码。要创建用于“thing”数据的支架，运行下面的命令：

  ```
  ruby script/generate scaffold
   thing
   <column name 1>:<column type 1>
   <column name 2>:<column type 2>
   ...
  ```

- 为了查看你的支架，就把浏览器指向这个URL：

  ```
  http://localhost:3000/things
  ```

- Rails应用遵守“不要重复你自己”的原则。
- 迁移是一个脚本，它可以改变底层数据库的结构。通过下面的命令来运行一个迁移：

  ```
  rake db:migrate
  ```

没有蠢问题

问： 有些命令以rails开头，有些以ruby开头，还有一些以rake开头，它们有什么区别呢？

答： rails命令是用来创建一个新应用的。ruby是Ruby解释器，用来运行存储在scripts文件夹中的工具脚本。Rails中的几乎每样东西都会用到ruby和rake命令。

问： 那么什么是rake？

答： rake是我们用来运行数据库迁移的命令。这个名字的意思是“Ruby制造（Ruby make）”，它被用来完成在其他编程语言比如C和Java中分别由make和ant完成的同类任务。当rake需要完成一个任务（比如运行迁移）时，它可以很机灵地分析这个应用并且决定运行哪一个脚本。所以它比ruby还要聪明那么一点点，并且它可以完成更复杂的任务，比如更改数据库结构和运行测试。

问： 我不明白“约定优于配置”。那是什么意思？

答： 许多编程语言提供了大量的选项来供你选择，就像新车的选择方案。如果你有一个能提供大量选项的语言，你就需要把开发人员的选择存放在一个地方——通常在很大的XML文件里。Rails则采用了不同的方式。在Rails中，事物被系统统一命名并存储在标准的位置。这些被称为“约定的”方式——不是因为它老套，而是因为它遵守“约定”或“标准”.

问： 那么我不能改变Rails工作的方式吗？

答： 你几乎可以改变Rails中的每样事件，但是如果你遵循这些约定，你会发现开发应用的速度会快很多，同时其他人会觉得你写的代码更容易理解。

好棒！你挽救了好朋友的工作！

你快速完成的Rails应用挽救了你的朋友……至少暂时是挽救了。看起来好像又有一封新的E-mail要处理了：

> 太感谢你了！
>
> 看到应用完成并运行真是太好了——而且你这么快就完成了它！Rails听起来很炫。你在编辑代码的同时更改后的效果随即就出来了。没有编译。没有部署。真的很棒。
>
> 这次你真的救了我。
>
> 还剩一件事：seat_id_seq的标签需要让人更好辨认一些，比如“Seat #”。你能解决这个问题吗？

那么我们怎样更改标签呢？

Rails非常迅速地为我们生成了一个Web应用，这样可以为我们省下很多时间和精力。但是如果我们想要对生成的网页外观做一些小改动，应该怎么做呢？

修改Rails为我们生成的网页难不难呢？

为了更改应用，你需要深入了解应用的架构

支架只是为我们生成了代码。一旦生成代码，你就可以把这些代码变得更加个性化。如果你观察一下app文件夹，你会发现确实有很多已生成的代码是你可能想要个性化一下的。

如果你需要对应用做一些改变，就像修改页面的标签，应该从哪开始呢？

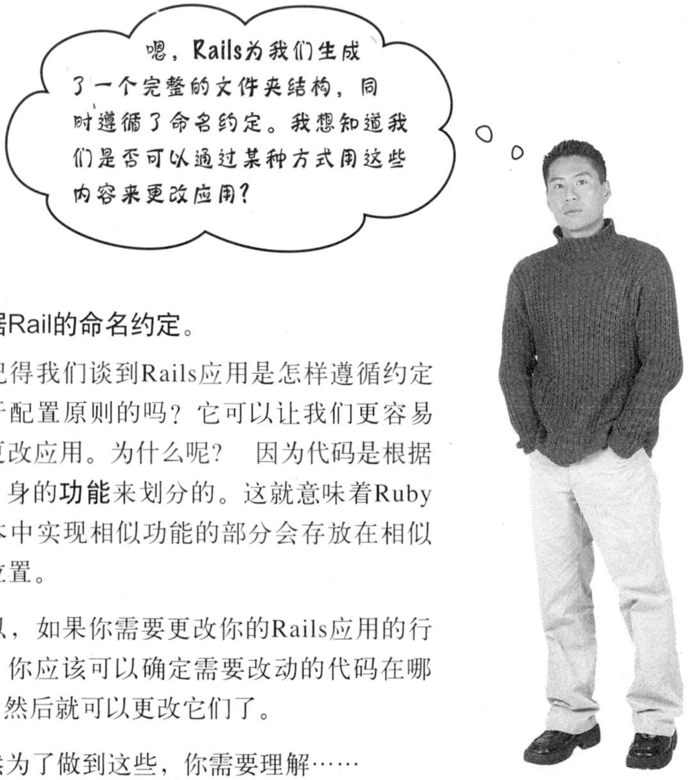

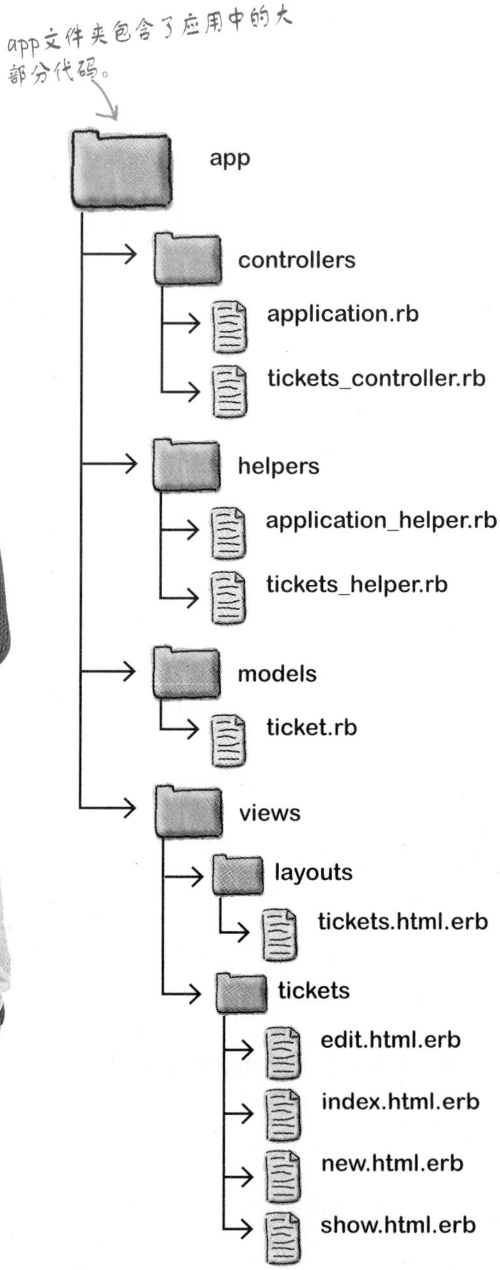

依据Rail的命名约定。

还记得我们谈到Rails应用是怎样遵循约定优于配置原则的吗？它可以让我们更容易地更改应用。为什么呢？ 因为代码是根据它自身的**功能**来划分的。这就意味着Ruby脚本中实现相似功能的部分会存放在相似的位置。

所以，如果你需要更改你的Rails应用的行为，你应该可以确定需要改动的代码在哪儿，然后就可以更改它们了。

当然为了做到这些，你需要理解……

标准的Rails架构

你的应用包含三个部分：模型（model）、视图（view）、控制器（controller）

Rails应用中的绝大部分代码属于下面三类中的一类：

❶ 模型代码

模型代码管理如何从你的数据库中读写数据。模型代码**对象**代表着存在于系统问题领域中的东西——就像售票系统中的**门票**。

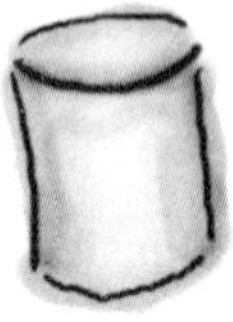

这就是你的应用努力去解决的那些业务问题。

---

❷ 视图代码

视图是应用中**展现**给用户看的那一部分。因为这个原因，它有时也被称为**表示层**。对一个Web应用来说，视图代码主要生成网页。

---

❸ 控制器代码

控制器代码才是应用真正的大脑。它决定了用户怎样和系统**交互**，控制着哪些数据可以从模型中得到，以及视图中的哪一部分用来表示这些数据。

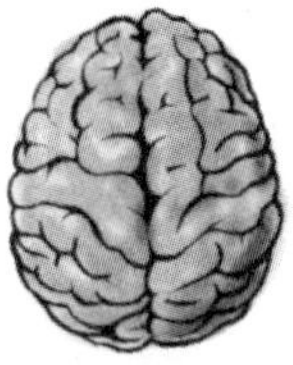

下图显示了在一个Rails应用中不同类型的代码是怎样联系在一起的：

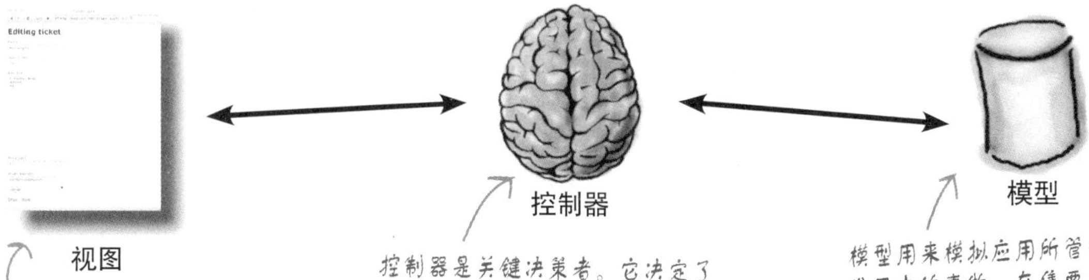

视图由网页组成，这些网页向用户展现了应用。

控制器是关键决策者。它决定了哪些数据需要从模型中获取，以及视图中的哪一部分将显示这些数据。

模型用来模拟应用所管理的真实世界中的事物。在售票系统中，模型中的管理对象就是门票。

Rails真情指数

本周访谈：
我们询问最热门的Web框架，是什么激发他

Head First: 你好Rails，很高兴你可以参加我们的访谈。

Rails: 叫我Ray吧。很高兴见到大家。

Head First: 在你如此紧张的日程中抽出时间一定很难。

Rails: 我确实比较忙。要连接数据库，要处理应用的逻辑，还要提供网页服务，我没有多少属于自己的时间。但是还好啦，我有很棒的工作人员。

Head First: 有一件事我一直比较疑惑：如果你不介意的话，能不能告诉我们为什么在你创建一个新的应用的时候，会出现如此多的目录呢？

Rails: 怎么说呢？我是一个有用的人。随着时间的流逝我知道了人们在他们的应用中都需要做哪些事件。我不想看到人们一遍又一遍地手工创建重复的东西。

Head First: 但是这样难道不会有一点……嗯……难以理解吗？

Rails: 拜托。我可是一个传统的人。不用惊讶。一旦你学会了我的工作方式，你会发现我是很容易相处的。

Head First: 我听说你不喜欢被配置。

Rails: 如果你想，你是可以配置我的，但是大多数人都更倾向于我喜欢的工作方式。“约定优于配置”原则。你明白了吗？

Head First: 哦，是的。那正是你的设计原则中的一个，对吗？

Rails: 没错，还有“不要重复你自己”原则。

Head First: 还有啥？

Rails: 不要重复你自己？

Head First: 啥？

Rails: 不要……嘿，你实在是太幽默了。

没有蠢问题

问： 我的Web应用中的业务逻辑应该放在哪呢？

答： 这个嘛，得取决于你所说的“业务逻辑”意味着什么。一些人把业务逻辑定义为管理数据的规则。在那种情况下，业务逻辑存在于模型中。还有些人把业务逻辑定义为决定系统工作流程的规则——就像应用包含哪些特性以及用户通过什么样的顺序获取它们。在这种情况下，业务逻辑存在于控制器中。在本书后续的部分我们将使用“模型逻辑”和“应用逻辑”来区分这两种不同的情况。

问： 视图和控制器之间有什么区别呢？

答： 视图决定了应用的外观，而控制器决定了它是怎样工作的。因此，视图将会决定页面上一个按钮的颜色以及按钮上显示什么文字，但是控制器会决定当按下这个按钮时会发生什么事件。

问： 那么哪一部分的代码我写得最多呢？

答： 这取决于不同的应用和不同的开发者。如果你发现你一直都在给应用的三部分中的同一部分添加代码，也许你需要仔细考虑你所添加的下一块新代码是关于表示（视图）、交互（控制器）还是建模（模型）的。

连连看

把代码描述和应用中不同部分对应的代码连接起来。

在线3-card Monty游戏中卡片的设计。

在一个在线银行应用中，这部分代码决定了你是否想把钱转入或转出一个账户。

日记应用中的“约会”对象。

在一个博客系统中，这一部分决定了把留言显示为数据表还是清单。

这一部分代码记录了拍卖网站的一次出价。

这一部分代码决定你需要登录到一个电子邮件应用。

一个链接的菜单。

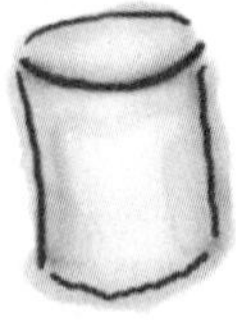

模型

视图

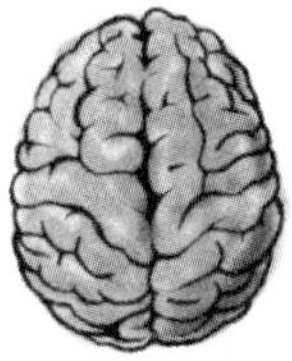

控制器

连连看

解答

你的工作是把代码描述和应用中不同部分对应的代码连接起来。你做的怎么样啊？

在线3-card Monty游戏中卡片的设计。

在一个在线银行应用中，这部分代码决定了你是否想把钱转入或转出一个账户。

日记应用中的“约会”对象。

在一个博客系统中，这一部分决定了把留言显示为数据表还是清单。

这一部分代码记录了拍卖网站的一次出价。

这一部分代码决定你需要登录到电子邮件应用。

一个链接的菜单。

这三种不同类型的代码存放在独立的文件夹中

Rails喜欢约定优于配置原则并使用MVC架构。这会产生什么效果呢?

MVC架构是怎样帮助我们去改变网页的标签并调整应用的呢? 让我们再看一看支架创建的那些文件。因为代码被很清楚地区分为三种不同的类型——模型、视图和控制器，Rails把每一类都存放在一个单独的文件夹中。

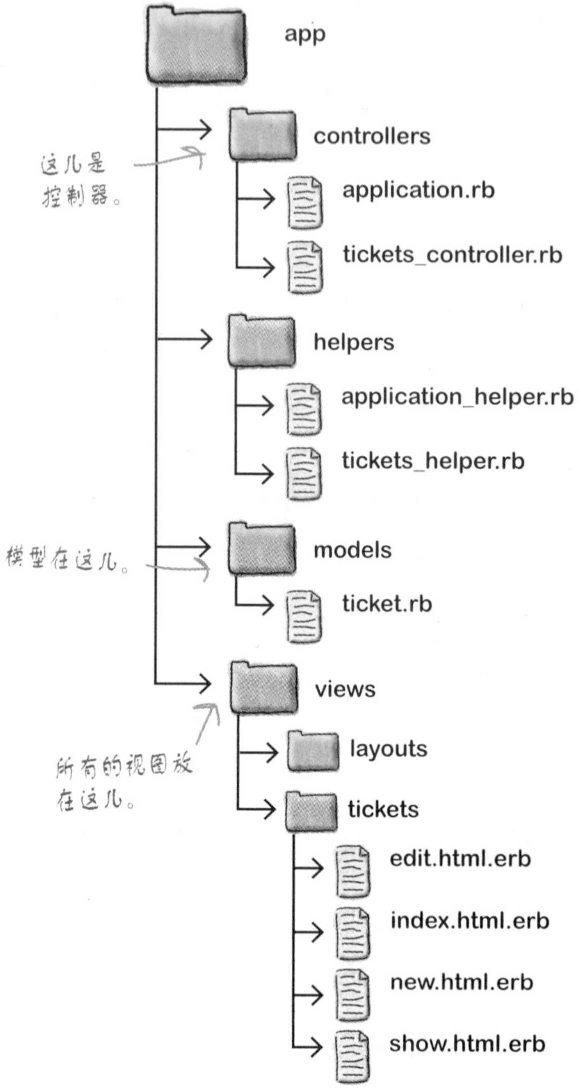

磨笔上阵

在右边的文件夹结构图中标出那些你认为改变页面标签所需编辑的文件。

然后记下**为什么**你选择了这些文件。

磨笔上阵 解答

你的工作是标出那些为了改变页面中的标签而需要编辑的文件。

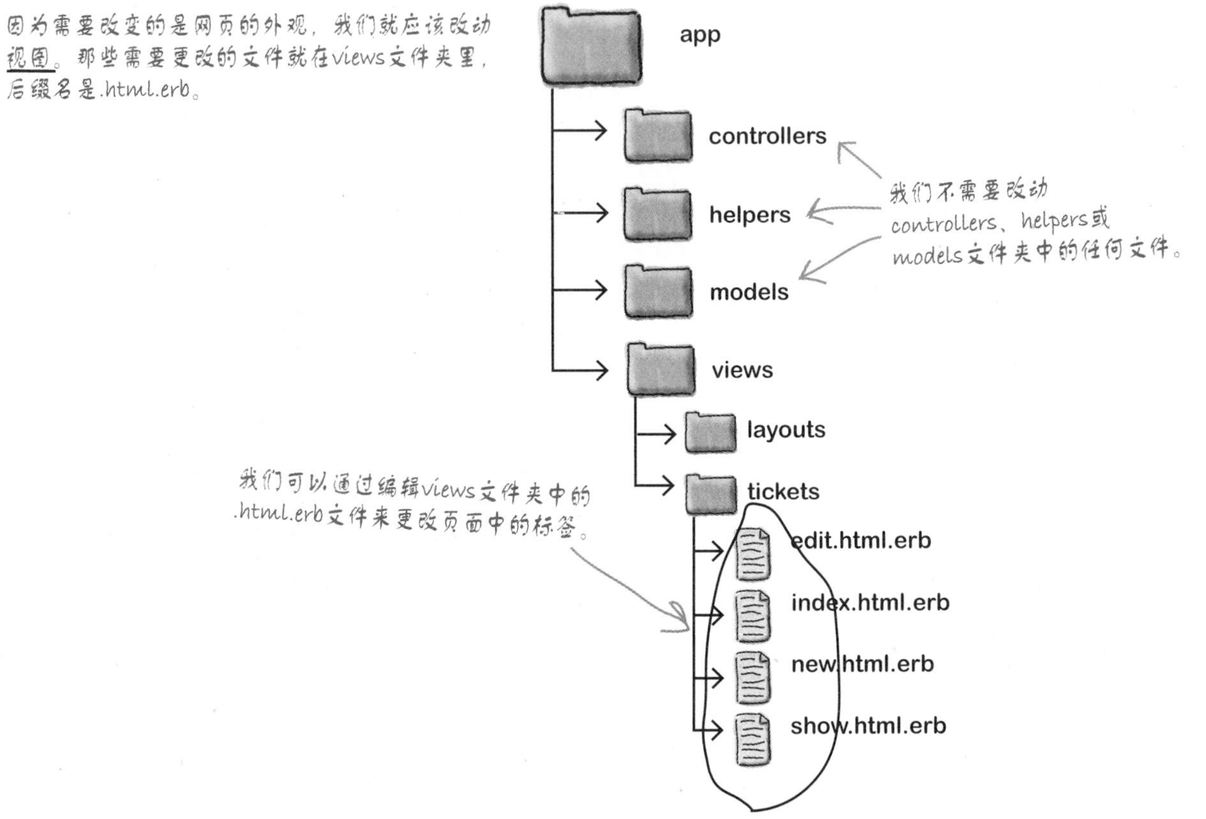

视图中的文件需要被编辑

如果我们想要改动网页的标签，我们就需要修改视图的代码。视图的代码总是存放在app/views文件夹里。

视图文件会生成网页，也被称为**页面模板**。那么什么是页面模板，这些模板又包含了些什么内容呢？

编辑视图中的HTML

这些页面模板实际看起来是什么样的呢？用文本编辑器打开views/tickets文件夹中的这四个.html.erb文件，文件的内容看起来很像HTML。

我们想把网页标签从Seat_id_seq改成Seat#。要实现这个，可以在这四个文件中搜索文本“Seat id seq”，把它改成“Seat #”，然后保存你的改动。

这样做！

逐一进入到**views/tichets**文件夹中的四个文件中，把文本**Seat id seq**改成**Seat #**。这样就可以把网页标签改成**Seat #**了。

```
<p>
  <b>Name:</b>
  <%=h @ticket.name %>
</p>
<p>
  <b>Seat id seq:</b>
  <%=h @ticket.seat_id_seq %>
</p>
<p>
  <b>Address:</b>
  <%=h @ticket.address %>
</p>
<p>
```

你需要把这些文本改成Seat #。

```
<h1>Editing ticket</h1>

<% form_for(@ticket) do |f| %>
  <%= f.error_messages %>

  <p>
    <%= f.label :name %><br />
    <%= f.text_field :name %>
  </p>
  <p>
    <%= f.label :seat_id_seq %><br />
    <%= f.text_field :seat_id_seq %>
  </p>
```

别忘了加引号，因为它是一个字符串。

"Seat #"

这个符号需要改成字符串“Seat #”。

编辑完HTML中的标签后,你的改动可以立刻在Web浏览器上显示出来。如果你现在就完成这些改动并做一次刷新，应该立刻就可以看到你的改动。让我们来看一看下面的……

没有蠢问题

问： 你把:seat_id_seq称为一个符号（symbol）。什么是符号呢？

答： 符号有点像字符串。字符串被引号包围起来，而符号是用冒号开头的。符号通常被用于Rails中的命名，因为它们在内存中更有效那么一点点。在大多数情况下，符号和字符串可以互换使用。

试驾

刷新位于下面的地址的页面：

http://localhost:3000/tickets/

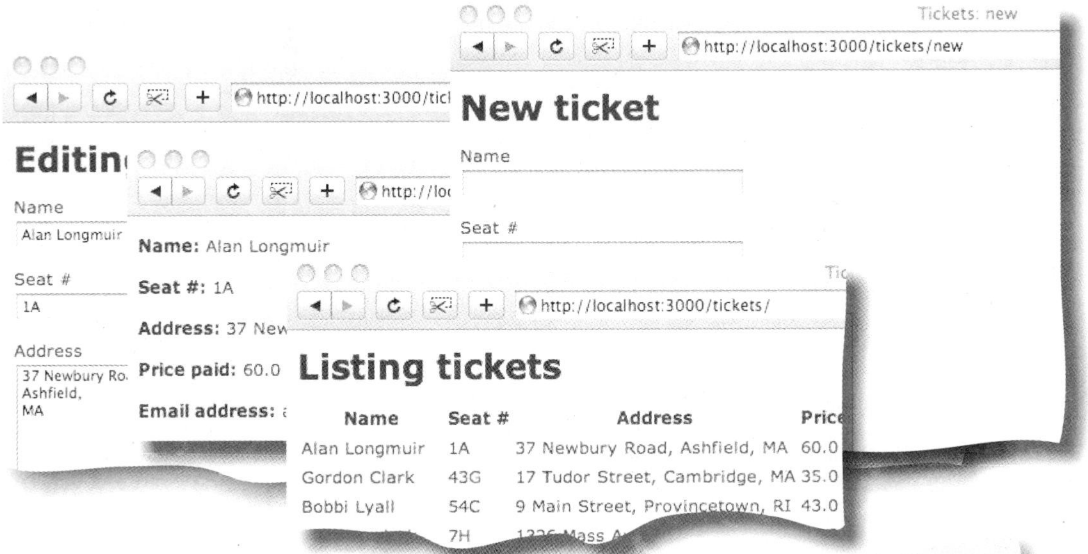

现在所有的标签都是"Seat #"了，这正是我们所需要的。

你注意到这个变化是如何迅速地出现在你的应用中的吗？

这是因为Rails使用Ruby做开发语言，而Ruby代码不需要编译。所以Rails的Web服务器可以直接运行你更新后的源代码。但是这真的很了不起吗？

这样在测试你改动后的代码时就减少了很多需要执行的步骤了。比如你不需要编译你的代码，而且你也不需要打包代码或者在任何地方部署代码。所有你需要做的事就是编写你的代码然后运行它。Rails的开发周期真的很迅速，而且对你的Web应用做修改也很迅速。

开发周期

编写/修改代码

~~编译代码~~

~~打包应用~~

~~部署应用~~

运行它

重复

这些步骤在你用Rails开发时是不相关的。

周日，早上8点

两次改动都搞定了，可是你的电话又响了……这次是什么事？

这么说，你就是负责开发新应用的人啦。第一场音乐会的订票应该在24小时内就会开始，所以这个应用最好能按时完成，否则我就要问问为什么了……

现在这个应用需要存储更多的信息

在你的朋友提到还需要存储电话号码之前，几乎所有的事件都已经完成了。我们需要更多的数据，这对于我们的应用来说意味着什么呢？

1. **我们需要在每一页上显示一个额外的域（field）。**
   幸运的是我们知道怎样修改页面模板，所以这应该不是一个特别大的问题。

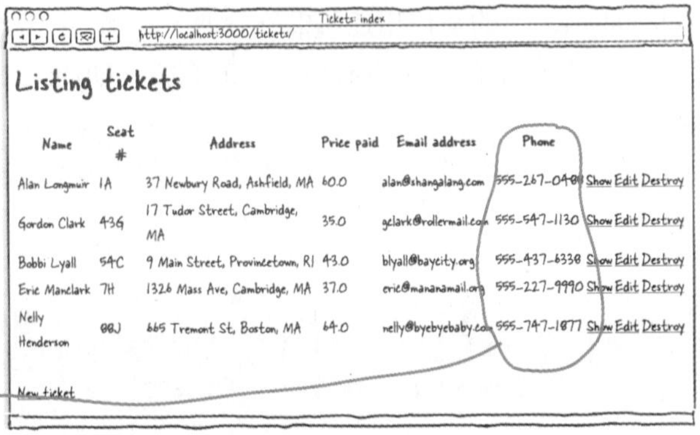

我们需要给页面添加一个额外的域，就像这样。

2. **我们需要在数据库中存储一个额外的字段（column）。**
   我们需要在数据库中存储一个额外的字段，但是怎么做呢？

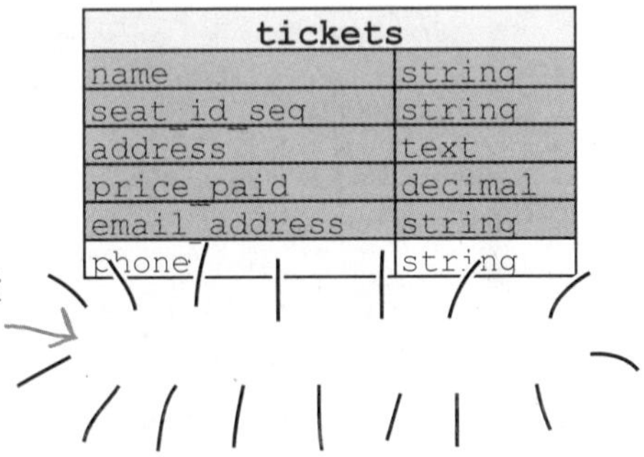

我们需要给数据库中tickets数据表添加电话号码的信息。

磨笔上阵

我们需要给数据库表添加一个字段。写出以前我们用哪种类型的脚本来更改数据库结构。

....

磨笔上阵 解答

上一页你被要求写出我们以前用哪种类型的脚本来更改数据库结构。

迁移

迁移就是Ruby脚本

我们需要的是使用迁移来给数据表添加一个字段。但是迁移到底是什么呢？让我们回头看看那个创建了我们的tickets数据表的迁移。

```
class CreateTickets < ActiveRecord::Migration
  def self.up
    create_table :tickets do |t|
      t.string :name
      t.string :seat_id_seq
      t.text :address
      t.decimal :price_paid
      t.string :email_address
      t.timestamps
    end
  end
  def self.down
    drop_table :tickets
  end
end
```

我们需要创建的代码和这些有点相似，除了不是创建数据表，而是添加一个字段。

嗯？我们该怎么写改变数据表的代码呢？我们不知道该怎么做呀！

我们需要生成代码，但是那并不意味着我们要写代码。

没有蠢问题

问： 迁移中的一些代码看起来像在删除数据表，为什么会这样？

答： 比起我们在这儿展示的内容，迁移可以做更多的工作。举个例子，每个迁移都有撤销它自己的能力。这就是为什么创建数据表的代码和删除数据表的代码是对应的。但是你还不需要对这个了解得太多。

问： 我不需要理解这些代码吗？难道对于掌握Rails来说，理解Ruby的代码并不重要？

答： 你越理解Ruby，你对Rails的控制就越多。当我们继续浏览本书的时候，你将会学到越来越多的关于Ruby语言的知识。

问： 如果迁移只是一段Ruby脚本，为什么我还要使用rake呢？为什么我不能直接运行这些脚本呢？

答： 问得好。有些Ruby是设计用来直接运行的，而有些不是。迁移就不是设计来直接运行的。它们应该通过rake运行。

问： 好吧，很好 —— 但是为什么？

答： rake比ruby更聪明。当你调用rake db:migrate时，你实际上在对rake说，“确保所有的迁移都被运行了”。如果rake认为不需要，它就可以决定不调用这个迁移。Ruby本身就不能做出这样的决定。

问： 难道我不能手工编辑我的tickets数据表吗？

答： 你可以，但是用迁移来管理你的数据库系统更好。当你让应用上线时，你就会需要在你的产品数据库中重新创建你的数据结构。如果你使用了迁移，那么rake就能使你的产品数据库中的数据结构和你的应用中需要的一致。如果你手工修改数据结构，事件很容易就会变得不同步。就像Rails中的大部分情况，如果你遵守使用Rails的约定，你就会让你自己的活儿变得更容易。

Rails可以生成迁移

记住，当我们生成支架时使用的是：

```
ruby script/generate scaffold ticket name:string seat_id_seq:string
address:text price_paid:decimal email_address:string
```

generate是一个创建Ruby代码的脚本。好消息是generate不仅能生成支架代码，它还可以生成迁移。

现在假设你要输入这条命令：

```
ruby script/generate migration PhoneNumber
```

不要真的输入它。

这将会生成一个全新的迁移文件。我们可以在Ruby代码中加入它来修改数据表。问题是，我们不知道怎样编写代码来完成这个迁移。

那么我们可以做什么呢？还有Rails可以为我们做些什么呢？

给你的迁移一个“聪明”的名字，然后Rails就会为你编写代码

你也许已经意识到，对于Rails来说命名真的很重要。当我们创建名为“tickets”的支架时，Rails就在http://localhost:3000/tickets生成了应用，还生成了一个迁移用来创建名为tickets的数据表。

在Rails中，命名约定很重要，因为它们会为你省略很多工作。如何命名迁移也同样重要。与其给新迁移取一个旧名字，不如试着给它一个像这样的名字：

重要的是这儿的名字。它采用的形式是Add...To...。

```
File Edit Window Help NamesMatter
> ruby script/generate migration AddPhoneToTickets phone:string
```

你需要运行这条命令。

为什么名字会产生这些区别呢？

Rails知道名叫Add...To...的迁移很有可能就是要添加一个特定的字段到一个特定的数据表中，所以与生成一个空白迁移让你填空不同的是，Rails将会为你编写实际的迁移代码。

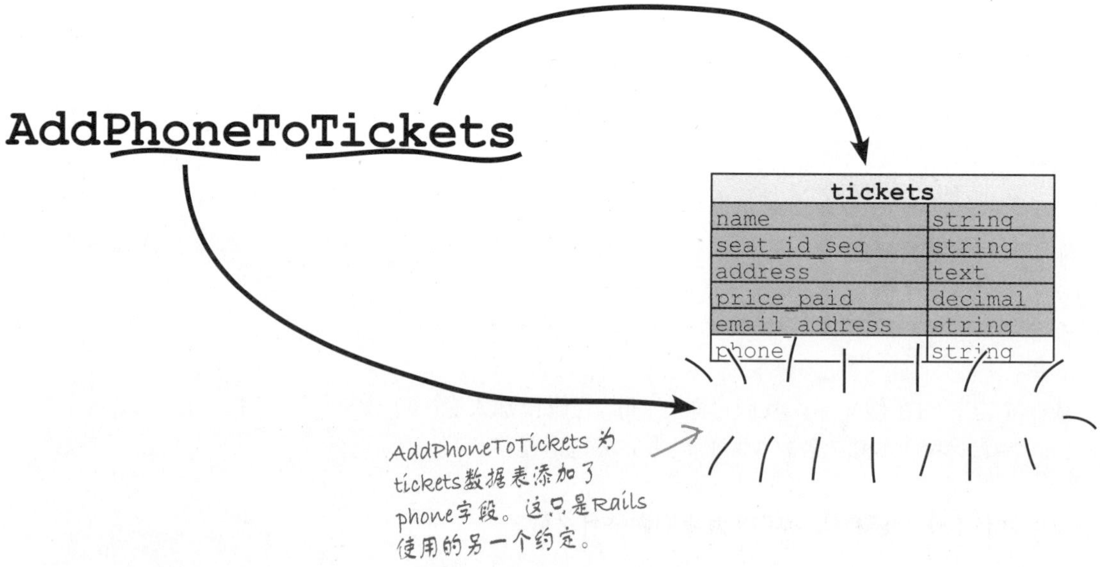

你需要用rake运行你的迁移

这儿是Rails聪明地为你生成的迁移。

```
class AddPhoneToTickets < ActiveRecord::Migration
  def self.up
    add_column :tickets, :phone, :string
  end

  def self.down
    remove_column :tickets, :phone
  end
end
```

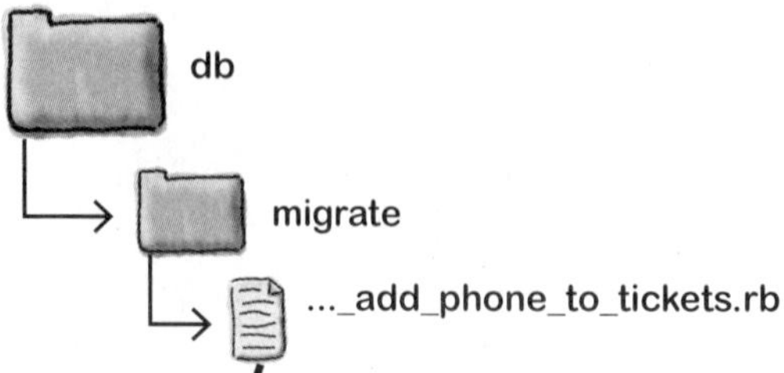

以前当我们想运行一个迁移时，我们用的是这条rake命令：

```
rake db:migrate
```

但是我们这次还能这么做吗？毕竟，我们不想让rake错误地再次运行第一个迁移。

时间戳告诉rake该运行哪个迁移以及用什么顺序运行

Rails记录下它运行过的所有迁移的最后的时间戳。这样就可以让rake知道哪些迁移已经运行过了，而哪些没有。这就意味着不论何时你运行rake db:migrate，Rails只会运行最新的迁移。

让我们来测试一下。再次运行rake db:migrate来给tickets数据表添加电话号码字段。

这样做！

```
> rake db:migrate
```

但是改动数据库还不够

支架生成代码——这很不错，因为它能让你快速就绪并运行代码。但是不利的一面是一旦代码被生成，**更新代码就是开发人员的责任**了。

我们刚刚给数据库添加了一个电话号码属性。但是因为数据表已经被支架创建好了，它们就不会自动地提取新的电话号码域。所以我们需要回到页面模板去添加一条指向电话号码的引用。

```
<p>
  <%= f.label :email_address %><br />
  <%= f.text_field :email_address %>
</p>
<p>
  <%= f.label :phone %><br />
  <%= f.text_field :phone %>
</p>
<p>
  <%= f.submit "Update" %>
</p>
```

这在edit.html.erb文件中。

```
<b>Price paid:</b>
  <%=h @ticket.price_paid %>
</p>

<p>
  <b>Email address:</b>
  <%=h @ticket.email_address %>
</p>

<p>
```

这是添加到show.html.erb文件中的代码。

```
<p>
  <%= f.label :email_address %><br />
  <%= f.text_field :email_address %>
</p>
<p>
  <%= f.label :phone %><br />
  <%= f.text_field :phone %>
</p>
<p>
```

以及在new.html.erb中，也就是包含"Create"表单的页面。

```
  <th>Email address</th>
  <th>Phone</th>
</tr>

<% for ticket in @tickets %>
  <tr>
    <td><%=h ticket.name %></td>
    <td><%=h ticket.seat_id_seq %></td>
    <td><%=h ticket.address %></td>
    <td><%=h ticket.price_paid %></td>
    <td><%=h ticket.email_address %></td>
    <td><%=h ticket.phone %></td>
    <td><%= link_to 'Show', ticket %></td>
```

最后是index.html.erb文件，它生成了所有门票的列表。这儿我们需要在两处添加代码：字段标题和表格的每一行。

没有蠢问题

问： 为什么有些地方会出现<%=h ... %>呢？这里的"h"是什么意思？

答： h是一个辅助函数。像格式化输出这样的事件就会用到辅助函数。h这个辅助函数会转义域中的特殊字符，比如"<"和"&"。这可以避免有人给网站提交包含JavaScript或者其他具有潜在危险性代码的文本。

问： 为什么有些地方使用的是字符串，而另一些地方用的是符号呢？

答： 字符串被用在页面模板中需要单一文本的地方。符号（用":"开头的单词）大多用在标签里。

问： 为什么？

答： 符号在内存中更有效，而且大多数接受参数的函数（比如f.label）更喜欢符号而不是字符串。但是在大多数情况下，如果字符串更容易被格式化，Rails函数允许你选择使用字符串代替符号。

长篇习题

老板对应用的进展很满意，同时他现在希望除了记录门票销售情况，还要记录事件。下面是事件的数据结构：

事件:
artist - the performer (string)
description - short bio (text)
price_low - cheapest tickets (decimal)
price_high - sales price of ticket (decimal)
event_date - when it happens (date)

你会在控制台中输入什么命令来为事件数据创建支架呢？

....

....

你会键入什么来在数据库中创建事件数据表呢？

....

老板希望页面中对应price_low的标签为“Prices from”，对应price_high的标签为“To”，而对应event_date的标签为“Date”。为了实现这些改动你需要编辑四个页面模板。把下面显示的new.html.erb页面模板需要的改动写下来：

```
<h1>New event</h1>

<% form_for(@event) do |f| %>
  <%= f.error_messages %>

  <p>
    <%= f.label :artist %><br />
    <%= f.text_field :artist %>
  </p>
  <p>
    <%= f.label :description %><br />
    <%= f.text_area :description %>
  </p>
  <p>
    <%= f.label :price_low %><br />
    <%= f.text_field :price_low %>
  </p>
  <p>
    <%= f.label :price_high %><br />
    <%= f.text_field :price_high %>
  </p>
  <p>
    <%= f.label :event_date %><br />
    <%= f.date_select :event_date %>
  </p>
  <p>
    <%= f.submit "Create" %>
  </p>
<% end %>

<%= link_to 'Back', events_path %>
```

new.html.erb

在app/views/events目录中的其他三个需要修改的页面模板的名字是什么？

....

长篇习题解答

老板对应用的进展很满意，同时他现在希望除了记录门票销售情况，还要记录事件。下面是事件的数据结构：

事件:
artist - the performer (string)
description - short bio (text)
price_low - cheapest tickets (decimal)
price_high - sales price of ticket (decimal)
event_date - when it happens (date)

你会在控制台中输入什么命令来为事件数据创建支架呢?

```
ruby script/generate scaffold event artist:string description:text
price_low:decimal price_high:decimal event_date:date
```

你会键入什么命令来在数据库中创建事件数据表呢?

```
rake db:migrate
```

老板希望页面中对应price_low的标签为“Prices from”，对应price_high的标签为“To”，而对应event_date的标签为“Date”。为了实现这些改动你需要编辑四个页面模板。把下面显示的new.html.erb页面模板需要的改动写下来：

new.html.erb

```
<h1>New event</h1>
<% form_for(@event) do |f| %>
  <%= f.error_messages %>

  <p>
    <%= f.label :artist %><br />
    <%= f.text_field :artist %>
  </p>
  <p>
    <%= f.label :description %><br />
    <%= f.text_area :description %>
  </p>
  <p>                    :prices_from
    <%= f.label :price_low %><br />
    <%= f.text_field :price_low %>
  </p>
  <p>                    :to
    <%= f.label :price_high %><br />
    <%= f.text_field :price_high %>
  </p>
  <p>                    :date
    <%= f.label :event_date %><br />
    <%= f.date_select :event_date %>
  </p>
  <p>
    <%= f.submit "Create" %>
  </p>
<% end %>

<%= link_to 'Back', events_path %>
```

“Prices from”也可以，但是用符号会更好一些

或者是“To”

或者是“Date”

在app/views/events目录中的其他三个需要修改的页面模板的名字是什么？

edit.html.erb、show.html.erb和index.html.erb

试驾

现在应用在售票页面上有所有的联系信息了:

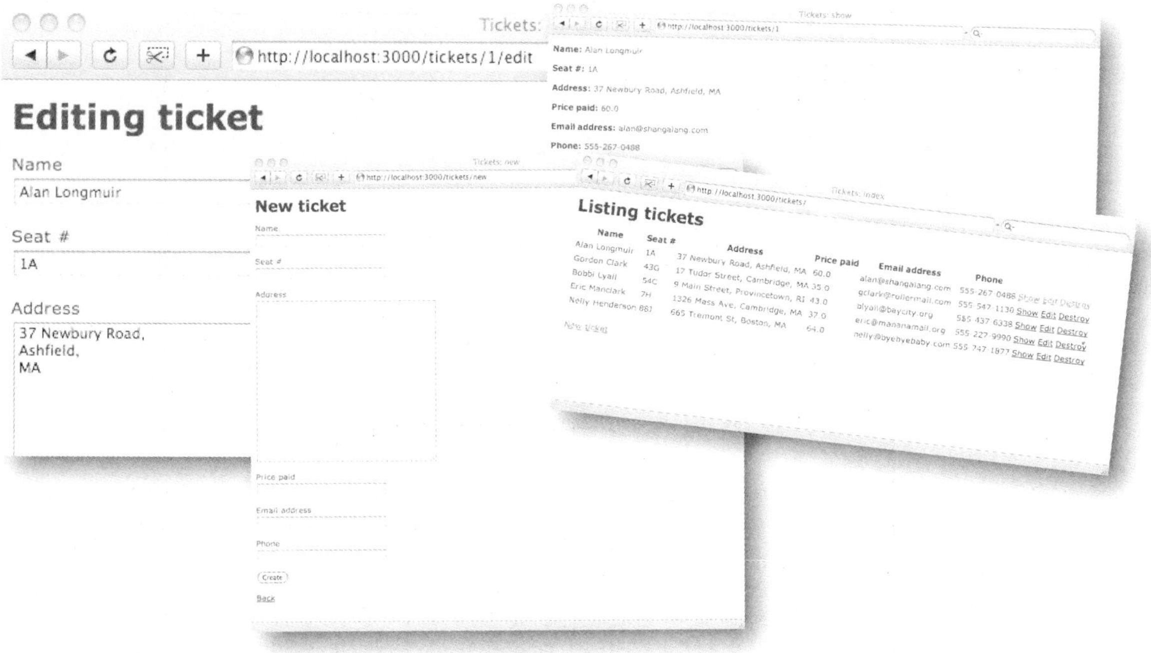

所有这些事件的信息也被记录下来了:

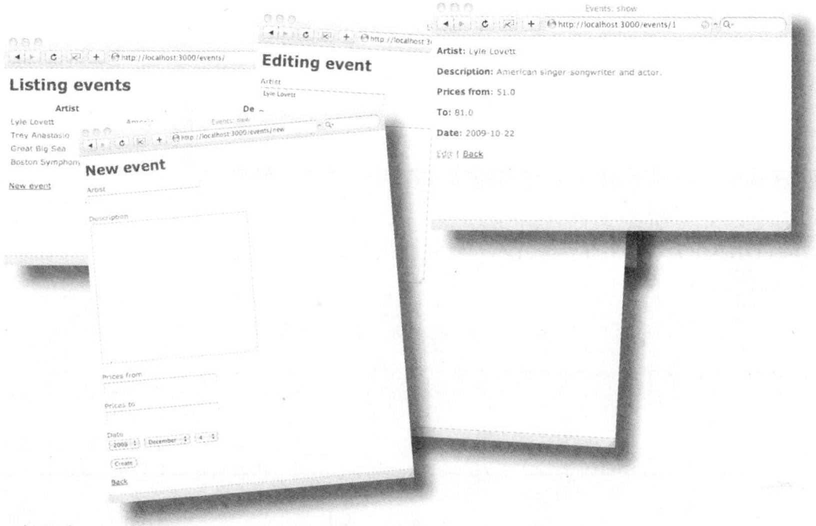

音乐会的门票销售一空！

整个星期应用都运行得很好，而且下周五晚上演奏厅的所有座位都卖掉了。

复习要点

- Rails遵循模型－视图－控制器架构，也就是MVC架构。
- Rails为模型、视图和控制器代码生成独立的文件夹。
- 你对应用做的任何修改都可以在你保存修改并在浏览器中刷新页面后立刻呈现。这是因为Rails使用Ruby搭建应用，它不需要编译。
- 你可以使用迁移来修改你的数据表结构。使用如下命令来生成添加字段到数据表中的迁移：

```
ruby script/generate migration
Add<column>To<table>
 <column>:<data type>
```

- 使用如下命令来运行迁移：

```
rake db:migrate
```

第1章

你的Rails工具箱中的工具

你已经把第1章收入囊中了，现在你已经将创建Rails应用的能力加入了你的工具箱。

Rails工具

rails app—name

创建一个应用

ruby script/server

开始这个应用

ruby script/generate Scaffold...

为模型生成CRUD代码

ruby script/generate migration

生成一个可以调整数据库结构的迁移

rake db:migrate

在数据库中运行迁移

2 超越支架

Rails应用，生来有序

到底Rails干些什么呢？你已经见识了**支架**是如何生成一堆堆的代码并以魔鬼般的速度帮你编写Web应用的，但是如果你想要做一点变化的话会怎么样呢？在本章中你会看到如何真正地**控制**你的Rails开发，并且深入地探究框架的底层。你将要学习Rails如何决定运行哪些**代码**，如何从数据库中读取**数据**，还有**网页**是如何生成的。最后，你就可以用**你**想要的方式来发布数据了。

MeBay公司需要你的帮助

MeBay公司是一家帮助人们在线转让闲置物品的销售公司。他们需要一个新版本的网站，而且他们需要**你**来帮助他们完成。

为了在网站上发布一条广告，卖家拨打MeBay公司的对方付费电话，告知他们卖家的ID和想转让物品的具体信息。MeBay拥有自己的数据输入系统，你的应用需要能在线发布Mebay的广告。

MeBay在一个数据库中存储广告

所有的广告都包含同样类型的信息，而MeBay想要在一个数据库中存储这些广告。他们会把数据输入到你创建应用时生成的那些数据表中。他们需要类似下面这样的东西：

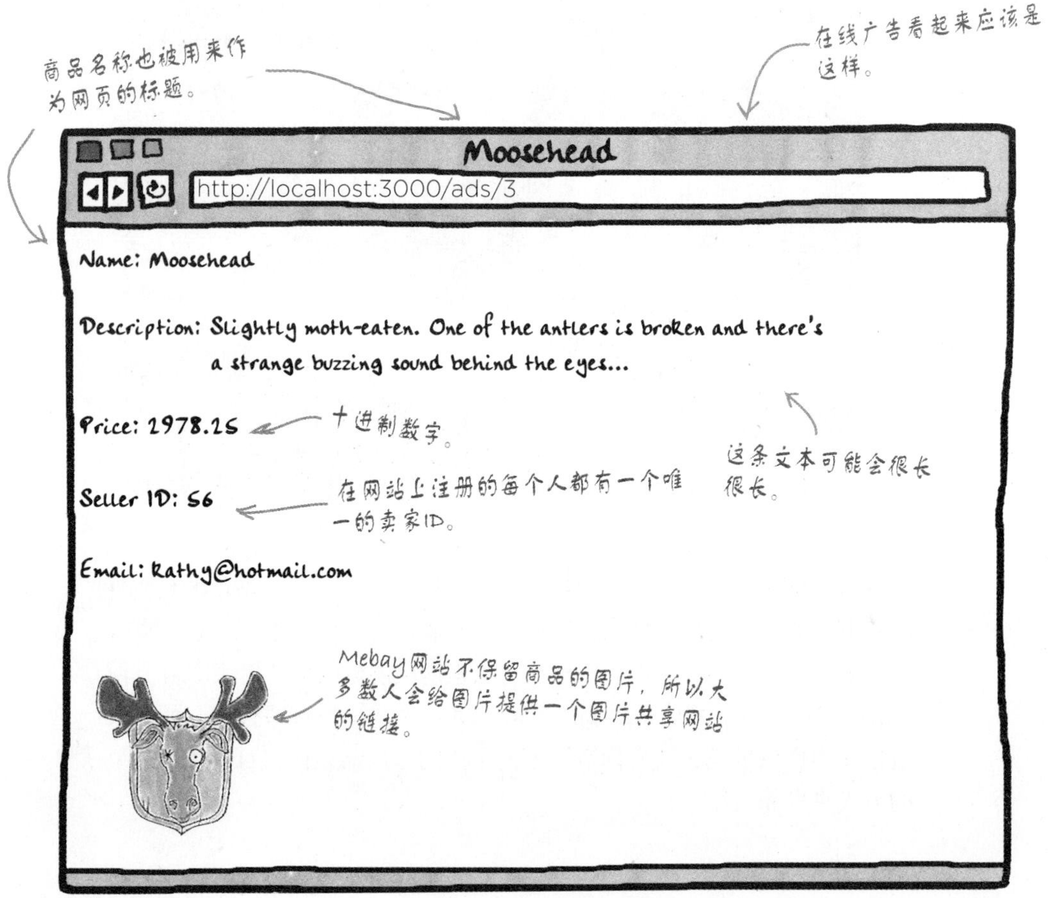

磨笔上阵

假设你要为网站使用Rails支架。试试在下面的架构示意图上填空吧。

首先，你要使用这条命令来创建一个新的名为mebay的Rails应用：

....

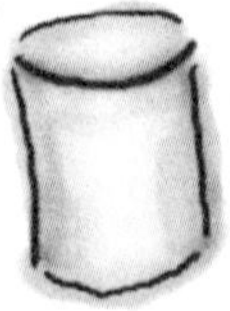

数据库模型

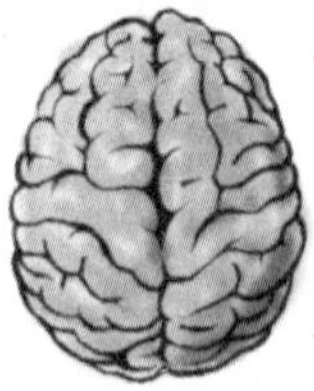

....
包含了应用的逻辑

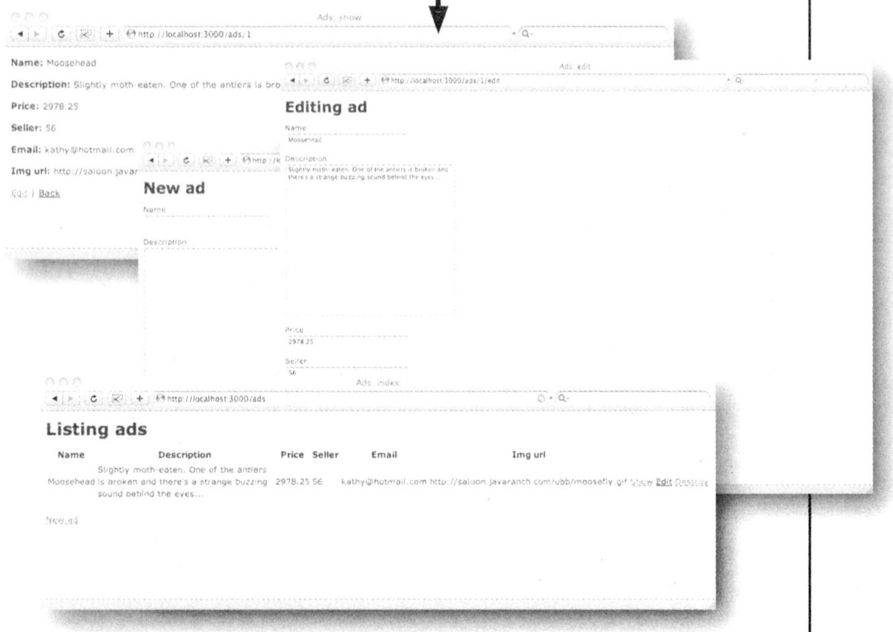

....
由网页组成，可以让用户 ....、
..............................、
.............................和
.... 数据。

为这个网站使用支架会有问题吗？

....

....

....

....

....

磨笔上阵 解答

假设你要为网站使用Rails支架，试试在下面的架构示意图上填空吧。

首先，你要使用这条命令来创建一个新的名为mebay的Rails应用：

rails mebay

这为应用创建一个名为mebay的文件夹和许多子文件夹。

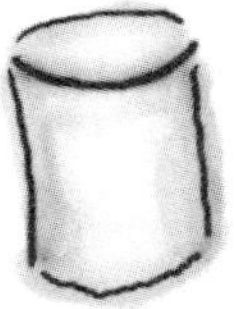

数据库模型

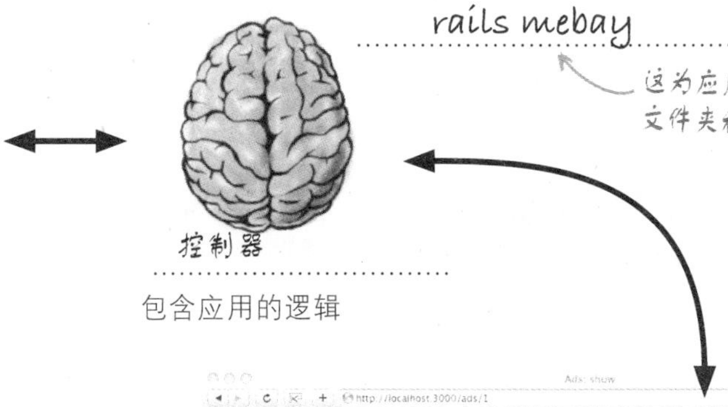

控制器

包含应用的逻辑

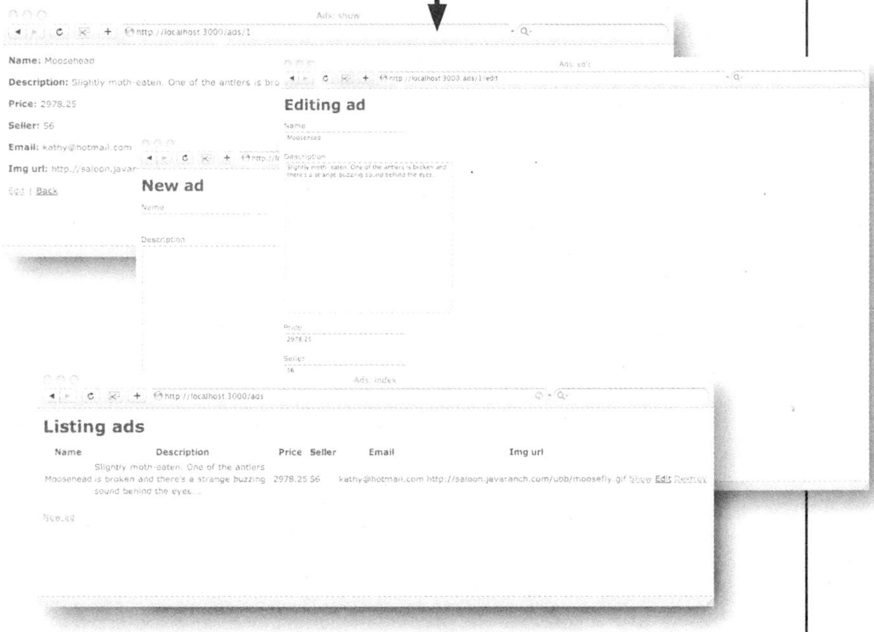

视图

由网页组成，可以让用户 创建 、 读取 、 更新 和 删除 数据。

为这个网站使用支架会有问题吗？

这儿的问题是支架生成的代码允许用户编辑数据，而MeBay只想让用户发布广告。他们不想让任何人改动一个商品的价格和细节信息。所有的数据都将由Mebay自己的系统输入，所以（至少现在是）他们只需要显示广告页面。

支架做的事太多了

MeBay想要的应用比一个支架式（scaffolded）应用做的事要少。支架是很棒，但是有时应用是如此简单，你不如手工创建你的应用。

为啥这样呢？嗯，如果你自己编写这些代码，应用就会**更简单**也**更容易**维护。这样做也有缺点：为了手工建立一个Railsweb应用，你需要**深入到内部**并理解Rails实际上是如何**工作**的。

让我们从决定你需要为MeBay创建哪些代码开始：

为了不通过支架来建立一个应用，你需要理解Rails实际上是如何工作的。

你需要把网站上的链接和你应用中的代码结合起来。

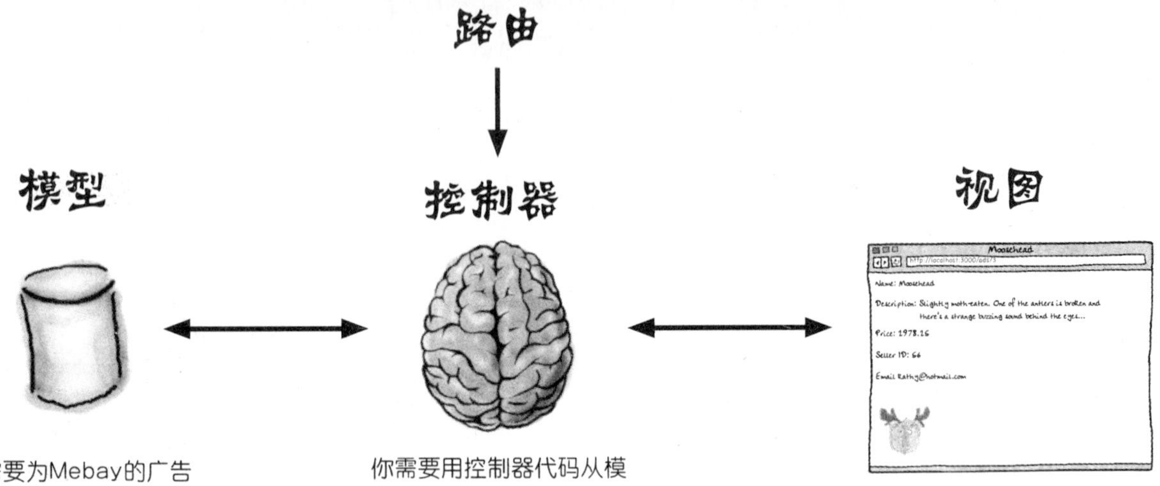

你需要为Mebay的广告创建数据库中的一个数据表和模型对象。

你需要用控制器代码从模型中获取数据并把它们传给视图，那儿是显示广告的地方。

不像支架式应用，你不需要为这个应用准备太多页面。MeBay说每个广告只需要单独的一页来显示。

那么你先写哪些代码呢？

让我们从生成Mebay模型开始……

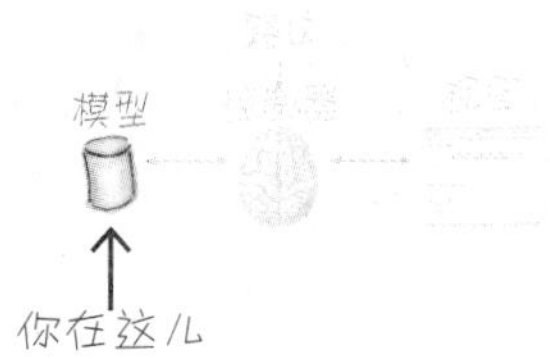

从创建**模型**代码开始的想法不错，因为模型中的数据结构会同时影响控制器和视图。

创建模型代码和创建支架非常相似。实际上，它们唯一的区别就是你把“scaffold”替换成了“model”，就像这样：

模型的名称是单数的，所以是“ad”，而不是“ads”。

```
File Edit Window Help AdvertizeMeBaby
> ruby script/generate model ad name:string description:text
price:decimal seller_id:integer email:string img_url:string
```

模型生成器命令将在app和db子文件夹中创建两个关键脚本：

- **模型类**
  (app/models/ad.rb) 和
- **数据迁移**
  (db/migrate/..._create_ads.rb)。

迁移是一个能连接到数据库并为广告创建一个数据表的Ruby脚本。为了运行这个脚本并创建数据表，我们需要用到rake。

这些和我们在第1章中做的事情一样。rake会根据时间戳来决定运行哪个迁移。

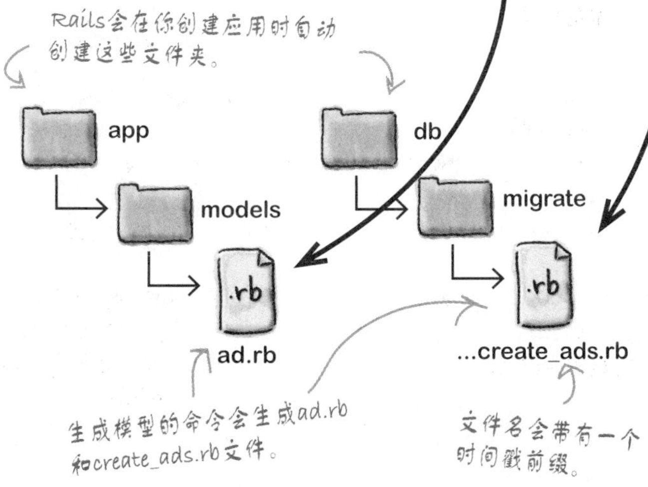

然后我们就用rake真正地创建数据表

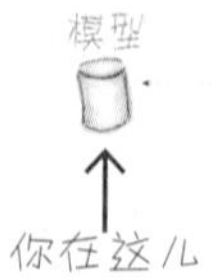

为了创建数据表，我们需要用rake db:migrate命令来调用迁移：

```
File Edit Window Help AdvertizeMeBaby
> rake db:migrate
```

记住，rake db:migrate命令会通过你刚才在模型中创建的..._create_ads.rb脚本在数据库中创建一个数据表。

但是，如果你仔细查看这个创建出来的数据表，你就会发现一件奇怪的事情：Rails在数据表中还额外创建了三个字段。

这些就是“神奇字段”：id、created_at和updated_at。id字段是一个生成的主键，而created_at和updated_at则记录了数据是何时被输入或被更新的。

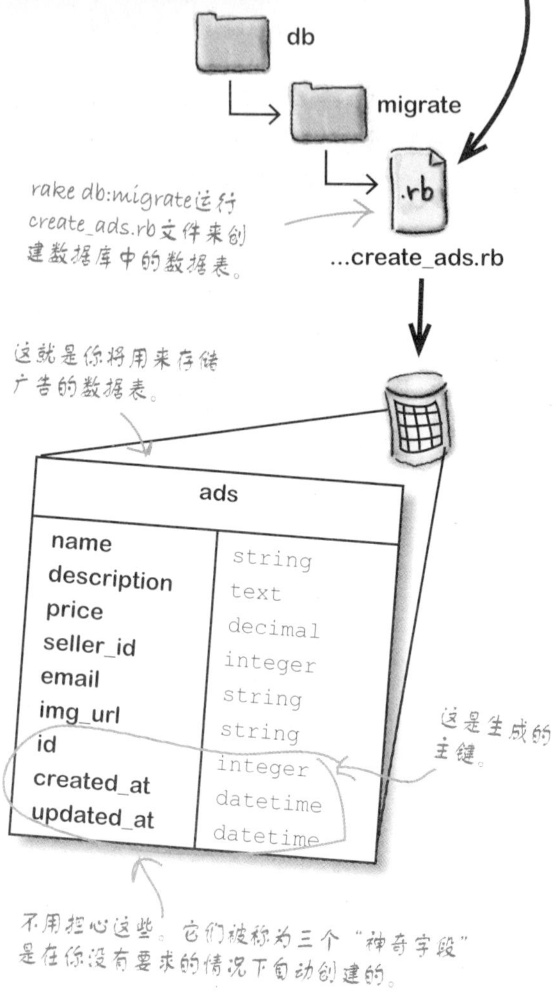

这样做！

Rake为你在数据库中创建了一个数据表，但是它并没有为你在表中填充实验数据。

在我们进入下一步之前你需要在这个数据表中插入一些数据。幸运的是，MeBay公司的好心人在Head First网站为你保留了一份他们的实验数据。把你的浏览器指向下面这个地址www.headfirstlabs.com/books/hfrails去获取一份完整的指示和数据。

确保你完成了这项工作，否则你后面会遇到问题。

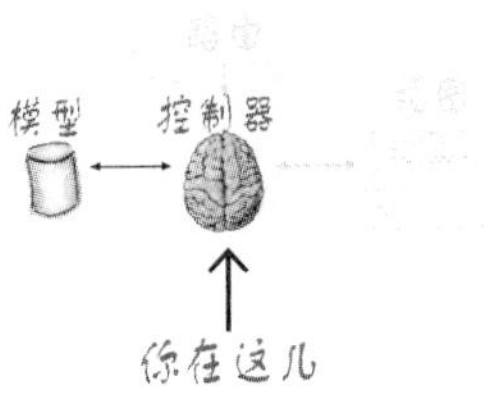

但是控制器是怎样的呢？

模型本身没什么作用。你需要一些代码来处理模型产生的数据，而这些就是**控制器**的工作。

就像支架和模型一样，控制器也有它们自己的生成器。使用下面的generate controller命令来生成一个空的控制器类：

控制器使用复数的名字。

```
File Edit Window Help
> ruby script/generate controller ads
```

这个命令会在**app/controllers/ads_controller.rb**中为你的控制器生成一个**类文件**。如果你用文本编辑器打开这个文件，就会看到一些类似这样的Ruby代码：

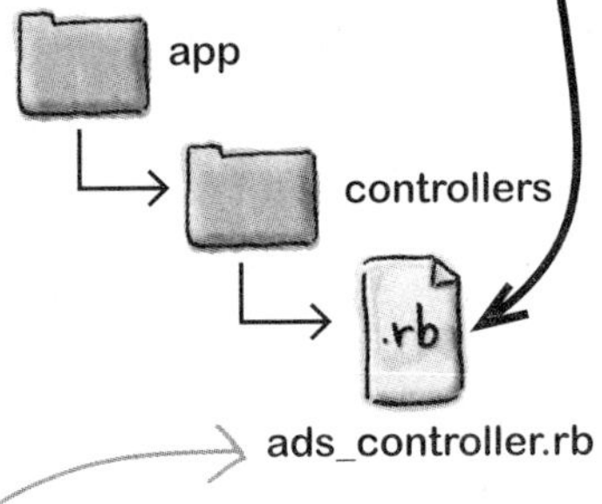

这标志着控制器代码的开始。

控制器的名字。

这儿的意思是"一种应用控制器类型"。

```
class AdsController < ApplicationController

end
```

记住：文件名和控制器名是相似的，但是控制器使用骆驼拼写法来分隔单词，而文件名用的是下划线。

应用的逻辑在这儿。

控制器代码的结束。

我们在后面几页就会提到需要在这个类中添加哪些代码……现在来说，我们不需要写任何Ruby（和Rails）的特定语法真是太棒了。

极客新知

骆驼拼写法的意思是在包含多个单词的标识符中使用大写字母来帮助你区分每个单词。

没有蠢问题

问： rake db:migrate命令总是会添加那些神奇字段吗？

答： 没错，它一定会这么干的。

问： 既使支架创建的数据表也是这样？

答： 是的。如果你检查了前一章中数据库里的数据表，你会发现那儿也有这些神奇字段。

问： 有什么方法可以让我打开数据库并检查那些数据表吗？

答： 有的——但是你需要一个工具。Firefox有一个叫做SQLite Manager的插件可以打开和读取Rails所使用的sqlite3文件。

问： 我注意到在`generate model`命令里你用的是ad，而在`generate controller`命令中你用的是ads。这么做是有意的吗？

答： 是的。在Rails里，模型的名字都是**单数**的，而控制器和数据表的名字是**复数的**。这意味着当我们用命令生成模型时，用的是单数名称ad，而当我们用命令生成控制器时，用的就是复数名称ads。

问： 这样做重要吗？

答： 非常重要！Rails就是运行在这些约定之上的，所以你遵守这些约定也很必要。如果你不这么做，Rails就不能正确地为你建立Web应用，而且有些东西可能就不能工作了。事情会变得非常容易，如果你遵守Rails期望的那些约定的话。

模型的名字是单数的，而控制器和数据表的名字是复数的。

我们已经创建好了模型和控制器，现在让我们接着来看视图吧……

视图是通过页面模板创建出来的

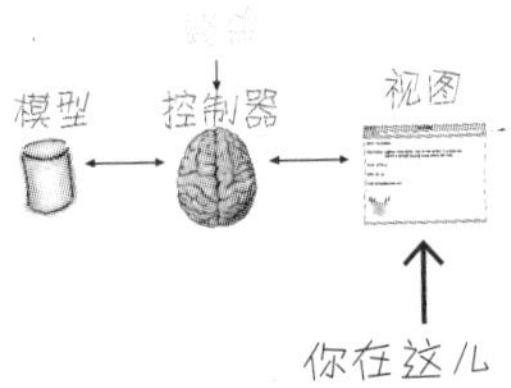

我们需要创建哪些视图代码呢？MeBay网站只需要一个单一页面，而这一页将会被用作这个网站上所有广告的模板。因为这个原因，Rails中的页面常常被称为**页面模板**（page template，或者简称为**模板**）。

网页是由嵌入式Ruby（Embedded Rudy，被称为ERb）从模板中生成的，这也是标准Ruby库的组成部分。如果有人需要3号广告，ERb就会用页面模板以及从模型获取的数据为这个广告生成HTML网页。

那么ERb是如何产生网页的？

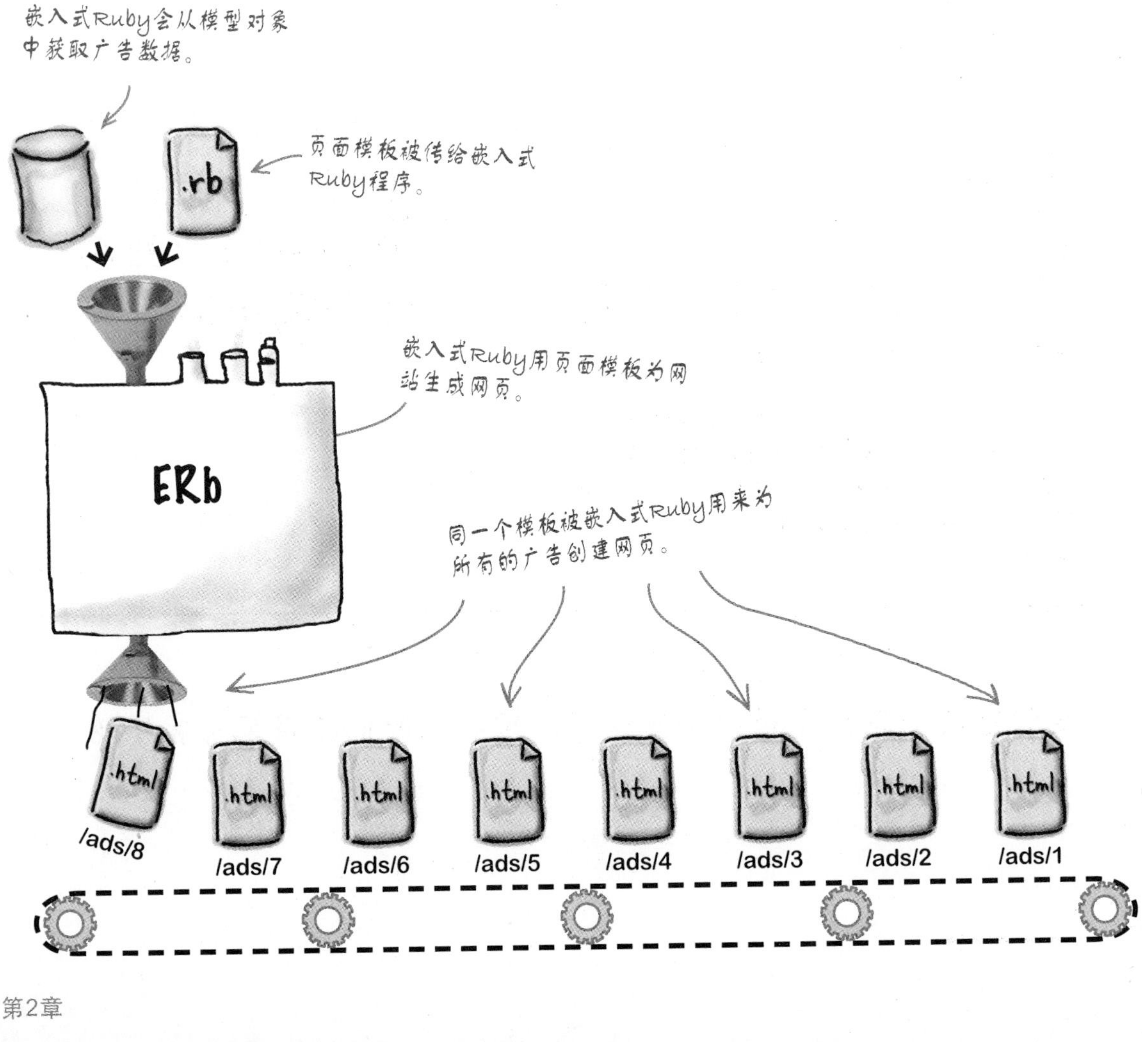

页面模板包含了HTML

当你生成了模型和控制器，Rails就生成了Ruby代码。然而视图有一点不同。应用有一个HTML界面，所以**视图代码是用HTML写成的**也是有道理的。

为了创建这个广告模板，打开文本编辑器并创建一个名为**show.html.erb**的文件，然后把它保存在app/views/ads路径下。你需要让show.html.erb的内容看起来像这样：

这样做！

创建show.html.erb文件并把这些代码添加到这个文件中。

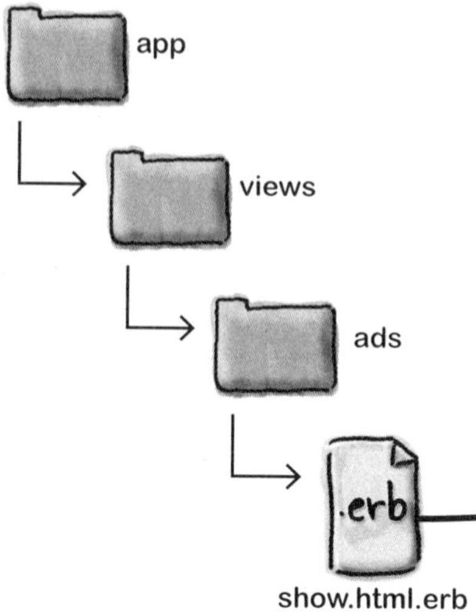


```
<html>
<head>
  <title>   </title>
</head>
<body>
<p>
  <b>Name:</b>
</p>
<p>
  <b>Description:</b>
</p>
<p>
  <b>Price:</b>
</p>
<p>
  <b>Seller Id:</b>
</p>
<p>
  <b>Email:</b>
</p>
</body>
</html>
```

嵌入式Ruby(ERb)从模板创建Web页面。

此时此刻这个模板看起来还是一片空白，但是不久后你就会看到控制器是怎样聪明地在它里面插入数值的。

那么，实际的Web应用看起来是什么样子的？

试驾

用这个命令来启动你的服务器

```
ruby script/server
```

然后把浏览器指向

```
http://localhost:3000/ads/3
```

发生了什么?

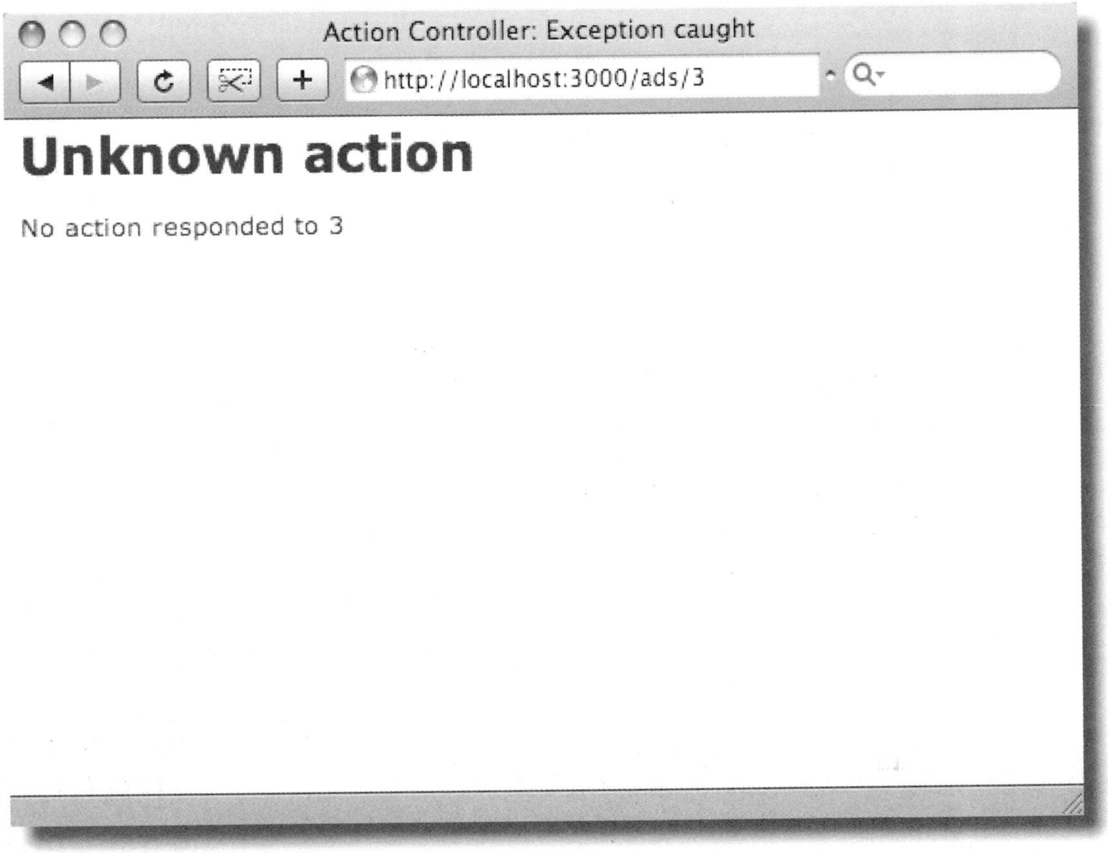

Web应用出错了。怎么回事?

我们刚刚手工创建了一个Web应用的基本骨架，但是我们还没有告诉Rails怎样使用这个新的`show.html.erb`模板。

我们应该怎么做呢?

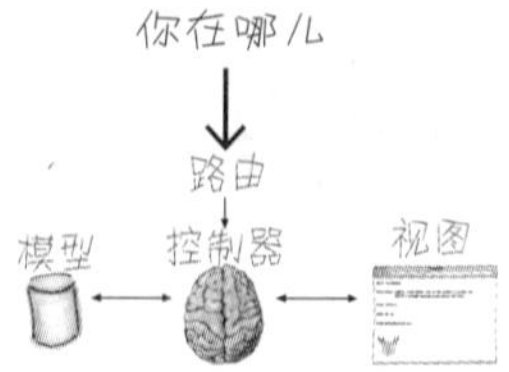

路由会告诉Rails你的网页在哪儿

Rails需要一条规则来指明对于指定的网址要运行哪些代码。这是Rails中为数不多的几件真正需要配置的事情之一。

Rails用来映射URL路径到代码的规则被称为**路由**（route）。Ruby程序中的路由是在**config/routes.rb**中定义的，我们还需要为show.html.erb模板添加一条新的路由：

如果有人请求/ads/3，我就用ads控制器和show模板，再把参数id设为3。

这样做！

这是新的路由，你需要把它加到routes.rb文件里。

```
ActionController::Routing::Routes.draw do |map|
  map.connect '/ads/:id', :controller=>'ads', :action=>'show'
  map.connect ':controller/:action/:id'
  map.connect ':controller/:action/:id.:format'
end
```

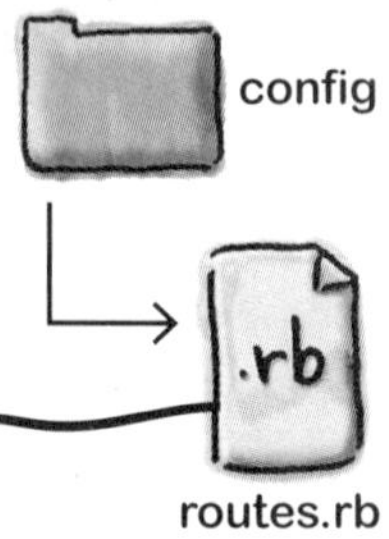

这是我们不会用到的默认路由。

这儿黑体标出的路由会匹配

http://mebay.com/ads/3

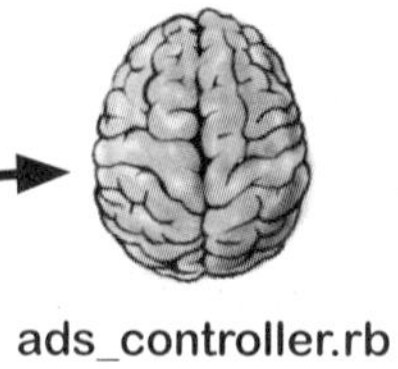

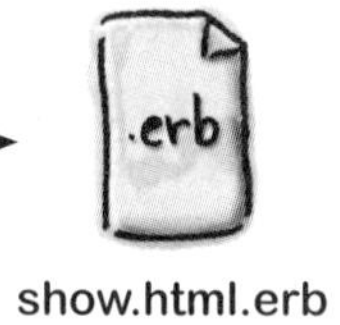

——用ads_controller.rb作为控制器代码，show.html.erb作为页面模板。

但这些到底是怎样工作的？发生了些什么呢？

幕后英雄是路由

❶ 当Rails收到一条来自浏览器的请求后，它会把请求路径传递给routes.rb程序来找到一条匹配的路由。

```
map.connect '/ads/:id',
  :controller=>'ads', :action=>'show'
```

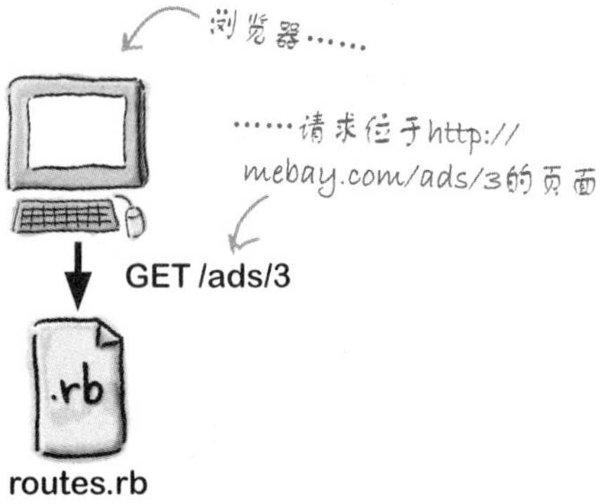

---

❷ 如果匹配的路由包含符号，那么路由系统就会在请求参数数据表params[...]中创建匹配的参数。这儿的符号，我们指的是由冒号开头的一个字母序列。

路由系统把由冒号开头的一个字母序列看作一个符号。

```
map.connect '/ads/:id',
  :controller=>'ads', :action=>'show'
```

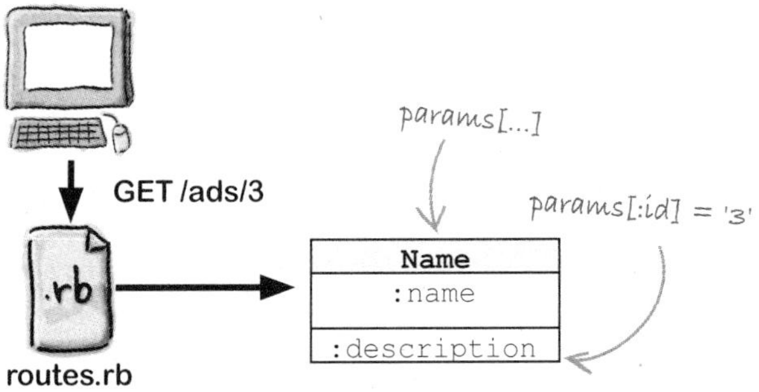

---

❸ 路由也可以指定另外要插入到params[...]中的参数。
:controller和:action常常在这儿被指定。你能想到为什么吗？

```
map.connect '/ads/:id',
  :controller=>'ads', :action=>'show'
```

路由也可以指定别的参数。

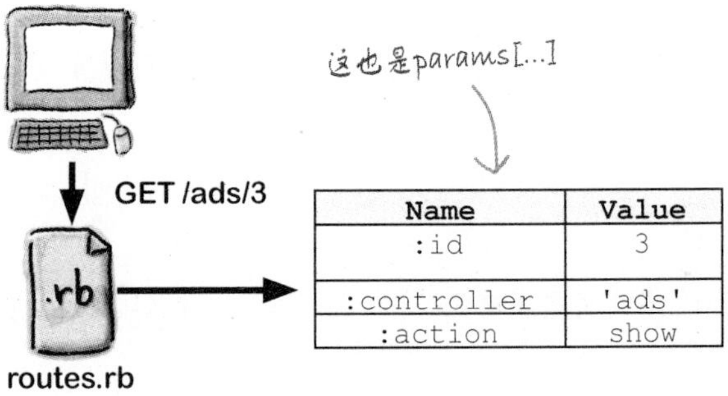

❹ 一旦routes.rb程序结束，Rails就会查看params[:controller]的值，并用它来决定自己需要创建什么类型的控制器对象。

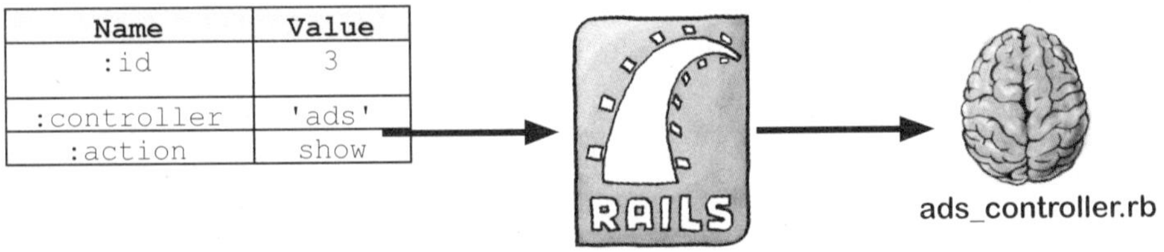

❺ 一旦控制器对象被创建了，Rails就会使用存储在params[:action]中的值，来选择要调用的控制器中的方法。

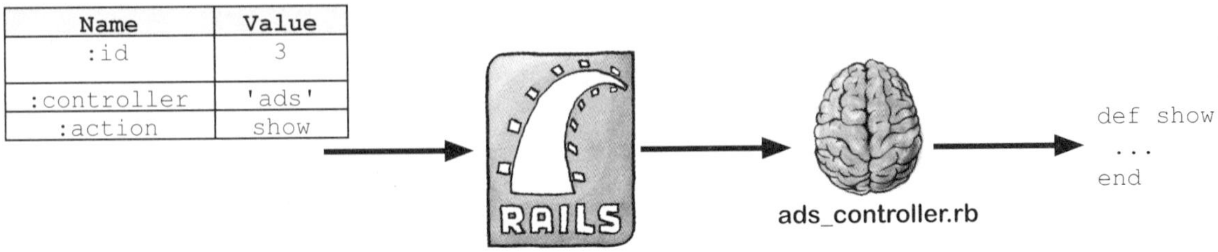

❻ 当控制器方法完成后，Rails就调用同样匹配params[:action]值的页面模板。这个页面模板会生成要返回给浏览器的响应。

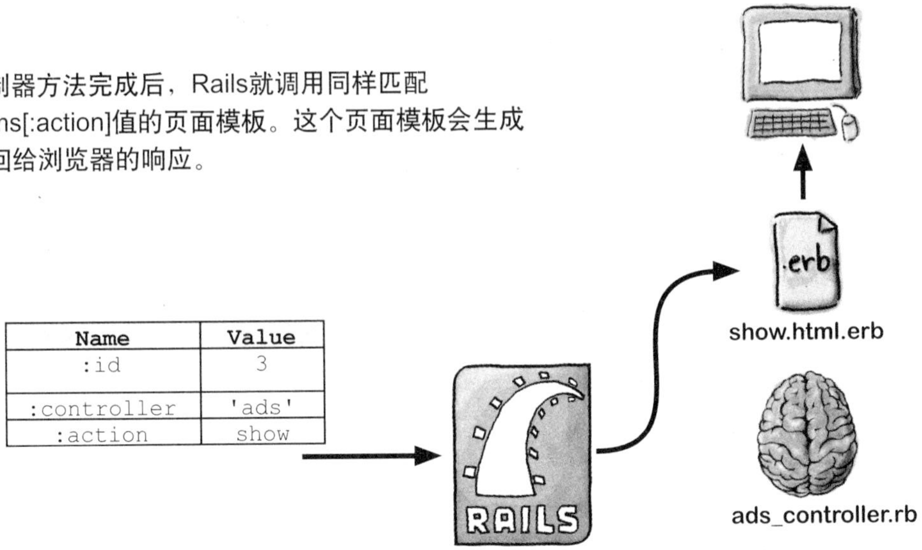

没有蠢问题

问： 生成支架然后再修改不是会更快吗？

答： 这会因不同的应用而不同。MeBay只想要非常少量的功能。如果你的应用需要实现和支架截然不同的工作，只生成模型和控制器，再添加你自己的代码会快得多。

问： 支架也会生成模型吗？

答： 是的。支架生成器会调用模型和控制器的生成器。它也会为标准的创建、读取、更新和删除操作创建页面模板。

问： id是什么类型的参数？

答： 它是一个请求参数，就像被表单提交的值，或是那些传递给URL的参数。

问： 什么是请求？

答： 请求就是当你点击一个链接时浏览器发送给服务器的内容。它会告知服务器你需要的确切路径。

问： 那什么是响应呢？

答： 响应是服务器返回给浏览器的内容以及其他的一些信息，比如内容的mime-type。

问： 为什么Rails需要路由配置呢？为什么不是直接使用标准路径呢？

答： 比起配置，Rails总倾向于使用约定，除了系统需要和外界对话的时候。URL的格式影响外部世界看到的应用的样子，所以Rails让你配置它们。当你使用支架的时候，Rails为你生成路由，但是理解路由是如何工作的对追踪出错或创建自定义路由还是很有帮助的，比如在这个应用中。

问： 我还是不太明白何时使用骆驼拼写法。到底是在什么情况下使用呢？

答： 骆驼拼写法（CamelCase）的意思就是在包含了多个单词的标识符中使用大写字母。它有这个名字是因为那些大写的字母看上去像骆驼的驼峰。

在Rails中，文件名和控制器名看上去很相似，但是控制器名使用骆驼拼写法来分隔单词，而文件名使用下划线来帮助你区分代码和文件。

问： 先调用的是哪个：控制器还是视图？

答： 控制器总是在视图之前被调用。

问： 为什么页面模板的后缀名是.html.erb？它难道不只是一个HTML文件吗？

答： 一个模板可以是一个简单的HTML文件，但是很多模板会包含额外的指令，这些指令会被嵌入式Ruby系统处理。所有你想要嵌入式Ruby处理的那些文件的文件名末尾都有“.erb”。

问： 为什么模板在一个名为“views/ads”的文件夹里，而控制器却不在“controllers/ads”文件夹里？

答： 想象一下你要编辑并查看一个对象。应该会有一个“编辑（edit）”页面和一个“查看（view）”页面。但是“edit”和“view”两个请求都会通过同一个控制器。所以多个模型会有同一个控制器，但是可能会有多个页面。这就是为什么页面模板在它们自己的子文件夹里，可能会有多个页面模板。

问： 我听过人们谈论“业务对象（business object）”和“领域对象（domain object）”。Rails有这些概念吗？

答： 有的，因为业务对象和领域对象就是模型对象的别称。

我的路由是什么？

MeBay的竞争对手已经有一个Rails应用了，用的就是下面这组路由：

```
map.connect '/shows/:title', :controller => 'shows', :action=> 'display'
map.connect '/cats/:name', :controller => 'cats', :action=> 'show'
map.connect '/gadgets/:type', :controller => 'gadgets', :action=> 'show'
```

你能找出哪个页面模板文件被用来为指定的URL生成HTML吗？**画线**把URL和会被用到的页面模板连接起来，然后写下从每个URL中提取的参数的名字和值。

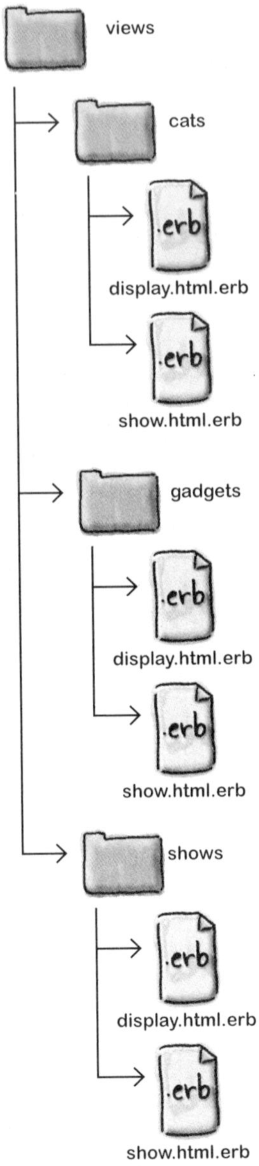

从每个网址到对应的页面模板文件画条线。

1 http://yourbay.com/gadgets/display

参数名：...................... 值：..................

2 http://yourbay.com/shows/cats

参数名：...................... 值：..................

写下从每个URL中提取的参数的名字和值。

3 http://yourbay.com/cats/gadget

参数名：...................... 值：..................

我的路由是什么？解答

MeBay的竞争对手已经有一个Rails应用了，用的就是下面这组路由：

```
map.connect '/shows/:title', :controller => 'shows', :action=> 'display'
map.connect '/cats/:name', :controller => 'cats', :action=> 'show'
map.connect '/gadgets/:type', :controller => 'gadgets', :action=> 'show
```

你能找出哪个页面模板文件被用来为指定的URL生成HTML吗？**画线**把URL和会被用到的页面模板连接起来，然后写下从每个URL中提取的参数的名字和值。

这个URL匹配这条规则。

匹配的规则在请求路径中有一个:type参数。

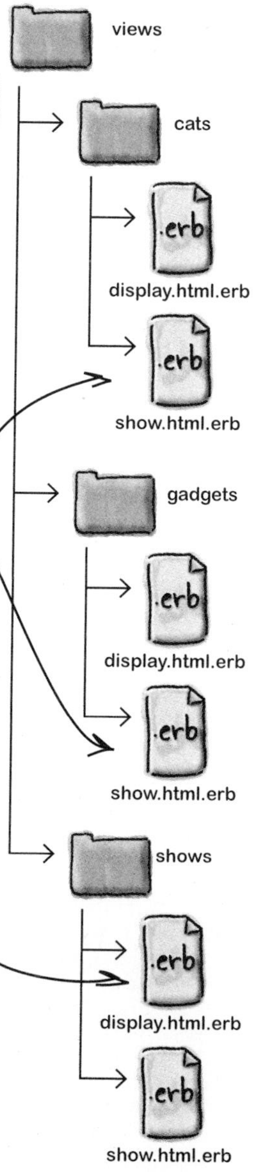

1 http://yourbay.com/gadgets/display

参数名： :type 值： 'display'

参数的值是路径中和参数相同位置的部分。

2 http://yourbay.com/shows/cats

参数名： :title 值： 'cats'

3 http://yourbay.com/cats/gadget

参数名： :name 值： 'gadget'

试驾

用浏览器打开这两个页面：

`http://localhost:3000/ads/3` 以及

`http://localhost:3000/ads/5`

广告是空白的！

动动脑

为什么页面中没有具体内容？路由有问题？还是模型？视图？控制器？

视图没有要显示的数据

回顾一下show.html.erb。这个文件被用来为每个广告创建页面——而这恰好就是模板已经完成的工作：

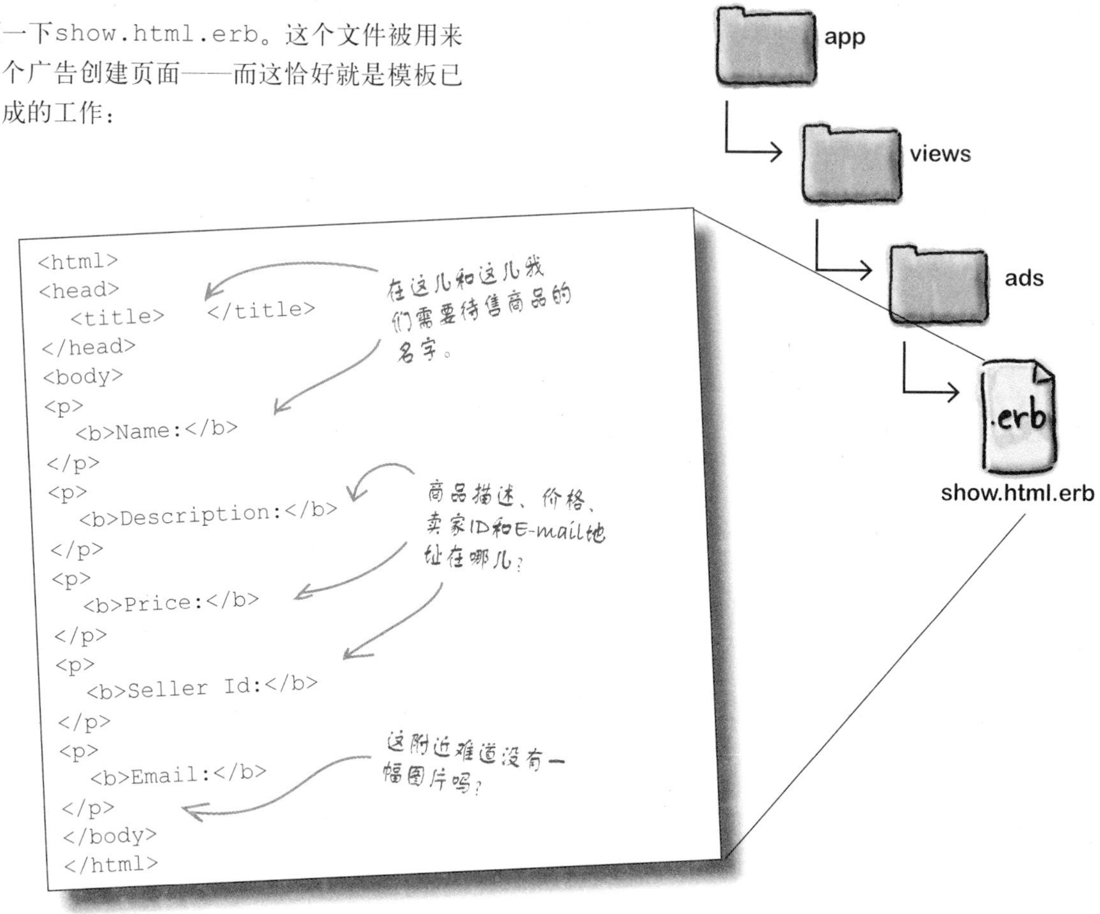

尽管我们已经放好了HTML的主要骨架——标签、主体和标题部分，但还是有好多事情被漏掉了。我们还没有指明：

需要显示**哪些数据**

或者

数据需要被插入到页面中的**哪个地方**

那么页面应该显示哪些内容？

我们需要广告页面显示URL中指定广告号的数据。例如，这是3号广告对应的URL：

http://localhost:3000/ads/3 ← 我们希望这个URL显示3号广告。

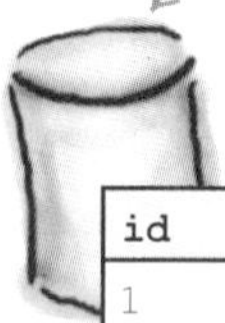

数据库包含了…… ……广告数据表，而那包含了…… ……id = 3的记录

id	name	description	price	seller_id	email	img_url
1	Typewriter	Old manual typ...	71.95	54	dhammett@email...	http://www.fot...
2	Football	Some strings f...	74.02	45	marty@googlema...	http://www.dai...
3	Moosehead	Slightly moth-...	2978.25	56	kathy@hotmail....	http://saloon....
4	Desk	Milk desk - go...	4800	123	andy@allmail.c...	http://picasaw...

你需要做的第一件事就是告诉模型从数据库中的ads数据表中读取记录，记录号和URL中的id号相同。如果用户请求的页面是对应3号广告的，模型就需要被告知去读取id = 3的记录。

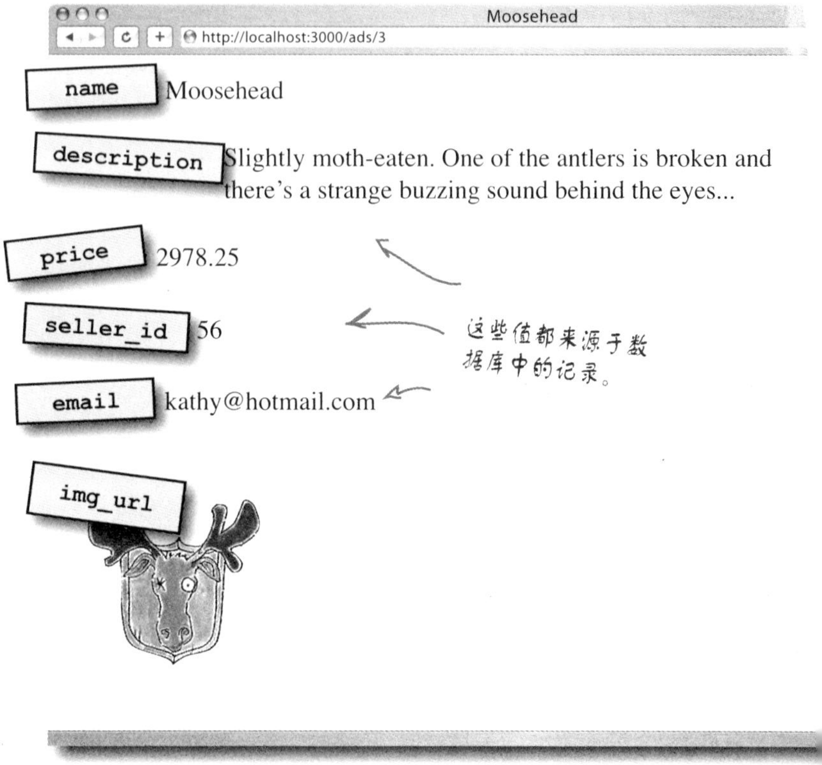

我们需要在正确的位置显示数据

读取数据只完成了一半。一旦模型读取了数据，它就需要把数据传递给视图。接着视图需要知道在每个页面中的哪些位置显示这些数据。记录中的每个域都需要被显示在网页中对应的标签旁边。除此之外，你还需要使用img_url字段中的值来在页面中插入一幅待售商品的图片。

那么，系统的哪一部分负责从数据库中请求相应的数据并把这些数据传递给视图呢？

控制器把广告发送给视图

让我们来看看控制器中的那些代码的样子以及它们是怎样工作的：

❶ 当用户的浏览器发送对某个页面的请求给应用时，Rails调用routes.rb程序来确定需要运行哪段代码。

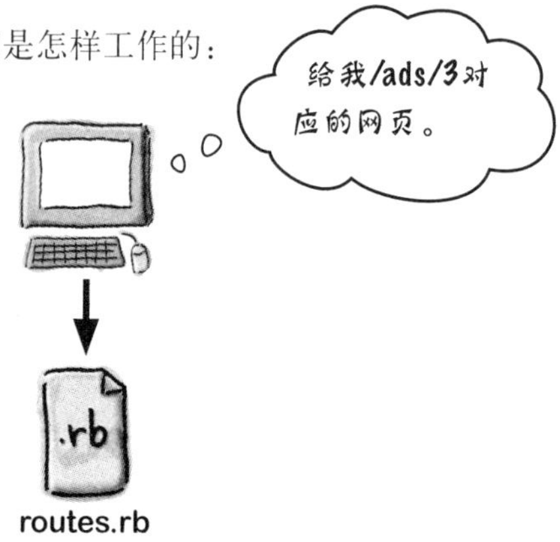

❷ routes.rb检查请求的路径并确定应用需要使用广告控制器来执行一个“显示（show）”动作。它也会使用请求路径中的值“3”来创建一个:id参数。

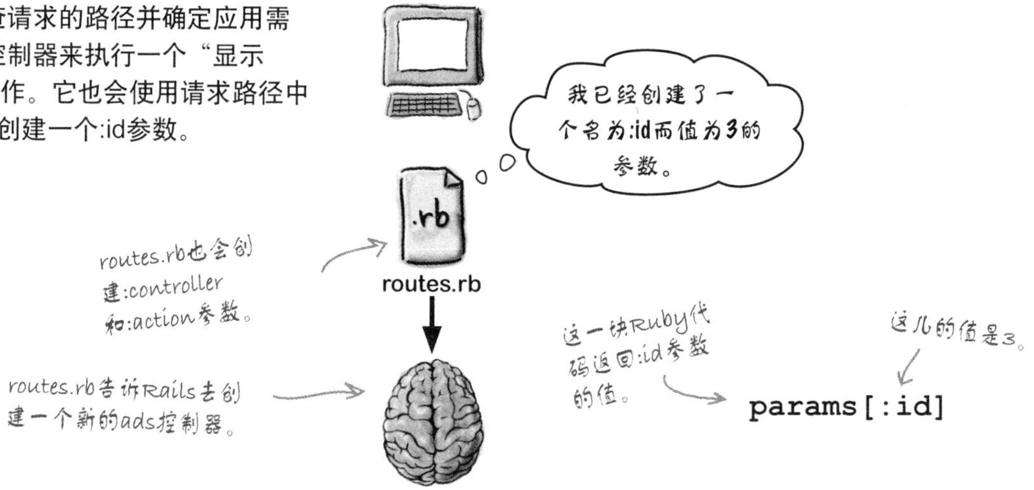

❸ 控制器看到:id参数被设置成“3”，所以它要求Ad模型找出id = 3的广告对象。控制器告诉模型使用称为“finder”的方法。

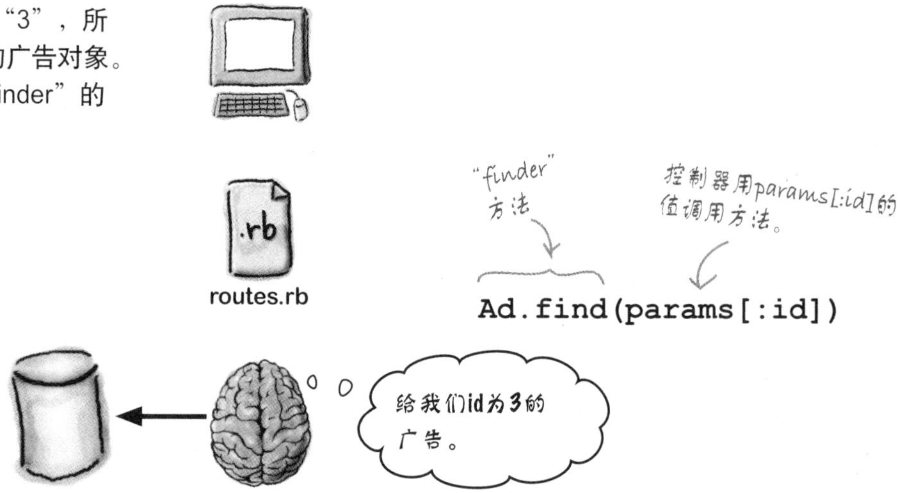

4 Ad模型从ads数据表中读取id = 3的记录并把结果返回给控制器。

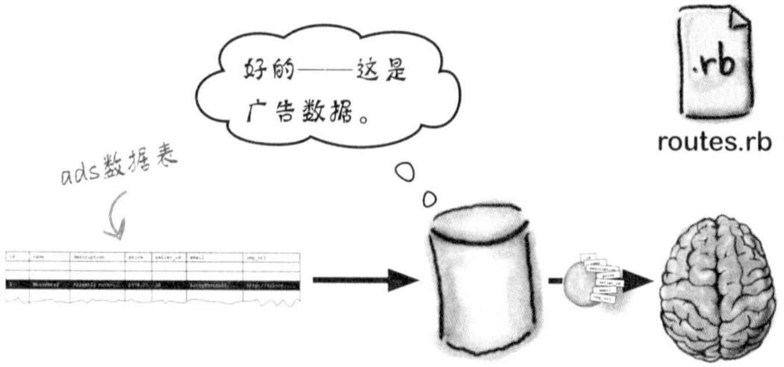

来自于Ad模型的广告数据作为finder调用的返回值被返回给控制器。

```
Ad.find(params[:id])
```

---

5 控制器通过把3号广告的数据赋予名为“@ad”的变量来把数据存储到内存中。页面模板可以访问@ad变量，这样它在生成网页的时候就能使用广告数据。

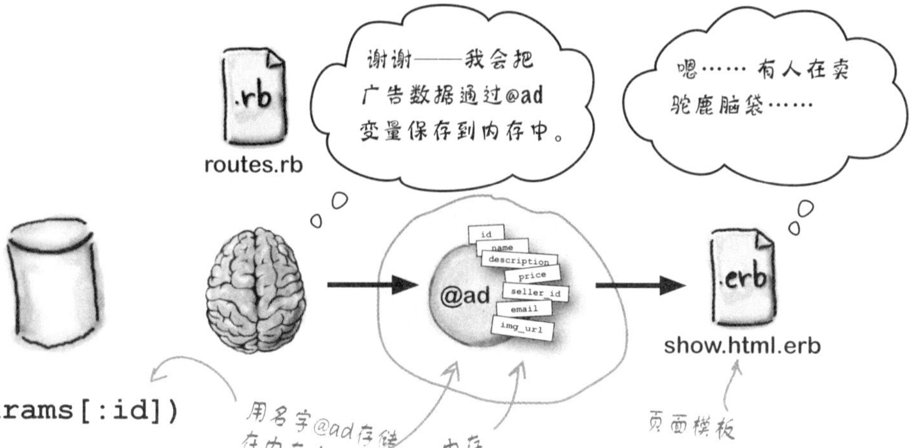

控制器把数据“赋予”一个名为“@ad”的变量。

```
@ad = Ad.find(params[:id])
```

这是一个控制器“方法”，其名字匹配动作名字“show”。

```
class AdsController < ApplicationController
  def show
    @ad = Ad.find(params[:id])
  end
end
```

ads_controller.rb

/app/controllers/ads_controller.rb

ads_controller.rb中已完成的代码需要被放到一个名为**show**的方法中去，这个名字用来匹配`route.rb`创建的`:action`参数的名字。

但是模型到底是怎样从数据库中读取数据的，以及页面模板又将怎样使用这些数据？

把上面完整的控制器代码输入进去。

这样做！

Rails把记录转化成对象

当Rails从数据库中读取匹配URL中id的记录时，记录中的数据就被转换到一个对象中。这个对象被存储在内存里，而且控制器会给它取名为`@ad`。

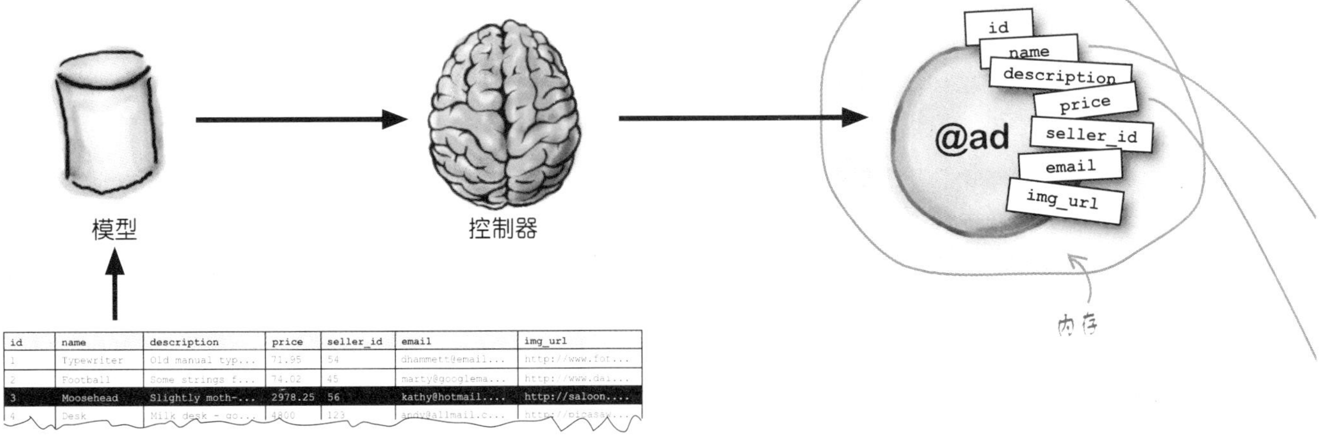

id	name	description	price	seller_id	email	img_url
1	Typewriter	Old manual typ...	71.95	54	dhammett@email...	http://www.fot...
2	Football	Some strings f...	74.02	45	marty@googlema...	http://www.dai...
3	Moosehead	Slightly moth-...	2978.25	56	kathy@hotmail....	http://saloon....
4	Desk	Milk desk - go...	4800	123	andy@allmail.c...	http://picasaw...

但是记录有好几个域，每个域中都有数据。所有这些数据是如何存储在同一个对象中的呢?

答案是一个对象可以有好几个**属性**。属性就像记录中的字段。它有**名字**和**值**。所以当Rails从数据库的记录中读取到`description`的值时，会把它存储在`@ad`对象的`@ad.description`属性中。同样的事发生在id、name、seller-id等类似的事情上。

通过这种方式，`@ad`模型对象完全匹配了数据库中的记录。这是很有用的，因为**这个内存对象对于视图代码而言是可见的**。

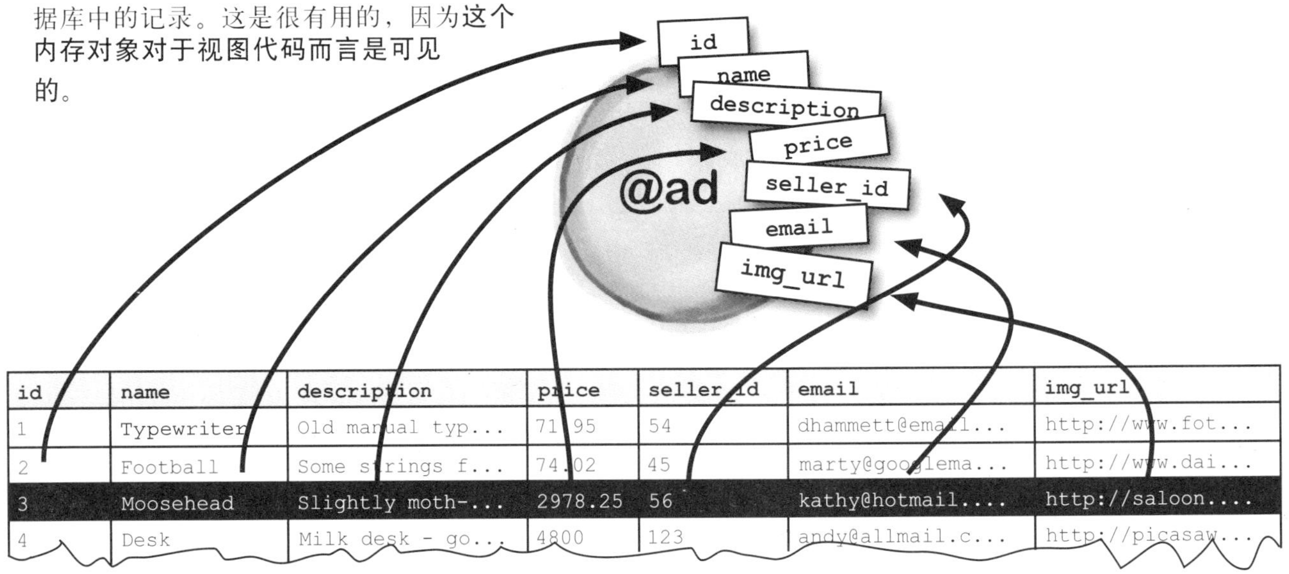

id	name	description	price	seller_id	email	img_url
1	Typewriter	Old manual typ...	71.95	54	dhammett@email...	http://www.fot...
2	Football	Some strings f...	74.02	45	marty@googlema...	http://www.dai...
3	Moosehead	Slightly moth-...	2978.25	56	kathy@hotmail....	http://saloon....
4	Desk	Milk desk - go...	4800	123	andy@allmail.c...	http://picasaw...

数据在内存中，而网页可以看见它们

页面模板（show.html.erb）并不直接返回给浏览器。首先它会被**嵌入式Ruby**程序ERb处理，而这就是为什么我们的模板有一个**.erb**文件后缀名。让我们仔细看看ERb是怎样从内存中读取对象的。

ERb遍历整个模板来寻找被称为**表达式**的一小段嵌入式Ruby代码。每个表达式使用<%=和%>围起来，ERb将把表达式替换成它的值。所以当它在网页的某处找到：

```
<%= 1 + 1 %>
```

时，Rails会在把页面返回给浏览器之前用2来替换这个表达式。

但是我们真正要实现的是从内存中获取@ad对象里的值，就像这样：

```
<html>
<head>
  <title><%= @ad.name %></title>
</head>
<body>
<p>
  <b>Name:</b><%= @ad.name %>
 </p>
<p>
  <b>Description:</b><%= @ad.description %>
</p>
<p>
  <b>Price:</b><%= @ad.price %>
</p>
<p>
  <b>Seller Id:</b><%= @ad.seller_id %>
</p>
<p>
  <b>Email:</b><%= @ad.email %>
</p>
<p>
  <img src="<%= @ad.img_url %>"/>
</p>
</body>
</html>
```

这个带有嵌入式Rudy的ERb模板会生成这个页面的HTML。

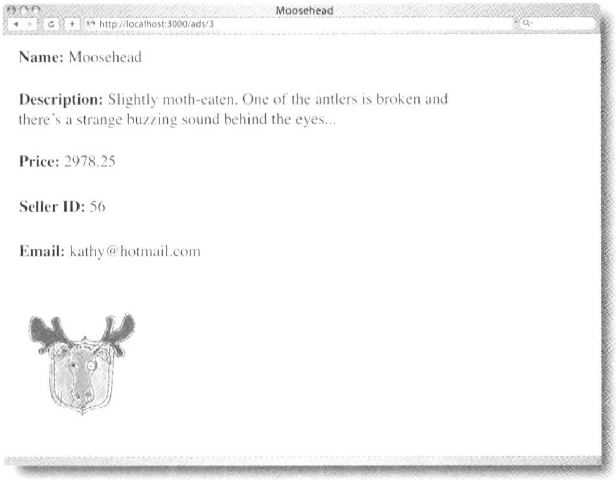

在传回页面之前，Rails会把所有的<%=...%>标签替换成它们的对象值。

那么——这样有效吗？

试驾

为了测试这个系统，MeBay的工作人员用他们的数据输入系统来向Rails的数据库插入数据。

数据一旦存储在数据库中就可以在Web上看到了。所以如果有人请求/ads/1、/ads/2等，他们就会看到由数据库中相应数据生成的网页。

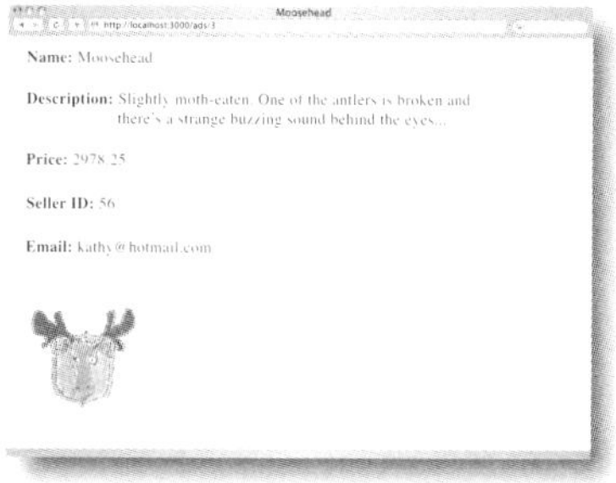

MeBay的数据输入团队

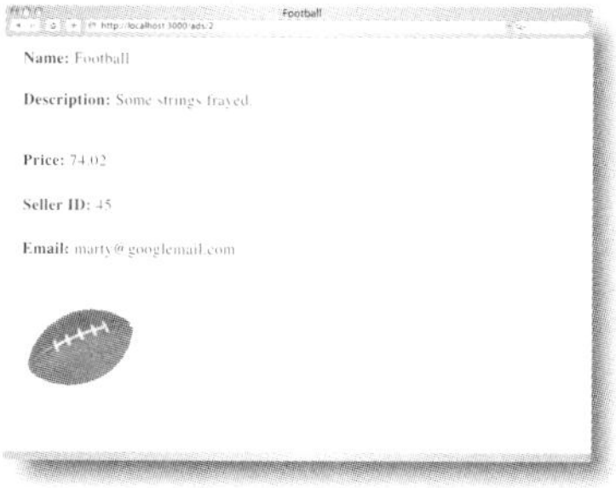

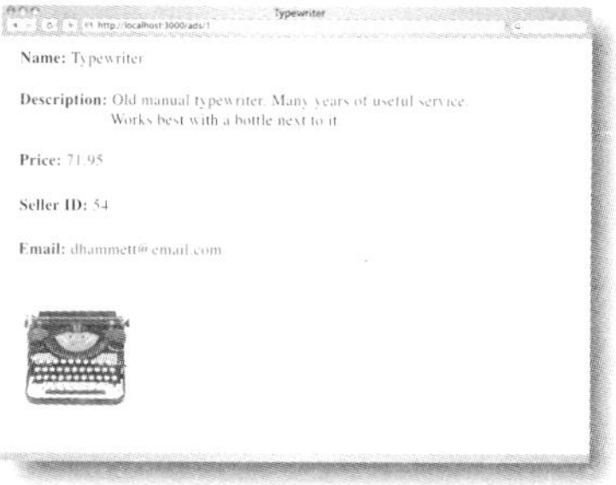

祝贺你！

你已经完成了第一个手工Rails应用！尽管它看上去比使用支架生成的长一点，但是每一步都在你的控制之中。更重要的是，你初步接触了Rails的内部机制，并学到了它的一部分本领：

复习要点

- 当收到一个URL请求时，**路由**会告诉Rails该运行哪些代码
- 控制器通过URL中的id去读取模型中正确的数据
- 模型访问数据库并把数据作为一个Ruby对象返回
- 控制器给**内存中**的对象一个名字让它可以被找到……
- ……**页面模板**，通过嵌入式Ruby表达式来把数据的值插入到页面中

代码池谜题

MeBay希望用/sellers/:id显示卖家的信息。用代码池中提供的代码片段完成控制器和页面模板。

```
def stats
  ................. = Seller.find(..........................)
end
```

```
<p>
  <b>Number of Sales:</b> ................. ................................. .................
</p>
<p>
  <b>Total sales values:</b> ................. ................................. .................
</p>
<p>
  <b>Average price:</b> ................. ................................. .............. ........................... .........
</p>
```

提示：代码池里的每个代码片段只能使用一次！

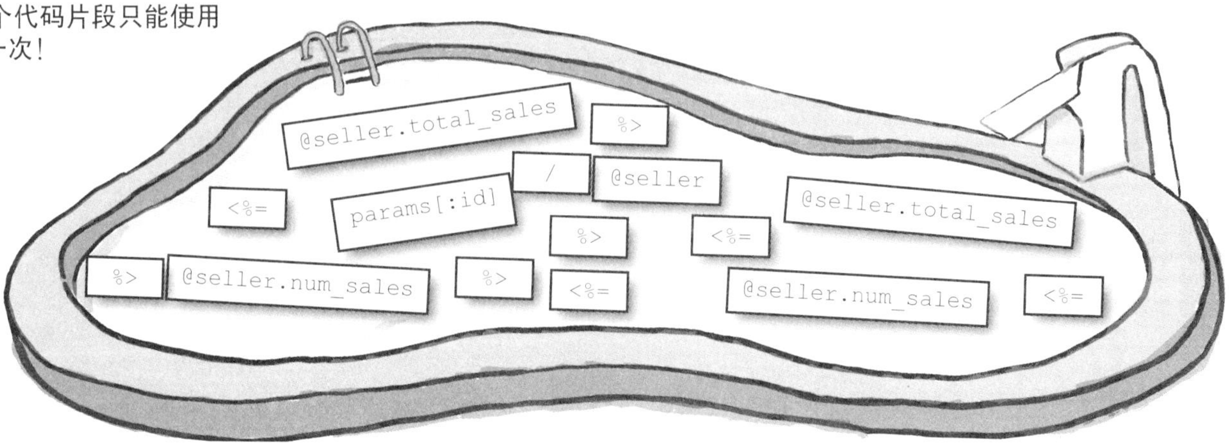

代码池谜题解答

MeBay希望用/sellers/:id显示卖家的信息。用代码池中提供的代码片段完成控制器和页面模板。

这个对象的属性会匹配数据库中卖家数据的值。

这会返回URL中id数值对应的卖家。

这是URL中的数值，所以如果用户请求的是/sellers/3，这个数值就是3。

```
def stats
  @seller = Seller.find(params[:id])
end
```

这将会从数据库中的“num_sales”字段读取数据。

这将会返回数据库中“total_sales”字段的值。

```
<p>
  <b>Number of Sales:</b> <%= @seller.num_sales %>
</p>
<p>
  <b>Total sales values:</b> <%= @seller.total_sales %>
</p>
<p>
  <b>Average price:</b> <%= @seller.total_sales / @seller.num_sales %>
</p>
```

表达式可以包含计算公式，所以这个标签会被平均价格值替换掉。

注意在计算公式两边的标签。

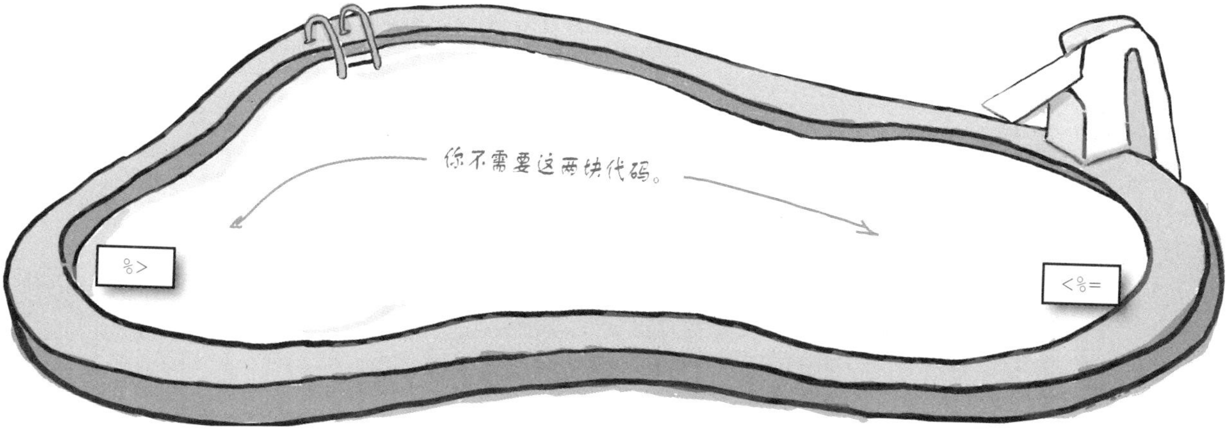

有个问题——用户找不到他们想要的网页

尽管数据库中的每个广告都有网页，但是没有一个简便的途径来找到它们。

如果我想浏览这个网站的网页，我就得在URL中输入如/ads/1或/ads/2。这实在太不好用了。

为了帮助用户看到都有哪些广告，并且帮助他们从中找到他们感兴趣的那些广告，MeBay的工作人员要求有一个**索引（index）页面**来显示到所有页面的链接。

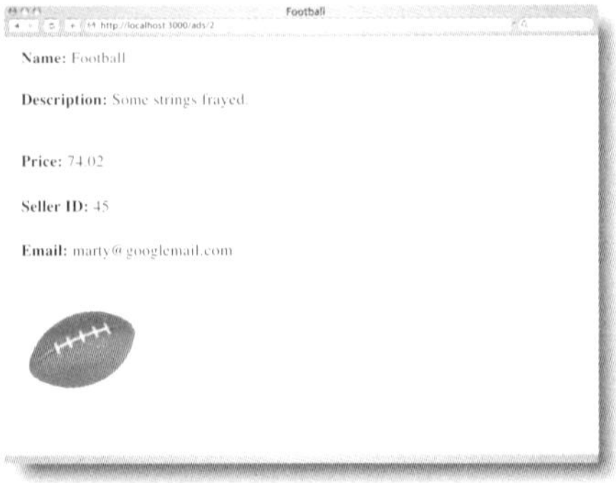

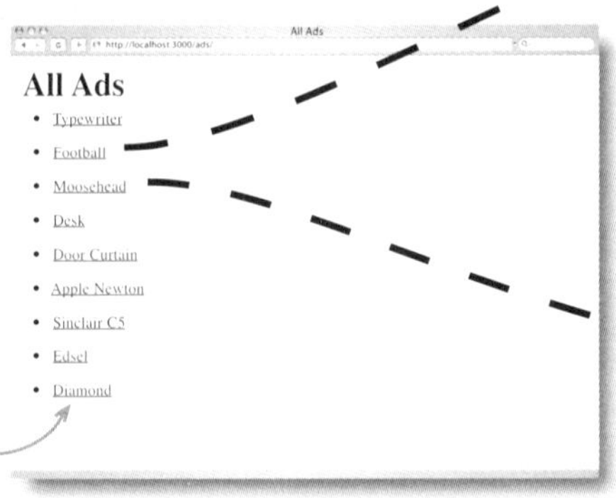

一个索引页面

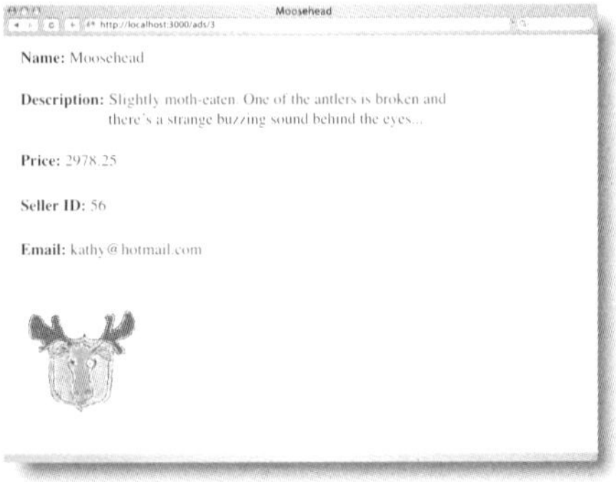

磨笔上阵

假设你想创建一个新的名为“index”的页面，如果你想用`http://mebay.com/ads/`来调用它的话，路由应该是什么呢？

控制器中被调用的代码是什么？

页面模板呢？

路由：..

控制器代码：... 页面模板：...

磨笔上阵 解答

假设你想创建一个新的名为“index”的页面，如果你想用 http://mebay.com/ads/来调用它的话，路由应该是什么呢？

控制器中被调用的代码是什么？

页面模板呢？

路由 map.connect '/ads/', :controller=>'ads', :action=>'index'

控制器代码 index 页面模板：app/views/ads/index.html.erb

没有蠢问题

问： 什么是动作（action）？

答： 动作就是Rails应用发起响应用户请求的一系列操作。动作参数指定了动作的名称。你的所有代码（比如控制器中的方法以及页面模板文件）都使用了动作名称，这样好让Rails找到它们。

问： 我能在Rails中使用任何数据库吗？

答： 所有的主要数据库，比如SQLIte3、MySQL和Oracle，都是支持的。另外，大部分情况下你不需要写很多数据库特定的代码。这就是说，你可以在数据库系统之间切换，而不会破坏你的应用或需要重写大量代码。

问： 像Java之类的编程语言除了对象还有原语（primitive）。Ruby或者Rails有原语吗？

答： 没有，Ruby中没有原语。在Ruby语言中你处理的所有事情(包括数字和代码块)都是对象。

问： 页面模板是不是就是网页的另一个好听点的名字？

答： 不是。页面模板是用来生成页面的，它并不是页面本身。网页是用页面模板生成的。

磨笔上阵（再一次）

有两条路由：

```
map.connect '/ads/:id', :controller=>'ads', :action=>'show'
map.connect '/ads/', :controller=>'ads', :action=>'index'
```

每个URL会显示哪个页面呢？

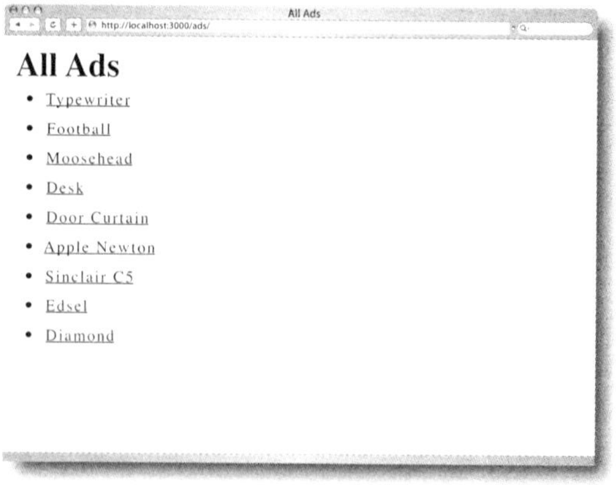

index.html.erb

/ads/3

/ads/something

/ads/

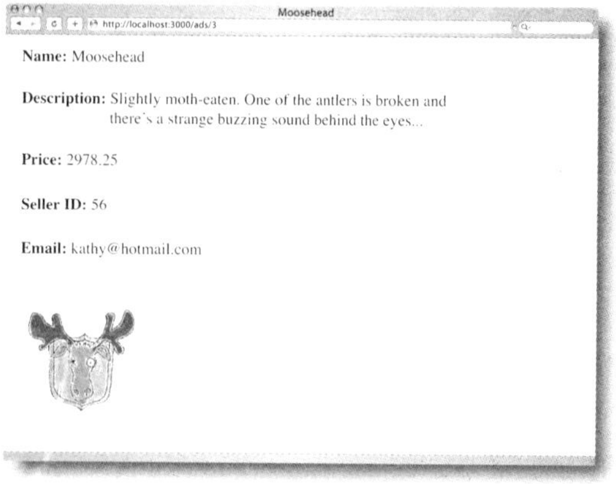

show.html.erb

是不是哪儿有问题？如果是，该怎么修改呢？

....

....

磨笔上阵解答（再一次）

有两条路由：

```
map.connect '/ads/:id', :controller=>'ads', :action=>'show'
map.connect 'ads/', :controller=>'ads', :action=>'index'
```

每个URL会显示哪个页面呢？

是不是哪儿有问题？如果是，该怎么修改呢？

"/ads/"路径会同时匹配两条路由，

它需要修改成只匹配一条路由。

路由按照优先级顺序运行

两条路由都匹配/ads路径。Rails为了避免模棱两可的情形只使用第一条匹配的路由。所以需要重新排列这些路由来解决混淆的问题。

```
map.connect '/ads/', :controller=>'ads', :action=>'index'
map.connect '/ads/:id', :controller=>'ads', :action=>'show'
```

这样做！

把这些路由加入config/routes.rb。

有一些Rails将要使用的路由，现在需要你来完成这些代码。

路由真情指数

本周访谈：

作为Rails的主要交通枢纽，生活是怎么样的呢？

Head First：你好，路由先生。很荣幸你可以为我们腾出一些你的宝贵时间。

路由：不，ads控制器……ads……没错，就是那个。

Head First：路由先生？

路由：喂——靠边，老兄。请求就要来了……[嘟嘟……嘟嘟]

Head First：看来你的工作真的很忙。问题是，尽管你在Rails应用中占据着非常重要的地位，有些人还是搞不清你到底做些什么。

路由：哎——我不是为了知名度来做这份工作的。引导和服务，那就是我。我就像一个交通警察，明白吗？一个请求从那边的那个门过来了？

Head First：什么——端口（port）？

路由：是呀。这个服务器上的是什么？端口3000在那儿。这个请求是从Web浏览器过来的，目标——我不知道——大概是`/donuts/cream`。

Head First：然后呢？

路由：但是Rails不知道该运行哪段代码来给它提供响应。所以他来找我，而我会查看`/donuts/cream`并把它与我在这儿得到的路由清单对照……

Head First：哇，有好几个呢。

路由：是的。所以我从头开始检查这个路由清单并寻找第一个看起来和`/donuts/cream`相似的路由。我可能找到了……比如说，`/donuts/:flavor`。

Head First：这个路由确实很相似，但这怎样帮助你将请求引导至正确的代码呢？

路由：嗯，每个请求都会带着文件来找我填写。一系列调用请求参数的名称和值，看到没？

Head First：哦，是的。好多条目。

路由：没错。所有的请求都有这些。它们被称为`params[...]`。我查看这个路由，然后它会告诉我匹配`/donuts/:flavor`的每条路径都需要使用`donuts`控制器，比如说，`display`动作。

Head First：这么说挺清楚的。

路由：所以我在`params[...]`中添加更多的内容，比如值为`donuts`的`params[:controller]`和值为`display`的`params[:action]`……

Head First：……然后Rails使用这些来选择要运行的代码。

路由：完全正确！你学得很快，伙计！Rails说："哦我明白了。我需要使用donuts控制器。确实我应该创建一个。"

Head First：确实？

路由：也许不是确实。但是不管他说的是什么，他知道他需要创建一个donuts控制器对象。而且因为`params[:action]`被设置为`display`，一旦donuts控制器对象生成了，他知道在它上面调用`display`方法。

Head First：那么你提到的路由中的`:flavor`会怎么样呢？

路由：哦，那个嘛，是的。如果这个请求要的是`/donuts/cream`而这个匹配`/donuts/:flavor`，我就会添加另一个参数，也就是`param[:flavor] = 'cream'`。所以我就会记录下要求的是什么，如果它对于后面的控制器中的代码很重要的话。

Head First：谢谢您，路由先生，这次访谈真的很……

路由：喂，等一会儿！抱歉。这是一个神经质的家伙，他老是双击他的超链接。每次一个！每次一个！

Head First：谢谢……

路由：别客气。听着，现在这儿有点忙。为什么你不继续往前看看这个应用的其他地方都发生了些什么呢。是的，就沿着左边往前走……我觉得会有一些新代码加入到这个ads控制器中……

为了把数据放入视图，你还需要控制器中的代码

模型已经好了，有一条路由对应于你所需要的新控制器代码。还需要什么其他的吗？

嗯，是的，你还需要做两件事。索引页面需要控制器中的单独代码，因为它要处理很多广告，而且你还需要一个新的页面模板来在视图中显示这些内容。

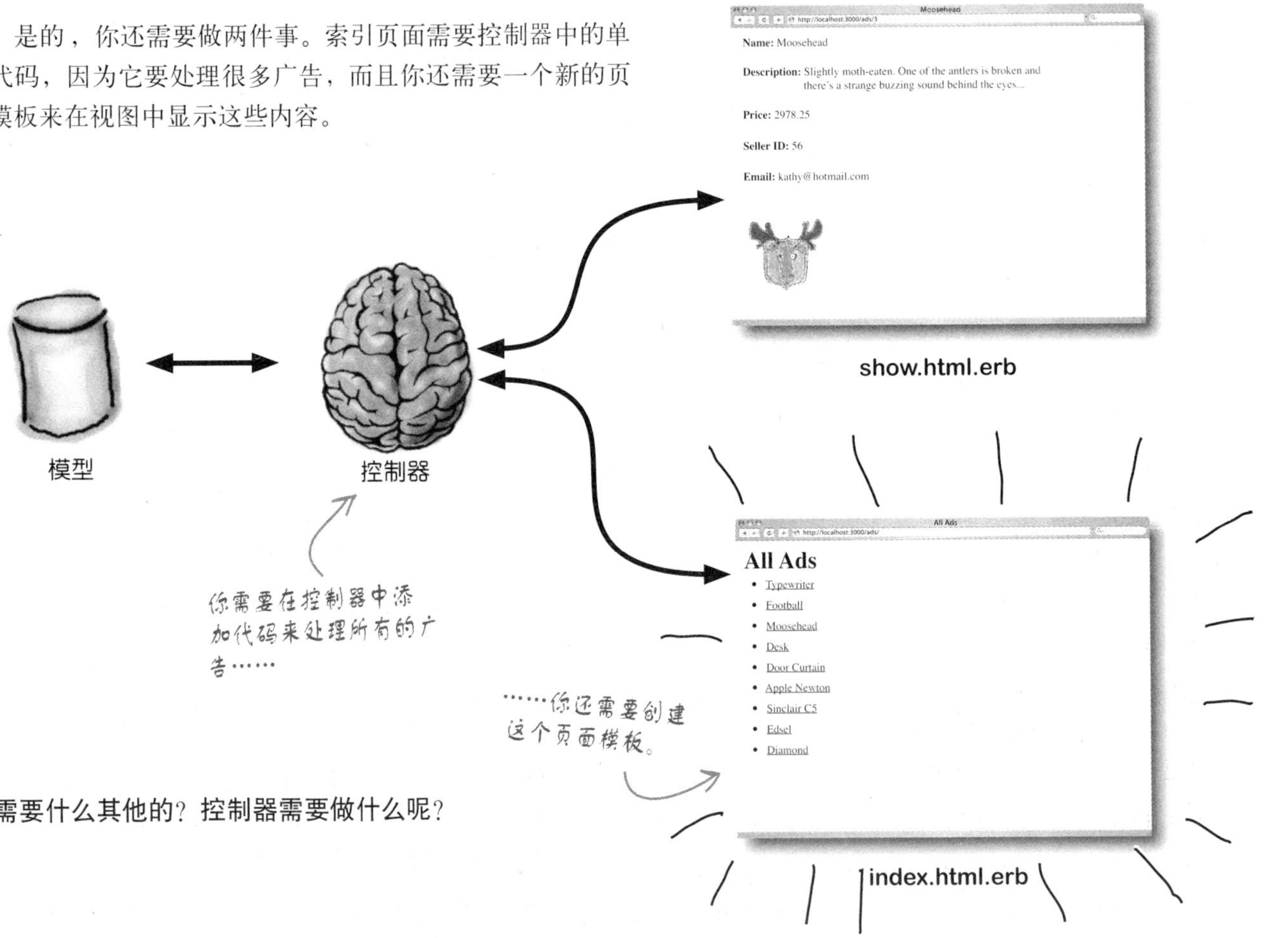

还需要什么其他的？控制器需要做什么呢？

动动脑

有什么是控制器要为一个索引页面做的，而不需要为一个广告页面做呢？

索引页面需要来自所有记录的数据

广告页面只需要来自单一记录的数据，但是索引页面怎么办呢？它需要读取整个广告数据表中每一条记录的数据。为什么会这样呢？

来看一看索引的设计。它需要为**所有**的广告页面创建链接，这就意味着它需要知道系统中**每条**广告的名称和id。

这很困难吧？以前我们只知道如何一次读取单一记录。现在我们需要一次读取大量记录…… 实际上，我们需要读取所有的记录。

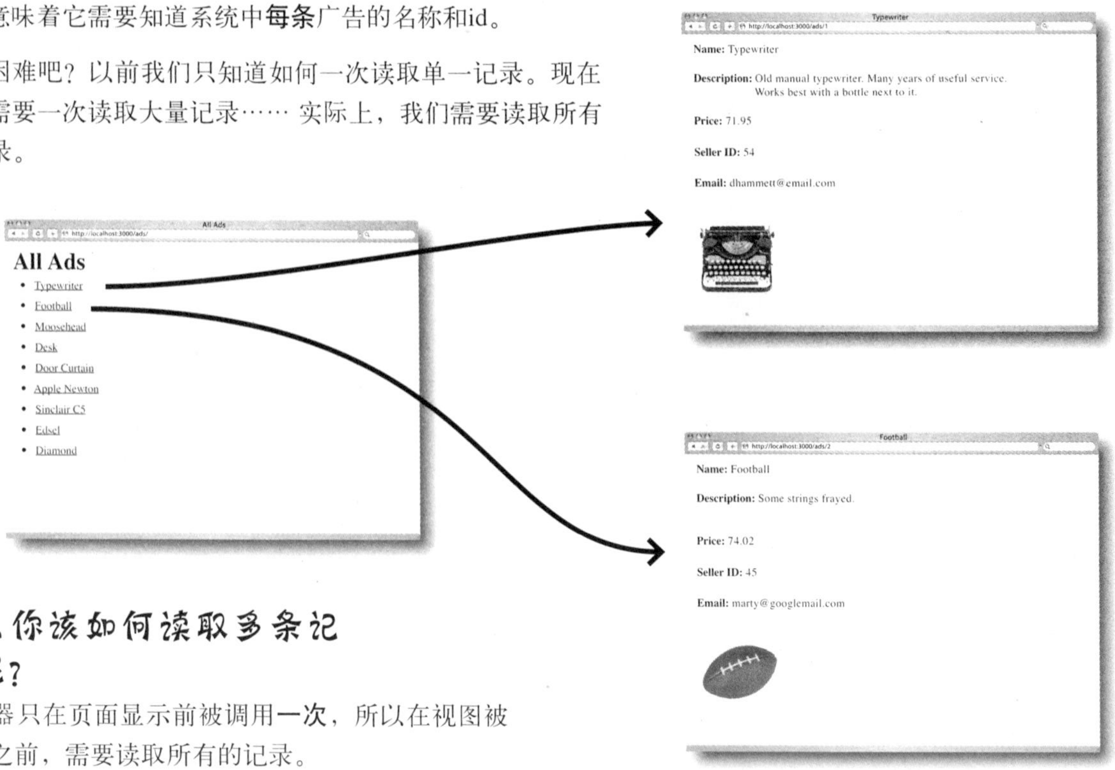

那么你该如何读取多条记录呢？

控制器只在页面显示前被调用**一次**，所以在视图被调用之前，需要读取所有的记录。

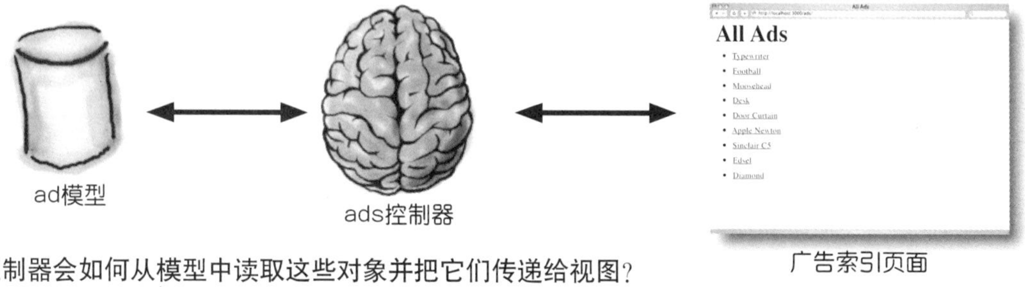

你认为控制器会如何从模型中读取这些对象并把它们传递给视图？

Ad.find(:all) 一次读取整个数据表

Ad.find(...)**finder方法**还有另一个版本，它会返回整个广告数据表中的每一条记录的数据：

```
def index
  @ads = Ad.find(:all)
end
```

你需要把这个方法加入控制器。

一次读取所有的记录。

这样做！

把这个方法加入控制器。

但这是怎样实现的？毕竟，当你只是读取单一记录的时候，事情是很简单的。你传递给模型一个id数值，而模型返回单个对象，其中包含了id对应行中的所有数据。

但现在你不知道你总共需要读取多少条记录。这是不是意味着，你需要的代码会非常非常复杂？

幸运的是，事情不是这样的。Rails使得读取一张数据表中的所有记录和读取单一对象非常相似。当你调用Ad.find(:all)，模型返回**单一对象**，其中包含了数据表中所有记录里的数据。控制器可以把这个对象赋值给单一变量。

但是Rails怎样在一个对象中存储不定行数对应的所有数据呢？

它是通过一种特殊的对象实现的。

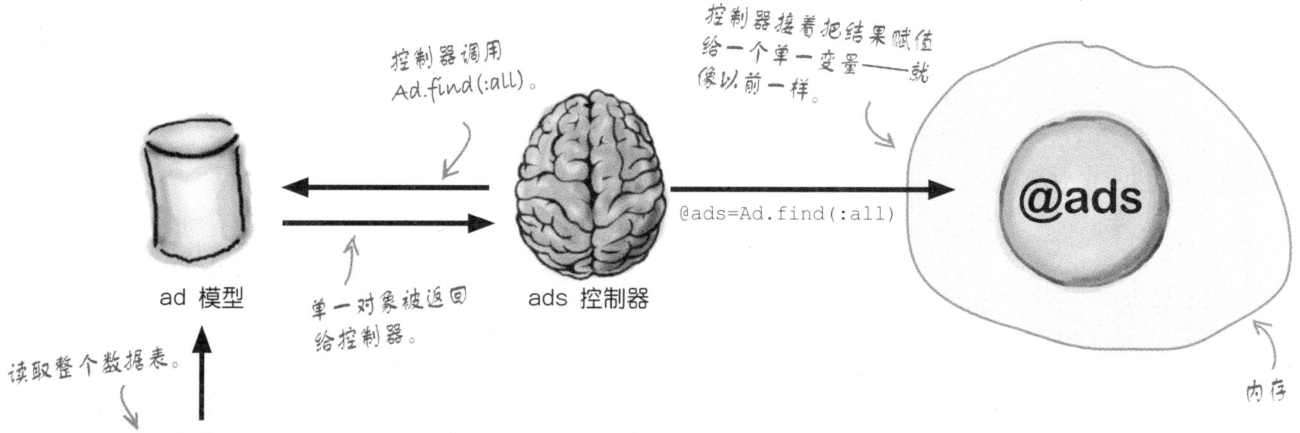

id	name	description	price	seller_id	email	img_url
1	Typewriter	Old manual typ...	71.95	54	dhammett@email...	http://www.fot...
2	Football	Some strings f...	74.02	45	marty@googlema...	http://www.dai...
3	Moosehead	Slightly moth-...	2978.25	56	kathy@hotmail....	http://saloon....
4	Desk	Milk desk - go...	4800	123	andy@allmail.c...	http://picasaw...

数据作为一个称为数组的对象被返回

与直接返回一个包含单一记录的数据的对象不同的是，find方法创建了很多对象——每条记录创建一个，然后把它们打包到一个称为**数组**的对象中。

finder方法`Ad.find(:all)`返回单一数组对象，其中按顺序包含了所有对应数据表中**各行**的**模型对象**。

控制器可以把单一数组对象存储在内存中，名为`@ads`。这样做对页面模板来说更方便，因为不需要在内存中寻找一个不知名的模型对象，模板只要知道数组的名称，就可以访问所有的模型对象了。

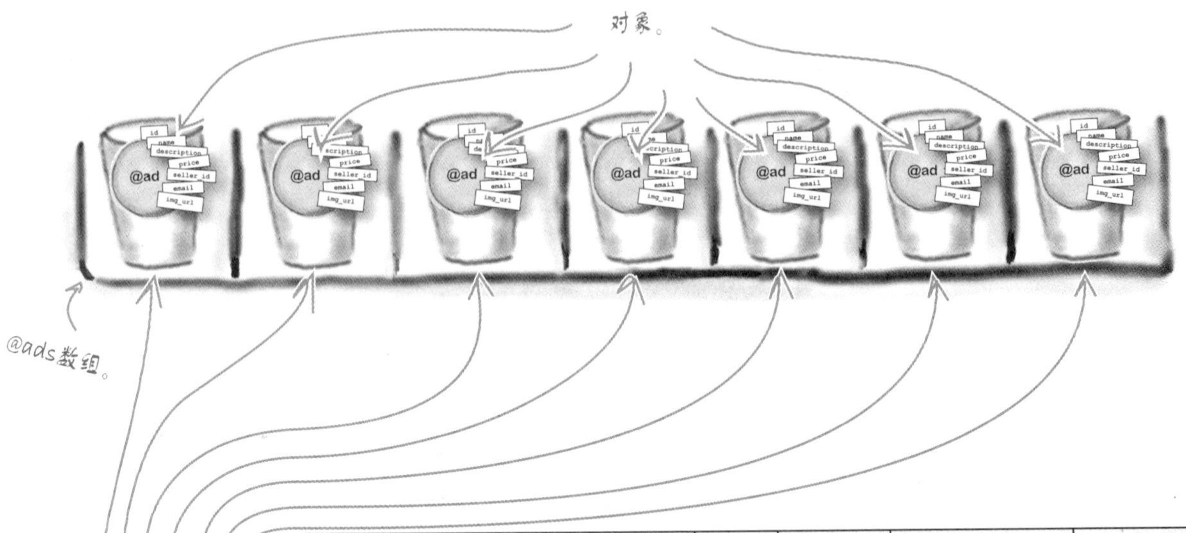

id	name	description	price	seller_id	email	img_url
1	Typewriter	Old manual typ...	71.95	54	dhammett@email...	http://www.fot...
2	Football	Some strings f...	74.02	45	marty@googlema...	http://www.dai...
3	Moosehead	Slightly moth-...	2978.25	56	kathy@hotmail....	http://saloon....
4	Desk	Milk desk - go...	4800	123	andy@allmail.c...	http://picasaw...
5	Door Curtain	Beaded door ou...	11	773	dawn@hotmail.c...	http://www.fre...
6	Apple Newton	Still works! M...	25	2	ahertz@differe...	http://www.dif...
7	Sinclair C5	Battery flat t...	372.06	346	clive@sinclair...	http://www.eba...

但是一旦对象存储在数组中之后，你该怎样访问它们呢？

数组就是一些编号后的对象序列

这个`@ads`数组在一个编过号的槽序列里存储了模型对象，从槽0开始。每个槽里保存的对象被称为数组的元素。

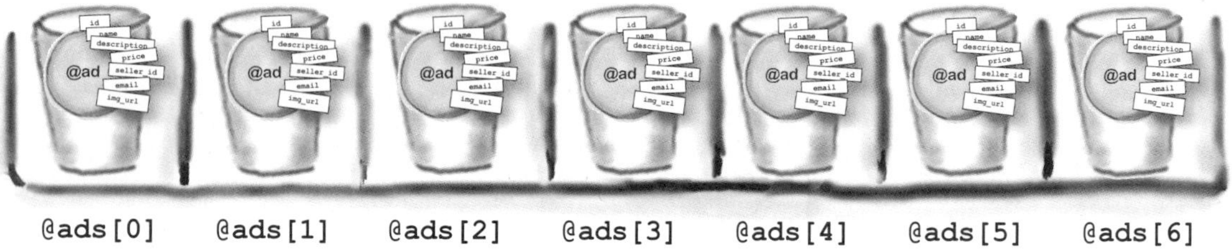

你可以用保存着元素的槽的编号读取数组中每个单独的元素。

@ads[4]

在数组的槽4中存储的对象是id=5对应的数据表中的行。

槽永远都是从0开始递增编号的，而数组可以和需要的一样大，所以数据表中到底有多少条记录并不重要，它们都可以存储在单一数组对象里。

注意！

数组索引从0开始

这意味着每个元素所在的位置就是它的索引值加1。所以`@ads[0]`包含着第一个元素，`@ads[1]`包含着第二个元素，以此类推。

没有蠢问题

问： 为什么数组是从0开始而不是从1开始的？

答： 这是历史原因。大多数编程语言都有数组，而且大多数情况下数组的索引都从0开始。

问： 当你在数组中放入些什么，数组会保持一份单独的拷贝吗？

答： 不会。数组只会保持对存储在内存中的对象的引用。它不会保留某个对象本身的拷贝，而只是记住这个对象存在哪儿。

问： 数组实际上是不是一个对象呢？

答： 是的。数组是一个完全的Ruby对象。

问： 一个数组能有多大？

答： 对数组的大小没有限制，它在内存中占了多大的地方就是多大。

把这些对象插入到页面中，就像数据库中只有这三行一样：

id	name	description	price	seller_id	email	img_url
1	Typewriter	Old manual typ...	71.95	54	dhammett@email...	http://www.fot...
2	Football	Some strings f...	74.02	45	marty@googlema...	http://www.dai...
3	Moosehead	Slightly moth-...	2978.25	56	kathy@hotmail....	http://saloon....

把你的答案写在这儿。

把index.html.erb的HTML内容写下来。

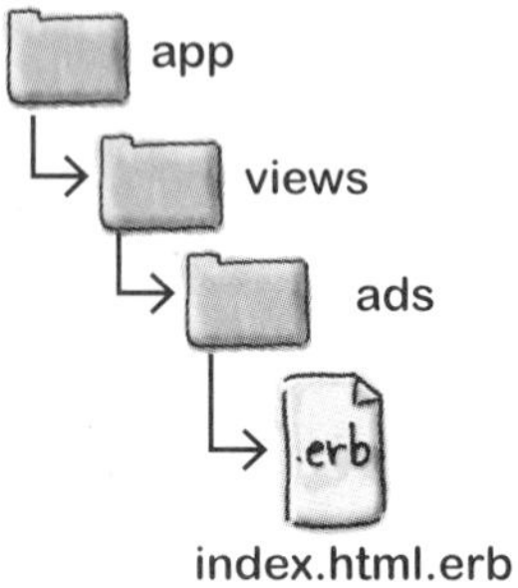

习题
解答

把这些对象插入到页面中，就像数据库中只有这三行一样：

id	name	description	price	seller_id	email	img_url
1	Typewriter	Old manual typ...	71.95	54	dhammett@email...	http://www.fot...
2	Football	Some strings f...	74.02	45	marty@googlema...	http://www.dai...
3	Moosehead	Slightly moth-...	2978.25	56	kathy@hotmail....	http://saloon....

把index.html.erb的HTML内容写下来。

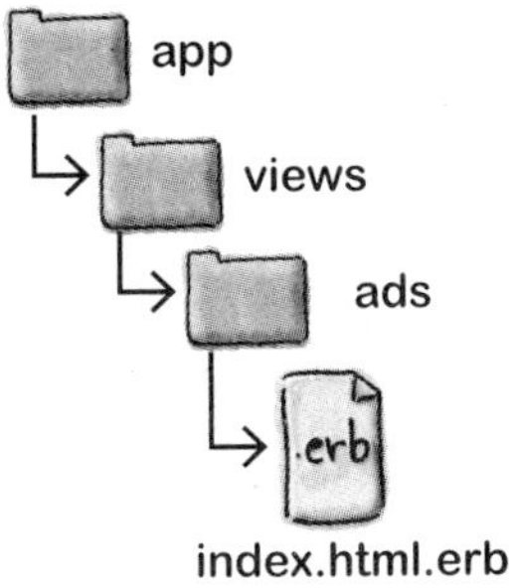


```
<html>
<head>
  <title>All Ads</title>
</head>
<body>
<h1>All Ads</h1>
<ul>
  <li><a href="/ads/<%= @ads[0].id %>"><%= @ads[0].name %></a></li>
  <li><a href="/ads/<%= @ads[1].id %>"><%= @ads[1].name %></a></li>
  <li><a href="/ads/<%= @ads[2].id %>"><%= @ads[2].name %></a></li>
</ul>
</body>
</html>
```

你写的HTML也许看起来和这个有一点不一样。没关系。只要你的元素和排列顺序与这里是一样的，就很好了。

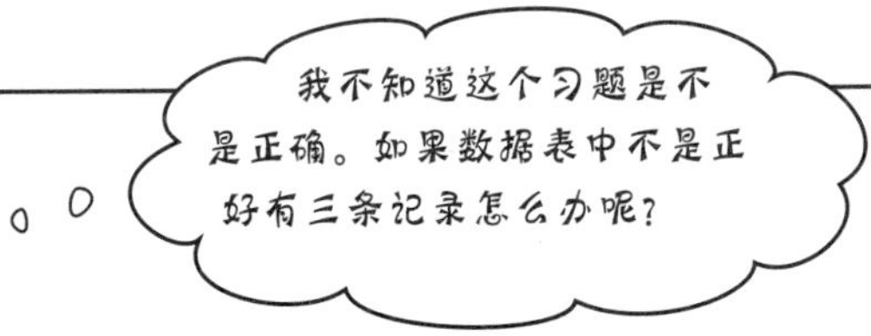

现实中，你不会知道到底有多少条记录。

上面的代码只会显示3条广告。如果有4条、5条甚至3 000条广告该怎么办？你绝对不想每次在数据库中增加或删除一条广告的时候都要修改页面模板。

你需要某种写代码的方式来适应数据库中任意数目的广告。

如果有方法可以一次处理数组中的所有元素，不管总数有多少个，那就太美妙了。但是我知道那只是个梦想……

用for循环读取所有的广告

一个Ruby的**for**循环可以让你一次又一次地运行同一段Ruby代码。它可以用来读取数组中的多个元素，每次读取一个元素，并对每个元素运行一段代码。

每次运行的同一段代码被称为**循环体**（loop body）。循环体会按顺序为数组中的每个元素运行一次，从0号元素开始：

在循环中每个元素被命名为“ad”。

```
for ad in @ads

  # Do something with the 'ad' object

end
```

缩进的代码就是循环体。

在上面的代码中，每次循环体运行时，数组中的当前元素被取名为ad。所以ad指代的是每个Ad模型对象，而在循环体中你可以访问所有的模型对象属性：广告的具体信息，比如名称或是商品描述等。

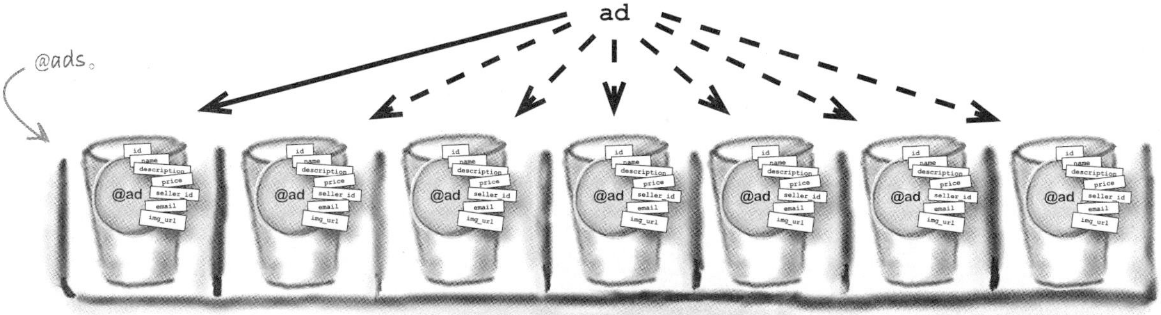

现在，我们需要生成HTML，它会创建一个通往广告网页的链接。但是HTML是由页面模板生成的，我们怎样用for循环来生成它呢？

数组中的每个元素都需要HTML

对于@ads数组中的每个对象，我们都需要在HTML中创建一个超链接。

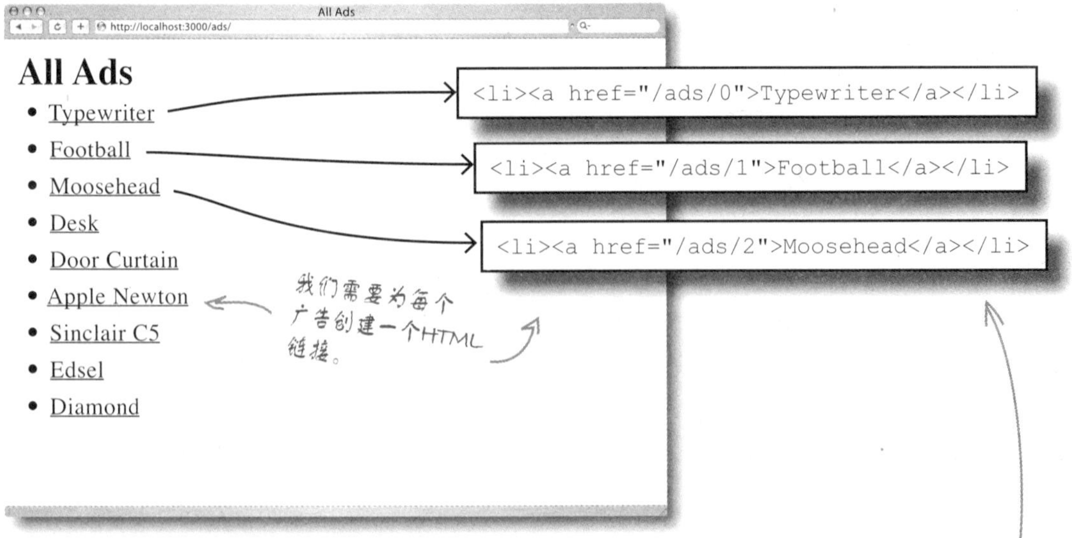

我们可以通过一个for循环来实现它。循环可以让我们一次处理一个广告。如果我们使用循环体来生成HTML，我们就可以为每个广告创建链接：

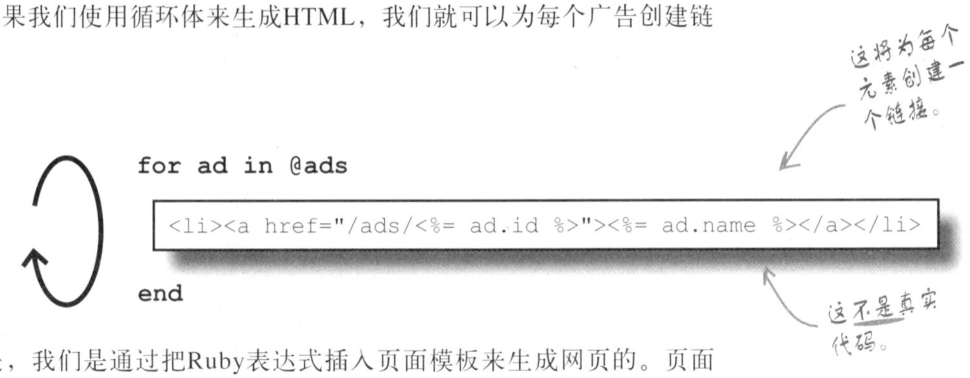

问题是，我们是通过把Ruby表达式插入页面模板来生成网页的。页面模板中的HTML控制着何时调用Ruby表达式。但是我们现在想用相反的方法来做事情。我们想用一个Ruby的for循环来控制何时生成HTML。

那么，我们怎样把像for循环这样的控制语句和页面模板HTML结合起来呢？

Rails把页面模板转换成Ruby代码

前面当我们想在页面中得到对象的值，我们就会用`<%=...%>`来插入它们：

```
<%=@ad.name%>
```

ERb（嵌入式Ruby）通过把模板中的每个表达式替换成它们的值来从页面模板生成网页。ERb是通过把整个页面转换成Ruby代码来实现这项工作的。

想象一个页面模板中只有以下内容：

```
<title><%= @ad.name %></title>
```

页面模板标签。

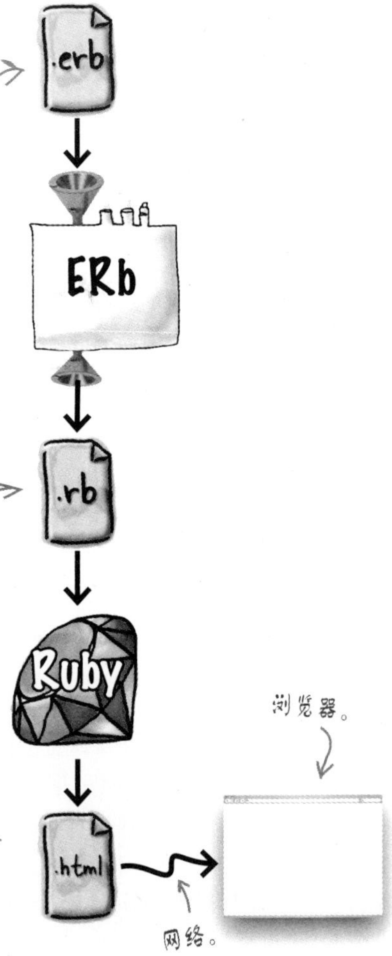

ERb生成Ruby代码来打印出每个表达式和每段HTML。所以上面的模板代码会转换成下面这样的东西：

这是伪代码。真实的代码会稍微复杂一点。

```
print "<title>"
print @ad.name
print "</title>"
```

ERb生成的Ruby代码。

接着这些Ruby代码就会被执行，而执行结果就是经网络发送给浏览器的内容：

由Ruby代码加工后输出的HTML。

```
<title>Moosehead</title>
```

如果你想用同一个模板来为数组中的每个对象生成代码，你会让Ruby代码看上去是什么样的呢？

可以用脚本段把循环加入到页面模板中

此时此刻让我们先忘掉页面模板。如果你正在写一段为数组中的每个元素打印HTML的代码，那这段代码应该是什么样的呢？它看上去也许有点像下面这样：

```
for ad in @ads
  print '<li><a href="'
  print ad.id
  print '">'
  print ad.name
  print '</a></li>'
end
```

脚本段和表达式会输出这段代码。

我们需要用循环遍历数组，并为每个元素打印出HTML和表达式。目前我们只看到过ERb生成打印命令，但是for循环并不是打印命令。那么我们怎样才能把成段的Ruby代码传给ERb——就像for循环一样呢？

解决方法是使用**脚本段**（scriptlet）。

脚本段就是一个包含一段Ruby代码的标签。表达式标签被<%=...%>包围着，而脚本段是被<%...%>包围着。脚本段开头没有 = 符号。

为了理解脚本段是如何工作的，让我们用一个页面模板来产生上面的for循环代码。

脚本段的开始没有“=”。

包含“=”的表达式。

```
<% for ad in @ads %>
  <li><a href="/ads/<%= ad.id %>"><%= ad.name %></a></li>
<% end %>
```

脚本段的末尾没有“=”。

一个表达式

对象的值用 <%= . . .%> 插入，但是代码是用 <% . . . %> 插入的。

一个脚本段

这段代码在值需要被插入的地方为循环代码和表达式使用脚本段。让我们看看如果使用脚本段来循环遍历@ads数组，索引页面看起来是什么样的。

在循环的每次执行中，页面都会生成一个链接

这是你将要在index.html.erb模板中使用的代码：

这样做！

```
<html>
<head>
  <title>All Ads</title>
</head>
<body>
<h1>All Ads</h1>
<ul>
<% for ad in @ads %>
  <li><a href="/ads/<%= ad.id %>"><%= ad.name %></a></li>
<% end %>
</ul>
</body>
</html>
```

当Rails处理这个模板的时候，文件顶端和底部的HTML就是你想要的输出。有趣的部分是在页面的中间。循环的每次执行都会生成一个指向对应的广告页面的HTML链接。

生成的HTML是什么样的呢？

假设数据库中只有这3条广告。

这意味着控制器将产生一个@ads数组，其中包含了3个模型对象。当页面模板对这个@ads数组做循环遍历的时候，它应该生成像下面这样的HTML：

```
<html>
<head>
  <title>All Ads</title>
</head>
<body>
<h1>All Ads</h1>
<ul>
  <li><a href="/ads/1">Typewriter</a></li>
  <li><a href="/ads/2">Football</a></li>
  <li><a href="/ads/3">Moosehead</a></li>
</ul>
</body>
</html>
```

看起来这会为数据库中所有的广告生成足够多的HTML。如果数据库中创建了更多的广告，就会产生一个更大的@ads数组，而页面模板就会生成一段更长的HTML。

这就是整个过程。现在路由已经创建了，控制器的动作代码也写完了，而且index.html.erb模板也到位了，是时候运行整个代码了。

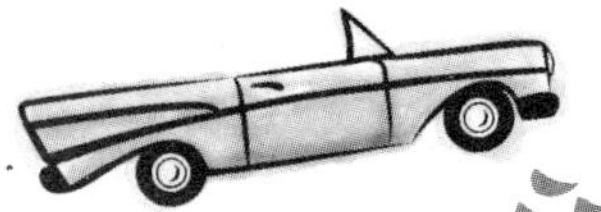

试驾

随着路由/ads/就位，控制器用Ad.find(:all)读取所有的记录，模板使用脚本段来嵌入一个for循环，这个循环会从@ads数组中读取所有的模型对象，是时候测试这个新的索引页面了。

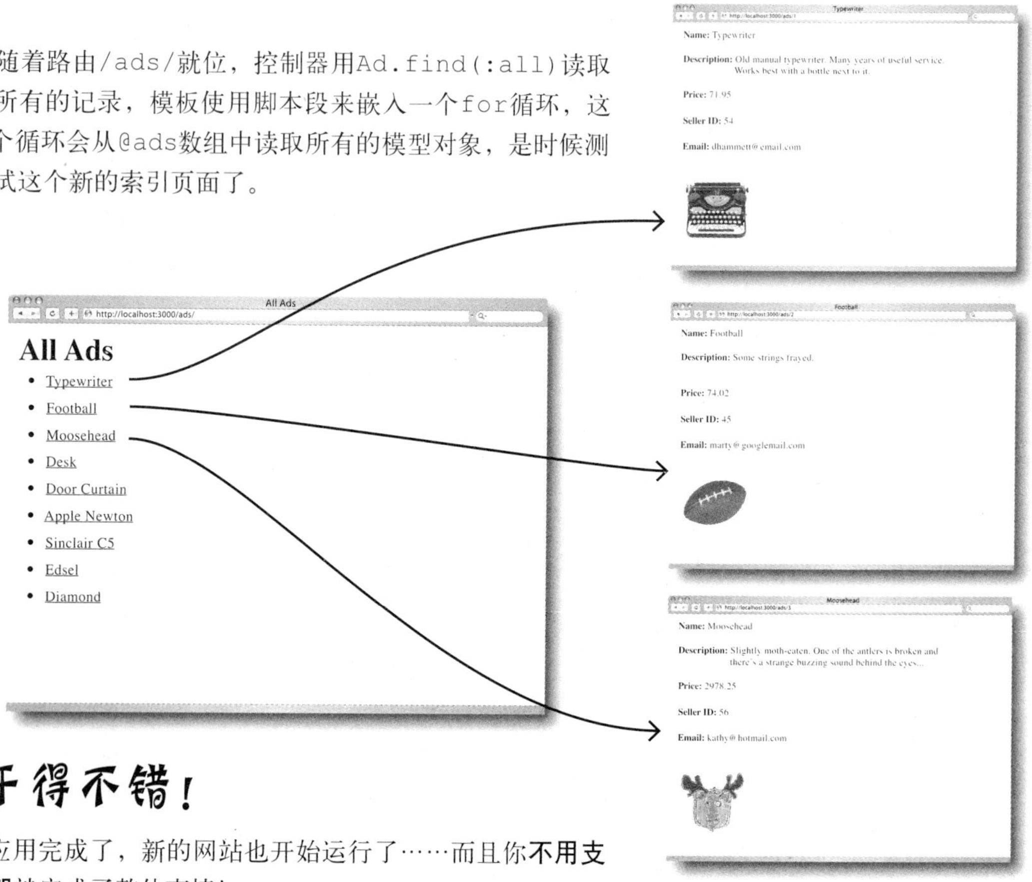

干得不错！

应用完成了，新的网站也开始运行了……而且你**不用支架**就完成了整件事情！

复习要点

- 你可以显示来自**单一记录**的数据。
- 你可以显示一个数据表中**所有记录**的数据
- 现在你有能力写很多很多只读应用了！

你收到了Mebay发来的一封E-mail……

网站的功能现在完全符合最初的要求了。所有人都很高兴。接着，在网站要启用的那天早上，你收到了一封E-mail：

> 朋友！
>
> 你把这个网站做得很不错！我们对你能完全按照我们的要求实现它感到很满意。我们早就听说所有的Rails应用看起来和运行起来都是一个样的！
>
> 另外，这儿有一份对这个网站外观的设计。我们相信这将是应用的最终外观了，但是如果还有什么改动，我们后面会再发给你的。
>
> 再次感谢你的所有辛勤工作！ :-)

这份E-mail里有一个样本网页，还附带了一系列样式表和图像。更改应用的外观应该并不难，是不是？

下载这个！

从这儿下载样式表和图像：
www.headfirstlabs.com/books/hfrails

动动脑

你可以直接修改页面模板从而让它们看起来和设计者提供的样本网页相似。这么做会有什么问题呢？

但是有两个页面模板……我们要修改每个模板的代码吗?

我们有两个页面模板，所以如果你只是在两个模板中修改HTML来适应MeBay的样本页面，你就需要**重复编写代码**。这样会有大问题吗？毕竟，MeBay网站只有两种网页。这并不算太糟糕，是吗?

问题在于应用可能会随着时间不断扩展，会需要越来越多的功能和页面模板。还记得那句设计可能变化的评注吗？你复制的外观越多，你需要维护相同HTML的地方就越多。一段时间之后，这个应用就会很难维护。

Rails原则：DRY——不要重复你自己

我们前面不是已经说过这个了吗?

所以答案是什么呢？好吧，很显然答案是消除重复。大多数网站对它们的大多数页面都有标准化的外观。它们使用标准的样板（boilerplate）HTML包围每页的主要内容。

所以你需要一个定义**超级模板**（super-template）的方法：一个控制一组其他模板外观的单一模板。

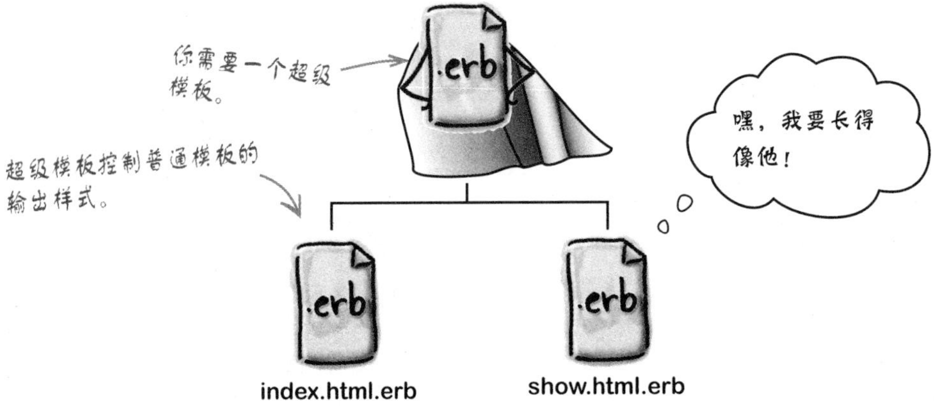

布局定义了一组页面模板的标准外观

幸运的是，这样的超级模板存在于Rails中，它被称为**布局**（layout）。布局为属于特定模型的所有模板定义了HTML**包装器**（wrapper）。

让我们看看它是如何与新设计一起工作的。

超级模板代码上菜

这是由设计者提供的转换成布局之后的HTML页面范例。

```
<!DOCTYPE html PUBLIC "-//W3C//DTD XHTML 1.0 Transitional//EN"
        "http://www.w3.org/TR/xhtml1/DTD/xhtml1-transitional.dtd">
<html xmlns="http://www.w3.org/1999/xhtml">
<head>
    <title>Ads: <%= controller.action_name %></title>
    <%= stylesheet_link_tag 'default.css' %>
</head>
<body>
    <div id="wrapper">
        <div id="header">
            <div>

                <h1>MeBay</h1>
                <ul id="nav">
                    <li><a href="/ads/">All Ads</a></li>
                </ul>
            </div>
        </div>

        <div id="content">
            <%= yield %>
        </div>
        <div id="clearfooter"></div>
    </div>
    <div id="footer"></div>
</body>
</html>
```

你需要把这段代码保存到如下的正确位置：

```
app/views/layouts/ads.html.erb
```

这个名字告诉Rails把这个布局应用到所有属于ad模型的页面模板。

我们已经放入了一些表达式来指定样式表并根据当前控制器的名字来赋予页面标题。但是更重要的是，布局要包含这个标签：

```
<%= yield %>
```

磨笔上阵

把当前页面模板的输出插入到布局中有没有问题呢？如果有，请写在下面。

....

磨笔上阵 解答

把当前页面模板的输出插入到布局中有没有问题呢？如果有，请写在下面。

网页模板包含了太多内容——它们也已经包含了所有的HTML样板。

你需要从页面模板中删除样板

看一下现有的index.html.erb。他已经包含了HTML样板元素，比如**<head>**和**<title>**：

```
<html>
<head>
  <title>All Ads</title>
</head>
<body>
<h1>All Ads</h1>
<ul>
<% for ad in @ads %>
  <li><a href="/ads/<%= ad.id %>"><%= ad.name %></a></li>
<% end %>
</ul>
</body>
</html>
```

但是现在已经有一个提供样板的布局了，你需要裁减这个模板使它们仅仅显示主要的页面内容：

```
<h1>All Ads</h1>
<ul>
<% for ad in @ads %>
  <li><a href="/ads/<%= ad.id %>"><%= ad.name %></a></li>
<% end %>
</ul>
```

这样做！

编辑index.html.erb和show.html.erb文件以删除样板HTML。

但是MeBay发送过来的新的静态内容怎么办？

到目前为止，你仅仅生成了Rails应用中的动态内容。确实大多数内容由页面模板输出。但是当你指定网站的外观时，你经常需要类似于样式表、图像和JavaScript这样的**静态**内容。但是你如何在应用中包含静态内容呢？

Rails特意为静态文件保留了一个文件夹。它被称为**`public`**。

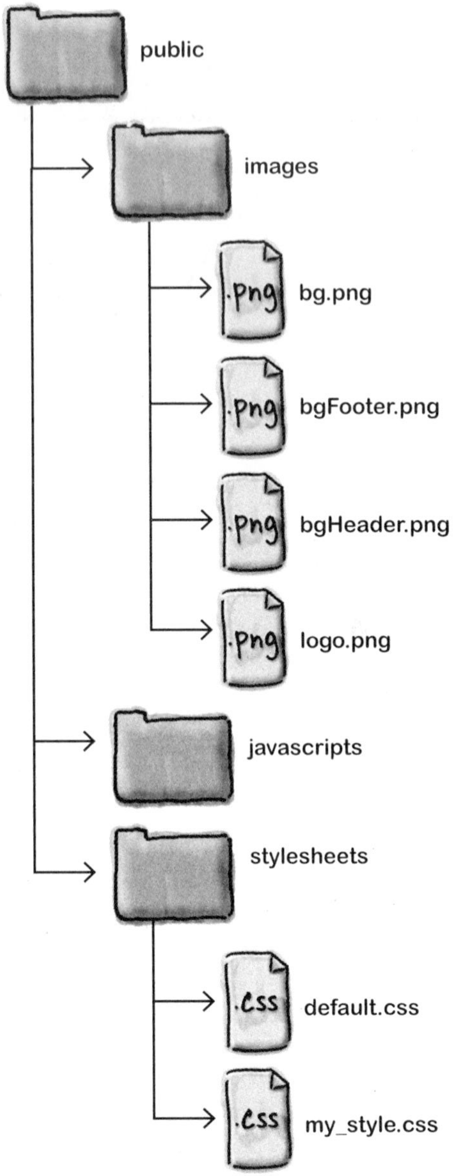

当你创建应用时，Rails已经把一些文件放到了`public`文件夹中。还记得你第一次启动Rails应用看到首页的情况吗？与标准的欢迎页面相关的文件都被放在`public`文件夹中。

大多数Rails应用把它们的图像、样式表和JavaScript分别存储在`public/images`、`public/stylesheets`和`public/javascripts`中。

一旦你把电子邮件里额外的图像和样式表保存下来之后，我们就可以继续了。

试驾

打开浏览器，指向：

```
http://localhost:3000/ads
```

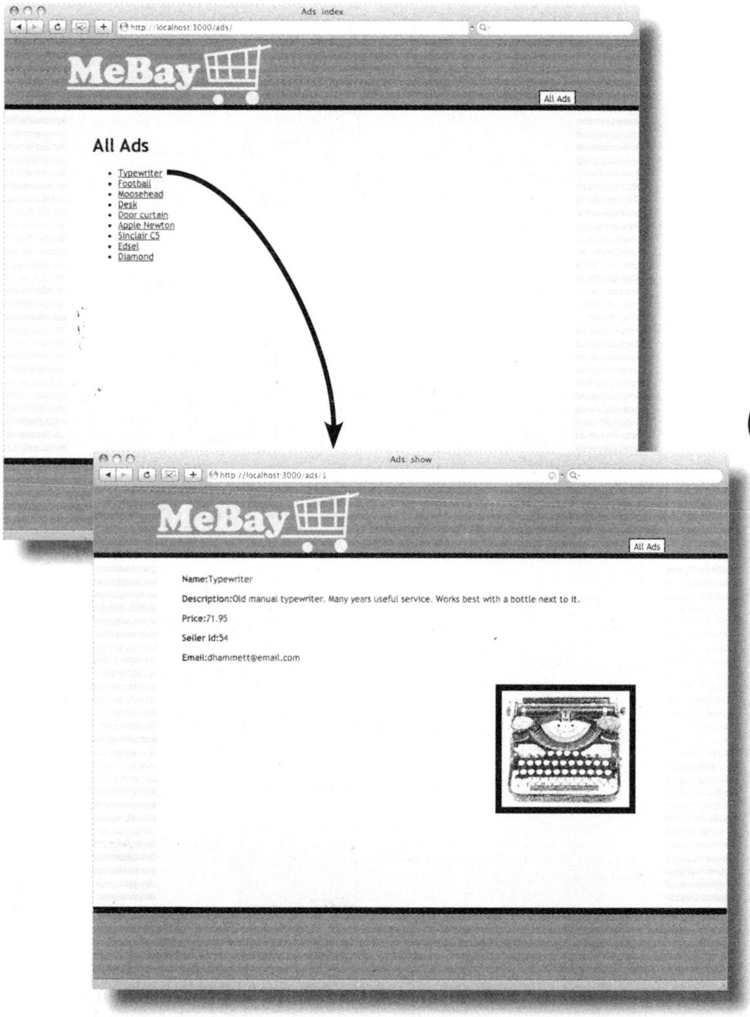

当你浏览这个网站的时候，标准外观会被应用到所有的页面上。而且，如果以后你添加更多的页面模板或者你修改布局中的HTML，这个应用会始终保持统一的外观。

无支架网格

根据揭示神秘词语的线索在网格中填写答案。

针对神秘词语的线索：

你需要手工创建一个应用而不是使用支架的原因。

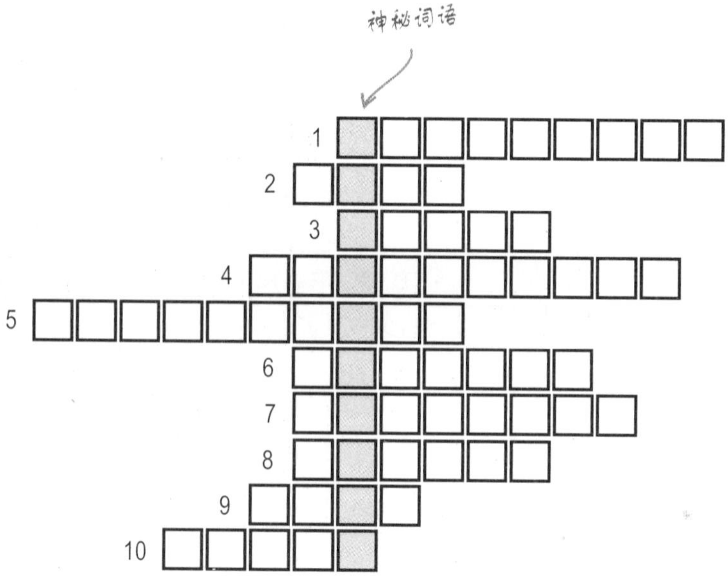

线索：

1. <% @what.am_i? %>
2. 你可以为此使用一个页面模板
3. 把数据库中的数据转化成Ruby对象
4. <%= @what.am_i? %>
5. 可以从模型中发送数据给视图
6. 使用rake db:更新数据结构..................
7. 如果你创建一个简单的应用，你可能不需要它
8. 从数据库中读取对象
9. 每个路由都有一个请求 ....
10. 包含很多对象的对象

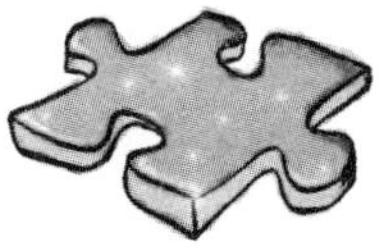

无支架网格解答

根据揭示神秘词语的线索在网格中填写答案。

针对神秘词语的线索：

你需要手工创建一个应用而不是使用支架的原因。

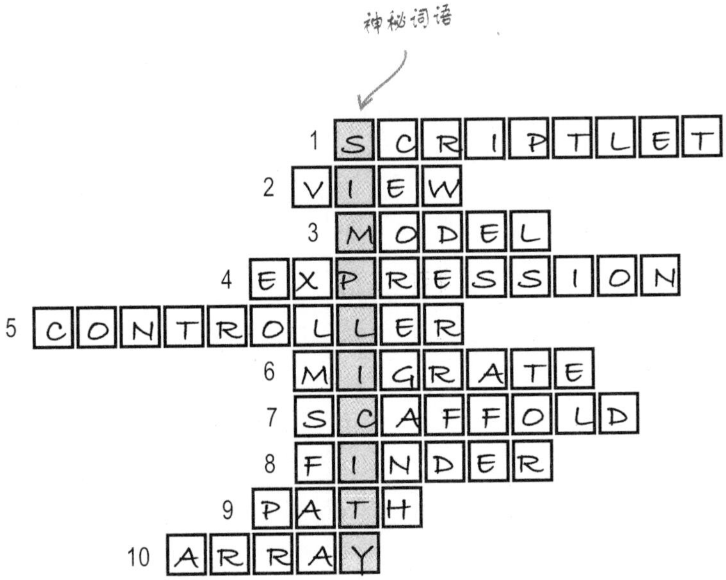

线索

1. `<% @what.am_i? %>`
2. 你可以为此使用一个页面模板
3. 把数据库中的数据转化成Ruby对象
4. `<%= @what.am_i? %>`
5. 可以从模型中发送数据给视图
6. 使用`rake db:`更新数据结构 ....
7. 如果你创建一个简单的应用，你可能不需要它
8. 从数据库中读取对象
9. 每个路由都有一个请求 ....
10. 包含很多对象的对象

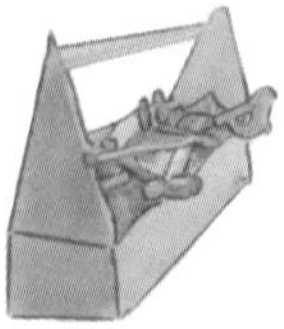

你的Rails工具箱中的工具

你已经把第2章收入囊中了，现在你已经将手工创建只读应用的能力加入了你的工具箱。

Rails工具

你可以用下面的命令来生成一个模型：

```
ruby script/generate model...
```

以及生成一个控制器：

```
ruby script/generate
controller...
```

Ruby工具

如果my_array是一个Ruby数组，第一个元素是这样确定的：

```
my_array[0]
```

你可以这样循环遍历所有的元素：

```
for element in my_array
  # Do stuff with element
end
```

3 插入、更新和删除

一切都在变化中

变化无处不在——尤其对数据而言。到目前为止，你已经看过如何通过支架来迅速搞定一个Rails应用，以及如何编写你自己的代码来展示数据库中的数据。但是，如果你希望用户能够自行编辑数据的话应该怎么做呢？如果支架无法实现你所期望的方式呢？你将会在本章学习到如何用你所希望的方式来**插入**、**更新**和**删除**数据。而当你这么做的时候，你就会更深入地了解Rails是如何运作的，而且你还能学到一点儿安全知识。

人们希望在线张贴新广告

人们非常喜欢MeBay网站，但是有个问题。因为Mebay担心人们过多地访问数据，所以卖方不得不电话告知MeBay他们要卖商品的信息，然后再等上一会儿让系统管理员为他们创建新的商品广告。由于再广告的人数在不断增加，他们的等待时间也就被不断拉长。这就导致现在很多人把业务转而投向其他广告站点了。

所以MeBay做了让步。经过一番讨论，他们决定允许用户使用如下的页面在网站上**张贴他们自己的广告**：

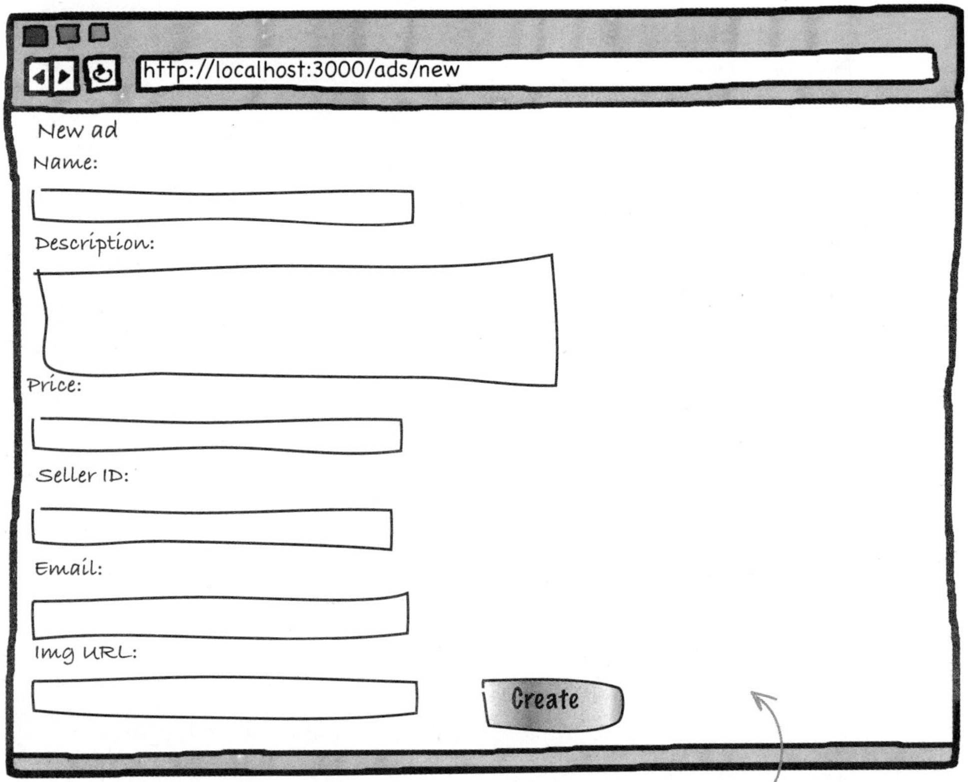

另一个来自MeBay的设计草图。

你已经知道如何搭建一个发布数据库中数据的应用

当前应用中的广告只有一条道可走。广告记录由模型从数据库中被读出，然后模型把记录转化成广告对象，这些对象被控制器发送给视图。工作过程如下：

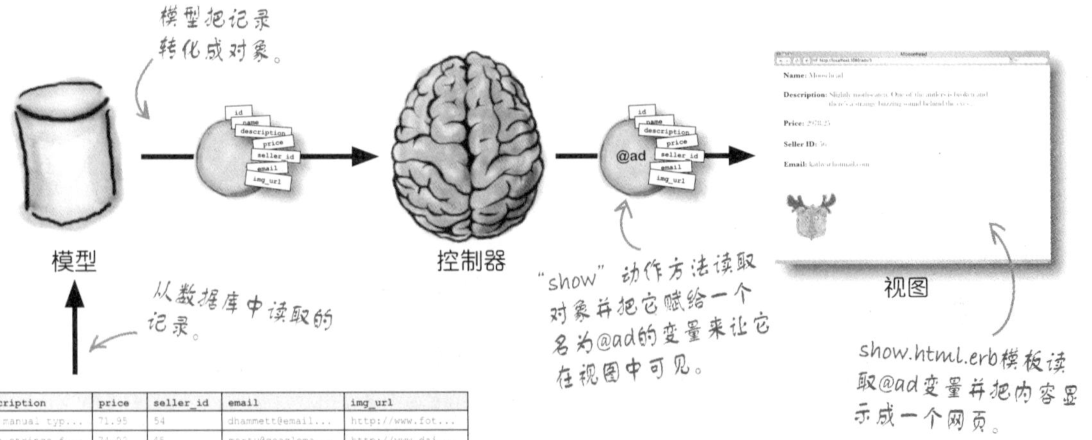

id	name	description	price	seller_id	email	img_url
1	Typewriter	Old manual typ...	71.95	54	dhammett@email...	http://www.fot...
2	Football	Some strings f...	74.02	45	marty@googlema...	http://www.dai...
3	Moosehead	Slightly moth-...	2978.25	56	kathy@hotmail....	http://saloon....
4	Desk	Milk desk - go...	4800	123	andy@allmail.c...	http://picasaw...

磨笔上阵

请绘制一个示意图来表明你是如何考虑新的广告张贴功能的工作方式的。请确保包含该应用的主要组成部分并为每个组成部分的功能加上注释。

在这儿绘制你的示意图。

磨笔上阵 解答

请绘制一个示意图来表明你是如何考虑新的广告张贴功能的工作方式的。请确保包含该应用的主要组成部分并为每个组成部分的功能加上注释。

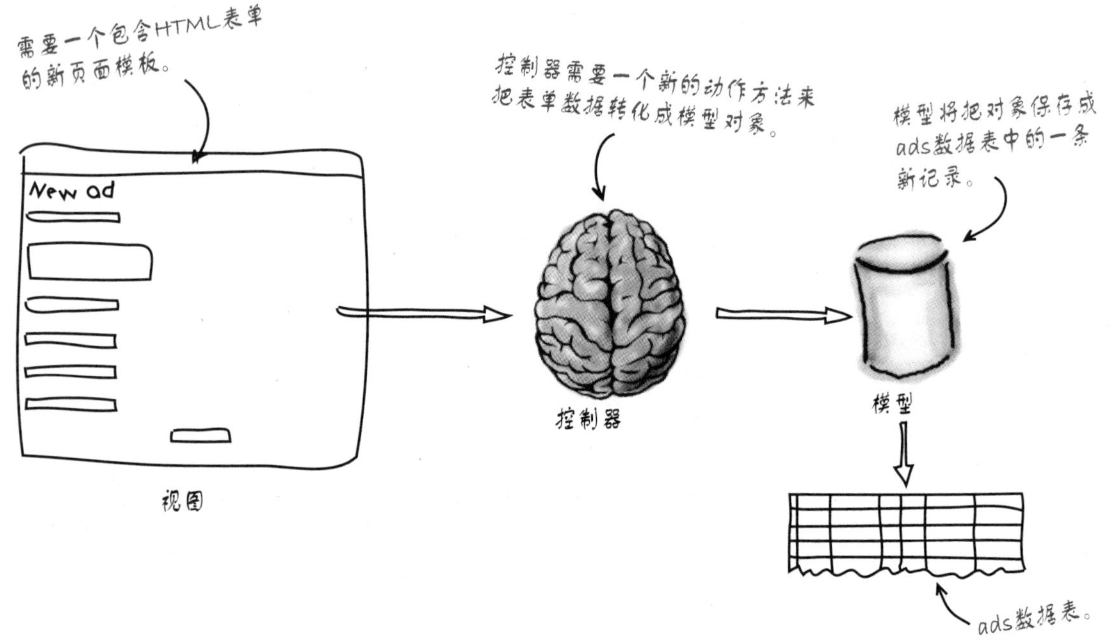

保存数据就像读取数据的反向那样工作

保存数据到数据库与从数据库中发布广告很像，除了它是反向运作。你并不需要一个显示广告的页面模板，相反，你需要一个**提交**广告的页面模板。你也不需要一个发送广告到页面的控制器方法，相反，你需要一个从页面读取数据并把数据变成对象的控制器方法。同样，你不需要让模型读取记录并把它转化成对象，相反，你需要让模型把对象转化成数据库中的一条新记录。

你需要一个用来提交数据的表单和一个保存此数据的动作方法

你需要一个新页面模板来创建HTML表单。由于它被用来输入新广告，我们把这个模板称为**new.html.erb**。

这个“New ad”页面需要在如下网址显现：

```
http://mebay.com/ads/new
```

而表单将被提交到：

```
http://mebay.com/ads/create
```

所以我们也需要在**routes.rb**里创建一条新路由。

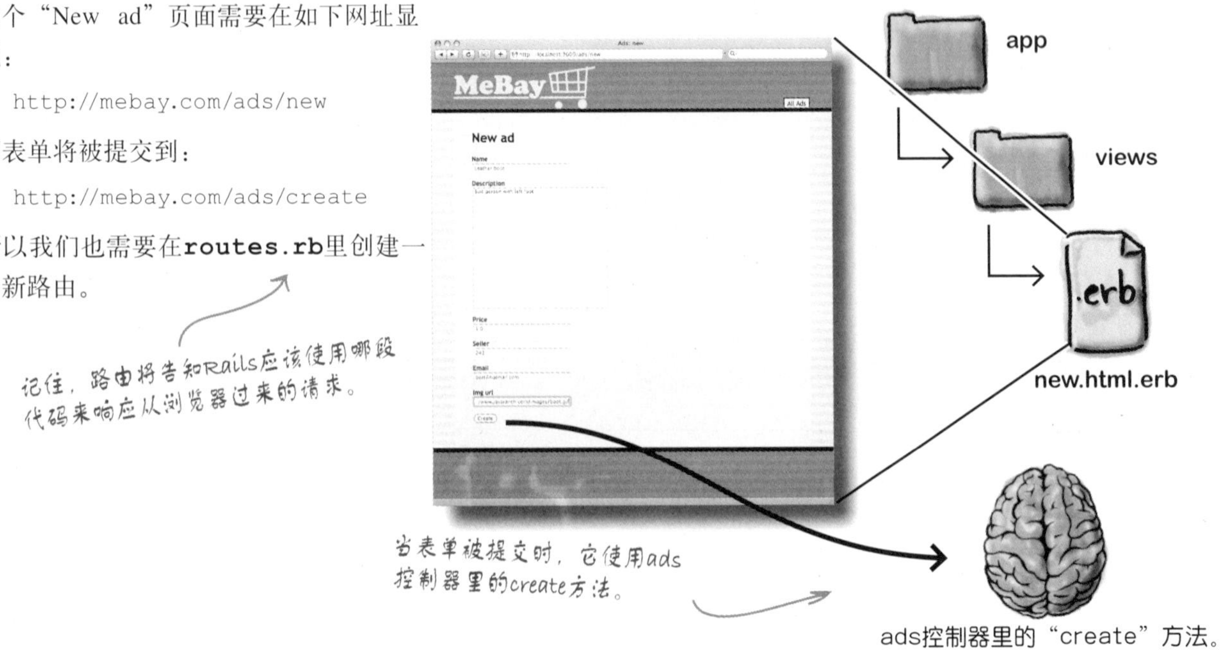

磨笔上阵

控制器的方法需要根据表单中的数据创建一个广告模型对象。你能找出模型中的一个在表单中没有对应的域的属性吗？为什么会这样呢？

缺少属性：……………………………………………………………

缺少原因：……………………………………………………………

……………………………………………………………………………

把/ads/new关联到new.html.erb文件的路由长什么样呢？关联/ads/create与ads控制器的create方法的路由呢？

……………………………………………………………………………

……………………………………………………………………………

磨笔上阵 解答

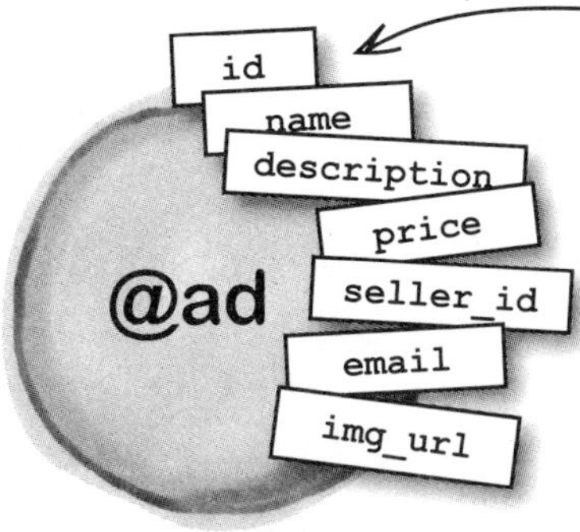

控制器的方法需要根据表单中的数据创建一个广告模型对象。你能找出模型中的一个在表单中没有对应的域的属性吗？为什么会这样呢？

缺少属性：id

缺少原因：用户不需要确定id是什么——它会由系统自动生成。

把/ads/new关联到new.html.erb文件的路由长什么样呢？关联/ads/create与ads控制器的create方法的路由呢？

map.connect '/ads/new', :controller=>'ads', :action=>'new'

map.connect '/ads/create', :controller=>'ads', :action=>'create'

URL。

因为方法被称为"create"……

……而文件被叫做"new.html.erb。"

我们需要添加这些路由到我们的routes.rb中去。

你的config/routes.rb文件的顶部看起来应该是这个样子：

新路由需要被添加到文件的顶部，以防止它们与'/ads/:id'路由混淆。

```
ActionController::Routing::Routes.draw do |map|
  map.connect '/ads/new', :controller=>'ads', :action=>'new'
  map.connect '/ads/create', :controller=>'ads', :action=>'create'
  map.connect '/ads/', :controller=>'ads', :action=>'index'
  map.connect '/ads/:id', :controller=>'ads', :action=>'show'
```

看起来表单和对象具有大量相似的信息。是不是表单和对象之间有着更深层次的关系？

Rails应用的许多组成部分之间都有很亲密的关系。

毕竟，模型包含应用的数据，视图允许用户访问这些数据，而控制器提供了逻辑黏合剂来把一切连接起来。

但是表单和模型之间是否有着一些特殊的关系呢？

表单与对象相关吗？

除了生成的id之外，表单中的域与广告对象的属性完全匹配。

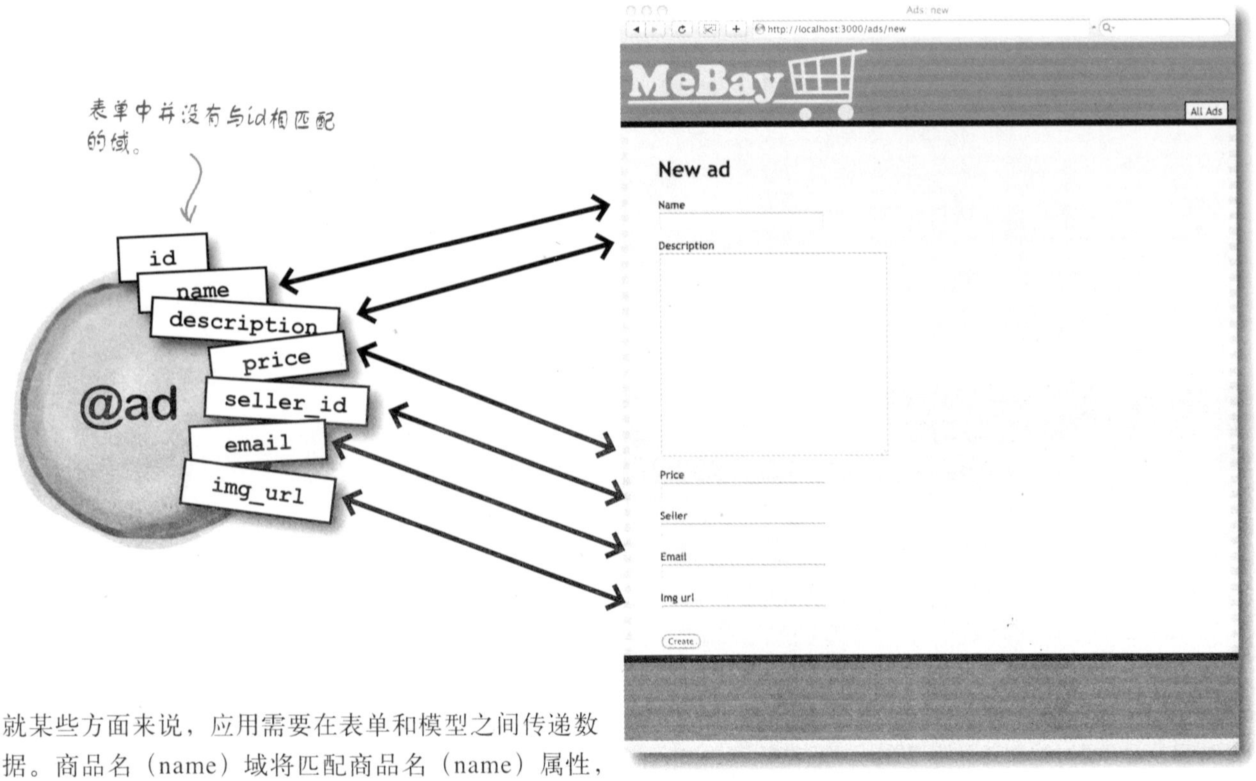

就某些方面来说，应用需要在表单和模型之间传递数据。商品名（name）域将匹配商品名（name）属性，描述（description）域将匹配描述（description）属性，以此类推。

如果模型使用属性的默认值来创建对象会怎样？生成表单中默认值的代码与模型代码是否略显重复？

毕竟，表单中的数据是由控制器来接收的，表单是否应该把这些域看作单独的值？还是所有这些域的值应该被联系在一起，就像对象的属性那样？

Rails在创建表单时能否利用表单域与模型对象之间的关系呢？

Rails能够创建与模型对象相关联的表单

Rails能够使用模型对象来帮助创建表单。这意味着两件事情：

1. 表单域中的值将被设置成@ad对象的属性中存储的值。这对广告表单不会有太大的影响，因为新广告是空白的。

2. 表单域将被给予与模型对象中相应字段显式关联的名字。

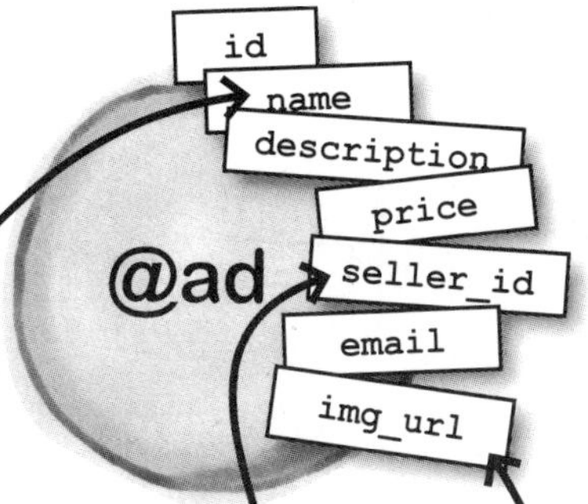

那么名字如何能把域与对象关联起来呢？让我们看一下这对广告表单的意义。下面是为基于Ad对象的表单生成的HTML：

这由show.html.erb生成。

```
<b>Name</b><br />
<input id="ad_name" name="ad[name]" type="text" />
<b>Description</b><br />
<textarea id="ad_description" name="ad[description]"></textarea>
<b>Price</b><br />
<input id="ad_price" name="ad[price]" type="text" />
<b>Seller</b><br />
<input id="ad_seller_id" name="ad[seller_id]" type="text" />
<b>Email</b><br />
<input id="ad_email" name="ad[email]" type="text" />
<b>Img url</b><br />
<input id="ad_img_url" name="ad[img_url]" type="text" />
```

脑力锻炼

比较一下表单域的名字和它们的匹配属性，你认为Rails如何把这些表单数据传递给控制器？

你有几页的时间来考虑这个问题……

表单域的名字	对象属性
ad[name]	name
ad[description]	description
ad[price]	price
ad[seller_id]	seller_id
ad[email]	email
ad[img_url]	img_url

表单对象代码冰箱磁铁

是时候编写new.html.erb页面模板了。`<% form_for %>`标签被用来生成一个使用表单对象的表单。请使用下面的代码冰箱磁铁完成表单中的各个域：

没有样板HTML……我们还是使用超级模板(super-template)。

表单标签就是一些脚本段，所以不要在里面使用=。请使用<% and %>。

表单将会被提交至这个动作。

由这样的表达式生成表单域。

表单所依赖的对象。

```
<h1>New ad</h1>

<% form_for(@ad,:url=>{:action=>'create'}) do |f| %>

  <p><b>Name</b><br /><%= f.text_field :name %></p>

  <p><b>Description</b><br /><%= ............ ............ %></p>

  <p><b>Price</b><br /><%= ............ ............ %>

  </p>

  <p><b>Seller</b><br /><%= ............ ............ %></p>

  <p><b>Email</b><br /><%= ............ ............ %></p>

  <p><b>Img url</b><br /><%= ............ ............ %></p>

  <p><%= ............ ............%></p>

<% end %>
```

f.text_area

:email

f.text_field

f.text_field

f.text_field

:img_url

:price

"Create"

:description

f.submit

:seller_id

f.text_field

表单对象代码冰箱磁铁解答

是时候编写new.html.erb页面模板了。<% form _ for %>标签被用来生成一个使用表单对象的表单。请使用下面的代码冰箱磁铁完成表单中的各个域：

```
<h1>New ad</h1>

<% form_for(@ad,:url=>{:action=>'create'}) do |f| %>

  <p><b>Name</b><br /><%= f.text_field :name %></p>

  <p><b>Description</b><br /><%= f.text_area :description %></p>

  <p><b>Price</b><br /><%= f.text_field :price %>

  </p>

  <p><b>Seller</b><br /><%= f.text_field :seller_id %></p>

  <p><b>Email</b><br /><%= f.text_field :email %></p>

  <p><b>Img url</b><br /><%= f.text_field :img_url %></p>

  <p><%= f.submit "Create" %></p>

<% end %>
```

在form_for标签里，表单被称为“f”。

描述域比其他域都长，所以它需要一个text_area而不是一个text_field。

所有这些域的名字都通过符号——由冒号起始的一串字符给出。

这是将出现在表单底部按钮上的单词，用户会点击这个按钮来创建广告。

这样做！ 将这段代码保存到名为**app/views/ads/new.html.erb**的文件中。

没有蠢问题

问： 为什么表单中没有对应于id、updated_at和created_at这些字段的域？

答： 这些域将由Rails自动填写。id会自动生成数字，而updated_at和created_at域将被给予记录在数据库中被保存或者更新时的时间戳。它们是我们的神奇字段，还记得吗？

试驾

针对“new”表单的页面模板已经就绪，而它应该能够使用与我们生成“show”页面一样的方式来生成HTML。同时我们还有一条准备好的路由，它把“/ads/new”路径与“new”模板关联起来。让我们看看如下URL能否生效吧：

```
http://localhost:3000/ads/new
```

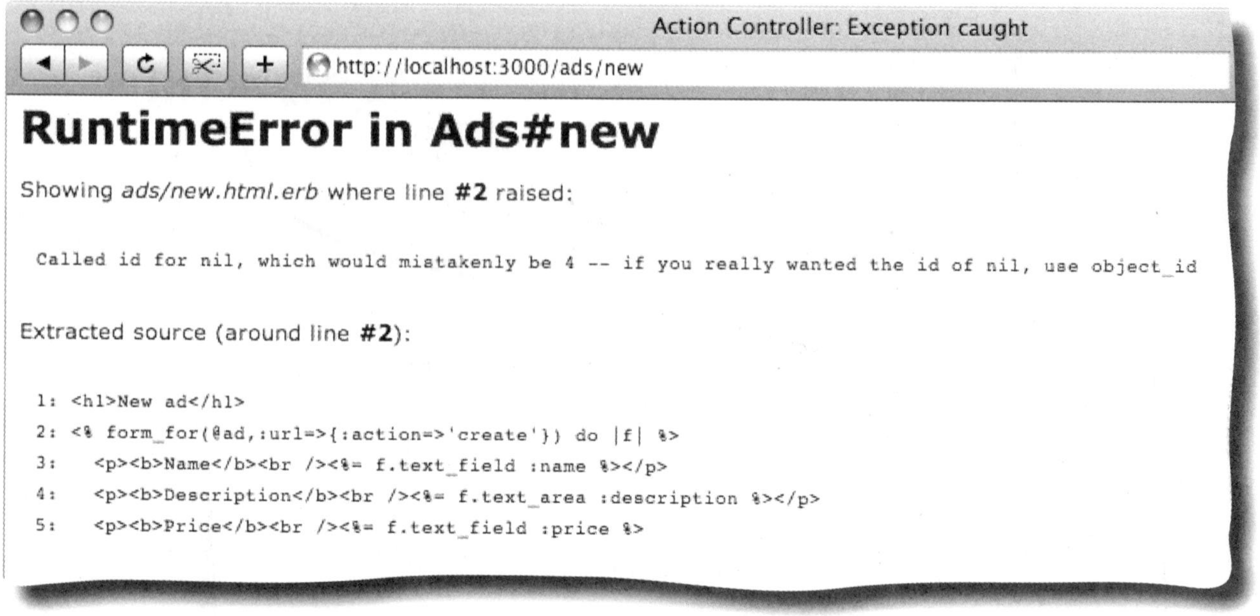

页面出错了！

动动脑

这个表单页面有问题。请看看这个生成的错误消息，你是否能够想出是什么错误？

@ad表单对象还没有被创建

问题是由@ad对象引起的。像@ad这样的变量默认会被赋予一个特殊的称为**nil**的值，也就是**空值**。如果@ad被设置成nil，而不是被设置成一个Ad对象，它将不会具有如**@ad.name**、**@ad.description**这样的属性。

如果@ad不具有任何属性，会对表单有影响吗？

没错，会有影响！表单依赖于@ad对象，它需要访问对象的每个属性来生成表单中各个域的初始值。但是在第一个属性被调用时就返回了nil，这就导致了错误。

那么我们该如何避免这个问题呢？

Rails创建@ad变量时会带有一个nil默认值，也就是空值。所以这个变量中不会有任何可用的属性，比如@ad.name。

@ad = nil

```
<h1>New ad</h1>
<% form_for(: ad,:url=>{:action=>'create'}) do |f| %>
  <p><b>Name</b><br /><%= f.text_field :name %></p>
  <p><b>Description</b><br /><%= f.text_area :description %></p>
  <p><b>Price</b><br /><%= f.text_field :price %></p>
  <p><b>Seller</b><br /><%= f.text_field :seller_id %></p>
  <p><b>Email</b><br /><%= f.text_field :email %></p>
  <p><b>Img url</b><br /><%= f.text_field :img_url %></p>
  <p><%= f.submit "Create" %></p>
<% end %>
```

每个域的初始值需要依赖于@ad上相匹配的属性。但是由于@ad被设置成nil，这就导致了错误。

表单对象需要在表单被显示之前创建好

当带有表单的页面被生成时，每个表单域的初始值均来自于其关联对象的各个属性。

你知道这样会有什么问题吗？

问题是，在表单被生成之前新的广告对象就需要存在。当然，在用户完成广告的详细信息之前，广告对象不会被保存到数据库中——但即使如此，这个对象依然需要在页面模板被调用之前先创建好。

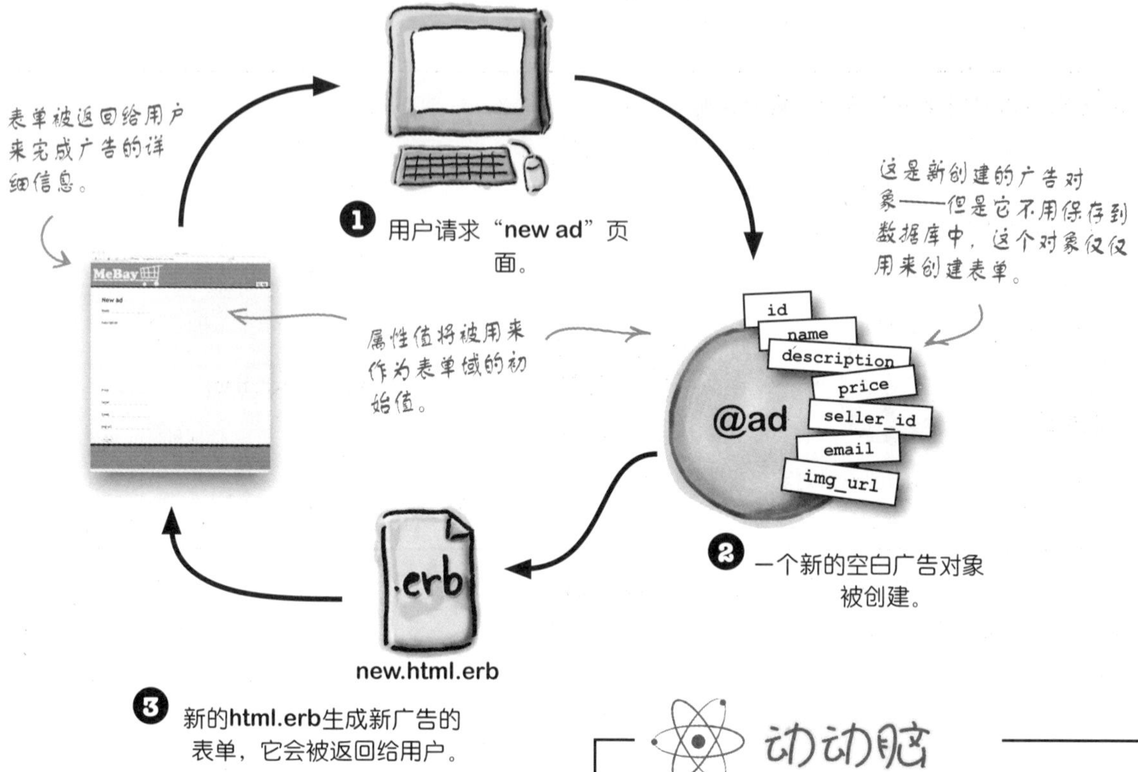

动动脑

你会在应用的哪个地方创建这个新广告对象呢？如果它是一个模板或者方法，它应该在什么地方被调用？

表单广告对象将在控制器的new动作中被创建

1 **表单广告对象需要在new.html.erb page模板运行前被创建。**

如果你在名为new的控制器方法中创建这个对象，它会在new.html.erb模板被调用前先运行。

浏览器请求
http://mebay.com/ads/new

调用广告控制器的“new”方法。

如果你在控制器中创建一个名为“new”的新方法，这个方法会在Rails调用new.html.erb模板之前先被调用。

```
def new
  ...
end
```

2 **那么你该如何创建一个新的广告对象呢？**

Ad.new返回一个新对象，你可以把它赋给@ad变量。新对象不会自动保存到数据库中，你只需要让它存在于内存中，以便于生成HTML表单。

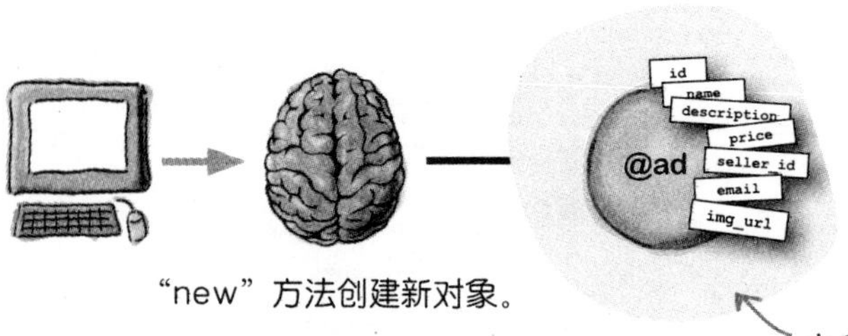

“new”方法创建新对象。

内存

你需要把这段代码加入到控制器中。

```
def new
  @ad = Ad.new
end
```

新对象的属性都默认为nil。

3 **现在对象已经被赋给内存中的@ad变量，new.html.erb可以使用它来生成/ads/new网页中的HTML表单。**

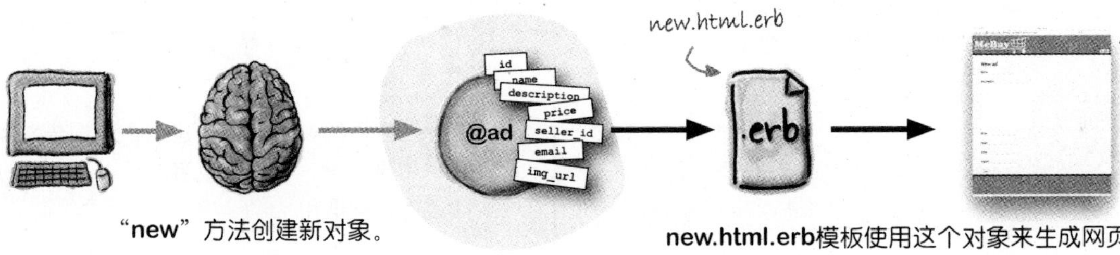

“new”方法创建新对象。

new.html.erb模板使用这个对象来生成网页。

现在每个页面模板都有一个匹配的控制器方法

现在广告控制器对于每个页面模板文件都有一个相应的方法。Rails在从页面模板生成页面之前总是会先调用控制器的相应方法。

控制器方法和页面模板共同组成了动作。这就是为什么动作名字既出现在控制器方法的名字里，也出现在页面模板文件的名字里。

动作由控制器方法和页面模板共同组成。

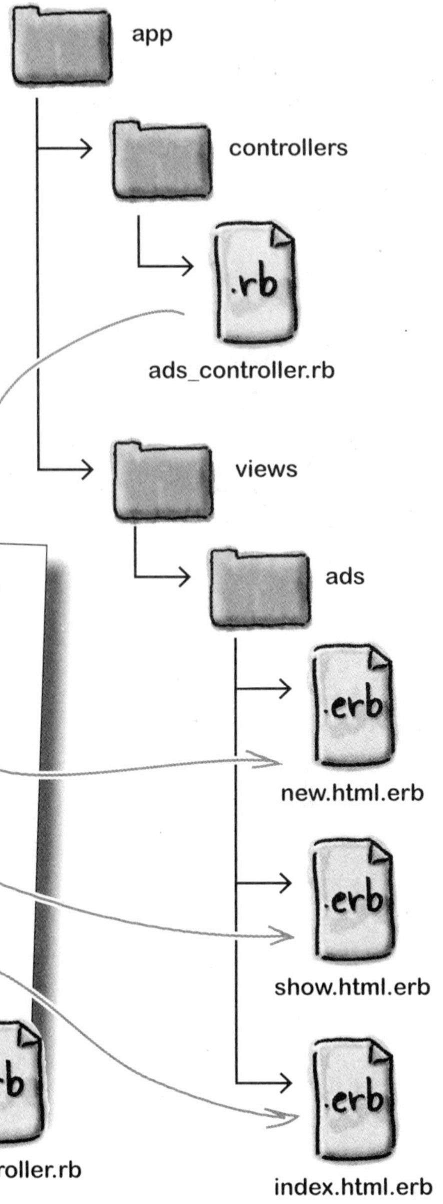

这样做！

```
class AdController < ApplicationController
  def new
    @ad = Ad.new
  end

  def show
    @ad = Ad.find(params[:id])
  end

  def index
    @ads = Ad.find(:all)
  end
end
```

new动作由一个控制器方法和一个页面模板组成。

ads_controller.rb

这是你的ads_controller.rb脚本现在的样子。

现在，你的控制器能在new.html.erb页面模板运行之前先创建新广告对象，是时候看看代码是否能够奏效了。

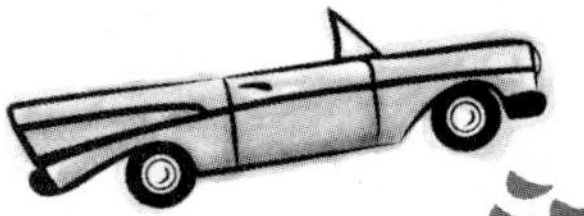

试驾

在控制器代码准备就绪后，是时候试试这个应用了，让我们用浏览器打开如下URL：

```
http://localhost:3000/ads/new
```

现在输入一些数据：

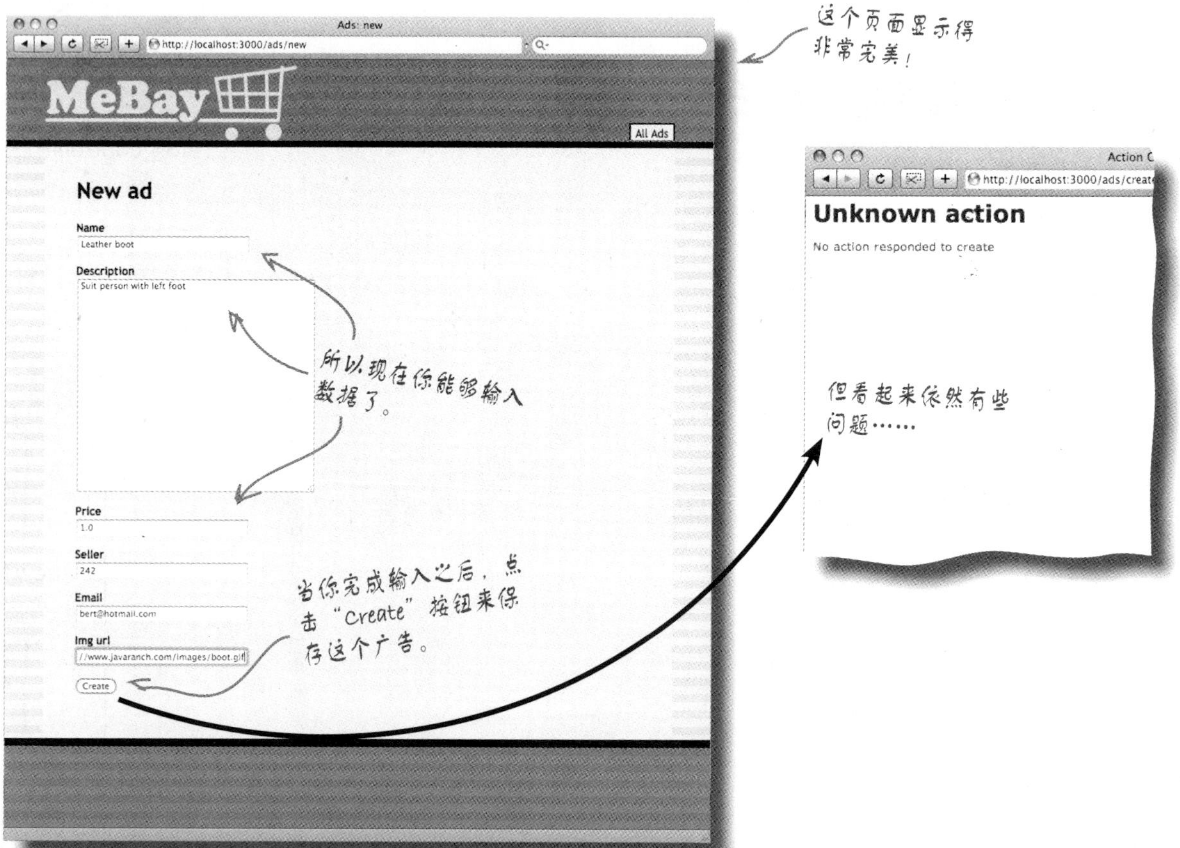

表单页面显示得很完美，但是当你输入一些数据并提交表单后，Rails返回了一个错误来告诉你你还没有编写create动作。create动作？这个动作用来从表单接收广告信息。

这个动作需要做些什么呢？它需要读取来自于表单的数据并使用这些数据来创建一个新广告。

但是表单发回给应用的是什么呢？

表单不会发送回对象，它发送回数据

这儿的表单是通过一个Ad对象来生成的。但是当表单被提交时，表单会把什么发送回服务器呢？

因为表单使用HTTP，所以它无法通过网络发送表单对象。它只能发送数据。

但是数据是如何组织的呢？

回想一下路由是如何工作的。当某个请求到达时，Rails把请求的详细信息发送给路由系统，这样就会把针对动作和控制器的值插入到一个名为`params[...]`的数据结构中。

`params[...]`数据结构并不仅仅为路由而创建。它也可以被用于存储任何通过Web表单提交给应用的数据。

实际上这个数据结构更准确的称呼是哈希（Hash），或者说关联数组（Associative Array）。

表单中的域以名字`:ad`被记录在`params[...]`表里。`:ad`变量的值事实上是另一个具有多个值的表，这个表把域的名字映射到域的值：

参数"哈希"表。

这是几页前的"动动脑"练习题的答案。

Name	Value
:controller	'ads'
:action	'create'
:ad	(见下表)

Name	Value
:name	Leather boot
:description	Suit person with left foot
:price	1.0
:seller_id	242
:email	bert@hotmail.com
:img_url	http://www.javaranch.com/images/boot.gif

:ad参数的值是另一个哈希表。

:ad变量的值是params[:ad]表。

但是当控制器接收到数据时，它会发生什么变化呢？我们应该如何使用这些数据呢？

Rails需要在数据被保存之前把数据转化成对象

Rails与数据库交流时只能使用对象，所以在某个广告被保存进数据库之前，你需要找到一种方法来把表单数据转化成一个Ad对象。

模型能够根据原始的表单数据创建对象

你该怎样做？好吧，还记得你在使用表单时创建了一个新的空白Ad对象吗？

```
@ad = Ad.new
```

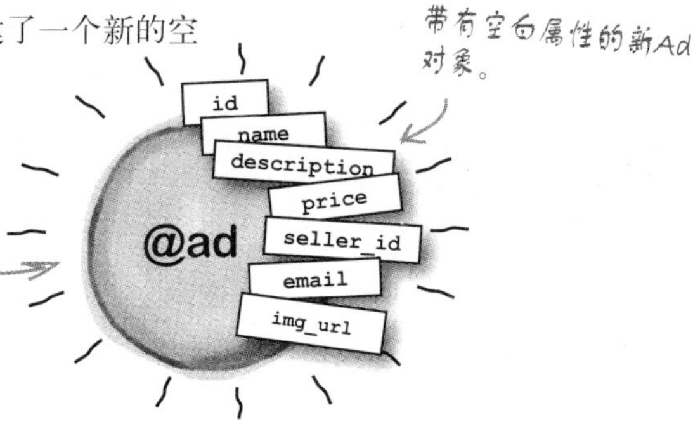

Ad.new方法也能够被哈希表调用，哈希表中的值被用来初始化新Ad对象的属性。表单数据正好包含在一个哈希对象里：

```
@ad = Ad.new(params[:ad])
```

= Ad.new(

Name	Value
:name	Leather boot
:description	Suit person with left foot
:price	1.0
:seller id	242
:email	bert@hotmail.com
:img_url	http://www.javaranch.com/images/boot.gif

)

params[:ad]是表单数据。

新对象的属性与表单数据的值是匹配的。

手把手教你控制器的create方法

❶ Rails使用**params[...]**哈希表发送表单数据给控制器。

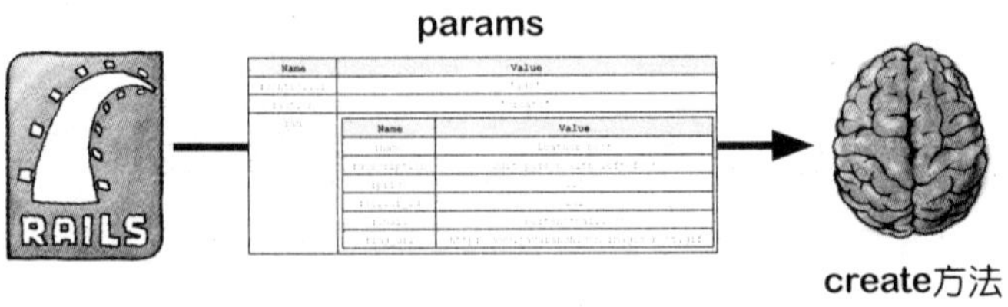


```
def create
  ...params[...]...
  ...
end
```

❷ 控制器通过查看**params[:ad]**来读取原始表单数据。然后它把这个值发给**Ad.new(...)**来构造一个新的Ad对象。

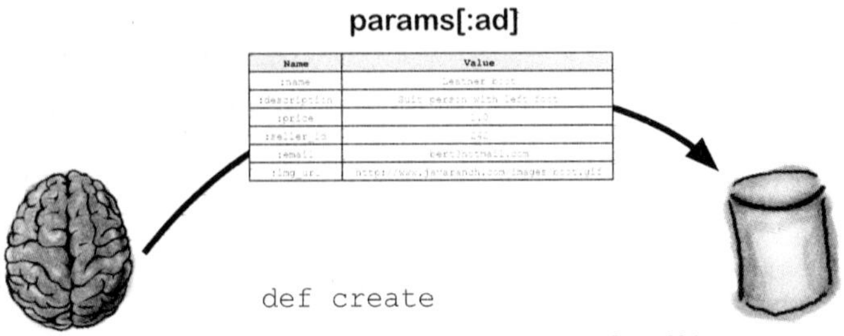


```
def create
  ... = Ad.new(params[:ad])
  ...
end
```

❸ **Ad.new(...)**返回的Ad对象具有与表单域里的值相匹配的属性。

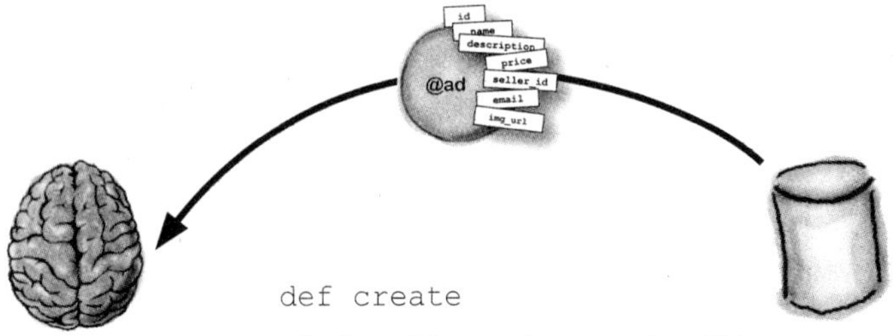


```
def create
  @ad = Ad.new(params[:ad])
  ...
end
```

控制器需要保存记录

把表单数据转化成对象的原因是让你能够保存它。

你该怎么做呢？使用

```
@ad.save
```

当我们在模型对象上调用save时，Rails检查对象的属性并生成一个SQL插入语句来更新数据库：

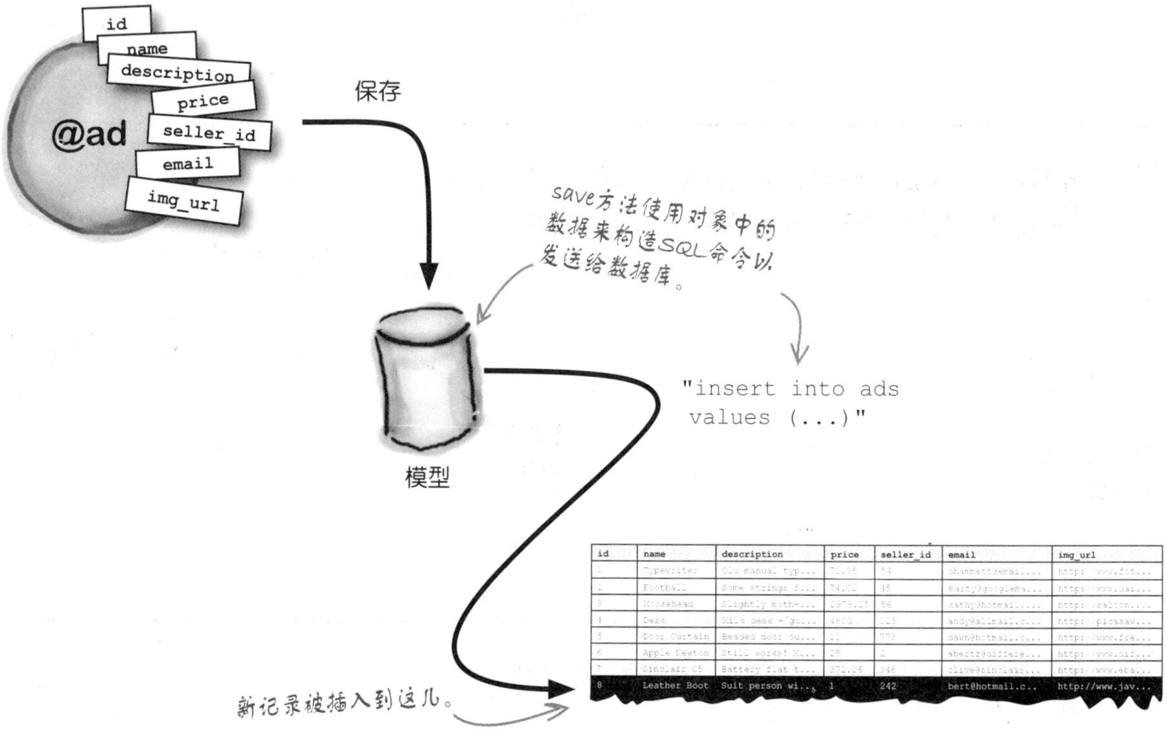

id	name	description	price	seller_id	email	img_url
1	Typewriter	Old manual typ...	71.95	54	dhammett@email....	http://www.fot...
2	Football	Some strings f...	74.02	45	marty@googlema...	http://www.dai...
3	Moosehead	Slightly moth-...	2978.25	56	kathy@hotmail....	http://salton....
4	Desk	Milk desk - 'go...	4800	123	andy@allmail.c...	http://picasaw...
5	Door Curtain	Beaded door cu...	11	773	dawn@hotmail.c...	http://www.fre...
6	Apple Newton	Still works! M...	25	2	ahertz@differe...	http://www.dif...
7	Sinclair C5	Battery flat t...	372.06	346	clive@sinclair...	http://www.eba...
8	Leather Boot	Suit person wi...	1	242	bert@hotmail.c..	http://www.jav...

在save被加入之后，控制器的create方法就完整了：

```
def create
      @ad=Ad.new(params[:ad])
      @ad.save
end
```

试驾

更新你的控制器的create方法，然后测试这个更新过的广告创建表单。当你点击“Create”按钮时，返回了一个错误页面表明缺少某个模板：

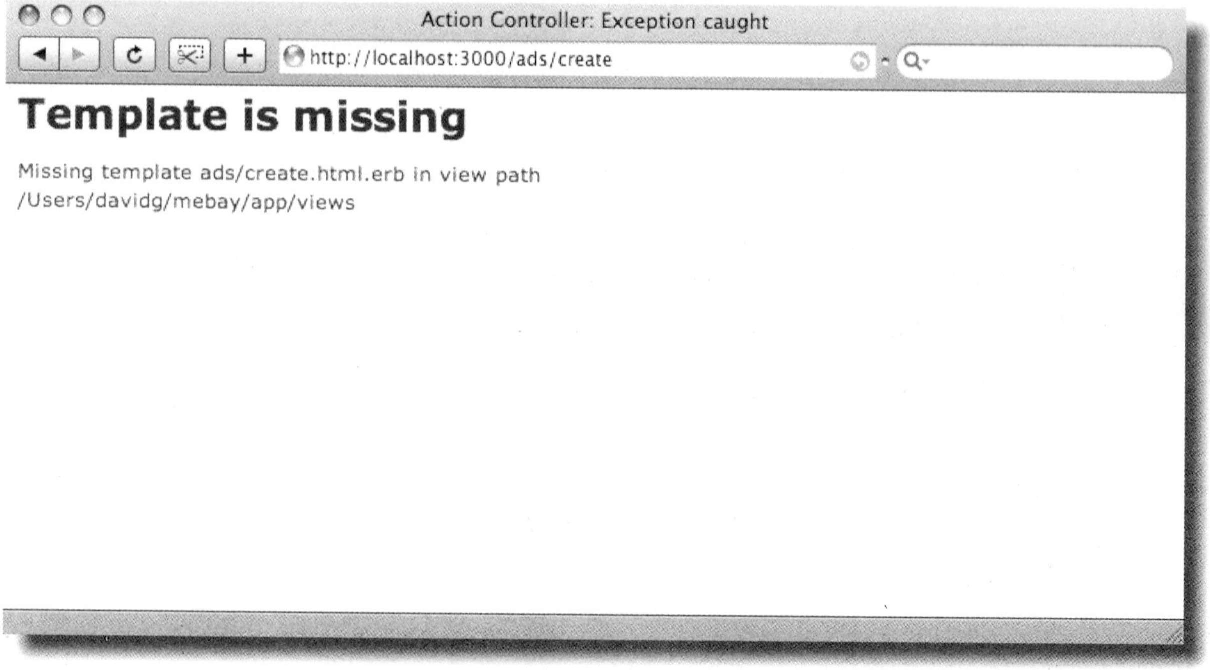

磨笔上阵

1. 你创建的记录保存了吗？

....

2. 你需要怎么做才能解决这个新错误？

....

....

....

磨笔上阵 解答

1. 你创建的记录保存了吗？

数据被保存，新广告被创建。

2. 你需要怎么做才能解决这个新错误？

没有任何可用模板来生成确认记录被保存的响应——所以需要创建一个create.html.erb页面。

Rails显示错误是因为它无法为你的请求生成响应

HTTP使用**成对的**请求和响应来工作。对于每个请求，都应该有个响应。

当控制器的create方法执行完后，一条新记录被成功创建。然后Rails需要生成一个响应页面，所以它查看能够匹配当前动作的页面模板。当前动作是`create`，所以它查找`create.html.erb`。但是这个模板并不存在！

所以我们需要编写create.html.erb页面模板。但是这个模板应该包含什么内容呢？

创建一个create.html.erb文件来告知用户记录已经被创建并提供一个指向新记录的链接。

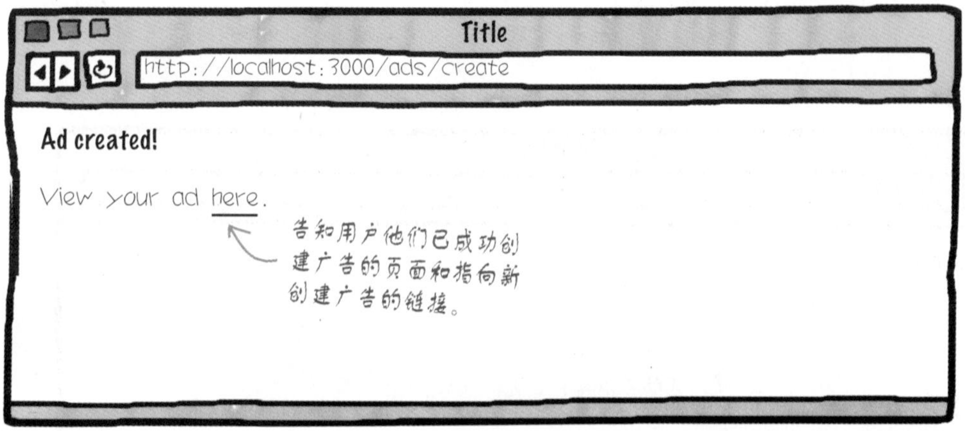

你应该创建一个create.html.erb文件来确认记录已经被创建并提供一个指向新记录的链接。

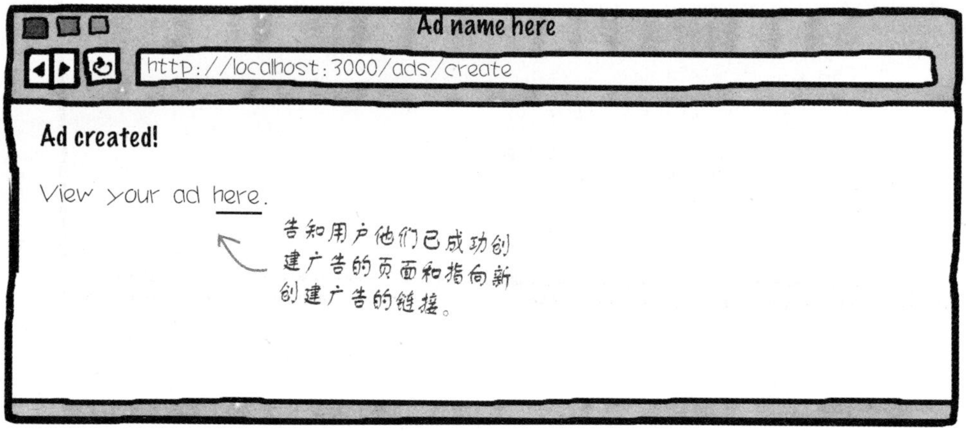

你的HTML可能看起来与这个有些不同。不过没关系，只要你在表达式里给出了页面标题和指向新广告的链接就行。

```
<h1>Ad created!</h1>

View your ad <a href="/ads/<%= @ad.id %>">here</a>
```

变量@ad指向新插入的对象。

至新建广告的路径。

这相当简单，因为我们的超级模板提供了大部分的格式和标记。

试驾

现在你的create.html.erb页面模板已经就绪，是时候试试这个应用了。

很快用户就张贴了几十个新广告。但是尽管它很受欢迎，有些人还是有些小意见……

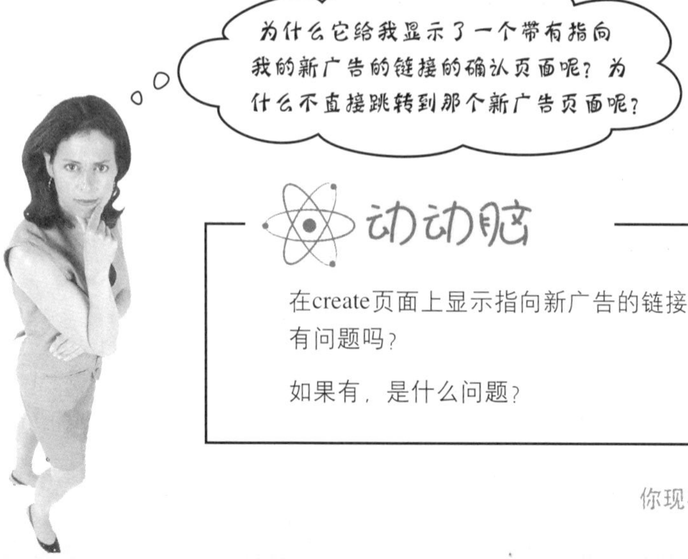

动动脑

在create页面上显示指向新广告的链接有问题吗？

如果有，是什么问题？

不要创建新页面，使用现有页面

用户并不想看到由create.html.erb生成的额外的确认页面。他们只想直接到达他们的广告页面。那么你该怎么做呢？

你可以编辑create.html.erb页面模板以让它显示新广告的详细信息，对吗？毕竟，@ad变量可以被页面模板访问，而且它包含了新广告的所有信息。

但这是一个糟糕的想法。为什么呢？因为这就意味着**create**.html.erb页面将变得跟你用来显示每个广告的**show**.html.erb页面模板一模一样。

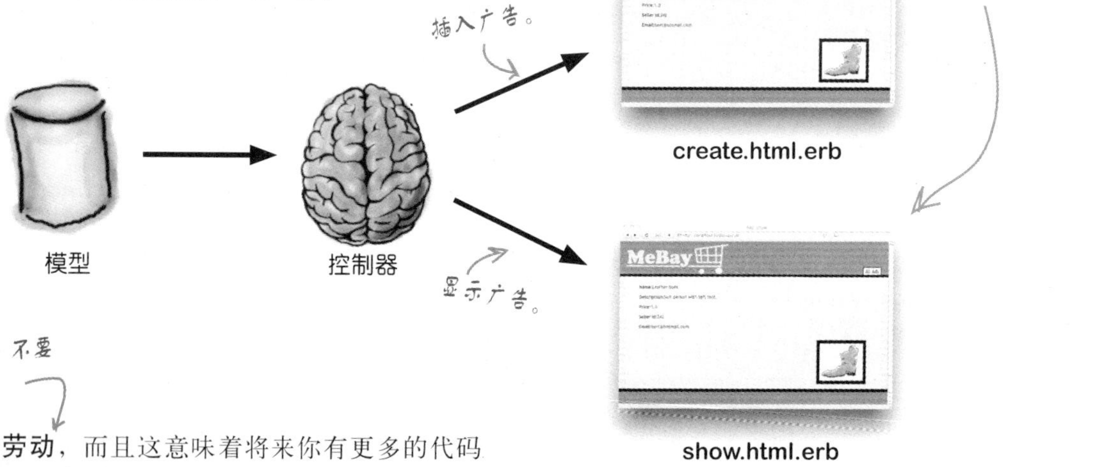

想想DRY原则：不要重复你自己。

这是**重复劳动**，而且这意味着将来你有更多的代码需要维护。如果控制器中的create动作能够显示show.html.erb页面的话会更好。

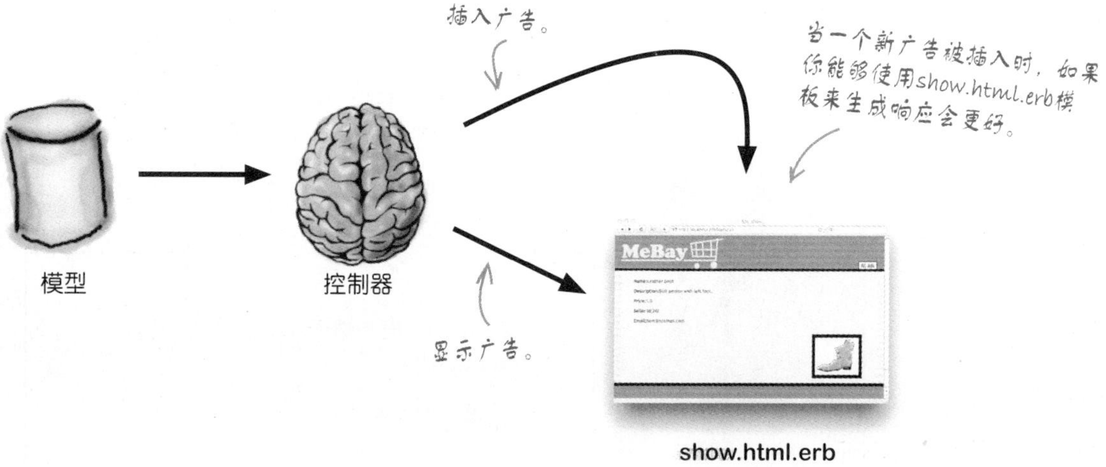

但是控制器动作如何才能显示另一个动作的页面呢？

控制器方法与模板共同组成一个动作。在前面你所看到的所有例子里，控制器方法和页面模板都是被特定动作独占使用的。

这也是为什么控制器方法和页面模板都在一定程度上包含了动作名字。当你执行show动作时，你使用了广告控制器里的show方法和show.html.erb页面模板。

我们依然希望使用控制器方法和页面模板来完成这个动作，但是现在我们需要能够选择控制器方法所调用的页面模板。

控制器动作由控制器方法和页面模板组成。

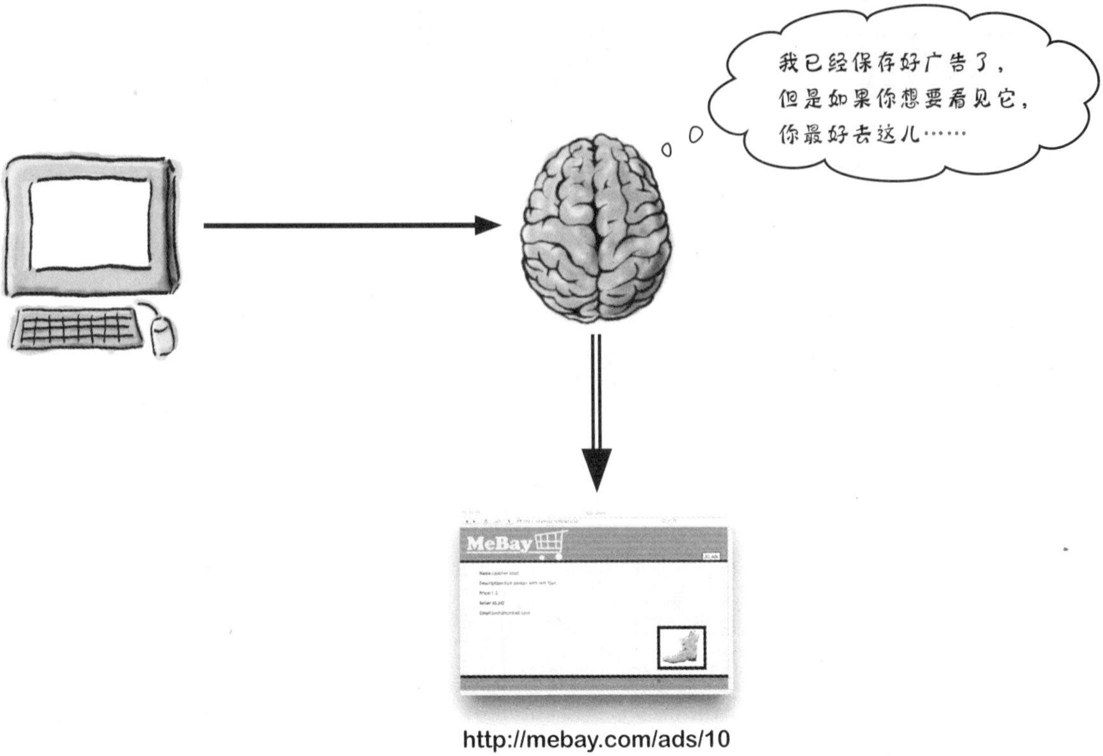

我们需要为控制器找到一种方式来表明输出位于一个不同的URL。

重定向使控制器能够指定显示哪个视图

重定向（redirect）是Rails返回给浏览器的一种特殊响应。它告诉浏览器到一个不同的URL去获取输出。所以，即使浏览器把表单数据发给/ads/create，重定向也会让浏览器来到ads/17 （例如，假设17是新广告的id号）。

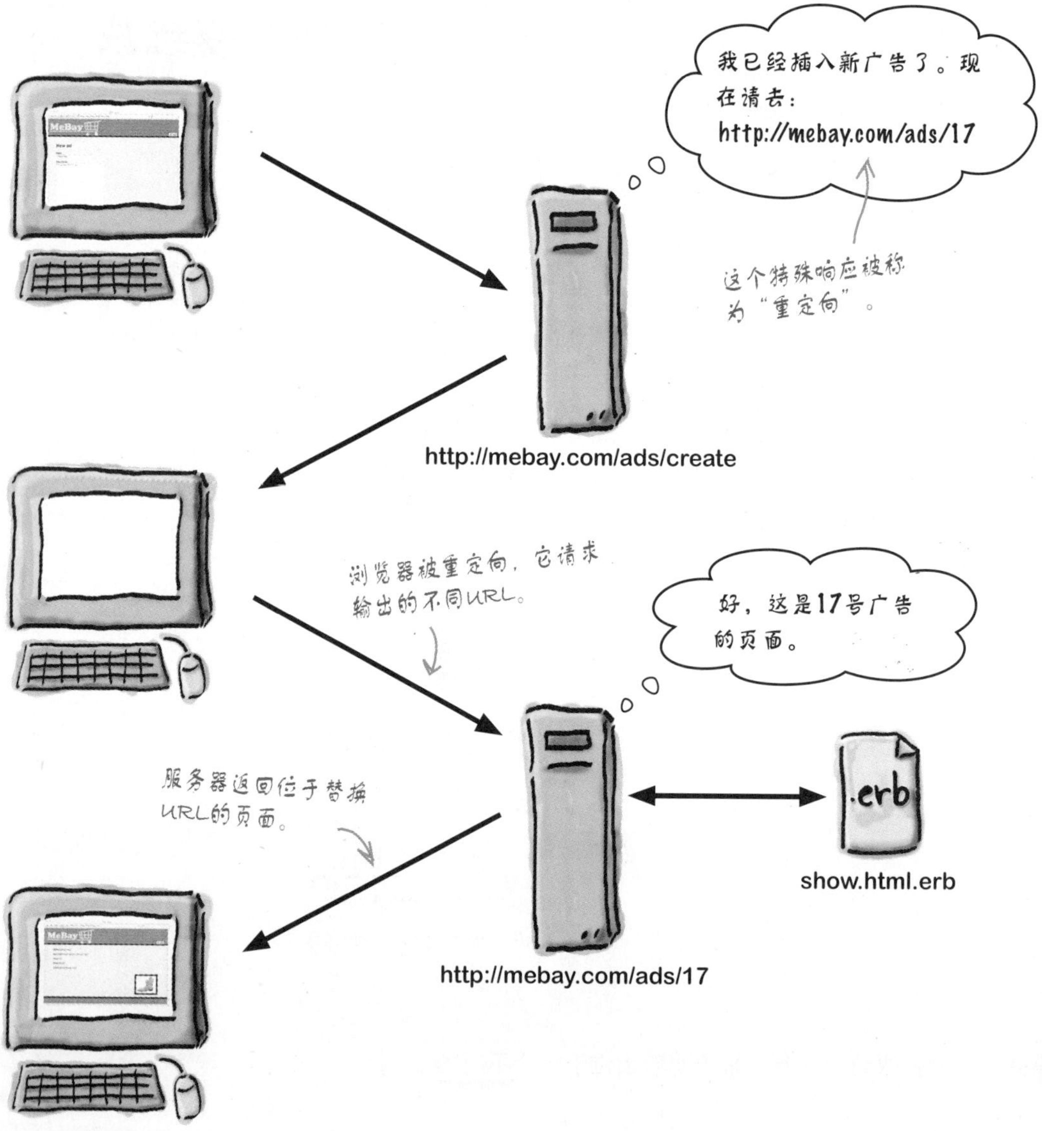

磨笔上阵

redirect命令将把浏览器转到新广告的URL。请在下面虚线处填写出该URL：

```
def create
  @ad = Ad.new(params[:ad])
  @ad.save
  redirect_to "/........./#{..............}"
end
```

没有蠢问题

问： 你说重定向是一种特殊的响应。它真的是响应吗？

答： 是的。有几种类型的响应。通常的响应包含浏览器需要显示的信息，但是其他响应，比如重定向，包含一些针对浏览器的特殊指令。重定向就是一个特殊指令，它要求浏览器跳转到一个不同的URL。

问： 那么当一个浏览器被重定向时，地址栏中的URL会变化吗？

答： 你猜对了。即使浏览器请求一个特定的URL，地址栏最终也会显示浏览器结束本次请求时所在的URL。

问： 重定向的代码出错会导致浏览器陷入重定向的死循环吗？

答： 不可能，因为浏览器对重定向的次数有限制。如果你的代码不断地发送重定向，浏览器将会不耐烦，它会停止重定向动作并显示错误消息。

问： 如果我把一个对象赋给@ad，然后重定向到不同的URL，新URL能够看到我的@ad对象吗？

答： 问得好！不行，它做不到。一旦你重定向到另一个URL，你将无法在新地址访问在前一个地址由控制器赋予的变量。

问： 我能够重定向到一个不在我应用中的地址吗？

答： 当然。重定向只是简单的要求浏览器跳转到一个指定的URL。如果你要浏览器重定向到一个外部网站，浏览器就会这么做。

问： 我什么时候需要重定向？

答： 当你需要重用显示信息的页面时你可能就要做重定向。这也是你在MeBay应用里使用重定向的原因。不过在你修改数据库时也可以使用重定向。

问： 为什么呢？

答： 较好的做法是把动作分成两块：一块是**更新**动作，另一块是**显示**动作。更新动作将会修改数据库中的内容然后重定向到显示动作。这样，如果有人输入一条记录，然后在下一个页面点击刷新按钮，他们将只能刷新一个显示页面，而不会重新插入记录。

问： 重定向字符串中的#{ }是什么意思？

答： Ruby字符串可以包含Ruby表达式——就像Ruby名字一样。把表达式放到#{ }中会让Ruby自动把表达式替换成相应的值。

问： params[...]看起来有点像数组。它是数组吗？

答： params被设计成一种“关联数组（associative array）”，或者叫“哈希（hash）”。哈希是一种特殊的数组，它能够使用其他东西而不仅仅是数字来作索引。

磨笔上阵解答

redirect命令将把浏览器转到新广告的URL。请在下面虚线处填写出该URL：

```
def create
  @ad = Ad.new(params[:ad])
  @ad.save
  redirect_to "/ads/#{@ad.id}"
end
```

#符号和{}把变量值插入到字符串中。

试驾

请更新你的控制器。现在是时候来看看我们的重定向是否把用户送到他们新创建的广告页面上：

即使表单被提交到"/ads/create"，浏览器的地址还是变成了"/ads/40"。

当新广告被创建时，浏览器自动跳转到了新页面。

但是如果广告在张贴后需要修改该怎么办？

有些用户在他们的广告创建过程中输错了内容，他们希望能够修改他们的广告。所以他们不仅仅需要显示和创建表单。现在用户还需要能够**编辑**他们的广告。

这就意味着系统需要同时支持更新和插入。这会很难实现吗？

更新广告就像创建广告一样…… 只有一点小区别

即使系统目前还不能够编辑广告，但添加编辑功能会需要很多工作吗？

想一下把广告插入到系统中的步骤：

1. 新的空白广告对象被**创建**，然后被用来生成广告**输**入表单。
2. 表单被发送给用户，用户**更新**各个域的值并提交表单给应用。
3. 数据域被转化成Ad对象，它被**保存**到数据库中。
4. 用户被带到一个显示**新**广告的页面。

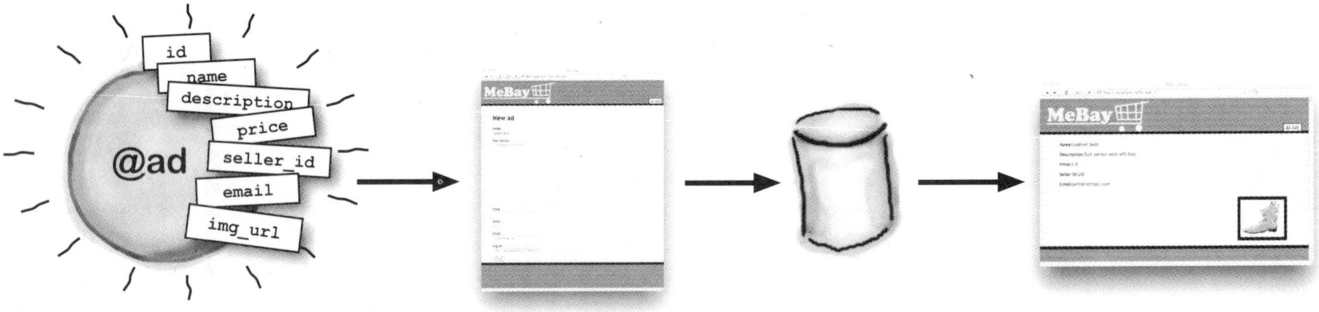

1. 创建空白广告　　2. 填值　　3. 保存广告　　4. 显示

假定你要修改一个广告。你希望通过什么样的形式来修改呢？也许是一个带有广告信息的表单，你可以重新提交这个表单来保存所有的改动，这和你创建广告时的步骤是一致的。让我们来仔细看一下修改的步骤……

你需要找到一个广告而不是创建它，你需要更新这个广告而不是保存它

当有人编辑广告时，他们使用与前面一样的表单。用户将会修改广告信息并保存数据。那么修改步骤和创建步骤有多相似呢？

1. 从数据库中**读取**现有的广告，这个广告被用来生成**修改**表单。
2. 表单被发给用户，用户更新各个域的值并提交表单给应用。
3. 数据域被转化成Ad对象，它被用来**更新**数据库。
4. 用户被带到一个显示**更新过的**广告的页面。

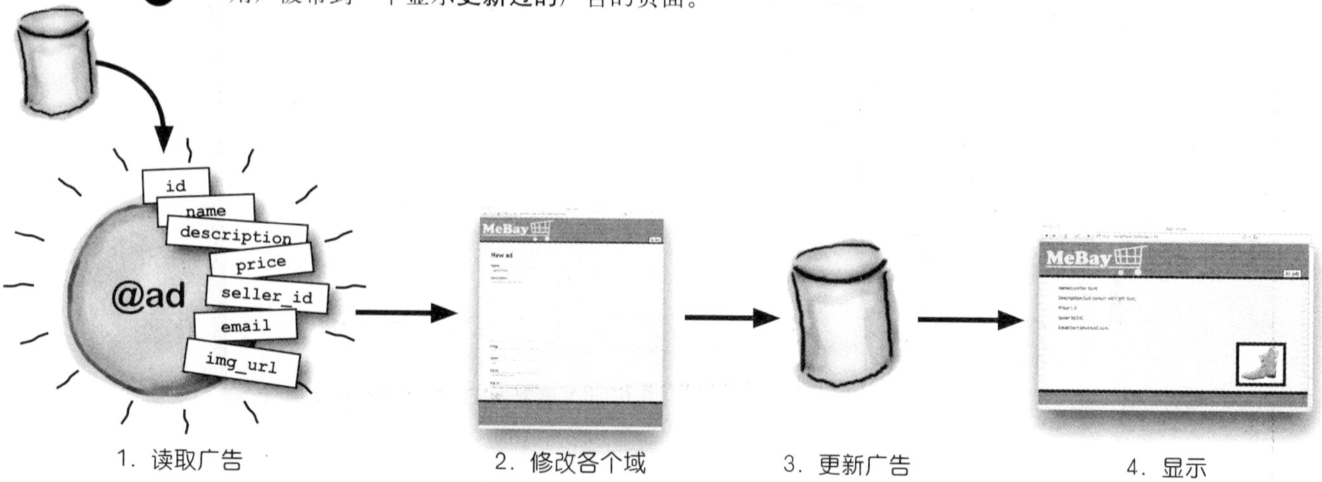

你可以看到这两种操作的步骤基本没有什么差别。在**创建**过程中，**新的**广告对象被**创建**并**保存**到数据库中。在**修改**过程中，一个现有的广告被**读取**、**修改**然后**保存**到数据库中。

所以你只需要关注这两种操作的差异之处就行了。你需要记录类似于**修改**步骤里的广告id号这样的数据。

你是否能够把这样的编辑功能添加到应用中呢？

长篇习题

在每个show页面添加一个指向某个URL（比如ads/17/edit）的编辑链接，该URL会调用一个新的**edit**动作来查找广告并显示到表单中。

```
<p>
  <b>Name:</b><%= @ad.name %>
</p>
<p>
  <b>Description:</b><%= @ad.description
%>
</p>
<p>
  <b>Price:</b><%= @ad.price %>
</p>
<p>
  <b>Seller Id:</b><%= @ad.seller_id %>
</p>
<p>
  <b>Email:</b><%= @ad.email %>
</p>
<p>
  <img src="<%= @ad.img_url %>"/>
</p>

..................................................................
```

在这儿添加“edit”链接。

表单将把数据提交到一个位于如/ads/17/update这样的URL的update动作。请创建关联/ads/17/edit到编辑页面和关联/ads/17/update到update动作的路由，请确保广告id号在这两种情况下都被保存在名为:id的请求参数里。

在这儿写出两条路由。

....

....

现在创建新的页面模板edit.html.erb来允许用户编辑广告信息。它很像new.html.erb，但它会在页面头部显示广告名称并使用update动作而不是create动作。

在这儿编写edit.html.erb代码。

你需要广告控制器里的两个动作方法，一个为编辑表单提供数据，另一个更新广告到数据库中。edit方法将提供数据给编辑表单，而update方法将更新数据库。考虑到：

```
@ad.update_attributes(........................)
```

在这儿写下包含表单所提交的各个域值的哈希数据结构。

——将把@ad对象更新到数据库中，请在下面虚线处编写代码来实现广告控制器的edit和**update**方法：

在这儿编写edit方法。

在这儿编写update方法。

长篇习题解答

你的任务是在每个show页面添加一个指向某个URL（比如ads/17/edit）的编辑链接，该URL会调用一个新的**edit**动作来查找广告并显示到表单。

```
<p>
  <b>Name:</b><%= @ad.name %>
</p>
<p>
  <b>Description:</b><%= @ad.description
%>
</p>
<p>
  <b>Price:</b><%= @ad.price %>
</p>
<p>
  <b>Seller Id:</b><%= @ad.seller_id %>
</p>
<p>
  <b>Email:</b><%= @ad.email %>
</p>
<p>
  <img src="<%= @ad.img_url %>"/>
</p>

<a href= "/ads/<%= @ad.id %>/edit">Edit</a>
```

在这儿添加"edit"链接。

表单将把数据提交到一个位于如/ads/17/update这样的URL的update动作。你需要创建关联/ads/17/edit到编辑页面和关联/ads/17/update到update动作的路由，请确保广告id号在这两种情况下都被保存在名为:id的请求参数里。

在这儿写出两条路由。

```
map.connect '/ads/:id/edit', :controller=> 'ads', :action=> 'edit'
map.connect '/ads/:id/update', :controller=> 'ads', :action=> 'update'
```

请确保你把这些路由插入到你的config/routes.rb文件中的其他路由的前面。

你的任务是创建新的页面模板edit.html.erb来允许用户编辑广告信息。它很像new.html.erb，但它会在页面头部显示广告名称并使用update动作而不是create动作：

```
<h1>Editing <%= @ad.name %></h1>
<% form_for(@ad,:url=>{:action=> 'update'}) do |f| %>
  <p><b>Name</b><br /><%= f.text_field :name %></p>
  <p><b>Description</b><br /><%= f.text_area :description
%></p>
  <p><b>Price</b><br /><%= f.text_field :price %></p>
  <p><b>Seller</b><br /><%= f.text_field :seller_id %></p>
  <p><b>Email</b><br /><%= f.text_field :email %></p>
  <p><b>Img url</b><br /><%= f.text_field :img_url %></p>
  <p><%= f.submit "Update" %></p>
<% end %>
```

如果你并没有做对所有的习题也没有关系。这是一个相当难的习题。但是请阅读这些答案并确保你理解它。

你需要广告控制器里的两个动作方法，一个为编辑表单提供数据，另一个更新广告到数据库中。edit方法将提供数据给编辑表单，而update方法将更新数据库。考虑到：

```
@ad.update_attributes( params[:ad] )
```

——将把@ad对象更新到数据库中，你编写了如下代码来实现广告控制器的edit和**update**方法：

```
def edit
  @ad = Ad.find(params[:id])
end
```

```
def update
  @ad = Ad.find(params[:id])
  @ad.update_attributes(params[:ad])
  redirect_to "/ads/#{@ad.id}"
end
```

试驾

edit.html.erb页面模板已经就绪，路由和广告控制器中的额外方法也准备好了。所以现在是时候测试新的编辑功能了：

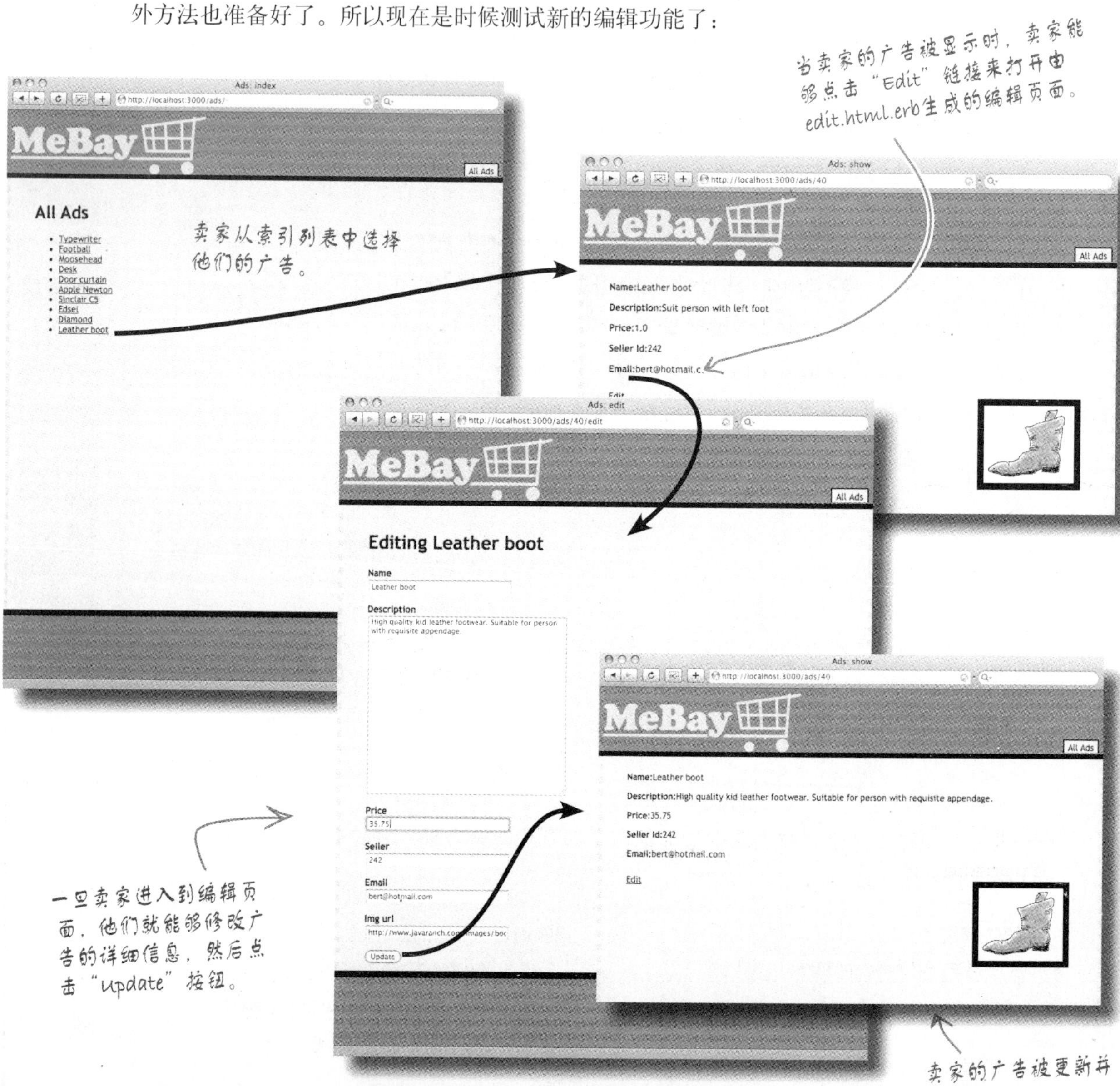

代码已经写好，编辑功能也挺好用的。那么我们的工作就完成了…… 对吗？

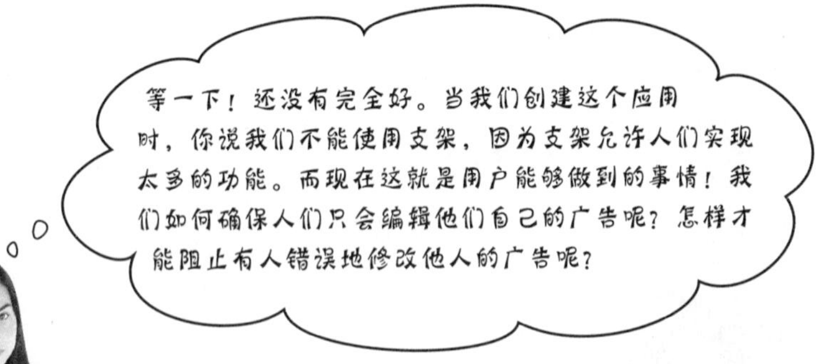

动动脑

我们能对编辑功能做些什么来使得广告可以被修改，但是不会由于误操作而导致数据被破坏？

限制对某个功能的访问

现在应用能够创建并更新数据。但是这意味着任何人都能创建和更新**所有的**广告。这是一个问题。

MeBay的所有者希望任何人都能创建广告，但是他们不希望广告在张贴后能被其他任何人修改。

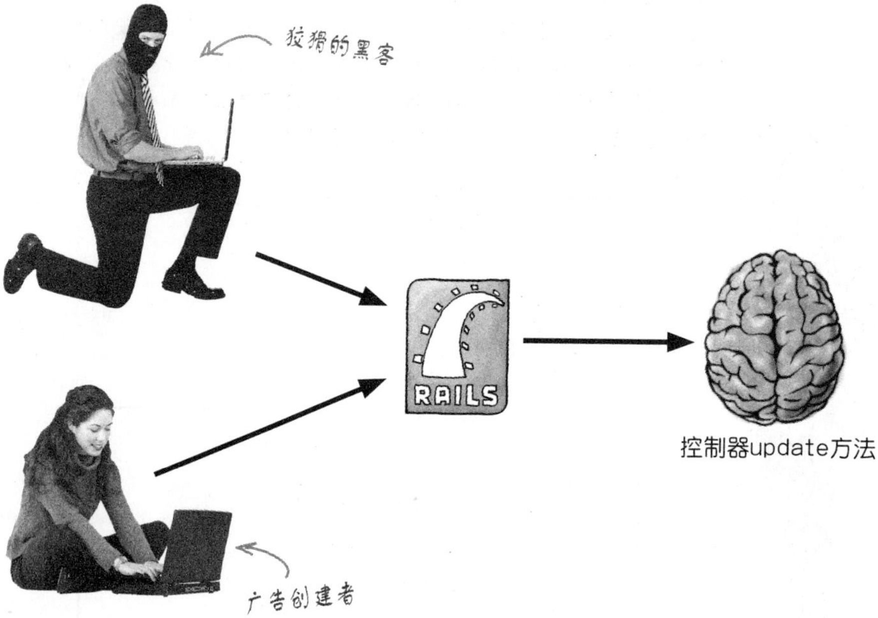

防止所有人都能修改广告的方法之一就是使用用户名和密码来保护更新功能。

MeBay员工决定只有系统管理员可以修改广告。所以他们希望新的更新功能通过管理员的**用户名**和**密码**被保护起来。

幸运的是，在Rails里很容易就可以实现安全控制。我们将使用一种名**叫HTTP认证**（HTTP Authentication）的Web安全机制。这种安全机制在有人试图进入网站的安全区域时会弹出一个对话框要求输入用户名和密码。

登录（Sign-In）代码上菜

你需要在广告控制器中加入**两段**代码来把登录安全机制（login security）添加到应用中：检查用户名和密码的**login方法**，以及和每当控制器中的特定方法被访问时就会调用login方法的**过滤器**（filter）：

```
class AdsController < ApplicationController
  before_filter :check_logged_in, :only => [:edit, :update]
  def new
    @ad = Ad.new
  end
  def create
    @ad = Ad.new(params[:ad])
    @ad.save
    redirect_to "/ads/#{@ad.id}"
  end
  def edit
    @ad = Ad.find(params[:id])
  end
  def update
    @ad = Ad.find(params[:id])
    @ad.update_attributes(params[:ad])
    redirect_to "/ads/#{@ad.id}"
  end
  def show
    @ad = Ad.find(params[:id])
  end
  def index
    @ads = Ad.find(:all)
  end
private
  def check_logged_in
    authenticate_or_request_with_http_basic("Ads") do |username, password|
      username == "admin" && password == "t4k3th3r3dpi11"
    end
  end
end
```

这是添加了登录代码的控制器。

这是过滤器。

你只需要在用户试图访问“edit”或者“update”方法时要求用户登录。

当有人试图访问“edit”或者“update”方法时过滤器会调用check_logged_in方法。

这是网站安全区域的名字——“域名（domain）”。

用户名

密码

试驾

现在安全代码已经就绪，是时候打开你的浏览器来试试编辑一个广告了。

当“edit”链接被点击时，用户名和密码对话框显现出来。

MeBay管理员

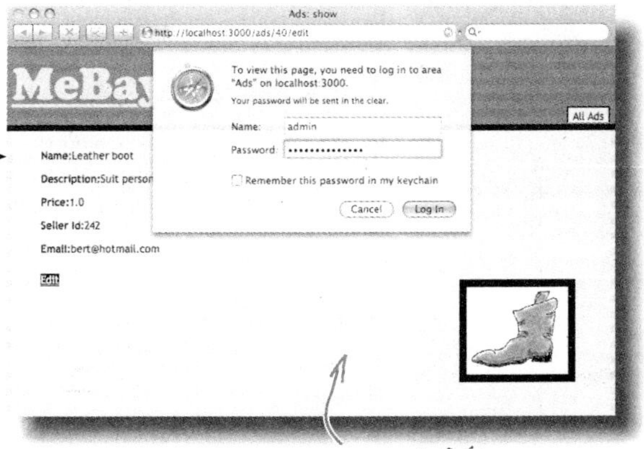

只有拥有正确用户名和密码的用户才能进入。

现在只有那些知道管理员用户名和密码的人才能在网站上编辑广告。其他人不能得到编辑页面和更新功能。

把页面和更新功能都保护起来很重要吗？编辑页面应该被限制访问，以防止用户不小心进入这个页面而把时间浪费在输入数据上。不仅如此，更新功能（实际更新数据库的代码）也需要被保护起来，这样可以阻止黑客试图不通过编辑表单来直接访问它。

你已经手工搭建了一个能够创建、读取和更新广告的系统，并且这个系统是安全的！

……但是现在旧广告需要删掉

网站正常运行中，所有的功能都运作得很好，但是没过多久就发现了一个问题：即使商品被卖出，广告还在那儿。

MeBay能够使用他们自己的数据输入系统来删除网站中的广告，但是他们被修改功能的简易性打动了，他们希望你给网站添加一个删除功能。

这个功能只能由MeBay管理员使用，所以他们同样需要那个应用至修改功能的安全机制。同时，由于有大量的垃圾广告和一些诈骗广告被张贴到网站上，他们希望在索引页面上就能获得删除功能。这样他们轻轻一点就能删除不合适的内容。

让我们看一下我们要做的事情……

长篇习题

更新index.html.erb，在每个广告之后添加一个删除链接。如果广告的id = 17，那么链接就指向/ads/17/delete。

```
h1>All Ads</h1>
<ul>
<% for ad in @ads %>
  <li><a href="/ads/<%= ad.id %>"><%= ad.name %></a>
  [<a href="  ..................................................  ">Delete</a>]</li>
<% end %>
</ul>
```

在这儿添加链接。

创建一条路由，把类似于/ads/17/delete这样的路径与广告控制器里名为destroy的动作关联起来。记得把id号记录成请求参数。

....

在这儿编写路由。

完成广告控制器的代码来删除一个广告并让用户的浏览器返回到显示所有剩余广告的索引页面。为了实现它，你需要使用一个我们还没有见过的方法——“destroy”方法。这会从数据库中删除一个广告对象。

```
class AdController < ApplicationController
  before_filter :check_logged_in, :only => [:edit, :update, ..........................]
  def new
    @ad = Ad.new
  end
  def create
    @ad = Ad.new(params[:ad])
    @ad.save
    redirect_to "/ads/#{@ad.id}"
  end
  def edit
    @ad = Ad.find(params[:id])
  end
  def update
    @ad = Ad.find(params[:id])
    @ad.update_attributes(params[:ad])
    redirect_to "/ads/#{@ad.id}"
  end
  def show
    @ad = Ad.find(params[:id])
  end
  def index
    @ads = Ad.find(:all)
  end
  ......................................
    .........................................................
    @ad.destroy
    .........................................................
  ......................................
private
  def check_logged_in
    authenticate_or_request_with_http_basic("Ads") do |username, password|
      username == "admin" && password == "t4k3th3r3dpi11"
    end
  end
end
```

这将从数据库中删除@ad对象。

长篇习题解答

你应该已经更新了index.html.erb，在每个广告之后添加了一个删除链接。

for循环意味着广告通过一个名为“ad”的变量记录下来。

```
<h1>All Ads</h1>
<ul>
<% for ad in @ads %>
  <li><a href="/ads/<%= ad.id %>"><%= ad.name %></a>
  [<a href="/ads/<%= ad.id %>/delete">Delete</a>]</li>
<% end %>
</ul>
```

你也应该创建了一条路由，把类似于/ads/17/delete这样的路径与ads控制器里名为destroy的动作关联起来。你把id号记录成请求参数。

```
map.connect '/ads/:id/delete', :controller=> 'ads', :action=> 'destroy'
```

记得把这条路由插入到config/routes.rb中所有其他路由的前面来确保它并不会与“/ads/:id”路由混淆。

这会把id存储到一个名为：“id”的请求参数中。

这意味着控制器中的方法需要被称为“destroy”。

在这儿你的任务是完成广告控制器的代码来删除一个广告并让用户的浏览器返回到显示所有剩余广告的索引页面：

```
class AdController < ApplicationController
  before_filter :check_logged_in, :only => [:edit, :update, :destroy]

  def new
    @ad = Ad.new
  end

  def create
    @ad = Ad.new(params[:ad])
    @ad.save
    redirect_to "/ads/#{@ad.id}"
  end

  def edit
    @ad = Ad.find(params[:id])
  end

  def update
    @ad = Ad.find(params[:id])
    @ad.update_attributes(params[:ad])
    redirect_to "/ads/#{@ad.id}"
  end

  def show
    @ad = Ad.find(params[:id])
  end

  def index
    @ads = Ad.find(:all)
  end
  def destroy
    @ad = Ad.find(params[:id])
    @ad.destroy
    redirect_to '/ads/'
  end
private
  def check_logged_in
    authenticate_or_request_with_http_basic("Ads") do |username, password|
      username == "admin" && password == "t4k3th3r3dpi11"
    end
  end
end
```

这将在用户试图删除一条广告时确保他必须给出用户名和密码。

你需要使用动作路径中给出的id来从数据库中读取广告对象……

……然后你需要将浏览器重定向回索引页面。

试驾

destroy动作意味着用户可以轻轻一点就能从网站上删除广告。他使用与修改功能一样的安全机制，所以在任何人删除广告之前，他们必须首先证明他们是管理员。

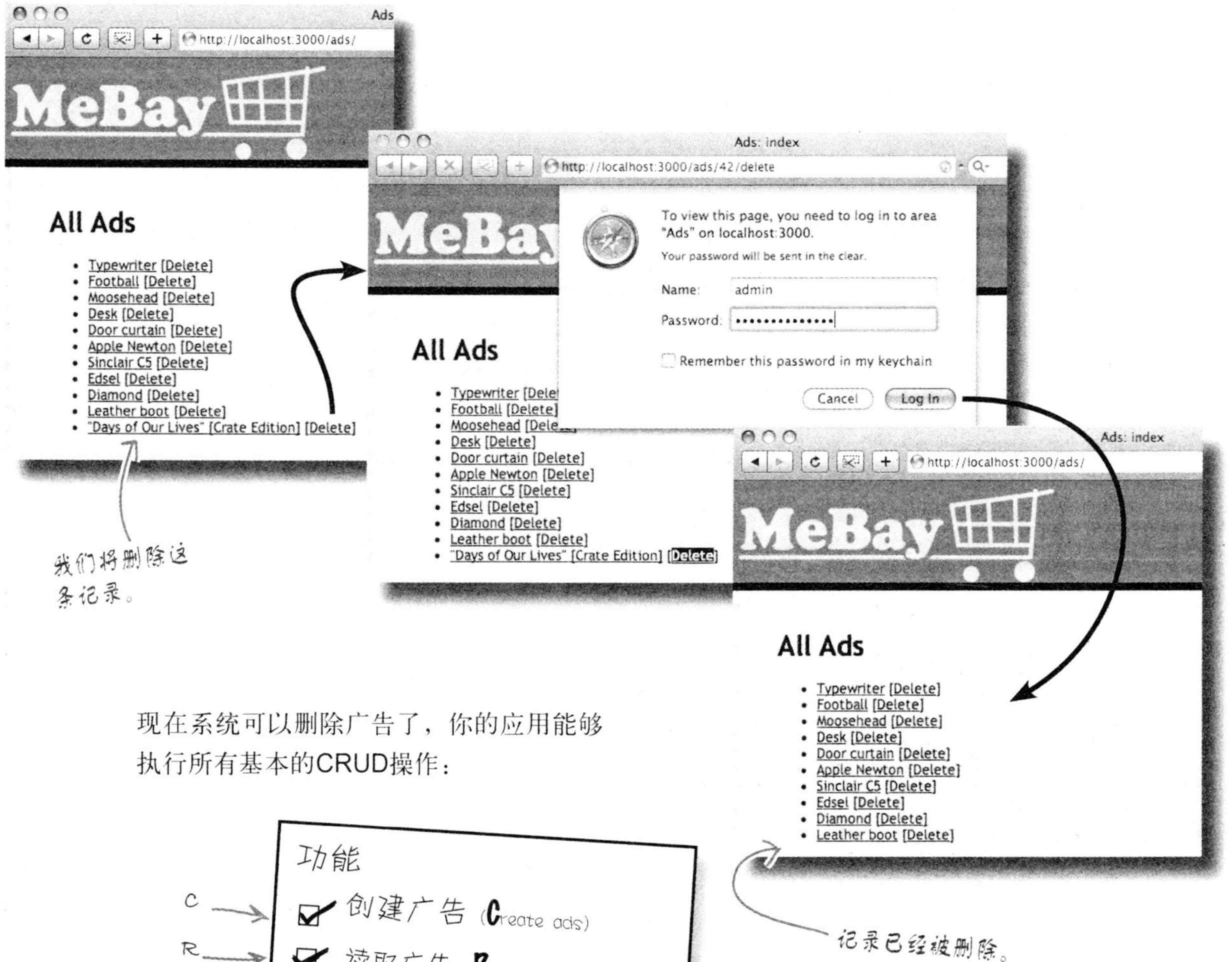

现在系统可以删除广告了，你的应用能够执行所有基本的CRUD操作：

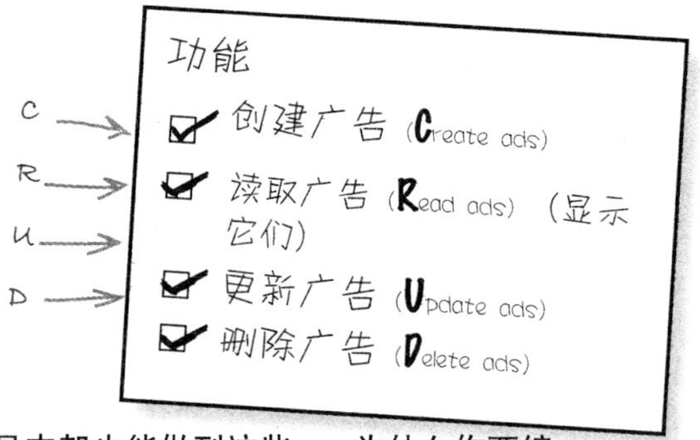

但是支架也能做到这些……为什么你要编写自己的代码呢？

自己编写代码可以让你实现比支架更多的功能

你可以**选择**实现哪些功能。

你可以**添加**额外的类似于安全机制的功能。

现在你**理解**了如何编写代码来插入、更新和删除数据，你将能够修改支架生成的代码。

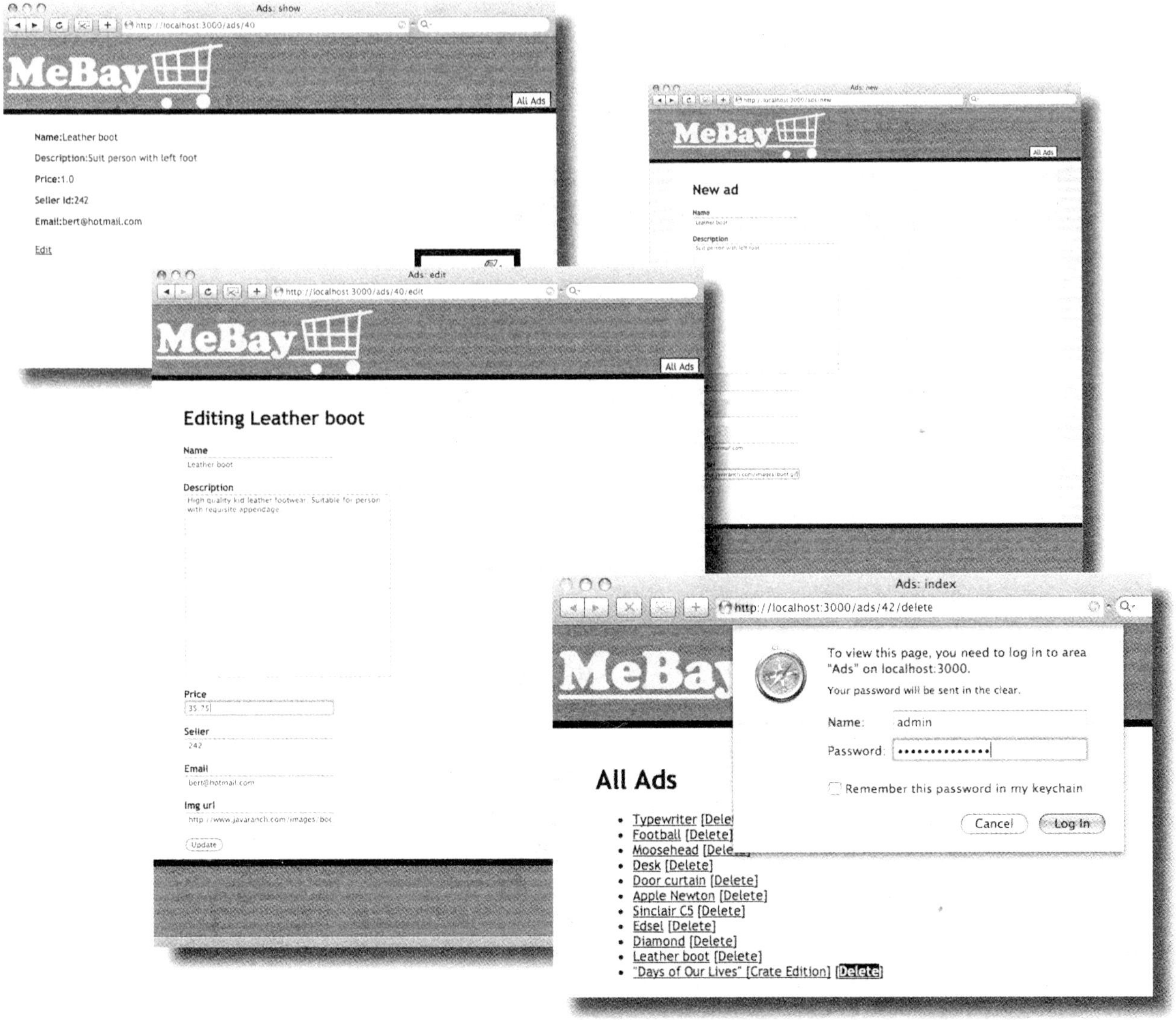

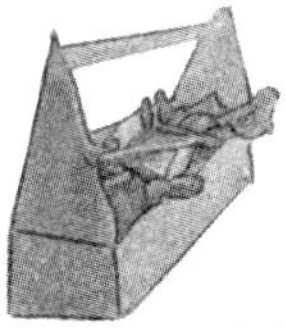

你的Rails工具箱中的工具

你已经把第3章收入囊中了，现在你已经将手工创建应用来插入、更新和删除数据的能力加入了你的工具箱。

Rails工具

@ad.save保存一个模型对象

@ad.update_attributes更新一个模型对象

redirect_to让控制器把浏览器带到一个不同的URL

http_authentication可以毫不费力地添加安全机制

Ruby工具

params[...]是一个哈希，它就像一个使用名字来索引的数组

nil是一个特殊的默认对象，它意味着“没有值”

在Rails里，调用nil对象上的方法将导致错误

“#{”和“}”能够把表达式插入到类似于“1 + 1 = #{1+1}”这样的字符串中

4 数据库查询器

事实还是推论？

你作出的每个决定都会有其原因。在Rails中，知道如何作出**明智的决定**可以节省你的时间和精力。我们会在本章来看一下**用户的需求**是如何在应用的**一开始**就影响你的选择的。你应该使用支架然后再修改生成的代码？应该直接从头开始创建代码？无论哪种方法，一旦你开始定制自己的应用，你就必须了解**查询器**（finder）：通过一种有意义的方式来**获取数据**并由此满足**用户的需求**。

Rubyville健身俱乐部让你保持体形

Rubyville健身俱乐部自豪于有能力为每个人找到最佳的课程，最近他们启动了一项私人教练服务。这项服务的需求量很大……大到教练们无法记录下他们所有的客户。教练们需要你为他们搭建一个应用，并且尽快。

该业务正在起步阶段，但是我们无法记录客户的所有健身课程信息。你能帮个忙吗？

私人教练们需要一个Web应用来让他们快速且方便地管理每个客户的健身课程。一开始这个应用要能够列出每个客户的健身课程信息并允许客户添加、更改和删除记录。下面是主页面的草图：

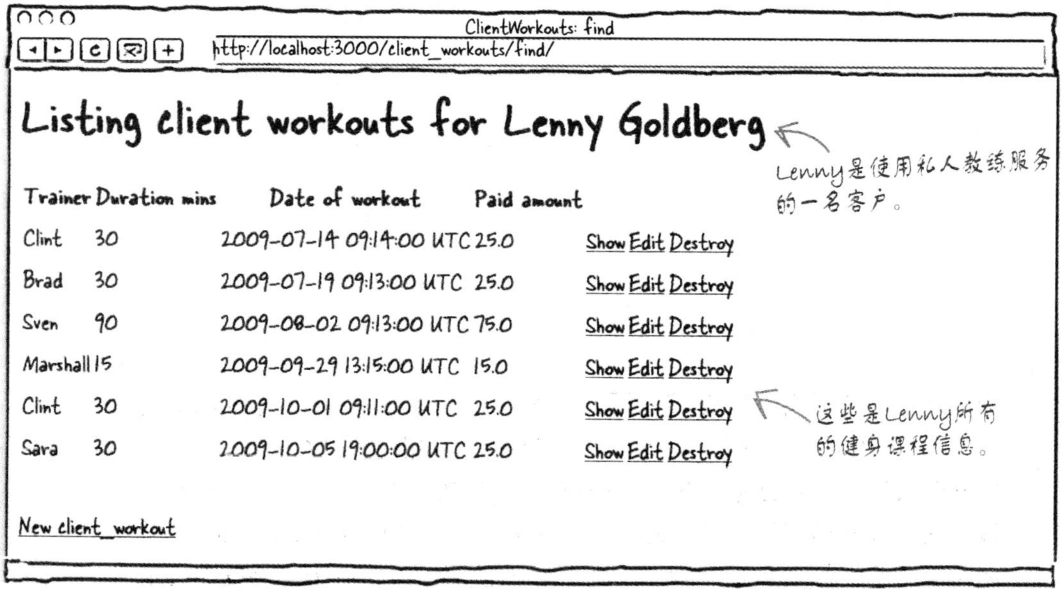

习题

先让我们从使用支架为下面的模型生成一系列页面来开始这个应用：

client_workouts

字段	类型
client_name	string
trainer	string
duration_mins	integer
date_of_workout	date
paid_amount	decimal

我们应该使用怎样的scaffold命令呢？请在下面虚线处写出答案。然后运行这个命令：

现在，再看一下教练们希望这个应用实现的功能，然后写下该应用**需要实现的功能**与你刚创建的支架式（scaffolded）应用版本**实际功能**之间的差异：

在这儿写下你的答案。

让我们从使用支架为下面的模型生成一系列页面来开始这个应用：

client_workouts

字段	类型
client_name	string
trainer	string
duration_mins	integer
date_of_workout	date
paid_amount	decimal

记住你需要在运行这个命令之前先创建一个新的Rails应用……

我们应该使用怎样的scaffold命令呢？请在下面虚线处写出答案。然后运行这个命令：

……然后在创建完数据表后执行"rake db:migrate"。

ruby script/generate scaffold client_workout client_name:string trainer:string duration_mins:integer date_of_workout:date paid_amount:decimal

你的任务是找出应用**需要实现**的功能与支架式应用**实际功能**之间的差异。

教练希望看到记录下的每个客户的健身课程信息。但支架式应用只能显示单个客户的健身课程信息，没有一起显示所有的客户。

支架式应用并不正确——但是我们应该自行编写代码还是修改支架代码？

支架式应用不符合我们的需求。我们前面看过，手工创建**简单**应用更容易,根本不需要支架。不过另一种做法是先创建一个支架式应用，然后对Rails生成的代码进行**修改**或者**添加**。

那么我们应该选择哪种做法呢？

如果你还没有使用支架来创建健身应用,那么我们可以把这个应用与教练们所需要的应用比较一下，看看我们有多接近。

这个应用其实看起来很接近教练们的需求……

生成的代码中有一部分看起来与教练们想要的页面很相似。索引页面列出了一组与教练们要求的基本一致的数据：

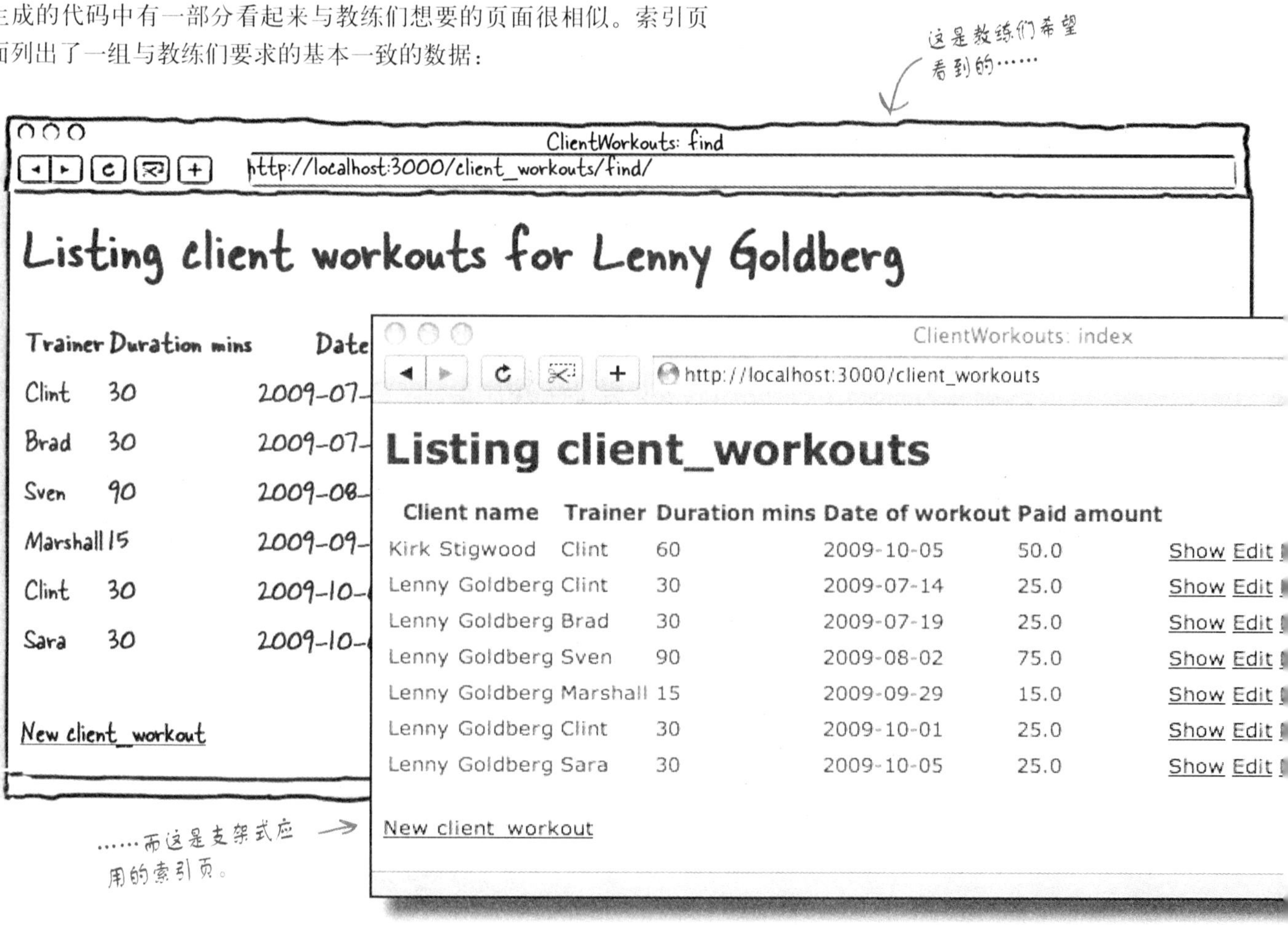

不仅生成的页面看起来像我们需要的页面，而且我们知道支架式应用为我们实现了对客户健身课程数据的常用操作。换句话说，支架式应用默认允许我们创建、读取、更新和删除记录。

那么，在这种情况下，是**修改支架式**应用并加入我们需要的修改好，还是**从头开始做**，就像我们为MeBay做的那样更好？

我们选择修改支架

当我们创建MeBay应用时，我们决定不使用支架。这是因为客户要求的内容非常简单，比较起来，从头创建应用更容易。他们要求的功能比支架提供的要少得多。

但这次我们需要使用所有的CRUD操作，而且我们还要搜索**单个客户**的所有健身课程安排。因为我们需要更多的功能，使用支架作为应用基础就可以帮助我们实现大部分功能，然后我们可以在生成的代码里加入更多的内容。

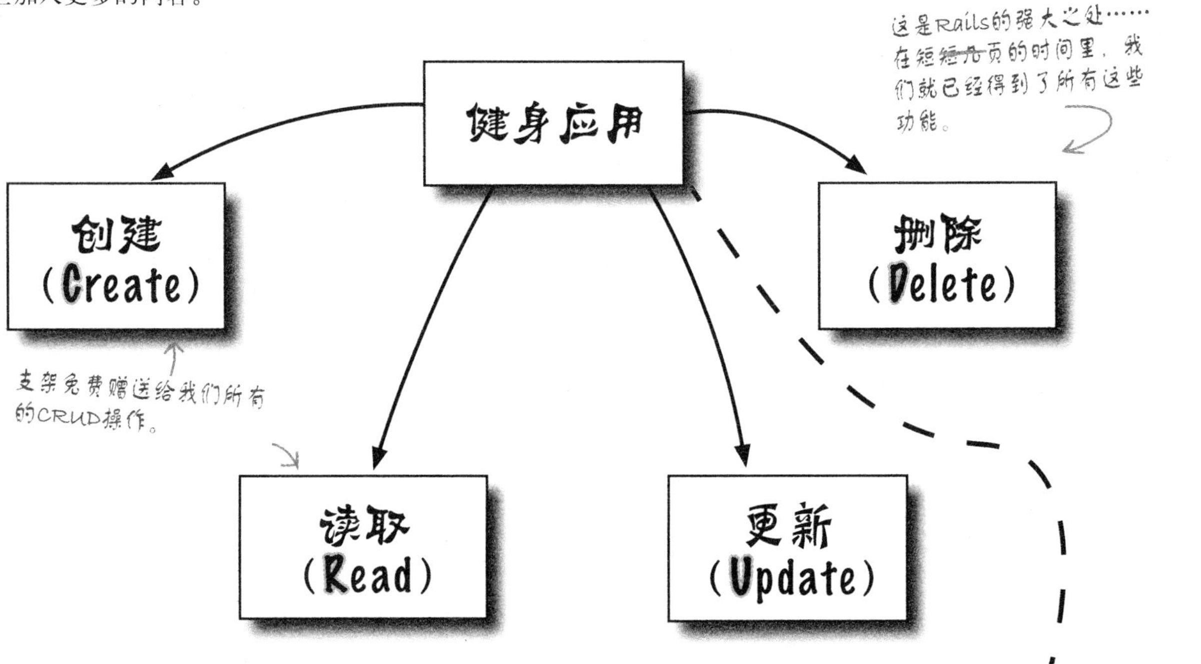

那么我们该如何查找并显示单个客户的健身课程安排？

设计搜索功能

搜索功能看上去应像下面这样：

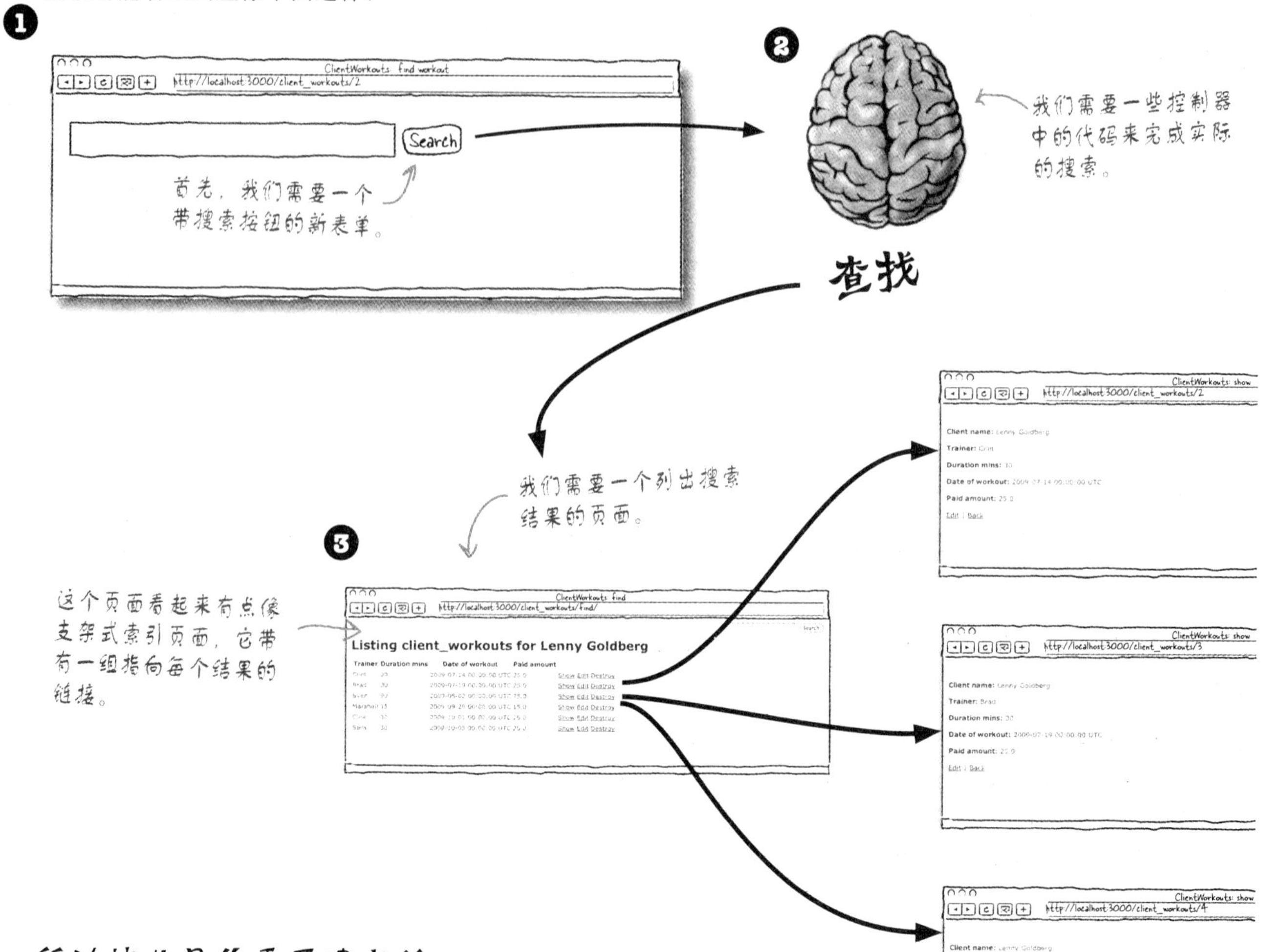

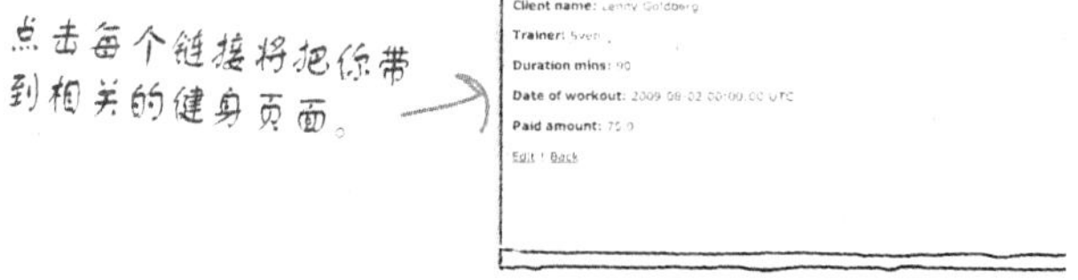

所以这儿是你需要建立的：

❶ 新的搜索页面，教练可以在里面输入客户的名字。

❷ 控制器上的`find`动作，该动作完成实际的搜索。

❸ 新的结果页面，带有指向每条客户健身课程信息的链接列表——这有点像支架生成的索引页面。

那么我们应该从哪儿着手呢？

让我们从建立表单开始

我们需要创建一些新的组件，所以让我们先从用户界面开始。这样我们就能够从教练那儿获得一些早期的反馈。下面是教练们将用于查找客户的搜索表单：

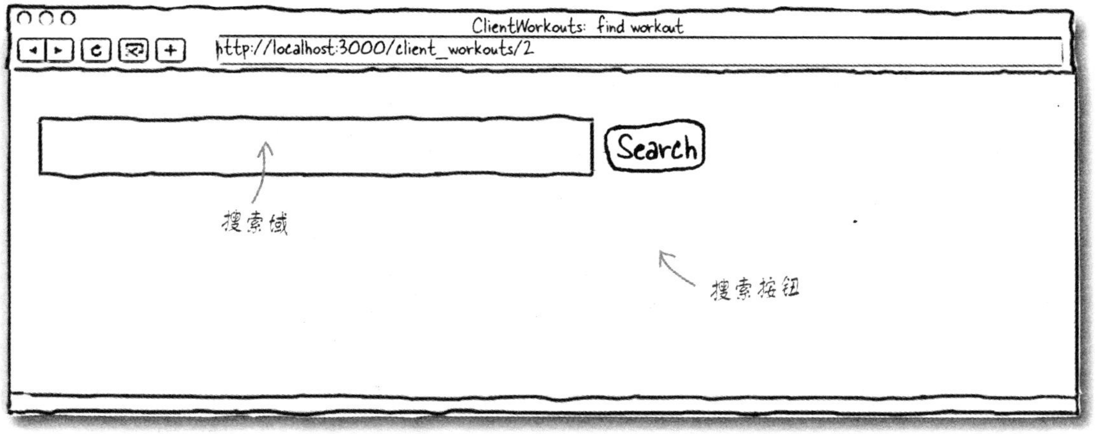

你之前已经建立了一些带有表单的页面。你能够看出来这个表单与其他表单有什么差异吗？

看一下我们刚刚为应用生成的其他表单：创建和编辑表单。它们有着与ClientWorkout模型对象的域（field）匹配的域。这次我们没有能够匹配搜索表单的模型对象。那么在没有模型做基础的情况下我们该如何创建表单呢？

搜索需要一种新表单

我们不希望通过模型对象来创建表单，但是我们使用的form _ for辅助函数需要一个模型对象。我们该怎么办？

幸运的是还存在另一个辅助函数标签，它能够创建无需模型的表单——这正是我们当下想要的。

搜索表单代码冰箱磁铁

你需要创建一个搜索页面模板。问题是——在冰箱门上刚刚完成了代码的主要部分时，有人砰地关门导致所有的代码冰箱磁铁都掉下去了！

值得庆幸的是模型无关表单的代码与模型相关表单基本一致。

你能弄清楚代码应该长什么样吗？

```
<%.......................................................................... %>
<%= ............................................................... %>
<%= ................................................... %>
<%................... %>
```

```
"/client_workouts/find"
"Search"
submit_tag
form_tag
end
do
": search_string"
text_field_tag
```

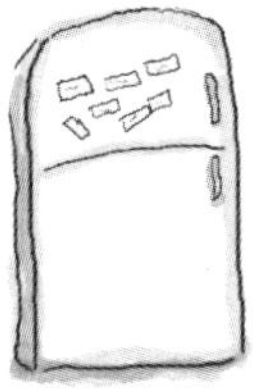

搜索表单代码冰箱磁铁解答

你的任务是拿起代码冰箱磁铁把它们组织成创建搜索表单的代码，而且不需要任何相应的模型。

你能弄清楚代码应该长什么样吗？

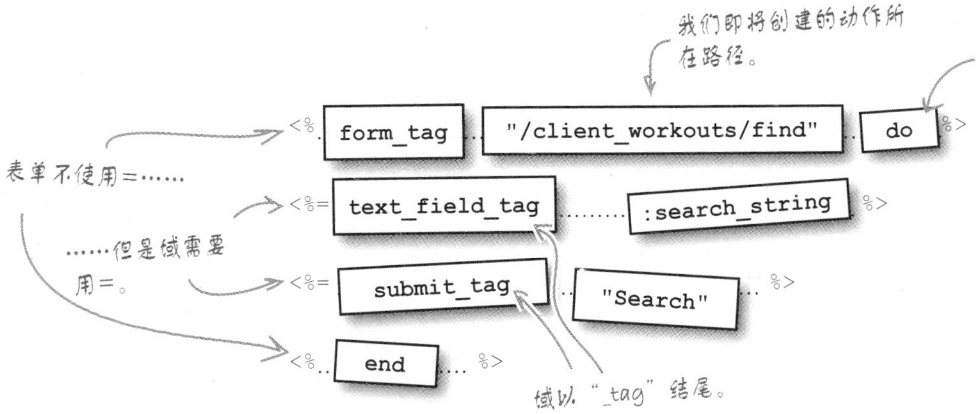

没有蠢问题

问： 我不明白为什么我们不能直接使用Rails的支架。它不是应该生成所有的代码吗？

答： 支架（scaffolding）只能提供基本的创建（Create）、读取（Read）、更新（Update）和删除（Delete）操作。大多数应用需要的不仅仅是CRUD功能。

问： 为什么我们在MeBay应用里没有使用支架？

答： 我们没有在Mebay里使用支架是因为那时候我们只需要一个只读应用。对于非常简单的应用来说，手工创建你的应用会更容易也更有效率。

问： 我们可以还是让支架生成应用，但是删除我们不需要的功能吗？

答： 是的，当然可以这么做。你可能都会使用支架开始大多数应用。只有那些你需要很少功能或者功能与支架式代码有很大差异的情况下，你才需要手工创建应用。

问： 所以有时候从头开始更好，而其他时候则最好修改支架生成的代码。那么我在什么时候使用哪种方法呢？我该如何确定哪一种方法最好？

答： 如果你将要使用CRUD：创建、读取、更新和删除的大部分操作时，请使用支架。你可以自行判断：哪种更快一些——手工编写代码还是删除那些无用的支架生成代码？

问： 什么是模型相关表单（model form）？

答： **模型相关表单**是指表单绑定在模型对象上。这种表单被显示时，域值将来自于模型对象的属性。

问： 而模型无关表单（non-model form）是什么？

答： 这是没有绑定到模型对象的表单。模型无关表单被用于一组特殊的域值，这些域值通常用于如搜索表单或者其他不需要保存到数据库中的数据。

为界面添加搜索功能

现在我们已经有了搜索表单的代码，我们应该能够为它创建一个全新的页面了。

搜索通常是一个功能，而不是一个独立页面。

大多数网站会有一个内置在每一页里的搜索功能，所以我们也可以这么做。我们可以把搜索添加到每页的右上方，然后保持这一页的其他内容不变。

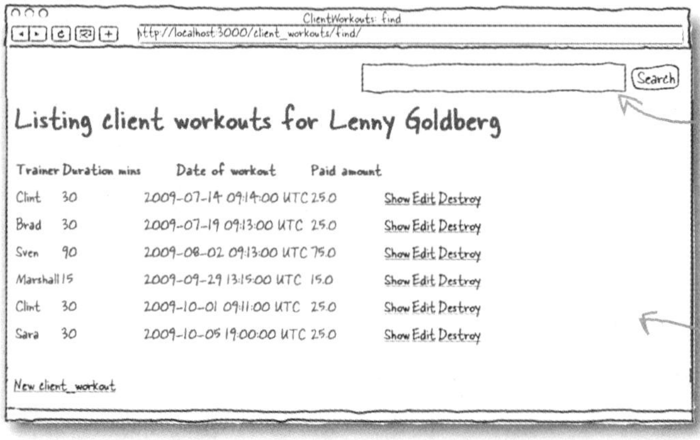

把代码添加到每一页意味着会有很多重复的代码需要维护，但是如果我们只是把新的搜索代码添加进一个文件呢？

磨笔上阵

我们可以在某个文件中添加搜索表单，使得它出现在应用的每个页面上。这个文件的名字是什么？请在下面虚线处写出你的答案。

……………………………………………………………………

磨笔上阵 解答

我们可以在某个文件中添加搜索表单，使得它出现在应用的每个页面上。这个文件的名字是什么？请在下面虚线处写出你的答案。

你还记得布局吗？它们具有每个页面模板都会包含的标记。

app/views/layouts/client_workouts.html.erb

代码上菜

这是你需要保存在 **app/views/layouts/client_workouts.html.erb**布局文件里的代码。

这是个布局文件，所以它被放在app/views/layouts下。

请从www.headfirstlabs.com/books/hfrails下载该文件

```
<!DOCTYPE html PUBLIC "-//W3C//DTD XHTML 1.0 Transitional//EN"
       "http://www.w3.org/TR/xhtml1/DTD/xhtml1-transitional.dtd">

<html xmlns="http://www.w3.org/1999/xhtml" xml:lang="en" lang="en">
<head>
  <meta http-equiv="content-type" content="text/html;charset=UTF-8" />
  <title>ClientWorkouts: <%= controller.action_name %></title>
  <%= stylesheet_link_tag 'scaffold' %>
</head>
<body>

<span style="text-align: right">
  <% form_tag "/client_workouts/find" do %>
    <%= text_field_tag :search_string %>
    <%= submit_tag "Search" %>
  <% end %>
</span>

<p style="color: green"><%= flash[:notice] %></p>

<%= yield  %>

</body>
</html>
```

这将从public/stylesheets/scaffold.css添加一个样式表。

这是我们用于搜索表单的新代码。

这可以被用来发送消息给页面。暂时不用考虑它。

试驾

修改你的应用的布局来让它包含搜索功能。当你刷新应用的每一个页面时，搜索域应该会显示在右上角处。

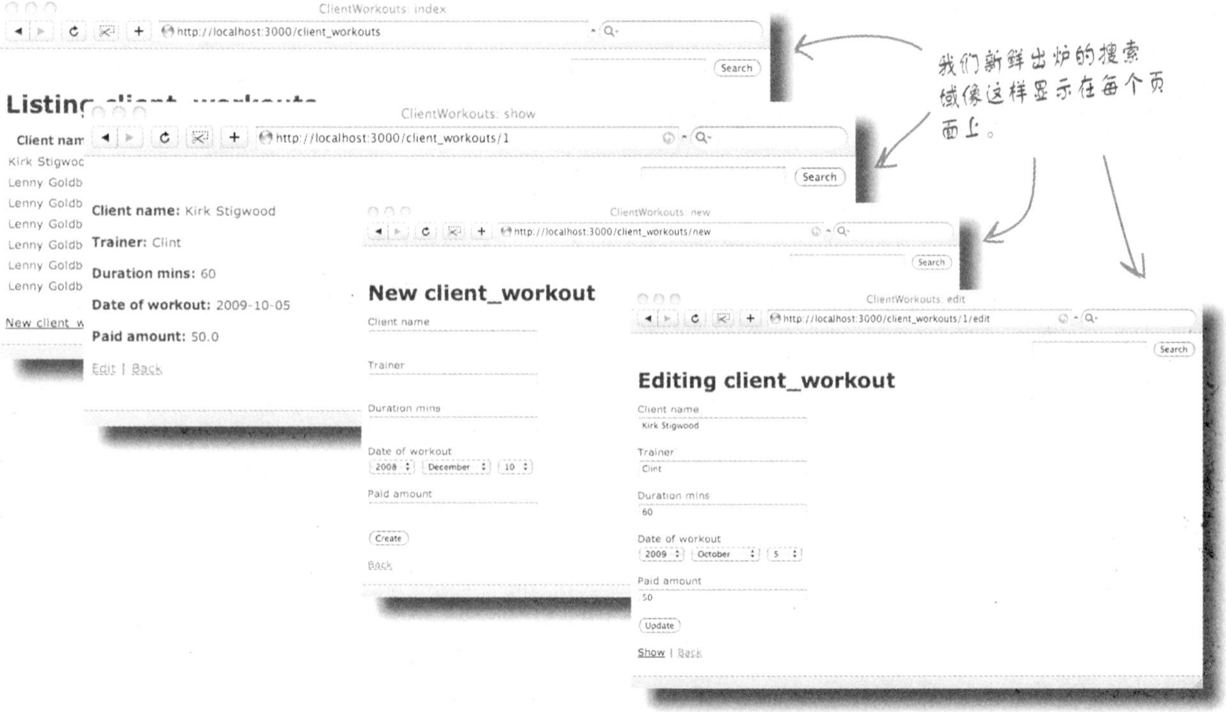

但是我们该如何访问搜索域的内容呢？下面是在每个页面中生成的用于产生搜索表单的HTML：

```
<form action="/client_workouts/find" method="post">
  <input id="search_string" name="search_string" type="text" />
  <input name="commit" type="submit" value="Search" />
</form>
```

磨笔上阵

既然你知道表单对应的HTML是什么样子，你认为你可以在控制器代码中使用怎样的表达式来访问搜索域的内容？请在下面虚线处写出你的答案：

....

磨笔上阵 解答

既然你知道表单对应的HTML是什么样子，你认为你可以在控制器代码中使用怎样的表达式来访问搜索域的内容？请在下面虚线处写出你的答案：

params[:search_string]

params["search_string"]也能奏效，但是使用符号(symbol)是更好的方式。

那么表单参数是否有不同的结构呢？

我们在前一章里使用的**form_for**辅助函数创建了一个**模型相关表单**——也就是一个基于模型对象属性的HTML表单。当模型相关表单被提交时，Rails知道你可能要把域值转换到模型对象中去。例如，当支架式*Edit*表单（由form _ for创建而成）被提交时，它会像下面这样组织参数：

这是客户健身表单发送的params[...]（请求参数）的内容。

Name	Value
:controller	'client_workouts'
:action	'update'
:client_workout	（见下表）

:client_workout 的值：

Name	Value
:client_name	Kirk Stigwood
:trainer	Clint
:paid_amount	50
duration_mins	60
...	

所有的表单数据被存储在：client_workout之下的params[...]中。

这些是来自于模型表单的参数，它们被用来匹配底层模型的结构。

params[:client_workout]返回表单值的哈希结构。

通过使用模型相关表单，你可以使用一个像**params[:client_workout]**这样简单的表达式来获取域值的哈希结构。

但form _ tag辅助函数又是做什么用的呢？form _ tag创建一个**模型无关表单**。这是一种用来编辑一组特殊域值的表单。因此，搜索表单（由form _ tag创建而成)创建如下结构的请求参数：

这些是由搜索表单发送的请求参数。

Name	Value
:controller	client_workouts
:action	find
:search_string	Kirk Stigwood

params[:search_string]仅仅给你search_string域的值。

习题

现在你已经知道如何从表单中检索搜索字符串，是时候在控制器中创建服务器端代码来实现搜索。首先我们会把搜索域中的值显示在控制台上。这样我们就能验证表单是否正常工作。

这个表单将被提交到名为/client _ workouts/find的路径。在config/routes.rb中的默认路由将能够为我们映射这条路由。请画出下面哪条默认路由会被使用：

```
map.connect ':controller/:action/:id'
map.connect ':controller/:action/:id.:format'
```

接下来，在控制器中创建一个find方法来显示搜索域的内容。提示：你可以使用下面这条命令在控制台窗口显示一个字符串。

```
puts <string>
```

这会在运行着Web服务器的窗口中显示字符串。

....

....

....

....

....

....

现在你已经知道如何从表单中检索搜索字符串，是时候在控制器中创建服务器端代码来实现搜索。首先我们会把搜索域中的值显示在控制台上。这样我们就能验证表单是否正常工作。

这个表单将被提交到名为/client _ workouts/find的路径。在config/routes.rb中的默认路由将能够为我们映射这条路由。请画出下面哪条默认路由会被使用：

我们不需要创建路由——可以直接使用这条默认路由。

```
map.connect ':controller/:action/:id'
map.connect ':controller/:action/:id.:format'
```

接下来，在控制器中创建一个find方法来显示搜索域的内容。提示：你可以使用下面这条命令在控制台窗口显示一个字符串。

```
puts <string>
```

这会在运行着Web服务器的窗口中显示字符串。

我们所要做的就是写出正确的参数名字。

```
def find
  puts params[:search_string]
end
```

试驾

让我们来测试一下这个代码。在应用的任意一页输入一些搜索文本，然后点击“Search”按钮。

这是在你按下搜索按钮后发生的事情。

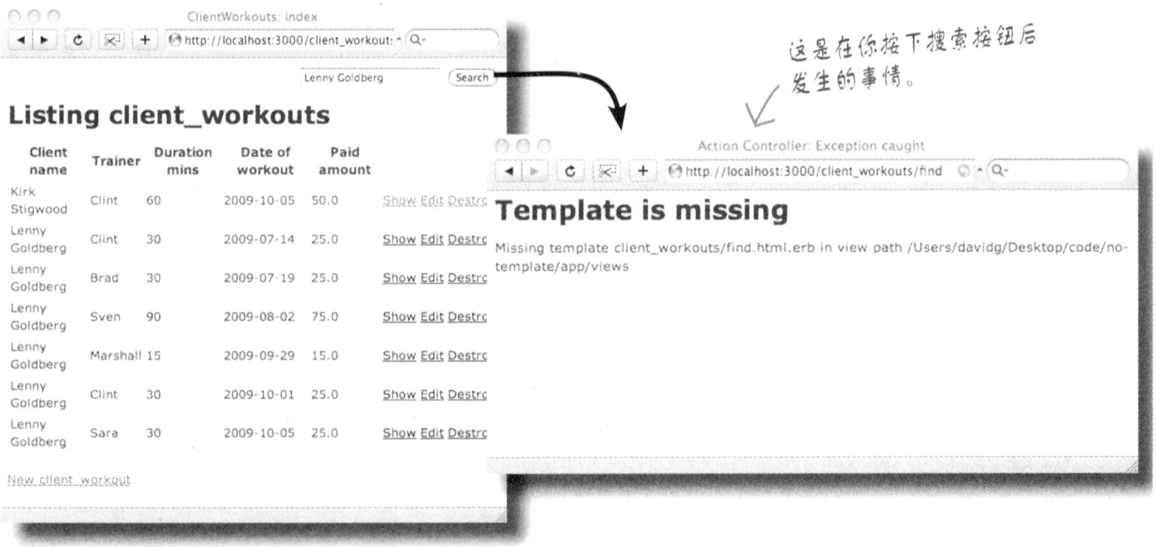

请不要担心你在按下搜索按钮后看到的错误。这仅仅是因为我们还没有创建一个搜索结果页面模板。值得关注的输出会在你运行Web服务器的那个控制台上。在一些缺少结果模板的错误中，你可以看到如下的内容：

File Edit Window Help EasterEgg

```
Rendering client_workouts/show
Completed in 9ms (View: 4, DB: 0) | 200 OK [http://localhost/
client_workouts/1]

Lenny Goldberg


Processing ClientWorkoutsController#find (for 127.0.0.1 at
 2008-10-13 22:00:40) [POST]
ActionView::MissingTemplate (Missing template client_workouts/
```

搜索字符串

所以我们已经在每一个页面上创建了搜索表单，而且我们在服务器上也有一些代码能够读取用户正在搜索的字符串。

现在我们需要真正地实现搜索。

复习要点

- 应用经常需要实现比创建、读取、更新和删除记录更多的功能。
- 有时你需要设计自己的页面序列，最简单的方法就是首先考虑用户的想法以及他们将如何使用你的应用。
- 如果你需要一个并不匹配任何模型对象的表单，那么你需要使用form _ tag而不是form _ for。
- 你在form _ tag表单中需要使用 _ tag域。
- params[:field _ name]将给你模型无关表单中名为:field _ name的域的值。
- puts "A string"会把一个字符串输出控制台。

没有蠢问题

问： 我什么时候应该使用form_tag而不是form_for？

答： 如果你的表单被用来编辑没有存储在模型对象中的数据时，你需要使用form _ tag。我们对搜索表单使用form _ tag是因为没有哪个模型对象带有单一的search _ string属性。

问： 为什么form_for和form_tag辅助函数要使用<% ... %>而不是<%= ... %>围起来？

答： form辅助函数用在脚本段（<%...%>）而不是表达式（<%=...%>）里是因为它们不仅仅是简单地生成HTML。还记得我们为for循环使用脚本段吗？这是因为for循环控制循环体里的代码内容。同样，表单“控制”它们内在的域辅助函数的HTML的生成。

问： 这听起来有点复杂……

答： 没关系——你并不需要现在就理解它。你只要记住通过脚本段来使用form _ for和form _ tag也就足够了。

问： 我能读取form_for模型相关表单里的单个域吗？

答： 当然。client _ workout表单中的域值可以通过params[:client _ workout]检索到——而该数据只是另一种哈希而已。所以如果你想得到“trainer”域的值，你只需要使用params[:client _ workout][:trainer]。

问： 对于“find”动作，我们使用了一条默认路由。我们前面为什么不这么做？

答： 不行。我们前面使用的路由不足以匹配默认路由。

问： 我如何知道何时该创建一个自定义路由呢？

答： 如果你在命令行上输入rake routes，你会看到应用里所有可用的路由。如果没有一条路由能够获得匹配，或者存在一条匹配了错误动作的路由，那么你就需要添加一条自定义路由。

我们如何查找客户记录呢？

我们读取特定客户的记录时会有什么问题吗？到目前为止，我们只读取过返回的单条记录，或者数据表里的所有记录。这次有什么不同吗？

❶ 读取单条记录

我们能够通过id字段中的值来读取单条记录。我们知道通过这种方式返回的记录只有一条，因为id号对于每条记录来说都是唯一的。

❷ 读取所有记录

如果我们不传入id号而是传入特殊符号:all，那么模型将返回包含底层数据表中所有记录的一个数组。

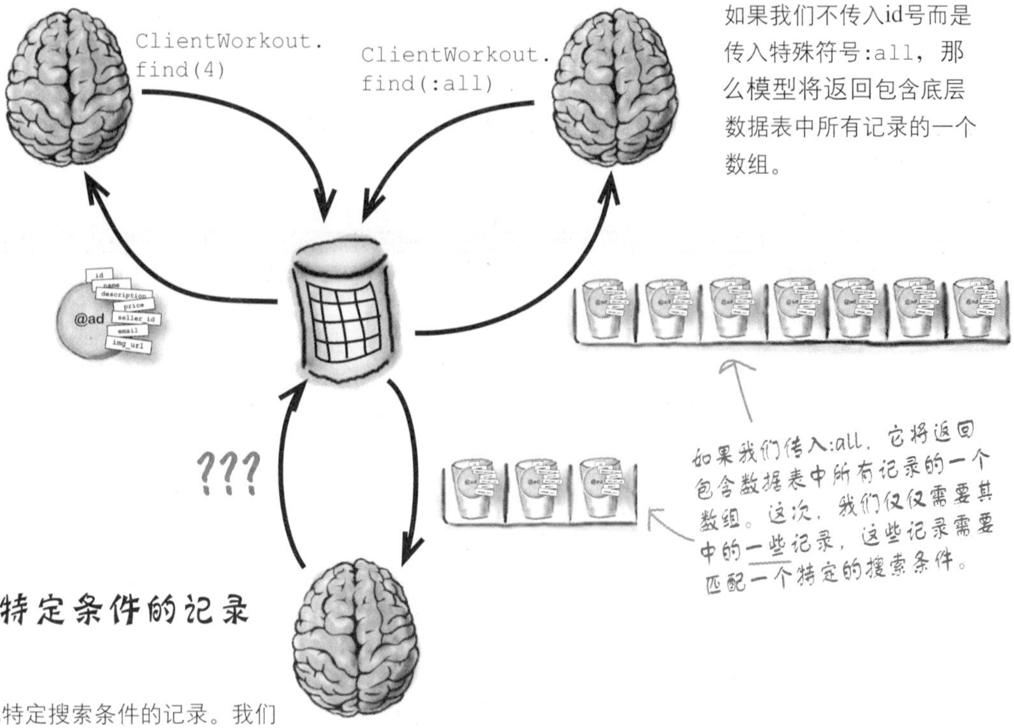

❸ 读取匹配特定条件的记录

这次，我们要读取匹配特定搜索条件的记录。我们可能希望返回的不是一条记录，而是一个模型对象数组。但是我们**不**希望得到每条记录的模型对象——我们仅仅需要那些能够匹配搜索条件的记录。

动动脑

想一下底层数据库表中的数据。能够匹配搜索条件的数据表中的记录是什么意思呢？有没有什么方法对匹配记录返回ture而对其他记录返回false？

我们只需要那些client_name = 搜索字符串的记录

教练们想要搜索某个特定客户的所有健身课程信息。模型需要一个简单的能够对匹配记录返回true而对其他记录返回false的测试函数。比如：

Is ClientWorkout.client_name = params[:search_string] ?

这是搜索域中输入的内容。

如果模型对数据表中的每条记录都执行这个测试函数，它就能够找到数据表中所有的匹配记录：

id	client_name	trainer	duration_mins	date_of_workout	paid_amount	created_at	updated_at
1	Kirk Stigwood	Clint	60	2009-10-05	50	2008-10-05 20:...	2008-10-05 20:...
2	Lenny Goldberg	Clint	30	2009-07-14	25	2008-10-06 09:...	2008-10-06 09:...
3	Lenny Goldberg	Brad	30	2009-07-19	25	2008-10-06 09:...	2008-10-06 09:...
4	Lenny Goldberg	Sven	90	2009-08-02	75	2008-10-06 09:...	2008-10-06 09:...
5	Lenny Goldberg	Marshall	15	2009-09-29	15	2008-10-06 09:...	2008-10-06 09:...
6	Lenny Goldberg	Clint	30	2009-10-01	25	2008-10-06 09:...	2008-10-06 09:...
7	Lenny Goldberg	Sara	30	2009-10-05	25	2008-10-05 20:...	2008-10-05 20:...

一般来说，我们需要一个查询器，它能够找到数据表中拥有特定字段中的特定值的所有记录。

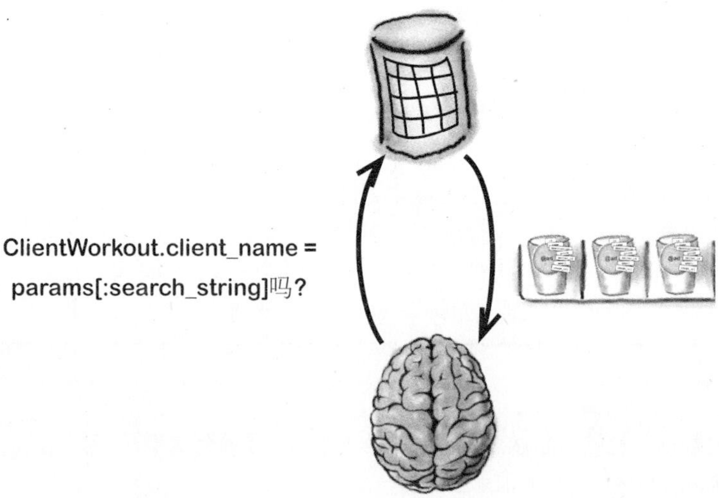

每个属性都有一个查询器

大多数应用都需要查找在某个数据库字段中有特定值的所有记录，所以Rails把这一切简单化了。

但是怎么做呢？ 模型代码针对自己的每个属性都有一个查询器。你不需要亲手添加这些查询器——Rails提供了。所以ClientWorkout模型有针对客户名字、健身时长以及其他属性的查询器。每个查询器都会返回一个包含所有匹配ClientWorkout对象的数组。

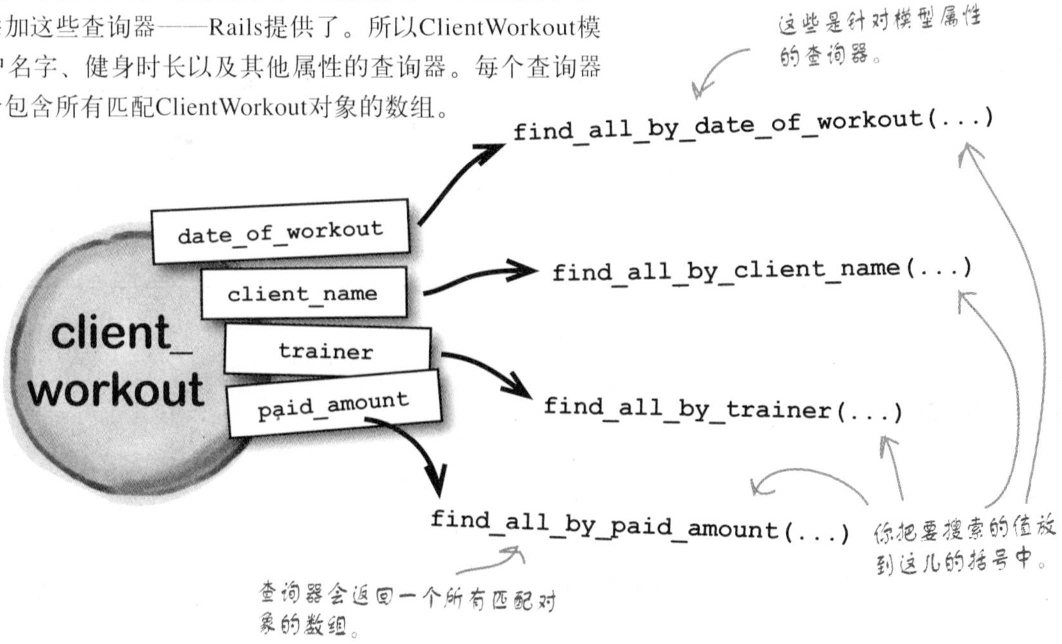

还记得模型对象中的一个属性会被映射到底层数据表的一个字段上吗？所以每个查询器都可以用来查找所有拥有特定字段中的特定值的记录。

磨笔上阵

请完成下面find方法的代码。

```
def find
  @client_workouts = ..........................................................
end
```

磨笔上阵 解答

请完成下面find方法的代码。

我们在寻找客户名字，所以我们使用这个查询器。

```
def find
  @client_workouts = ClientWorkout.find_all_by_client_name(params[:search_string])
end
```

这是用户在搜索域中输入的名字。

接下来呢？

现在我们已经有代码来找出匹配搜索条件的所有记录，所以我们需要把这些结果显示给用户。该怎么做呢？

我们需要创建一个`find.html.erb`页面来显示搜索结果。

是ClientWorkout.client_name = params[:search_string]吗？

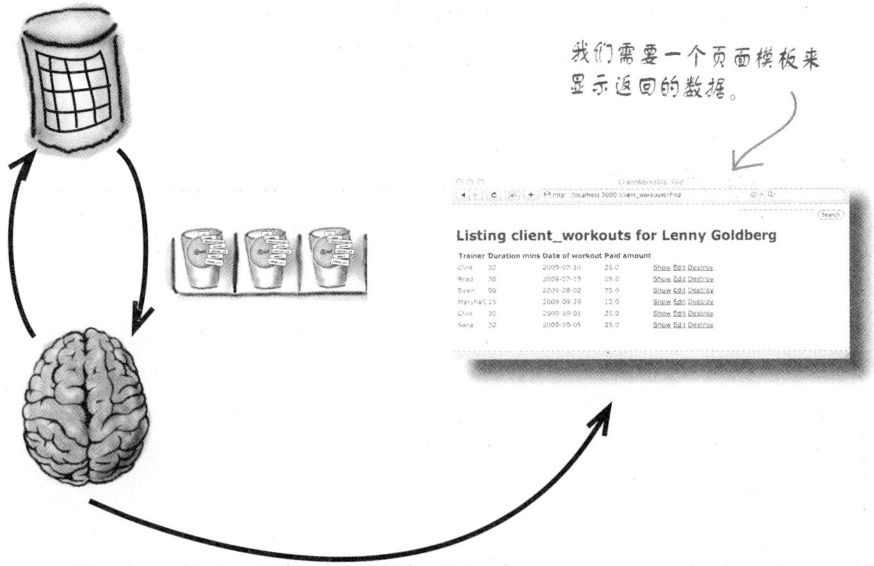

习题

为find方法创建一个页面模板来显示如下的健身课程信息列表：

<Trainer name> <Workout duration> <Date of the workout> <Amount paid>

提示：支架已经生成的索引页面与你需要产生的页面很相似。

为find方法创建一个页面模板来显示如下的健身课程信息列表：

```
<Trainer name> <Workout duration> <Date of the workout> <Amount paid>
```

提示：支架已经生成的索引页面与你需要产生的页面很相似。

如果你的答案与这个有些许差异也没关系。

```
<h1>Listing client_workouts for <%= params[:search_string] %></h1>

<table>
  <tr>
    <th>Trainer</th>
    <th>Duration mins</th>
    <th>Date of workout</th>
    <th>Paid amount</th>
  </tr>

<% for client_workout in @client_workouts %>
  <tr>
    <td><%=h client_workout.trainer %></td>
    <td><%=h client_workout.duration_mins %></td>
    <td><%=h client_workout.date_of_workout %></td>
    <td><%=h client_workout.paid_amount %></td>
    <td><%= link_to 'Show', client_workout %></td>
    <td><%= link_to 'Edit', edit_client_workout_path(client_workout) %></td>
    <td><%= link_to 'Destroy', client_workout, :confirm => 'Are you sure?', :method => :delete %></td>
  </tr>
<% end %>
</table>
```

没有蠢问题

问： 我们为什么不重用index.html.erb呢？

答： 客户名字不在这个模板中，所以它与index.html.erb模板并非一模一样。但是在所有能够重用的地方重用是很好的想法……只是这个例子不行而已。

试驾

现在搜索功能应该可以工作了。让我们试试它……

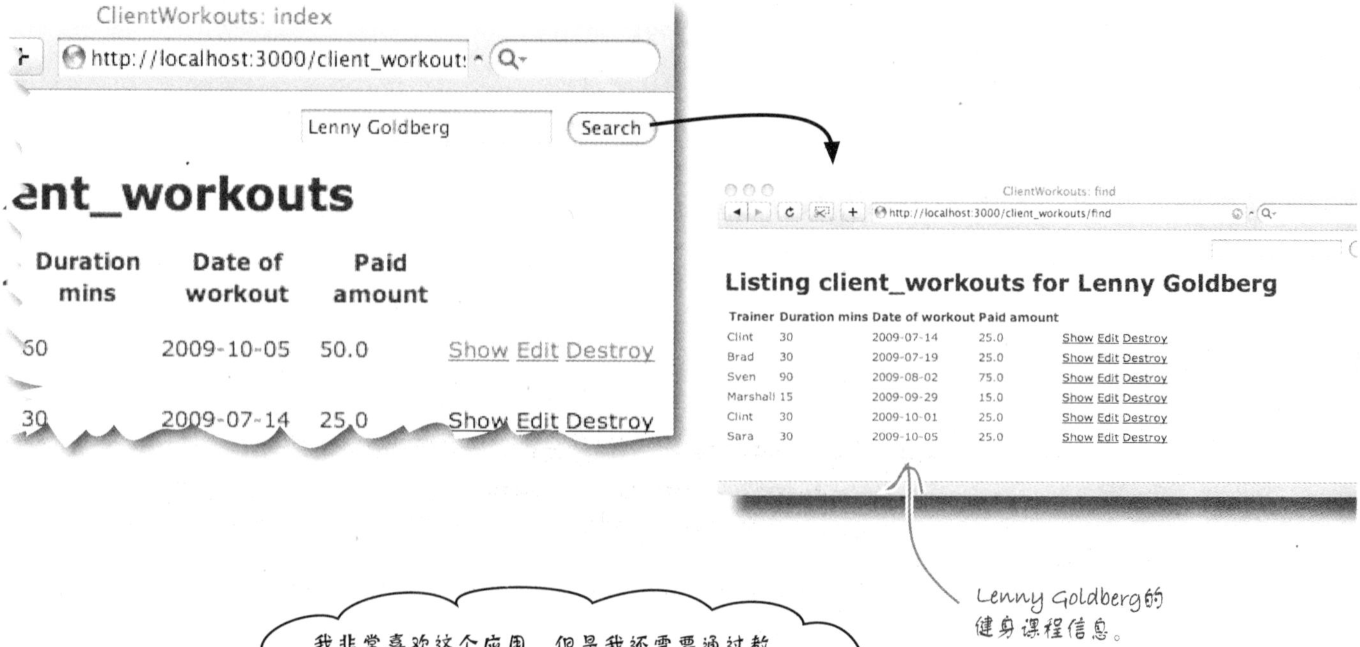

动动脑

这会如何改变搜索条件呢？

我们需要匹配客户名字或者教练名字

使用特定客户名字查找记录的搜索功能很成功。但是如果搜索还要根据名字查找教练，那么它对每条记录运用的测试逻辑会更加复杂一些。

我们不再使用

```
client_name = params[:search_string]
```

现在需要的条件应该是：

```
client_name=params[:search_string]
or trainer=params[:search_string]
```

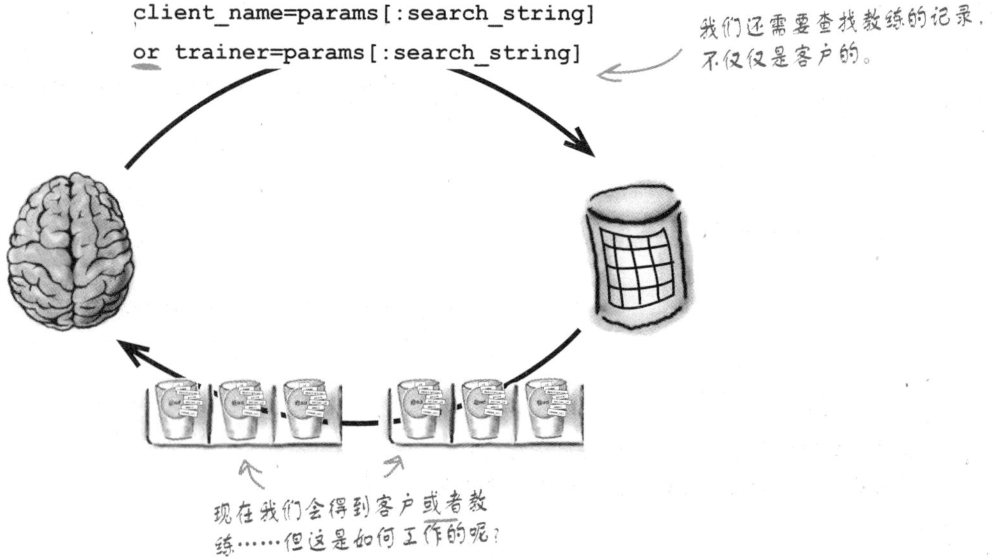

你看出这儿的问题了吗？

模型对象中的每个属性都有一个查询器。每个查询器都有一个运用至数据库中记录的简单测试，根据给定的值来检查数据库中的单个字段。但是现在这个测试更加复杂了，有没有什么方法来指定查询器需要运用至数据库中记录的测试呢？

放大查询器

查询器生成数据库查询

那么查询器是如何工作的？当你运行某个查询器时会发生什么？查询器的工作就是替你跟数据库进行交谈。记住，当查询器被调用时，它会使用一种名为SQL（Structured Query Language,结构化查询语言）的语言来生成针对数据库的查询。

[来自销售部门的提示：请宣传一下《深入浅出SQL》]

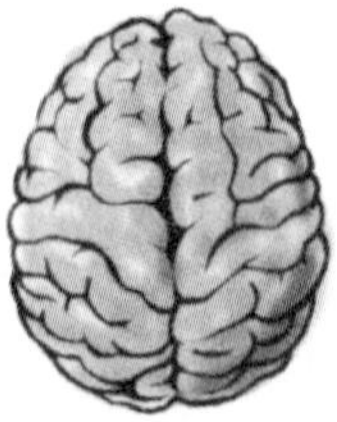

```
ClientWorkout.find_all_by_client_name('Lenny Goldberg')
```

SQL查询

```
SELECT *
FROM client_workouts
WHERE client_name= 'Lenny Goldberg'
```

搜索条件

id	client_name	trainer	duration_mins	date_of_workout	paid_amount	created_at	updated_at
1	Kirk Stigwood	Clint	60	2009-10-05	50	2008-10-05 20:...	2008-10-05 20:...
2	Lenny Goldberg	Clint	30	2009-07-14	25	2008-10-06 09:...	2008-10-06 09:...
3	Lenny Goldberg	Brad	30	2009-07-19	25	2008-10-06 09:...	2008-10-06 09:...
4	Lenny Goldberg	Sven	90	2009-08-02	75	2008-10-06 09:...	2008-10-06 09:...
5	Lenny Goldberg	Marshall	15	2009-09-29	15	2008-10-06 09:...	2008-10-06 09:...
6	Lenny Goldberg	Clint	30	2009-10-01	25	2008-10-06 09:...	2008-10-06 09:...
7	Lenny Goldberg	Sara	30	2009-10-05	25	2008-10-05 20:...	2008-10-05 20:...

查询被数据库用来查找数据表中所有匹配的行。模型把这些行转化成模型对象并通过数组返回给控制器。

根据查询器的工作原理，如果我们要搜索客户或者教练，需要修改哪些地方呢？

我们需要修改SQL查询中的条件

我们需要一些方法来告知模型生成如下的SQL查询：

```
Select *
from client_workouts
where client_name = "Lenny Goldberg"
or trainer = "Lenny Goldberg"
```

动态查询器允许你指定SQL查询中的条件。

但是SQL查询中的条件是由查询器方法来生成的。我们可以把字符串传递给查询器（比如“Lenny Goldberg”），但我们还没有修改过发送给数据库的SQL条件的实际结构。

可以修改SQL查询参数会是一件很重要的事情吗？好吧——是的，它会是的。那些查找特定属性中的匹配值的查询器很有用，但是指定SQL条件能够让你做更多的事情。它可以让你覆盖查询器的默认行为，完全控制模型需要访问的数据。这也正是我们在这儿所需要的：对SQL查询的更多控制。

那么我们该如何修改这些条件呢？

使用:conditions来提供SQL

为每个属性生成的查询器非常简单易用，但是它们的问题在于不够灵活。你经常需要对数据库进行更复杂的查询。

因此，所有的查询器都允许你传入一个名为:conditions的命名参数，它可以包含被添加到查询器所生成的SQL中的额外条件。

下面是能够实现教练/客户搜索的一种方法：

```
@client_workouts = ClientWorkout.find(:all,
:conditions=>["client_name = 'Lenny Goldberg' OR trainer = 'Lenny Goldberg'"])
```

条件参数被设置成一个数组

此版本的查询器将返回所有教练或者客户名为“Lenny Goldberg”的记录，不过你能看出这儿有什么问题吗？如果我们想要搜索**其他人**而不是Lenny呢？我们真正想搜索的是记录在params[:search_string]中的人名，该怎么做呢？

幸运的是，Rails正好有一种可以实现它的方法。这种方法允许你像下面这样把条件参数化：

```
@client_workouts = ClientWorkout.find(:all,
:conditions=>["client_name = ? OR trainer = ?",
params[:search_string], params[:search_string]])
```

我们不再搜索“Lenny Goldberg”，我们可以使用params[:search_string]中的任意内容来进行搜索。“?”会被具体值替换掉。

因为Rails会帮我们把这些参数值插入到SQL中，所以这么做很安全，能够避免一种叫做“SQL注入（SQL Injection）”的安全攻击。

条件数组上第一个字符串中的“?”会依次被替换为后续的值。这就意味着查询器现在能够为任何搜索参数生成正确的SQL语句。无论搜索哪个教练都可以返回相应的记录。

它的效果如何呢？

试驾

更新你的查询器代码，然后重新加载你的应用。

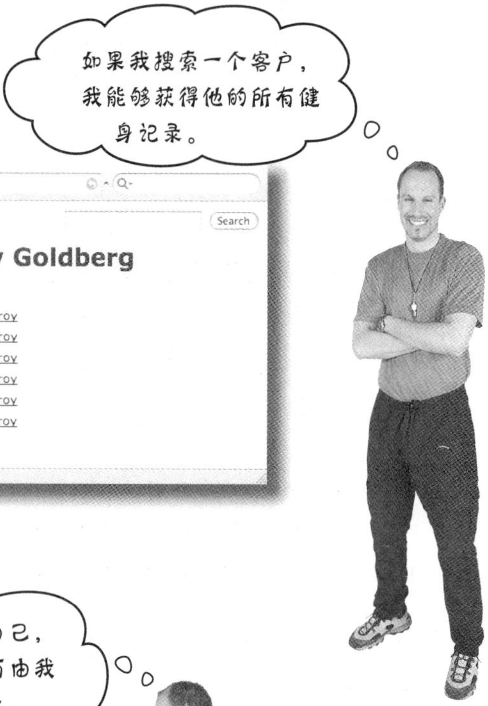

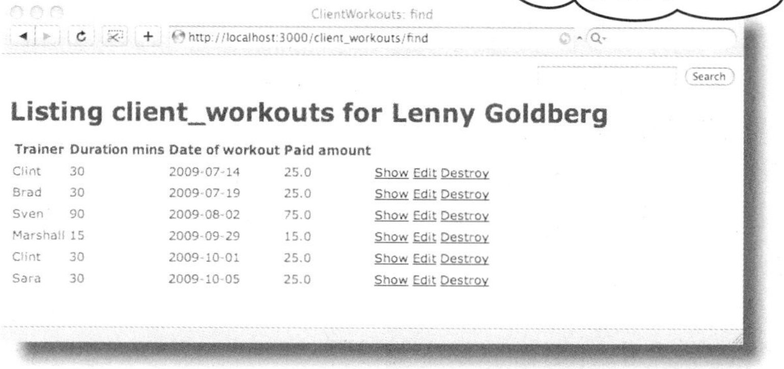

ClientWorkouts: find

http://localhost:3000/client_workouts/find

Search

Listing client_workouts for Lenny Goldberg

Trainer	Duration mins	Date of workout	Paid amount	
Clint	30	2009-07-14	25.0	Show Edit Destroy
Brad	30	2009-07-19	25.0	Show Edit Destroy
Sven	90	2009-08-02	75.0	Show Edit Destroy
Marshall	15	2009-09-29	15.0	Show Edit Destroy
Clint	30	2009-10-01	25.0	Show Edit Destroy
Sara	30	2009-10-05	25.0	Show Edit Destroy

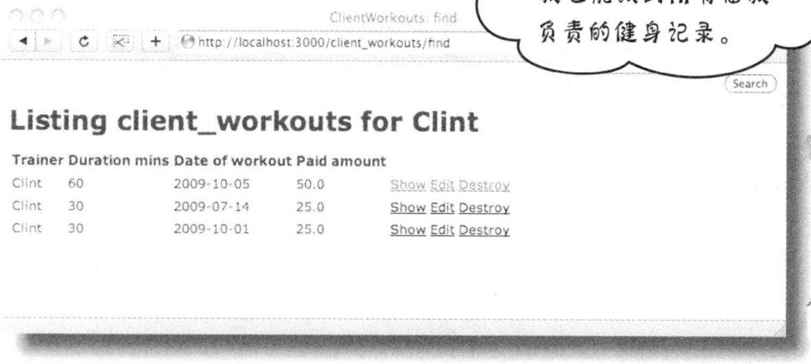

ClientWorkouts: find

http://localhost:3000/client_workouts/find

Search

Listing client_workouts for Clint

Trainer	Duration mins	Date of workout	Paid amount	
Clint	60	2009-10-05	50.0	Show Edit Destroy
Clint	30	2009-07-14	25.0	Show Edit Destroy
Clint	30	2009-10-01	25.0	Show Edit Destroy

连连看

健身俱乐部开始记录所有在他们的户外棒球场进行的体育运动。请把数据库查询器与它们相应的用途连接起来。

查询器	用途
`BaseballGame.find(:all, :conditions=>[ 'month_no > ? and month_no < ?', 9, 3])`	在淡季进行的体育运动
`BaseballGame.find(:all, :conditions=>[ 'month_no > ? or month_no < ?', 3, 9])`	事实上这个查询不会返回任何结果，所以它不会被使用
`BaseballGame.find(:all, :conditions=>[ 'month_no > ? and month_no < ?', 3, 9])`	在旺季进行的体育运动
`BaseballGame.find(:all, :conditions=>[ 'month_no > ? or month_no < ?', 9, 3])`	这个查询只返回所有的记录，所以它也不会被使用

连连看 解答

你的任务是把查询器与它的用途连接起来。

查询器

用途

```
BaseballGame.find(:all,
:conditions=>[
'month_no > ? and month_no < ?',
9, 3])
```

在淡季进行的体育运动

```
BaseballGame.find(:all,
:conditions=>[
'month_no > ? or month_no < ?',
3, 9])
```

事实上这个查询不会返回任何结果，所以它不会被使用

```
BaseballGame.find(:all,
:conditions=>[
'month_no > ? and month_no < ?',
3, 9])
```

在旺季进行的体育运动

```
BaseballGame.find(:all,
:conditions=>[
'month_no > ? or month_no < ?',
9, 3])
```

这个查询只返回所有的记录，所以它也不会被使用

然后就有一个人在敲门……

正当你演示整个系统时，有人在敲门。这个人来自于健身俱乐部。

看来输入到系统中的数据发生了问题…… 请为下一章做好准备，在那儿我们会深入了解这个健身问题。

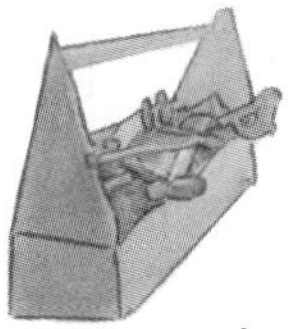

你的Rails工具箱中的工具

你已经把第4章收入囊中了，现在你已经将选择是否使用支架以及如何聪明地为你的应用选择正确的数据的能力加入了你的工具箱。

Rails工具

find(:all, :conditions=>[...])
允许你指定用来从数据库中选择记录的SQL。

form_tag生成无需绑定到模型对象的简单表单。

Ruby工具

puts <string>在控制台（运行Web服务器的那个）上显示一个字符串

5 验证你的数据

防止错误

每个人都会犯错……但是很多错误都可以被避免！即使你的用户全神贯注，他们依然可能把错误的数据输入到你的Web应用中，**使得你不得不妥善处理它们**。但是请设想一下，如果有一种方法可以在第一时间**阻止错误**的发生会如何呢？这就是为什么我们要引入**验证器**（validator）。请继续读下去，我们将为你展示如何添加**聪明的Rails验证器**到你的Web应用中，使你能够**控制**什么样的数据被允许输入以及什么样的数据应该被排除在外。

注意——应用里有错误数据

私人教练的Web应用看起来一切正常，直到健身者的出现。健身者说他们已经支付了健身的费用，并且有收据来证明这一点，但是他们的付款并没有在系统中出现。

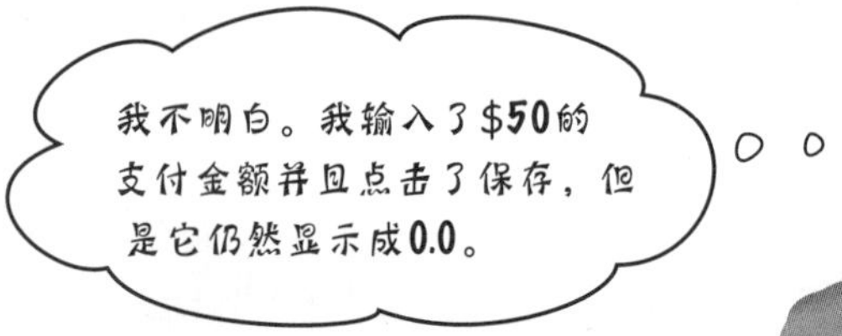

什么地方出错了呢?

点击保存按钮后应该把数据保存到数据库中，但是有地方出错了。系统没有把支付金额保存为$50，相反，它保存成了0.0。为什么会这样？让我们看一下整个事件的发生过程吧。

---

1. 一名教练输入“$50”到视图的支付域，然后点击保存按钮。值“$50”被传给了控制器。

2. 控制器接收到“$50”的支付金额，并把它传递给模型。

3. 模型接收到值“$50”，但是有个问题。由于这个值包含了一个$符号，模型无法把它转化为数字。它反而把0.0保存到了数据库。

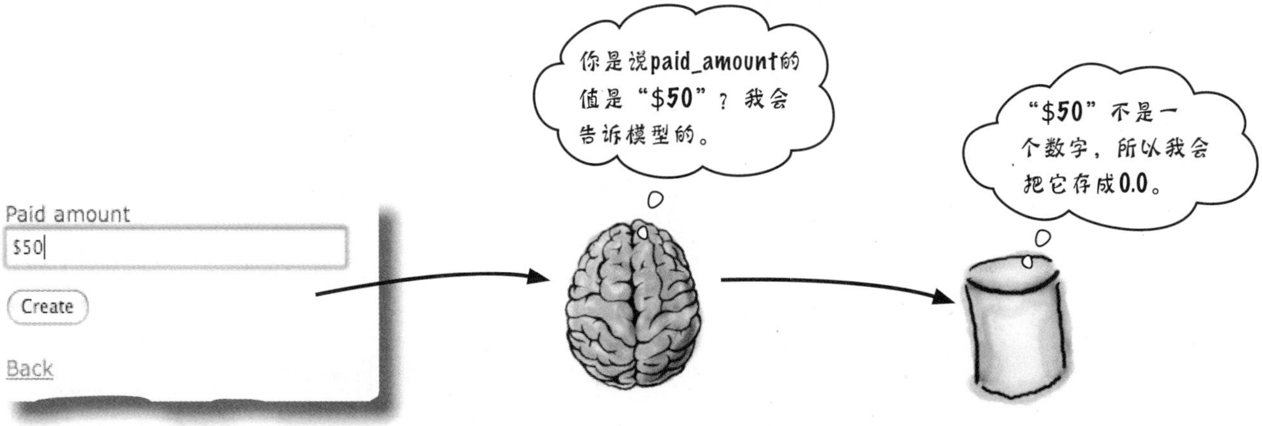

这个问题是由于教练在网页上输入了错误的数据，而我们需要防止这种错误再次发生。我们需要编写代码从而在表单数据被写入数据库之前来验证它——**但验证器的代码应该放在哪儿呢?**

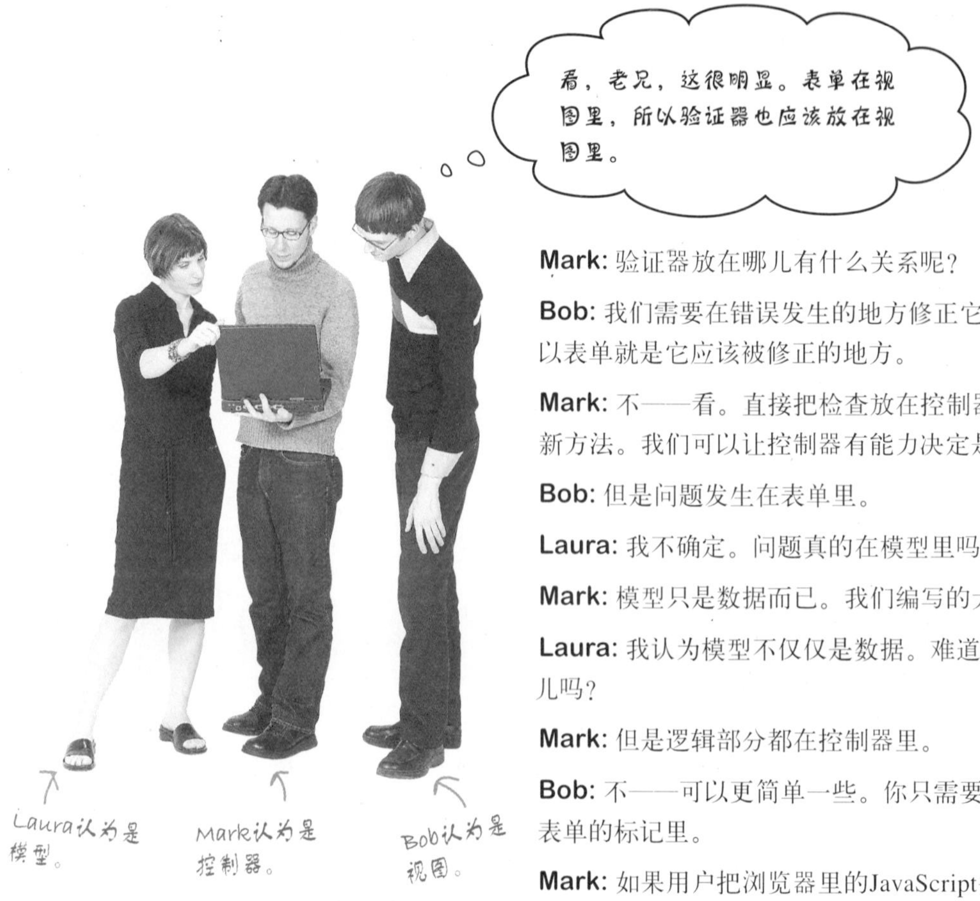

Mark: 验证器放在哪儿有什么关系呢？

Bob: 我们需要在错误发生的地方修正它。错误发生在表单里，所以表单就是它应该被修正的地方。

Mark: 不——看。直接把检查放在控制器里。控制器调用保存和更新方法。我们可以让控制器有能力决定是否保存对象。

Bob: 但是问题发生在表单里。

Laura: 我不确定。问题真的在模型里吗？

Mark: 模型只是数据而已。我们编写的大多数代码都在控制器里。

Laura: 我认为模型不仅仅是数据。难道我们不能把代码也放在那儿吗？

Mark: 但是逻辑部分都在控制器里。

Bob: 不——可以更简单一些。你只需要把一个JavaScript检查放在表单的标记里。

Mark: 如果用户把浏览器里的JavaScript关掉呢？

Bob: 嘿，轻松点，没有人会关掉JavaScript。

Laura: 但是你怎能依赖于这一点呢？特别是代码放在哪儿是很明显的时候。

Mark: 控制器。

Laura: 模型。

磨笔上阵

你认为验证应该放在哪儿呢？请在下面虚线处写出你的答案。

....

....

....

磨笔上阵 解答

你认为验证应该放在哪儿呢？请在下面虚线处写出你的答案。

数据应该在模型中进行验证，这样可以适用于数据被控制器或者视图的不同部分保存的情况。

验证代码放在模型中

把验证代码放到视图或者控制器中的问题在于两个不同地方的代码都会试图将数据保存到数据库中。设想一下，如果我们在控制器中有插入和编辑方法，它们都需要验证器。如果验证被放在模型中，那么就无所谓数据如何保存了——对该数据的验证始终会发生。

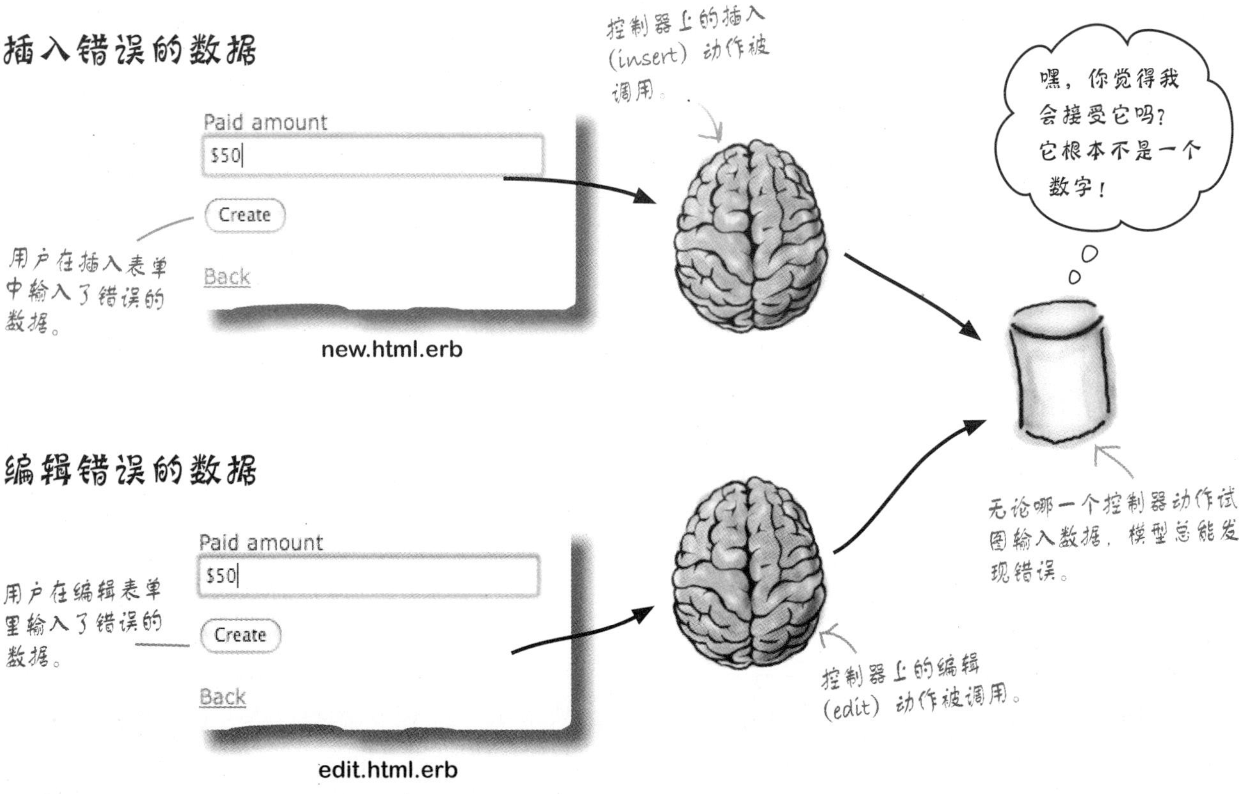

通常来说，在**模型中进行验证**是较好的做法。毕竟，这也是我们为什么会有模型层的一个原因。模型不仅仅是数据。我们把数据库封装到这一代码层的原因在于我们可以添加一些数据库本身不具备的更高明的手段——就像验证器那样。我们该如何把验证器添加到模型中呢？

Rails使用验证器来实现简单验证

每个系统都需要对输入的数据执行一些检查，有时检查代码可能会很长很复杂。

那么Rails会如何帮助我们呢？毕竟，你需要做的检查都相当个性化，不是吗？好吧——是也不是。针对**你的**数据的验证规则可能是你的系统所特有的。但是每个规则可能检查的是一些典型的错误，比如**缺少数据**，或者**错误格式**的数据，或者**错误类型**的数据。

这就是为什么Rails提供了一组名为**验证器**的内嵌的标准检查。**验证器**是一个Ruby对象，该对象查看人们输入的数据并对该数据执行简单的检查。它什么时候执行检查呢？每当有人试图保存或者更新数据库中的数据时就会发生。

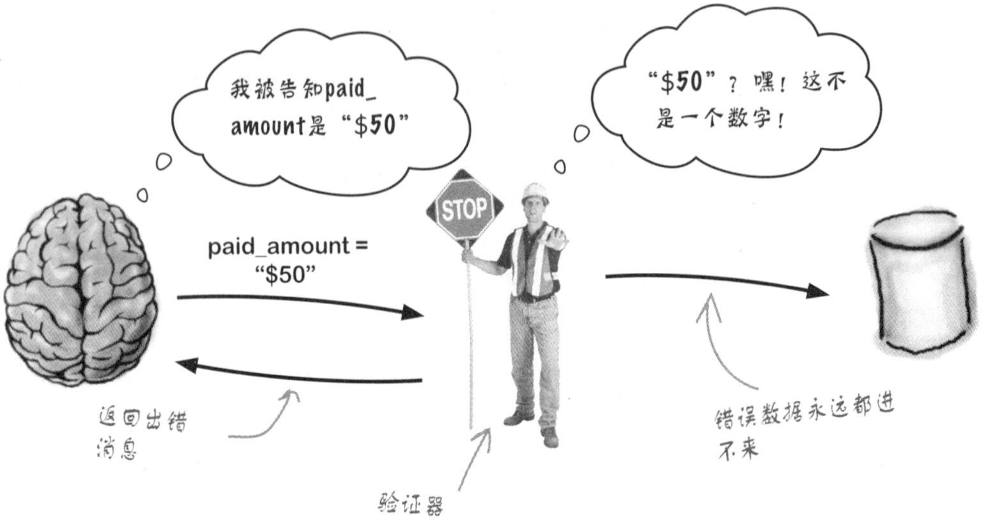

验证器是改进你的数据质量的快速且有效的方法。它们会帮助你过滤数据，确定哪些可以而哪些又不能进入你的数据库。在数据有错误的时候，它们甚至可以提供一组错误消息来帮助用户诊断错误原因。

但验证器是如何工作的呢？

验证器是如何工作的？

让我们跟随Client Workout经历一遍验证过程。

1 用户提交某个ClientWorkout详细信息。

问题是，`paid _ amount`域包含的是“$50”而不是“50”，“$50”无法被转化成数字值。

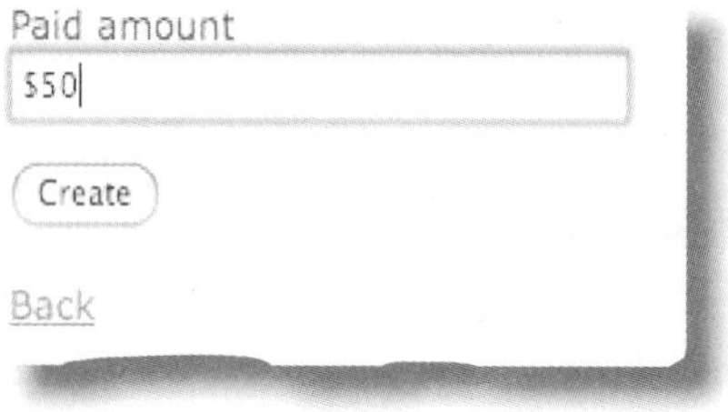

2 控制器把表单数据转化成Client Workout模型对象。

该模型对象存储了表单数据的拷贝，而模型使用该拷贝来生成模型的属性值。如果你询问对象有关它的`paid _ amount`属性的值，它将试图把“$50”转化为一个数值，但是它做不到，所以控制器就会说`paid _ amount`是0.0。

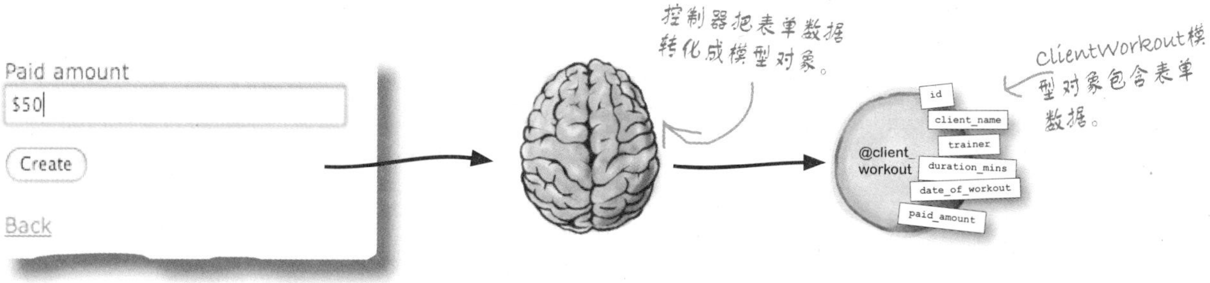

3 控制器试图保存该对象。

控制器要求模型对象保存它自己。通常对象会把一条自身的记录保存到数据库中，此时`paid _ amount`值被设置成0.0。但是如果在模型中有验证器的话就会有所不同……

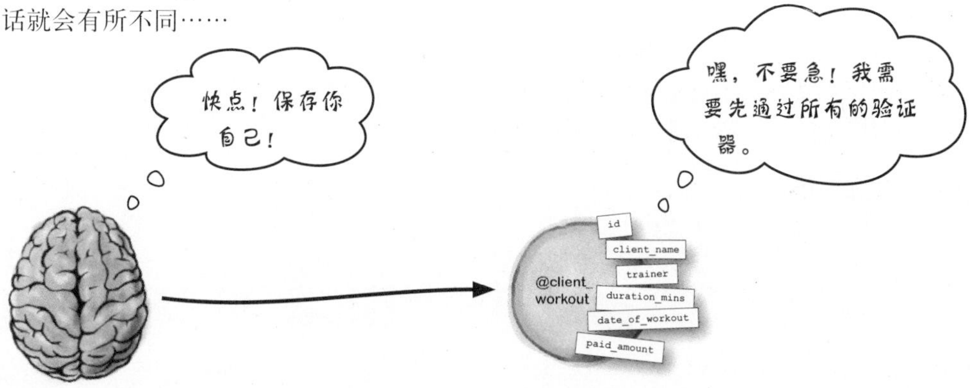

4 **模型对象运行它的验证器。**

当模型对象被要求插入或者更新一条记录到数据库中时，它首先运行它的验证器。验证器会检查ClientWorkout对象内存储的底层表单数据中的值。我们的paid _ amount验证器将会记录一个错误，因为“$50”不是数字。

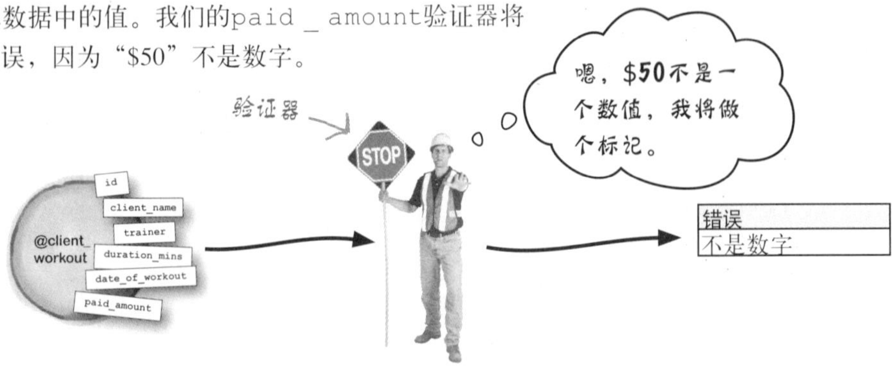

5 **模型对象决定它是否可以保存记录。**

只有在所有的验证器都被运行过后模型对象才能决定它是否可以将记录保存到数据库中。它会如何决定呢？它会查看是否有任何错误被创建。paid _ amount验证器没有通过，所以模型对象没有保存记录而是告诉控制器出现了问题。

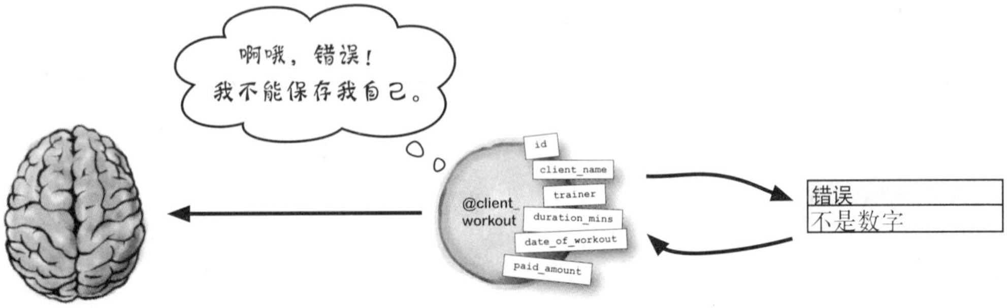

6 **控制器让用户重新回到这个表单。**

控制器中的代码知道出现了错误，所以它让用户回到表单页面以便于错误能够被纠正。

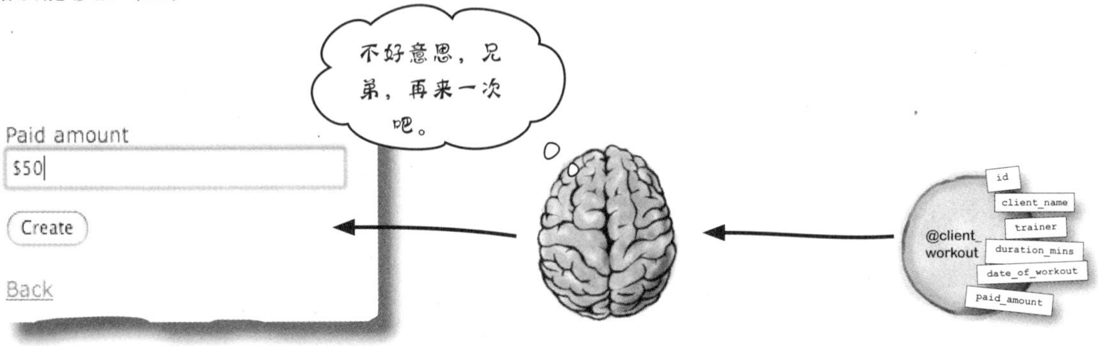

让我们检查某些东西是否是数字

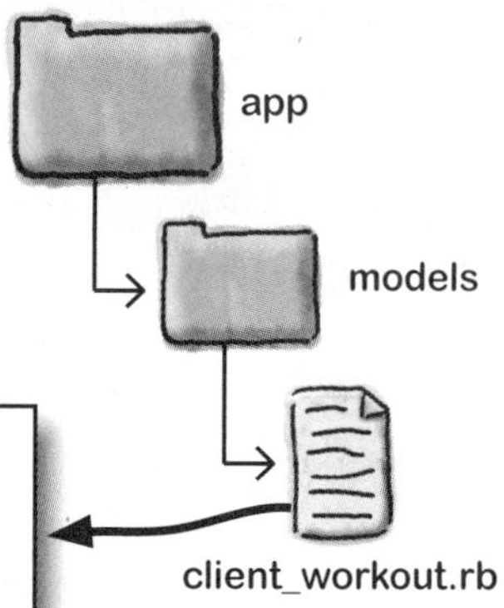

我们将使用一个名为**validates_numericality_of**的验证器来检查paid_amount域。验证器属于一个模型对象，所以我们需要把它添加到**client_workout.rb**中的模型代码：

这儿是验证器。它检查给定域是否是数字。

```
class ClientWorkout < ActiveRecord::Base
  validates_numericality_of :paid_amount
end
```

这是我们需要验证的域。

这将为每个ClientWorkout对象都创建一个验证器的实例。

验证器需要知道它即将检查的属性的名字。就像Ruby中的其他名字一样，属性名使用符号（symbol）来给出：**:paid_amount**。

还记得符号有点像**字符串**吗？符号总是以一个冒号（:）开始，而且通常被用于指向其他名字，就像域或者属性的名字。

这一切会如何在我们的应用中运作呢？假定控制器有一个名为**@client_workout**的ClientWorkout模型对象。

每当控制器调用**@client_workout.save**或者**@client_workout.update_attributes**时，模型对象将运行validates_numericality_of验证器。

如果模型对象里原来的表单数据将paid_amount域的值记录为“$50”，

验证器将产生一个错误。Rails会发现这个错误并中止数据库更新。

这就是我们的理论。现在让我们看看这个理论是否能够奏效。

试驾

现在验证器已经就绪，让我们测试一下这个页面。下面是当我们试图插入一条在paid_amount域中有错误数据的记录时发生的一切：

这是New页面，我们在paid_amount域里输入了$50。

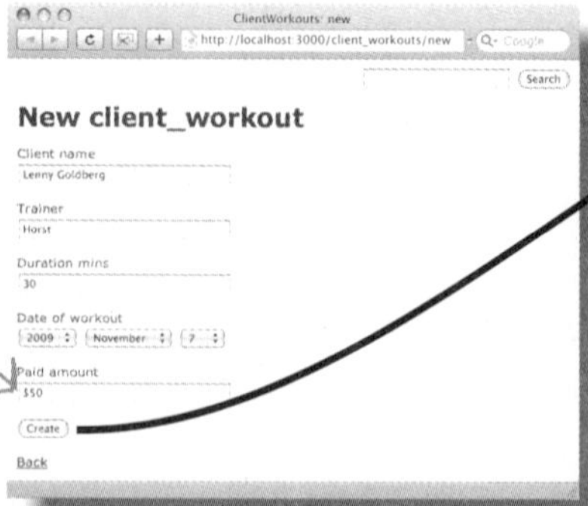

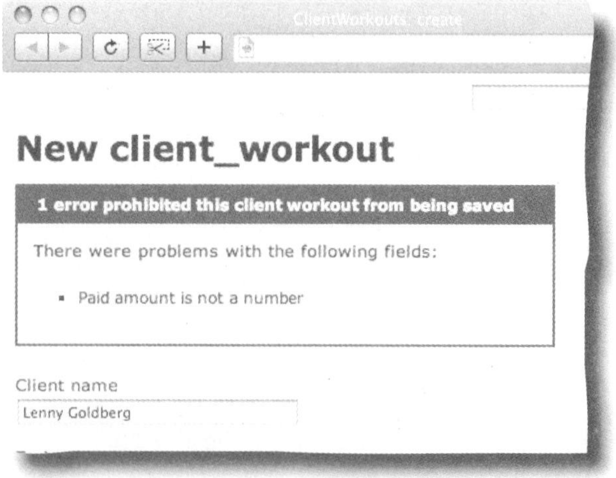

值“$50”不是数字，所以产生了一条错误消息，这条健身信息没有被保存到数据库，而用户被返回到了表单以修正错误。

那么Edit页面会如何呢？验证器能否同样发挥作用？应该能，因为模型在有人尝试更新数据库中的记录时会调用相同的验证器。

这次我们尝试Edit页面。

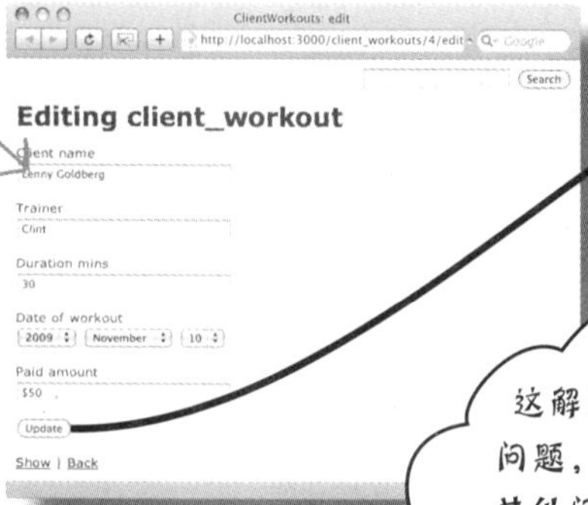

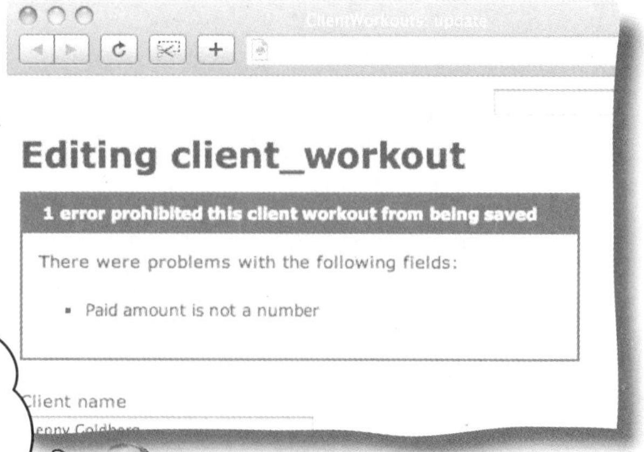

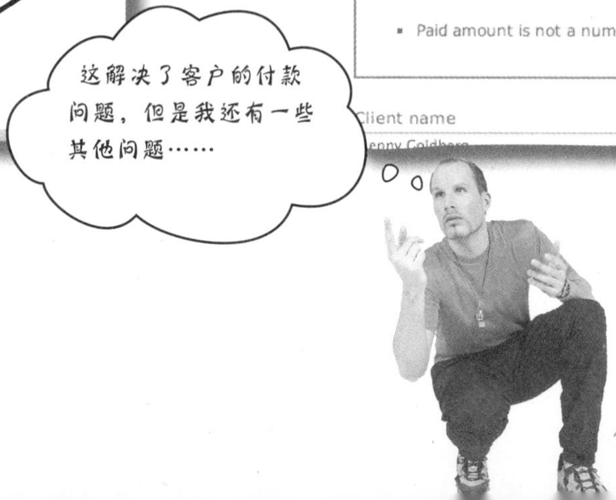

谈论难伺候的客户……

用户在他们的健身表单中漏填了一些数据

有些人在表单里留下了一些空白的域。例如，有个教练忘了在一些他输入的健身课程里填写他自己的名字。后来，当他查找所有他负责的健身课程时，他就无法找到那些没有填写他名字的记录。

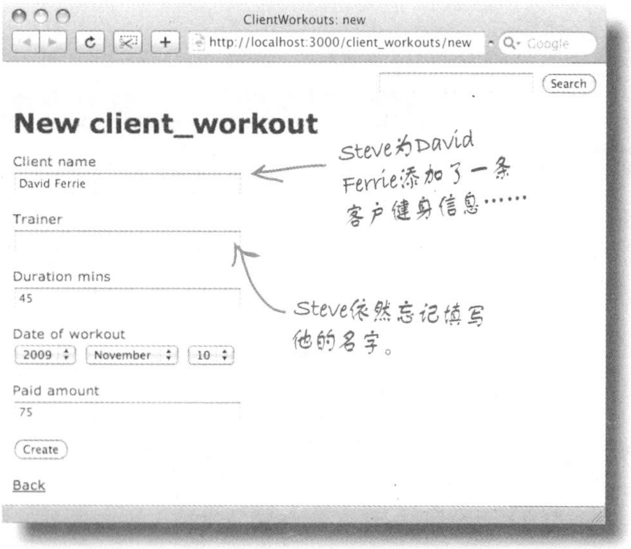

不仅教练名字必须输入，而且客户名也需要输入。Lenny Goldberg就有几次训练课没有输入他的名字。Lenny通常在月末收到账单，所以当教练们寻找Lenny参加过的还没有付款的训练课时，他们根本无法查询到。私人教练们无法接受这样的事情再次发生！

那么验证器能解决这个问题吗？

到目前为止，我们仅仅使用验证器来检查输入值是否是数字。但是我们实际上有着整套的验证器，它们能够做任何事，从检查某个值是否出现在列表中到某个值在表中的特定字段中是否唯一。

我们该如何检查必须填写的域？

有一个验证器是我们可以用来检查必需域（mandatory field）的值的。实现这一功能的验证器就是**validates_presence_of**：

```
validates_presence_of :field_name
```

必需域的名字出现在这儿。

这儿是带有验证器的代码：

```
class ClientWorkout < ActiveRecord::Base
  validates_numericality_of :paid_amount
  validates_presence_of :trainer
  validates_presence_of :client_name
end
```

请把这段代码添加到你的应用中。

这将确保教练和客户的名字都被填写。

没有蠢问题

问： 如果某个验证失败，模型对象还会运行其他验证器吗？

答： 问得好，答案是：会。即使模型对象知道在第一个失败产生后它将能够中止保存操作，模型依然会在告诉控制器任何错误之前运行其他的验证器。

问： 为什么要这样做呢？

答： 想象一下你在某个表单上有多处错误。通过运行所有的验证器，模型对象可以确信你看到了所有的错误消息，这样你就能够在再次提交表单之前修改完全部的错误。如果你只能看到第一个错误，你就不得不多次提交表单。

问： 为什么模型对象要保存一份表单数据的拷贝？为什么它不直接使用常规属性来存储表单的值。

答： 模型对象需要基于表单提交的原始字符串来运行验证器。如果，比如说，它把paid _ amount保存到一个数字属性里，它将不得不把值转化为类似于0.0这样的数据。这样就会掩盖出错的事实。

问： 但是当我询问一个ClientWorkout对象的@client_workout.paid_amount值时，它不是返回了一个恰当的属性值吗？

答： @client _ workout对象所做的是它会查看提交的表单域里的值（“$50”），然后返回这个值的数字版本。每次你询问@client _ workout.paid _ amount时它都会这么做。

问： 所以这就是为什么它把“$50”变成0.0保存到数据库中？

答： 是的。如果没有验证器，模型会根据模型对象的属性值构造一个SQL INSERT或者UPDATE语句。当它查看@client _ workout.paid _ amount的值时，这个值就是0.0，这也是它发给数据库的值。

问： 我可以让模型对象跳过验证吗？

答： 可以。如果你调用@client _ workout.save(false)，模型将不运行验证器就保存对象。

问： 我能够更改错误消息吗？

答： 可以——你可以把你自己的错误消息作为额外的字符串来提供：validates _ presence _ of :trainer, “Where’s your name?”

问： 错误消息是如何被显示的？

答： 在表单中有个名为f.error _ messages的标签。我们在后续内容中会看到更多关于它的信息。

试驾

让我们启动浏览器来试着输入一些错误数据到New表单里。值得期待的是，我们的新验证器代码会捕捉到所有错误。

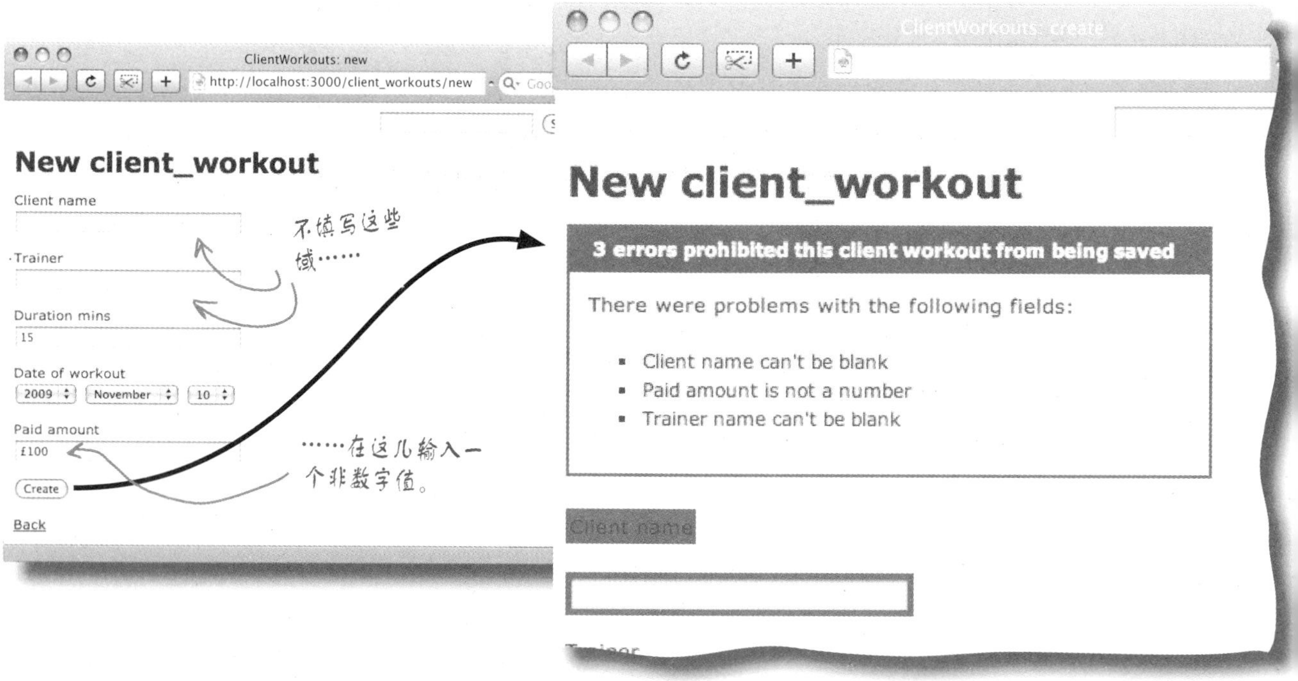

连连看

对于这个系统我们只需要检查几件事情，但是让我们看看还有哪些可用的验证器。试试看你是否能够把下列验证器和它们的用途连接起来：

`validates_length_of :field1, :maximum=>32`	检查是否是一个信用卡卡号
`validates_format_of :field1, :with=>/regular expression/`	检查群发邮件不会给同一个人发两遍
`validates_uniqueness_of :field1`	他们是否把肌群（muscle group）给拼写对了？
`validates_inclusion_of :field1, :in=>[val1, val2, ..., valn]`	检查用户名是否可以放入数据库中的某个字段

连连看解答

对于这个系统我们只需要检查几件事情，但是让我们看看还有哪些可用的验证器。试试看你是否能够把下列验证器和它们的用途连接起来：

```
validates_length_of :field1,
  :maximum=>32

validates_format_of :field1,
:with=>/regular expression/

validates_uniqueness_of :field1

validates_inclusion_of :field1,
:in=>[val1, val2, ..., valn]
```

检查是否是一个信用卡卡号

检查群发邮件不会给同一个人发两遍

他们是否把肌群（muscle group）给拼写对了？

检查用户名是否可以放入数据库中的某个字段

验证器很简单而且工作得很好

现在数据质量非常高，健身课程的数据也不再神秘地消失了。会计现在很高兴，因为她能够查到所有没有付款的客户，健身者们也不用再担心他们的付款会消失。

复习要点

- 验证器定义在**模型**中。
- 验证器检查存储在**模型对象**里的表单数据。
- 验证器在数据库插入或者更新**前**运行。
- 一个模型对象可以有**多个验证器**。
- 模型对象每次将运行**所有验证器**。
- **控制器**需要检查保存或者更新是否成功。
- 如果有**错误**，用户会被返回到表单。
- 有**很多验证器**可用。

一切运行正常直到有一天……

嗨——我是MeBay的Sarah。你能给我回个电话吗？我们开始在你的代码里添加验证器，但是它们看起来根本不工作。

MeBay发生了很奇怪的事情

MeBay的工作人员听说你最近使用了验证器，所以他们试着把验证器加入到你曾经为他们编写的代码中。

但是他们的尝试并不成功……

MeBay所做的只是添加了验证器来检查新增广告的所有域都被填写了，以及确保数字和电子邮件域的格式正确。

让我们来看一下具体发生了些什么……

验证器有效，但是它们没有显示错误

有人输入了一个价格空白的广告来看看验证器有什么问题。

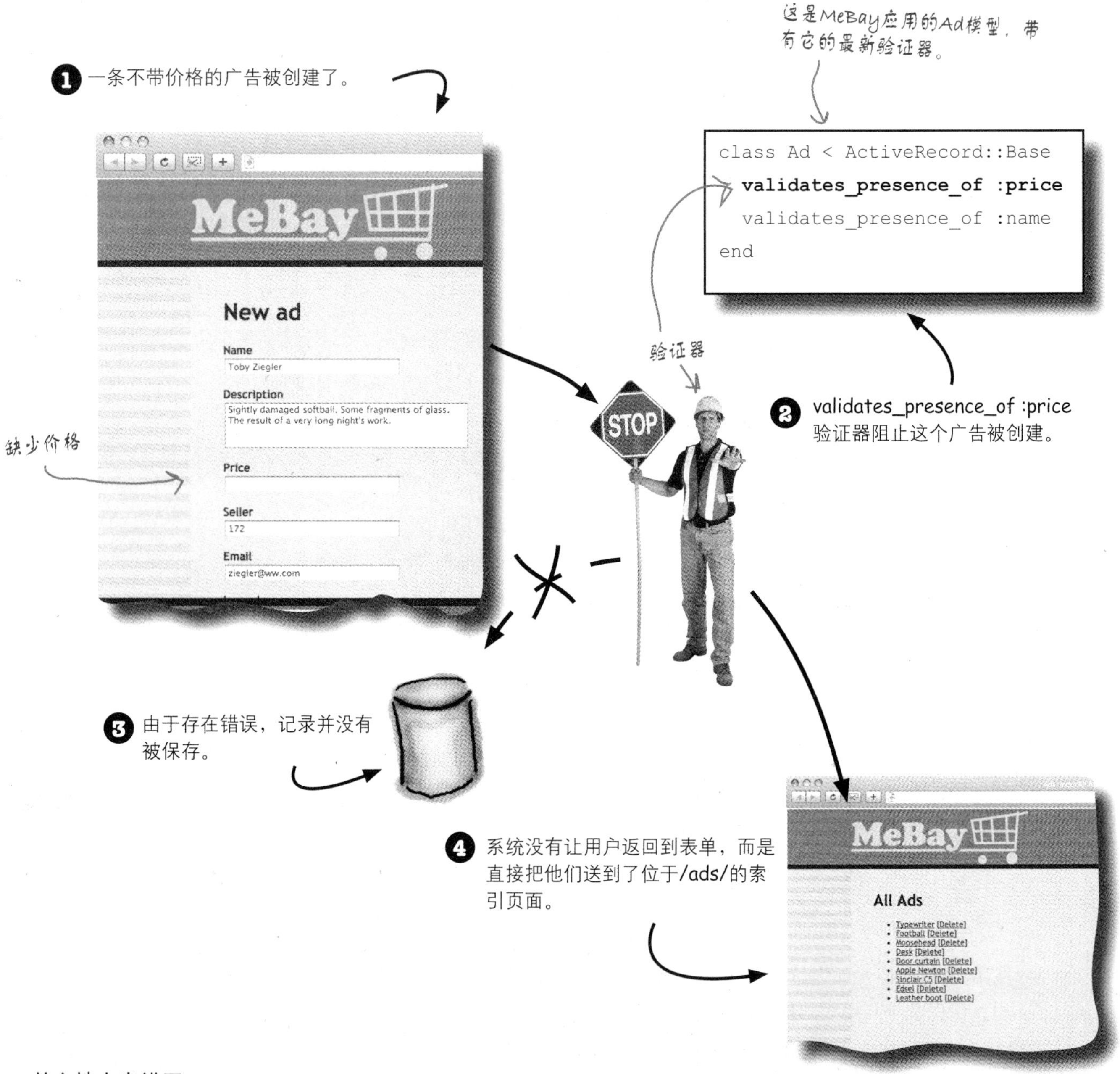

什么地方出错了？

磨笔上阵

1. 如果某个广告被正确输入，人们看到的下一页会是该新广告的页面。为什么Rails显示了位于/ads/的索引页面而不是带有错误信息的New ad页面呢？

....

....

....

....

....

....

....

....

2. 验证器在健身俱乐部应用中工作正常。你认为是什么导致了MeBay的错误？

....

....

....

....

....

....

....

....

磨笔上阵 解答

1. 如果某个广告被正确输入，人们看到的下一页会是该新广告的页面。为什么Rails显示了位于/ads/的索引页面而不是带有错误信息的New ad页面呢？

记录的ID在保存之前都是空的。通常应用会重定向到

/ads/<id>

由于广告没有被保存，用户被重定向到：

/ads/<blank>

2. 验证器在健身俱乐部应用中工作正常。你认为是什么导致了MeBay的错误？

健身俱乐部应用使用支架来创建，而MeBay应用是手工创建的。支架代码会检查错误并显示它们……但是我们自定义的代码没有这么做！

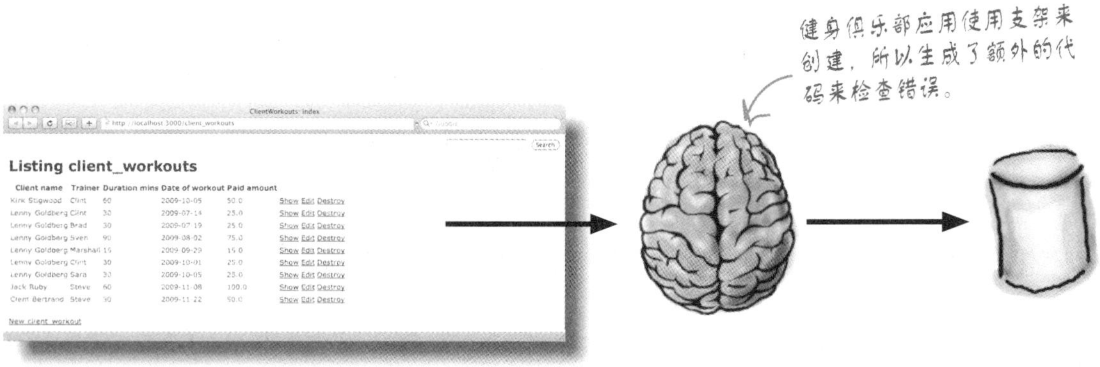

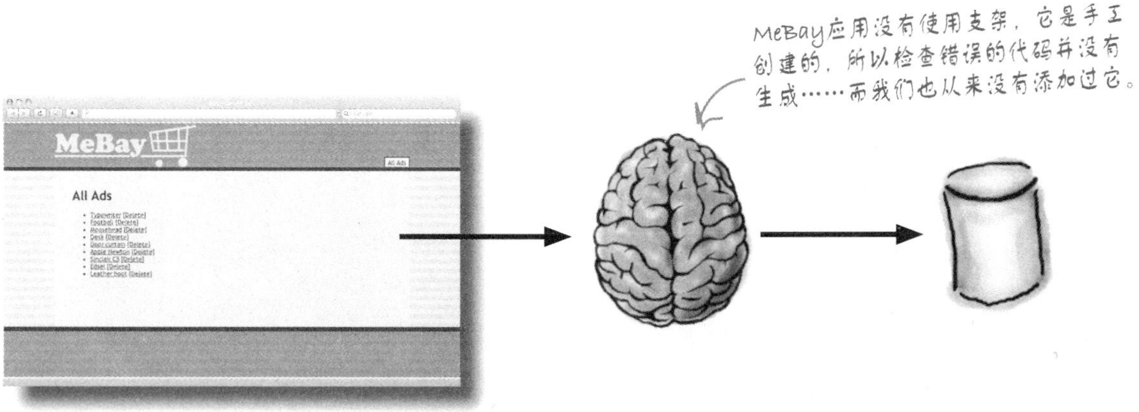

如果你搭建自己的页面，你需要编写自己的错误消息代码

当你使用支架生成应用的代码时，Rails会生成你需要用来处理错误的代码。但是如果你手工创建代码，你就得完全靠你自己了。所以我们需要修改MeBay的代码来处理错误。

这个代码需要做两件事：

1. 如果有错误发生，系统需要重新显示发生错误的页面。

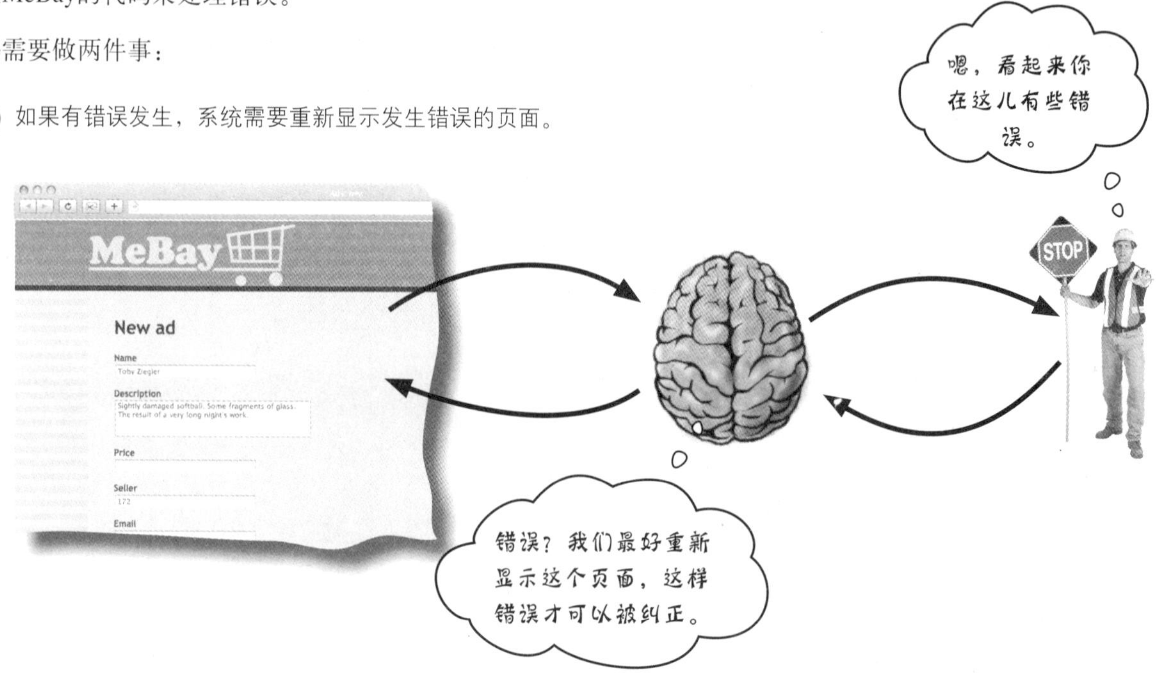

2. 表单页面需要显示所有由验证器生成的错误。

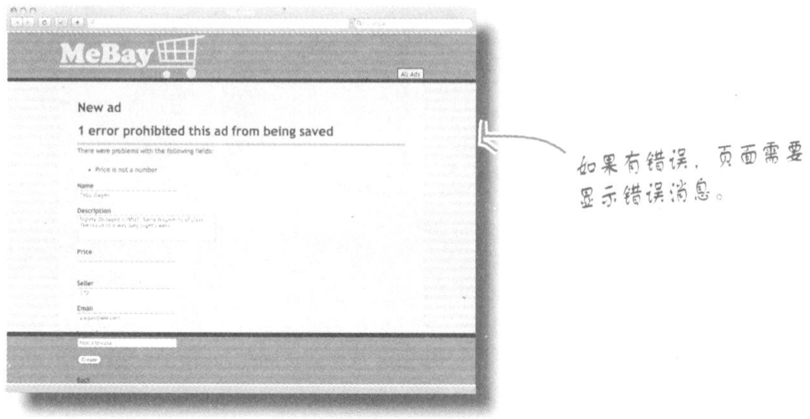

那么应用要做的第一件事是什么？

控制器需要知道是否存在错误

如果用户把错误数据输入到表单中，Rails需要把用户返回到带有错误的表单上。像这样的页面流由控制器来处理。记住，控制器掌管读写哪些数据以及显示哪些页面。

控制器代码所要做的就是处理MeBay应用里的错误。下面是新广告被提交时应用所做的事情：

```
def create
  @ad = Ad.new(params[:ad])
  @ad.save
  redirect_to "/ads/#{@ad.id}"
end
```

如果有错误，我们不希望重定向。

代码反复做相同的事情——尝试将广告保存到数据库中，然后到页面来显示该数据。它并不关心保存是否失败……而这是一个大问题。

但是我们**该如何告知**保存方法失败了？好吧，在Ruby中每个命令都有一个**返回值**。当保存广告失败时，`@ad.save`命令就会返回**`false`**。我们可以使用`@ad.save`的返回值来决定我们应该**重新显示该页面**……还是显示保存好的广告。

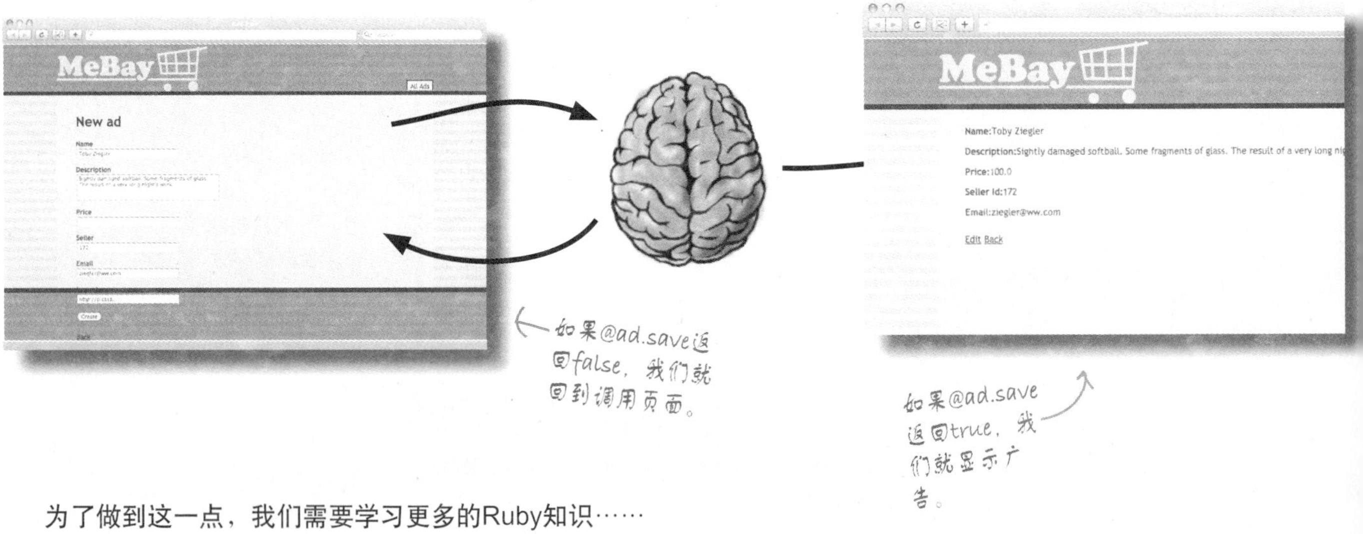

为了做到这一点，我们需要学习更多的Ruby知识……

代码池谜题

这儿给出了你用来修正页面流的代码。它使用了一个你还没有见过的Ruby语言特性——if语句。你的任务是从代码池中选出代码片段，并把它们组装起来修正页面流。

```
if  ......................
        ...................... ...................... ......................
......................
        ...................... ...................... ......................
......................
```

如果保存成功，那么就重定向至显示新广告。

如果保存失败，那么就重新显示“ad/new”模板。

注意：代码池里的每个代码片段只能使用一次！

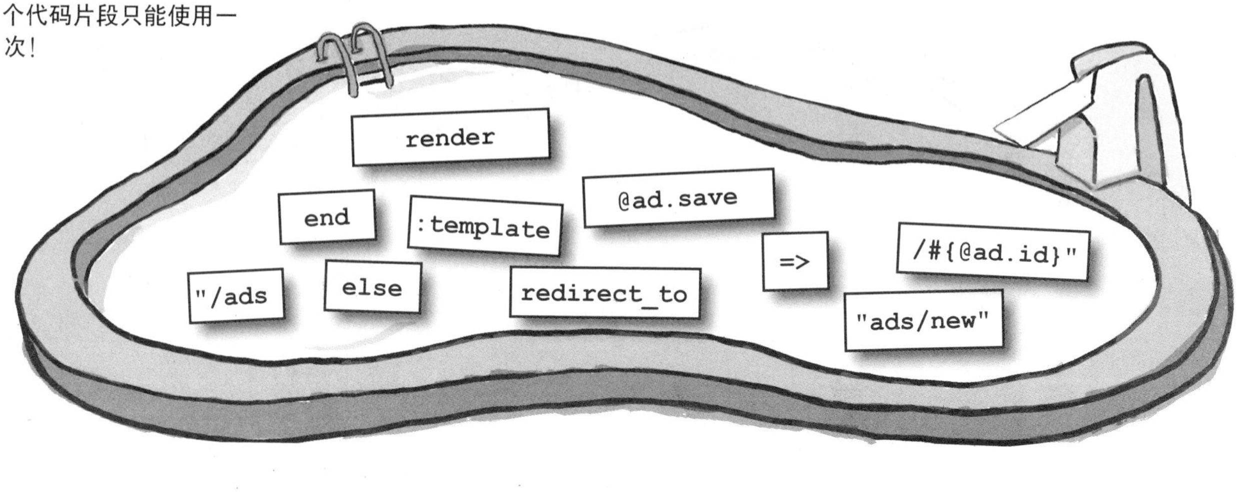

代码池谜题解答

这儿给出了你用来修正页面流的代码。它使用了一个你还没有见过的Ruby语言特性——if语句。你的任务是从代码池中选出代码片段，并把它们组装起来修正页面流。

```
if @ad.save
  redirect_to "/ads/#{@ad.id}"
else
  render :template => "ads/new"
end
```

如果保存成功，那么就重定向至显示新广告。

Rails也可以让你在调用render时带有:action参数，这样你就能够如下重写代码：

render :action=> 'new'

如果保存失败，那么就重新显示“ad/new”模板。

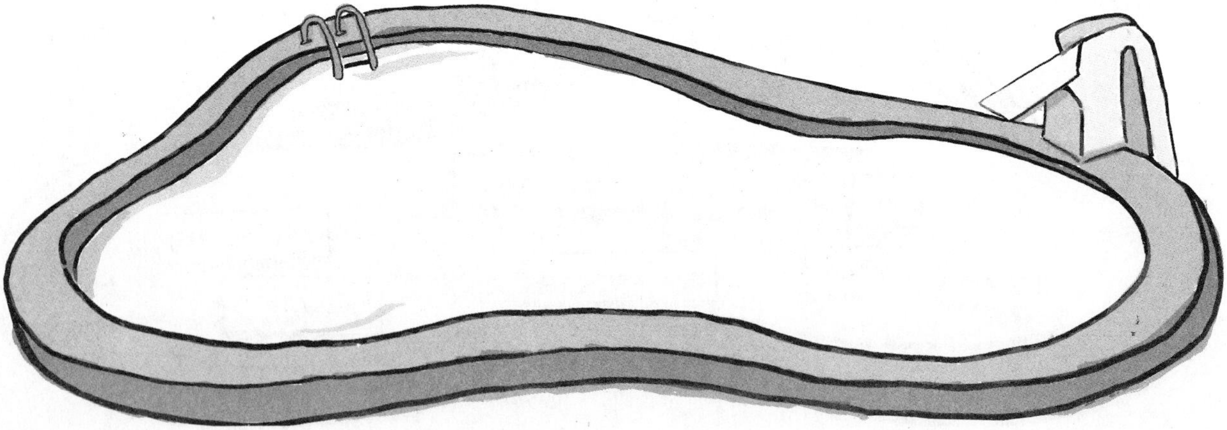

试驾

更新你的MeBay代码来包含一些自定义的页面控制。现在如果我们忘记在价格域中输入值会发生什么呢？

你可能要从Head First Labs网站重新下载MeBay以获得所有更新。

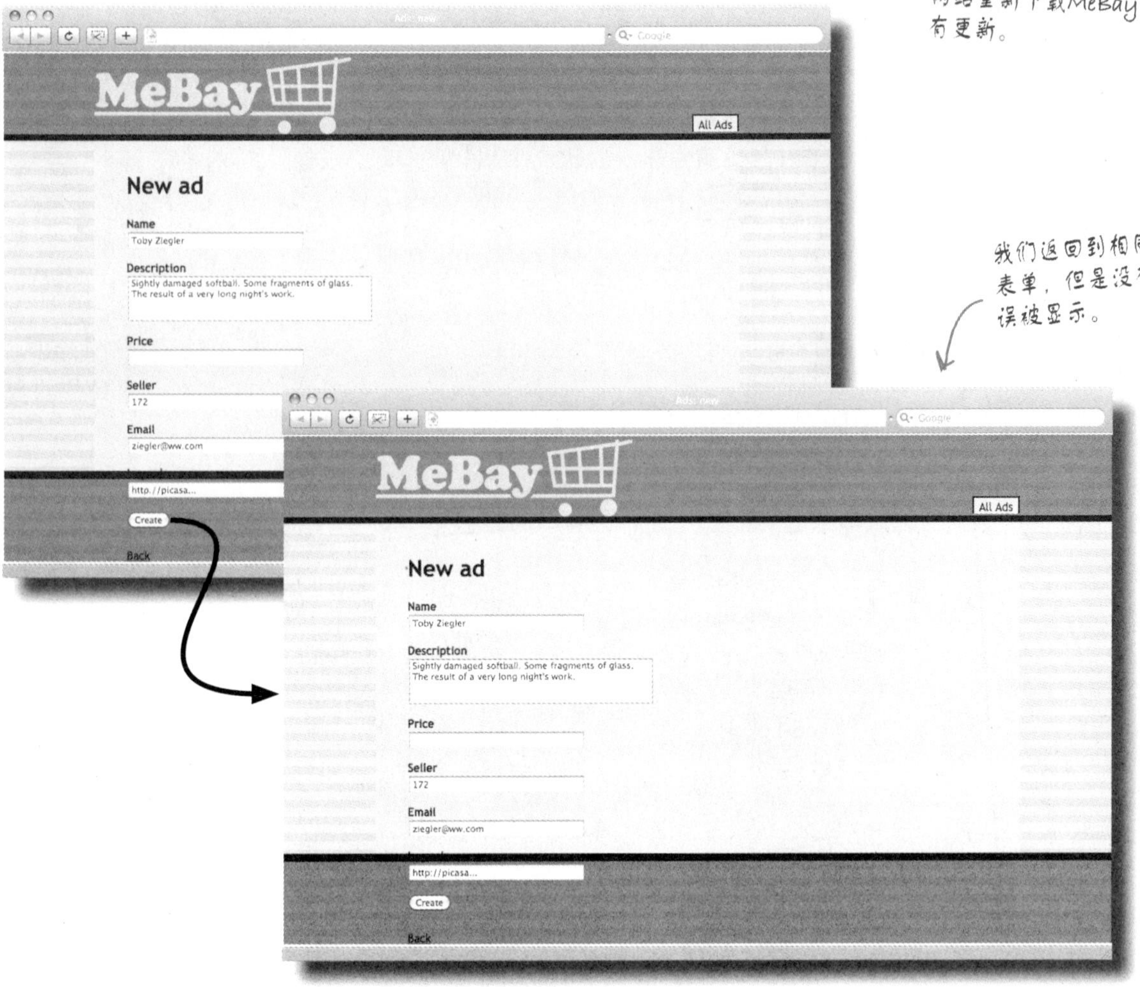

我们返回到相同的表单，但是没有错误被显示。

当验证器运行时，控制器发现表单数据有问题，它便重新显示该表单，这样用户就能够纠正错误。模型并没有保存记录，控制器现在正常运作了。

除了……是不是漏了些什么？

我们还要显示错误消息！

应用重新显示表单，这很不错——但是**接下来**呢？

为了解决表单上的问题，用户需要知道什么**地方出错**。他们需要错误消息来告诉他们：

1. 哪个域有问题
2. 具体是什么**问题**

每次验证器验证失败时，它会保存一条错误消息到**模型**中。但是我们需要把这个错误消息显示到视图中。这就意味着消息需要从模型中转移到视图里。

哪个**接口**与模型对象的绑定最紧密呢？

表单！表单对象有一个特殊的方法，它能够生成一个错误块。这个方法叫做**error_messages**：

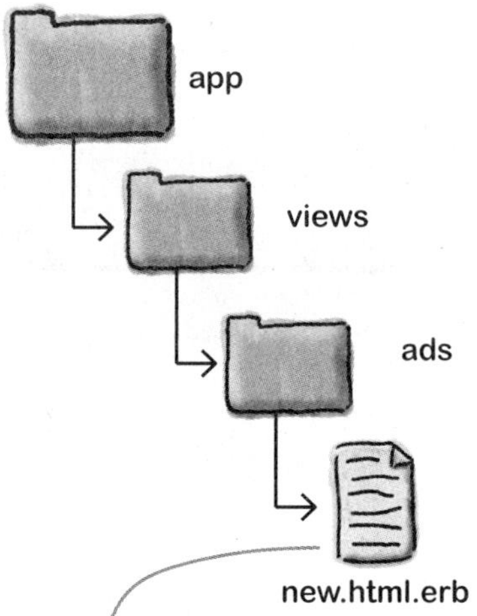

错误消息由表单对象中名为error_messages的方法生成。

```
<h1>New ad</h1>
<% form_for(@ad,:url=>{:action=>'create'}) do |f| %>
  <%= f.error_messages %>
  <p><b>Name</b><br /><%= f.text_field :name %></p>
  <p><b>Description</b><br /><%= f.text_area :description %></p>
  <p><b>Price</b><br /><%= f.text_field :price %></p>
  <p><b>Seller</b><br /><%= f.text_field :seller_id %></p>
  <p><b>Email</b><br /><%= f.text_field :email %></p>
  <p><b>Img url</b><br /><%= f.text_field :img_url %></p>
  <p><%= f.submit "Create" %></p>
<% end %>
```

试驾

MeBay的工作人员现在很开心。验证器让他们的数据变得很干净，而用户现在能够直接看到问题也知道如何修正它们。

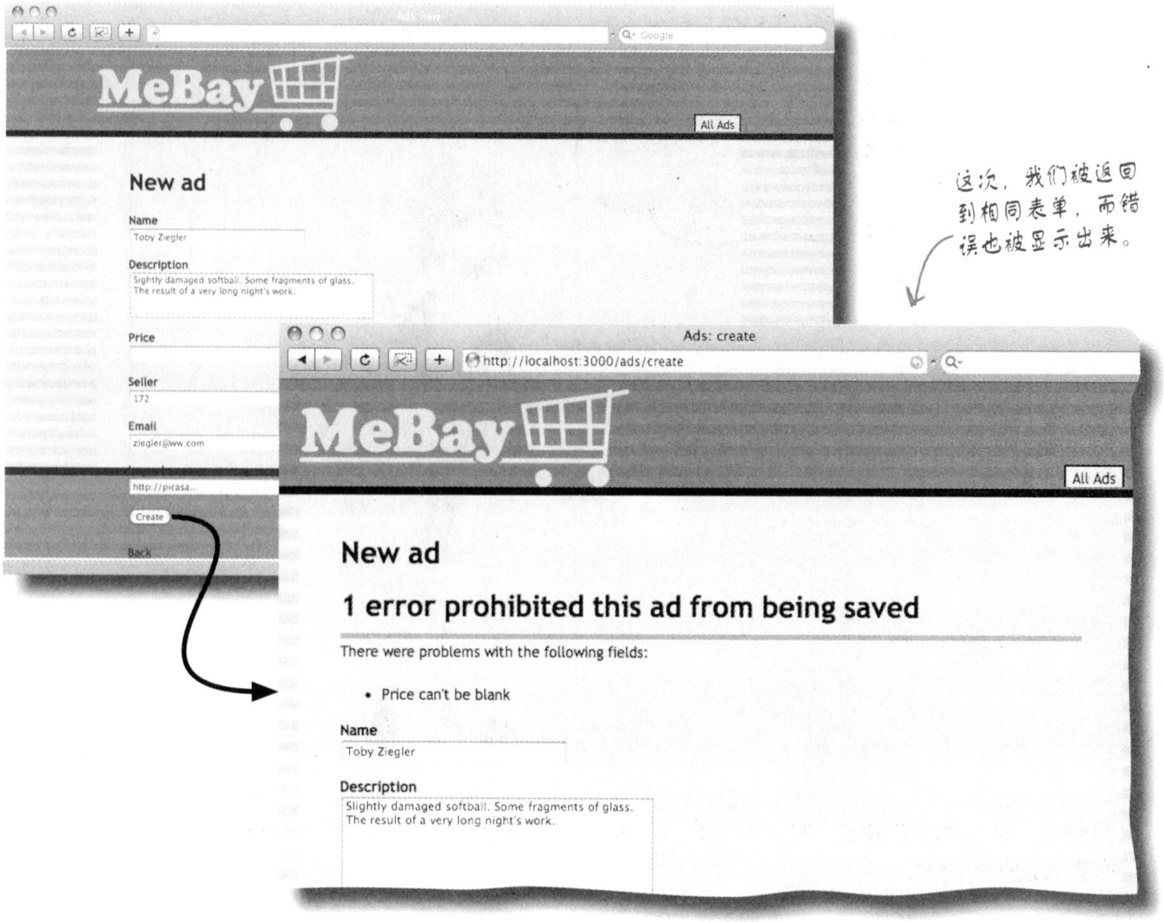

是时候发布新版代码给公众并听听他们的想法。

MeBay系统现在看起来挺滋润

现在系统能够正确地报告错误，MeBay的工作人员添加了越来越多的验证器。控制器检查这些错误并汇报给用户。没过多久，系统中的数据就有了很高的质量，而错误数量也急剧减少。

只剩下一件要做的事情了。验证器防止了主要的数据问题，但这些错误只在**新**广告被张贴时产生。

广告被编辑时的错误依然没有被报告出来……

下面是“edit”页面被提交时运行的代码。

```
def update
  @ad = Ad.find(params[:id])
  @ad.update_attributes(params[:ad])
  redirect_to "/ads/#{@ad.id}"
end
```

更新成功时返回true。

重写这段代码使它能正确处理错误。

....

....

....

....

....

....

....

....

请在下面的虚线处写下需要错误消息显示代码的文件名。

....

习题解答

下面是“edit”页面被提交时运行的代码。

```
def update
  @ad = Ad.find(params[:id])
  @ad.update_attributes(params[:ad])
  redirect_to "/ads/#{@ad.id}"
end
```

更新成功时返回true。

重写这段代码使它能正确处理错误。

```
def update
  @ad = Ad.find(params[:id])
  if @ad.update_attributes(params[:ad])
    redirect_to "/ads/#{@ad.id}"
  else
    render :template=>"/ads/edit"
  end
end
```

或者你可以使用：

render :action=>:edit

请在下面的虚线处写下需要错误消息显示代码的文件名。

app/views/ads/edit.html.erb

```
<h1>Editing <%= @ad.name %></h1>
<% form_for(@ad,:url=>{:action=>'update'}) do |f| %>
  <%= f.error_messages %>
  <p><b>Name</b><br /><%= f.text_field :name %></p>
```

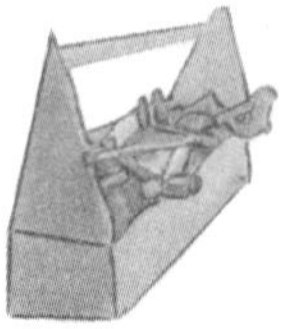

你的Rails工具箱中的工具

你已经把第5章收入囊中了，现在你已经把使用验证器的能力加入了你的工具箱。

Rails工具

validates_length_of :field1, :maximum=>32 检查域没有超过32个字符长

validates_format_of :field1, :with=>/regular expression/ 检查域能够匹配正则表达式

validates_uniqueness_of :field1 检查数据表中没有其他记录有与field1相同的值

validates_inclusion_of :field1, :in=>[val1, val2, ..., valn] 检查域有一个给定的值

f.error_messages 显示表单中的错误

模型对象上的save和update_attributes方法在成功时返回true，失败时返回false

render :template=>"a/template" 使用app/views/a/template.html.erb文件渲染输出

render :action=>'new' 为新动作渲染模板

6 建立连接

把它们集合起来

团结就是力量。迄今为止，你已经知道了Rails的一些**关键组成部分**。你创建了整个Web应用并且根据你的需要对Rails产生的内容进行了**定制**。但在现实世界里，**情况可能更为复杂**。请继续读下去……是时候来创建一些**多功能的网页**了。而且，也是时候来处理**复杂的数据关系**和通过编写你自己自定义的**验证器**来控制你的数据了。

椰子航空需要一个订票系统

乘坐水上飞机是岛屿间旅行最便捷的方式，而椰子航空(CoConut Airways)就有着整个飞行编队。他们提供景区游览、短途旅行和所有本地岛屿间便捷的往返航班服务。他们的服务很受游客和当地居民的欢迎。

他们的航班需求非常旺盛，所以他们现在需要一个订票系统来帮助他们。这个系统需要管理航班和座位预订。下面是他们需要保存的数据：

Flight	
id	integer
depature	datetime
arrival	datetime
destine	string
baggage_allowance	decimal
capacity	integer

这是航班信息……

记住：Rails将自动添加一个名为“id”的字段到每个表中。

行李最大重量限额(磅)

这是座位id。

……而这是座位预订。

这是航班id号。

Seat	
id	integer
flight_id	integer
name	string
baggage	decimal

行李重量单位是磅。

磨笔上阵

为以下需求写出具体的指令：

1. 创建一个名为CoConut的应用。

....

....

....

2. 为航班数据使用scaffold命令。

....

....

....

3. 为座位预订数据使用scaffold命令。

....

....

....

4. 仅仅为航班和座位数据使用支架会有什么问题？

....

....

....

磨笔上阵 解答

为以下需求写出具体的指令：

1. 创建一个名为CoConut的应用。

   rails coconut

2. 为航班数据使用scaffold命令。

   ruby script/generate scaffold flight departure:datetime arrival:datetime destination:string baggage_allowance:decimal capacity:integer

3. 为座位预订数据使用scaffold命令。

   ruby script/generate scaffold seat flight_id:integer name:string baggage:decimal

4. 仅仅为航班和座位数据使用支架会有什么问题？

   为航班和座位数据使用支架会分别为航班和座位生成一系列页面，但是它们并没有被组合起来。

你不需要在scaffold里指定"id"字段。它们会被自动添加。

记住：你需要使用rake db:migrate来创建表单！

我们需要在一个页面上同时看到航班和座位预订信息

如果我们简单地创建支架而没有定制应用，它将难以使用。为了预订某个航班的座位，用户不得不从URL里寻找航班id：

为了预订一个某个航班的座位，用户不得不查找航班id。

这是航班页面。

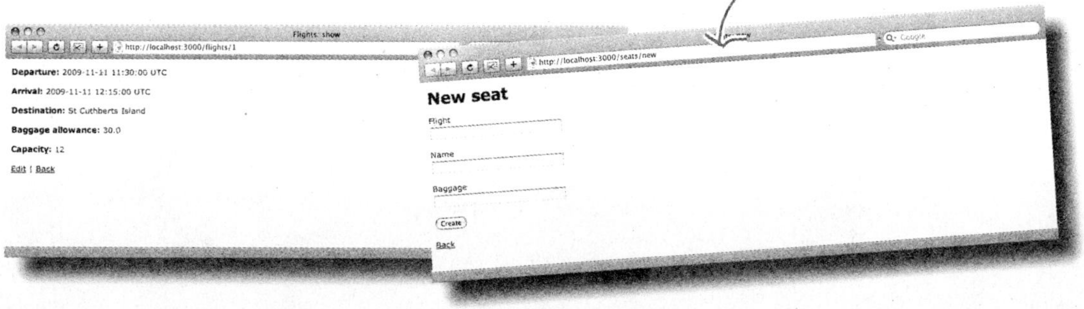

我们需要一起显示航班及其座位预订信息。

让我们看看座位支架代码给了我们什么

我们希望航班页面看起来像这个样子：

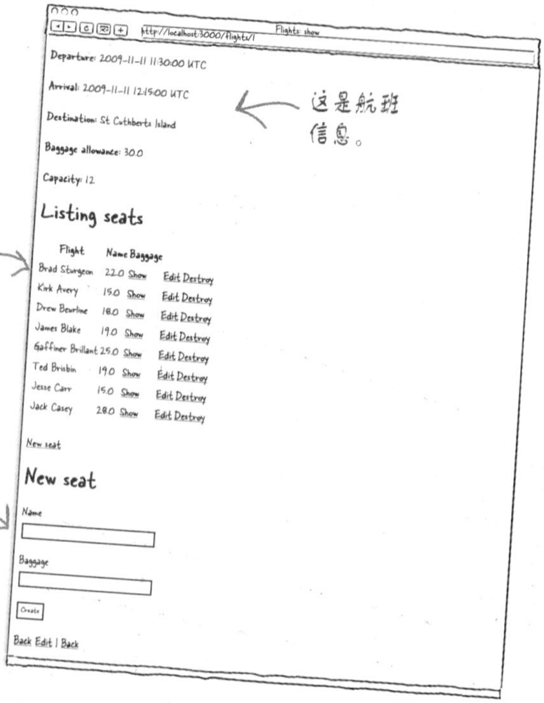

让我们把它与支架产生的座位页面比较一下：

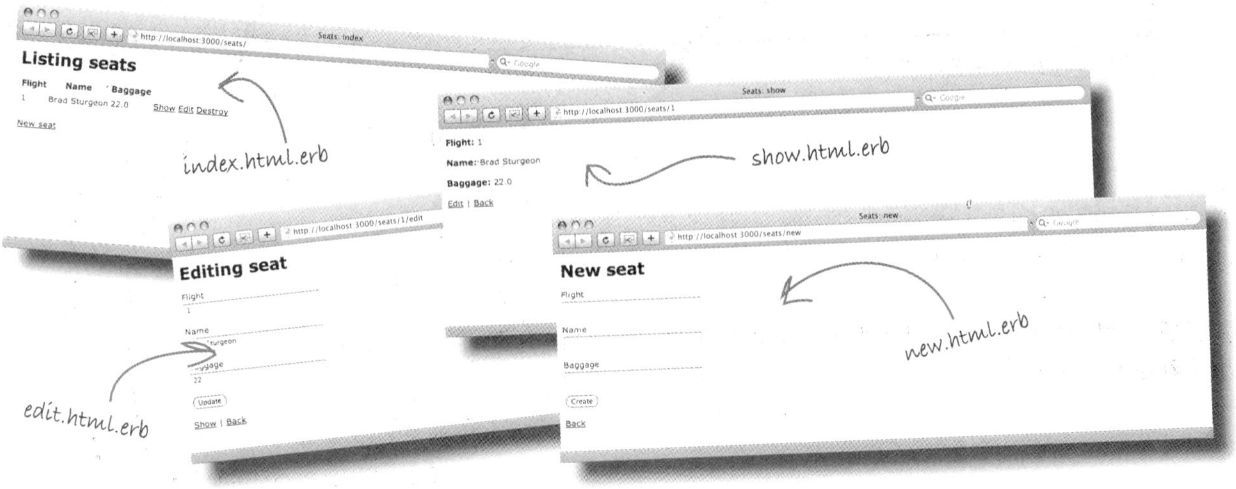

它们中有谁能帮助我们产生航班页面吗？

我们需要让预订表单和座位列表出现在航班页面上

座位列表和预订表单这两个生成的页面看起来与我们想要在航班页面上出现的内容非常相似。航班页面的中间部分看起来像座位列表，而末尾则像预订表单：

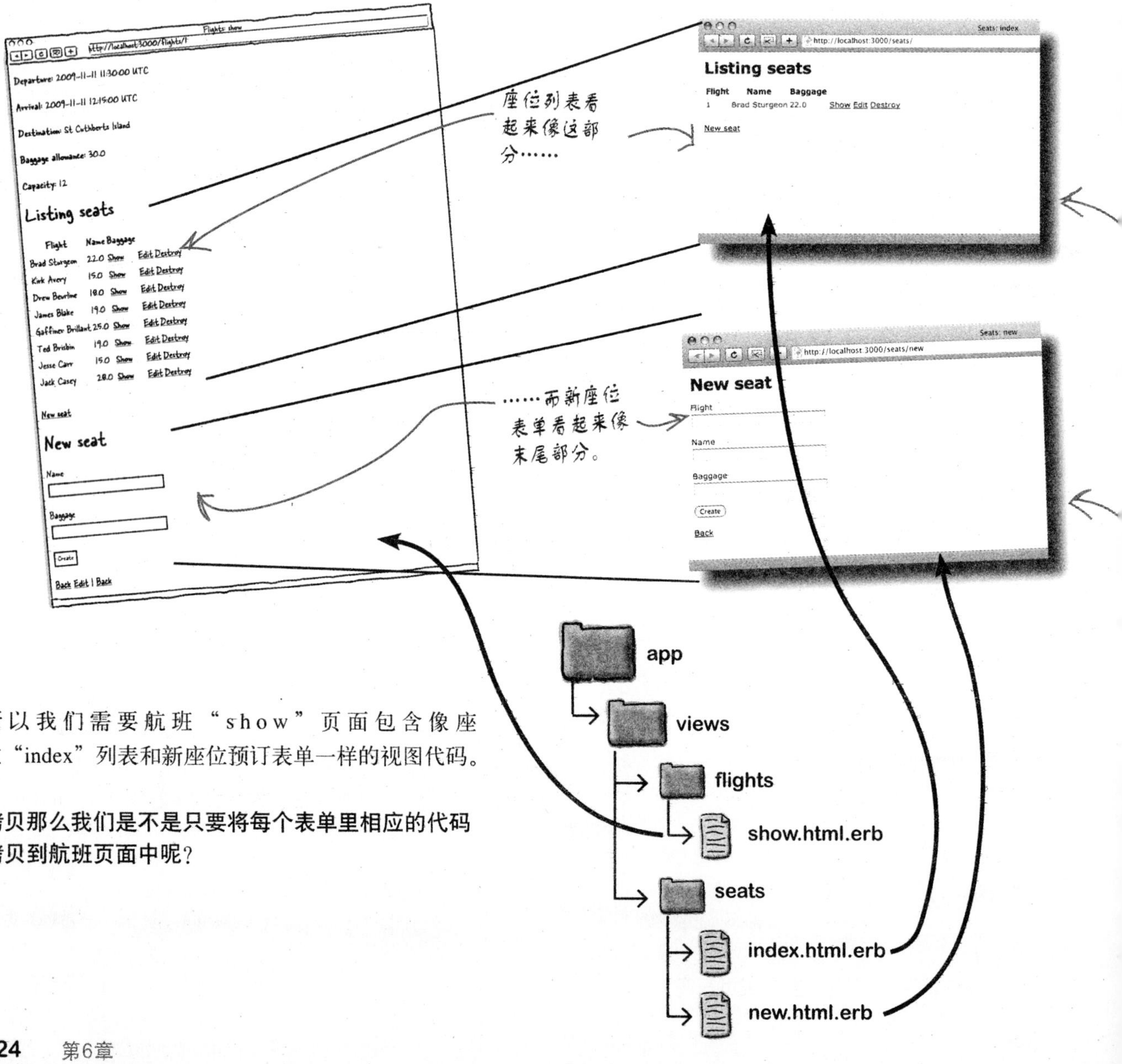

所以我们需要航班“show”页面包含像座位“index”列表和新座位预订表单一样的视图代码。

拷贝那么我们是不是只要将每个表单里相应的代码拷贝到航班页面中呢？

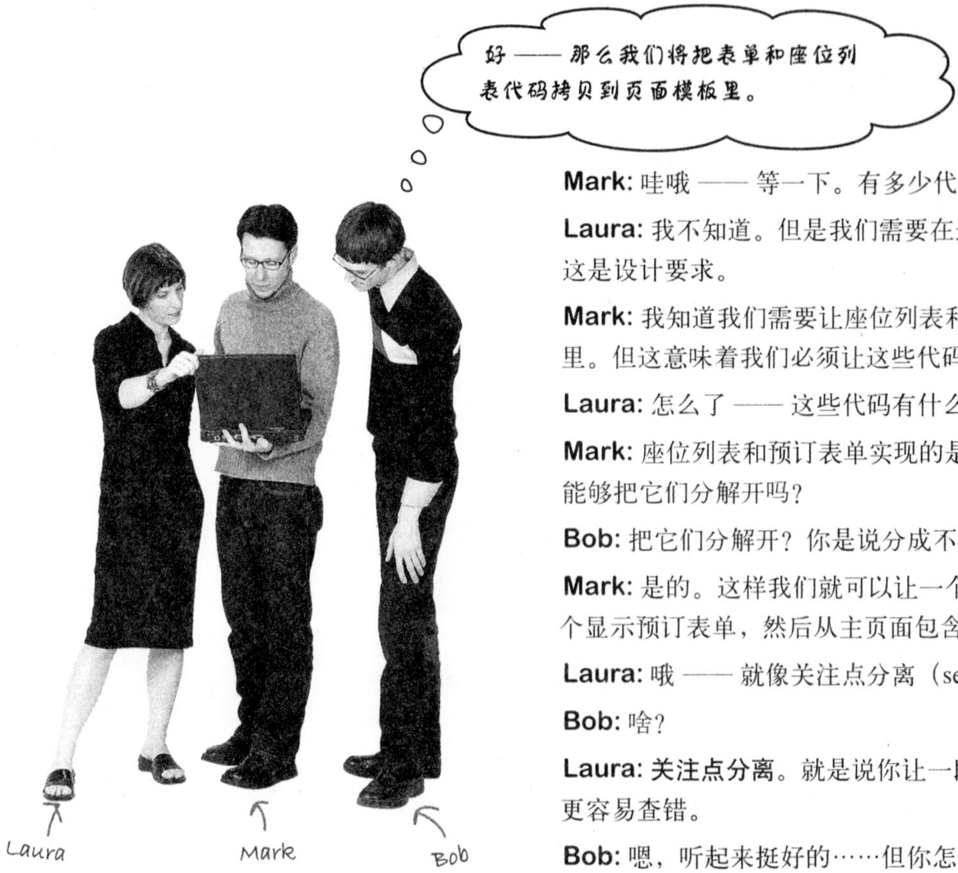

Mark: 哇哦 —— 等一下。有多少代码?

Laura: 我不知道。但是我们需要在这个页面里出现这些代码。这是设计要求。

Mark: 我知道我们需要让座位列表和预订表单出现在这个页面里。但这意味着我们必须让这些代码出现在那儿吗?

Laura: 怎么了 —— 这些代码有什么问题吗?

Mark: 座位列表和预订表单实现的是完全不同的功能。我们不能够把它们分解开吗?

Bob: 把它们分解开?你是说分成不同的文件?

Mark: 是的。这样我们就可以让一个文件显示座位列表,另一个显示预订表单,然后从主页面包含或者调用这两个页面。

Laura: 哦 —— 就像关注点分离(separation of concerns)。

Bob: 啥?

Laura: **关注点分离**。就是说你让一段代码只做一件事件。这将更容易查错。

Bob: 嗯,听起来挺好的……但你怎么实现它呢?

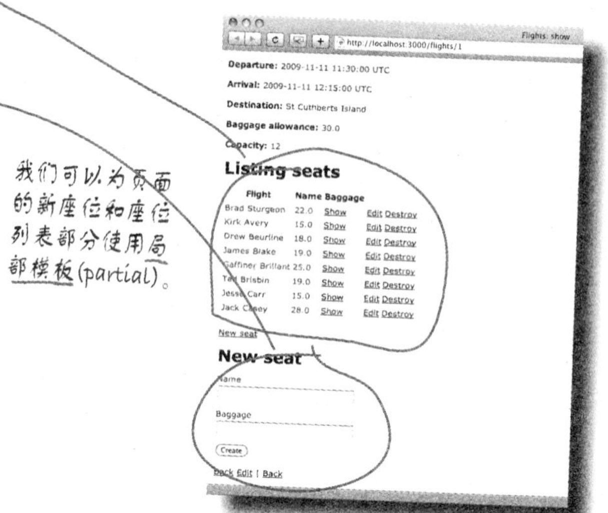

我们怎样才能把一个页面的内容分解到几个文件里呢?

如果我们能够把一个页面分解到多个文件中,这样就可以让代码变得更容易管理了。但是我们怎样实现呢?

Rails允许我们把页面的各个片段存储到被称为**局部网页模板**(partial page template),或者更简单一些,**局部模板**(partial)的单独文件中。局部模板就像是一个输出一小部分页面的子例程。在我们的例子中,我们可以使用两个局部模板:一个是座位列表,而另外一个用来添加新的座位预订信息。

局部模板就是一些嵌入式Ruby文件,就像模板(template)。唯一的不同是局部模板使用以下划线(_)开始的名字。

放大ERb文件

我们现在有了三种嵌入式Ruby（ERb）文件：**模板**、**布局**和**局部模板**。但是它们之间有哪些不同，以及每一种ERb又是如何被使用在其他类型里的呢？

你可以像使用一堆原料制作一个汉堡那样来使用ERb文件组成一个网页。

布局（layout）

布局为一系列网页设定了统一的外观，大多数会提供出现在每个页面顶部和底部的标准HTML元素，就像包裹汉堡的小圆面包。默认情况下，关联了指定控制器的所有页面将共享同一个布局。

模板（template）

模板是网页的主要内容，就像汉堡中的填充食物。模板与动作相关联。所以我们有一个模板来显示航班详细信息，而另一个模板用于“New flight(新航班)”表单。

局部模板（partial）

一个模板会调用多个不同的**局部模板**来建立页面的主要内容。局部模板就像汉堡的单个原料，比如西红柿或者生菜。局部模板允许你把一个复杂模板分解为多个更小的部分。它也允许你把公共的内容分离出来，比如菜单和导航栏。局部模板可以被模板使用，它也可以被布局直接使用。

我是谁？

一大群穿戴着全套戏服的ERb文件正在玩“我是谁？”的派对游戏。它们将给你一个线索——你将尝试根据它们所说的来猜出它们是谁。假定它们所说的都是真的。请在右边的空白处填写出这些出席者。

今晚的出席者：

迄今为止任何一位你见过的迷人的ERb文件类型都可能出现！

ERb文件类型

我包含导航菜单。 ______________

我包含出现在浏览器窗口上的标题。 ______________

如果有人想创建一个新对象，我就显示一个表单。 ______________

我显示联系邮件地址和版权信息。 ______________

我将标准外观的导航栏赋予一组页面。 ______________

我是谁？

一大群穿戴着全套戏服的ERb文件正在玩“我是谁？”的派对游戏。它们将给你一个线索——你将尝试根据它们所说的来猜出它们是谁。假定它们所说的都是真的。请在右边的空白处填写出这些出席者。

今晚的出席者：

迄今为止任何一位你见过的迷人的ERb文件类型都可能出现！

	ERb文件类型
我包含导航菜单。（这是可以被用在几个地方的页面片段。）	局部模板
我包含出现在浏览器窗口上的标题。（整个HTML <title/>部分将由布局来处理。）	布局
如果有人想创建一个新对象，我就显示一个表单。（模板被用在不同的动作里，比如“new”。）	模板
我显示联系邮件地址和版权信息。（这是一个局部模板，因为它是页面的一部分，但也也可以被布局来调用。）	局部模板
我将标准外观的导航栏赋予一组页面。（布局控制多个页面的外观，虽然它可能需要通过另一个局部模板来调用导航栏。）	布局

ERb将组织我们的页面

我们需要为预订表单和座位列表创建局部模板，然后嵌入式Ruby将会处理航班页面并且在每次执行render表达式时调用相应的局部模板。

这就实现了关注点分离：我们有不同的组件来分别处理预订和座位信息，而这些组件可以在需要的时候为用户组合起来。

任务列表

- [ ] 创建一个预订表单局部模板
- [ ] 把预订表单添加到页面中
- [ ] 创建一个座位列表局部模板
- [ ] 把座位列表添加到页面中

ERb将根据模板show.html.erb、预订表单局部模板和座位列表局部模板来组织我们的航班页面。

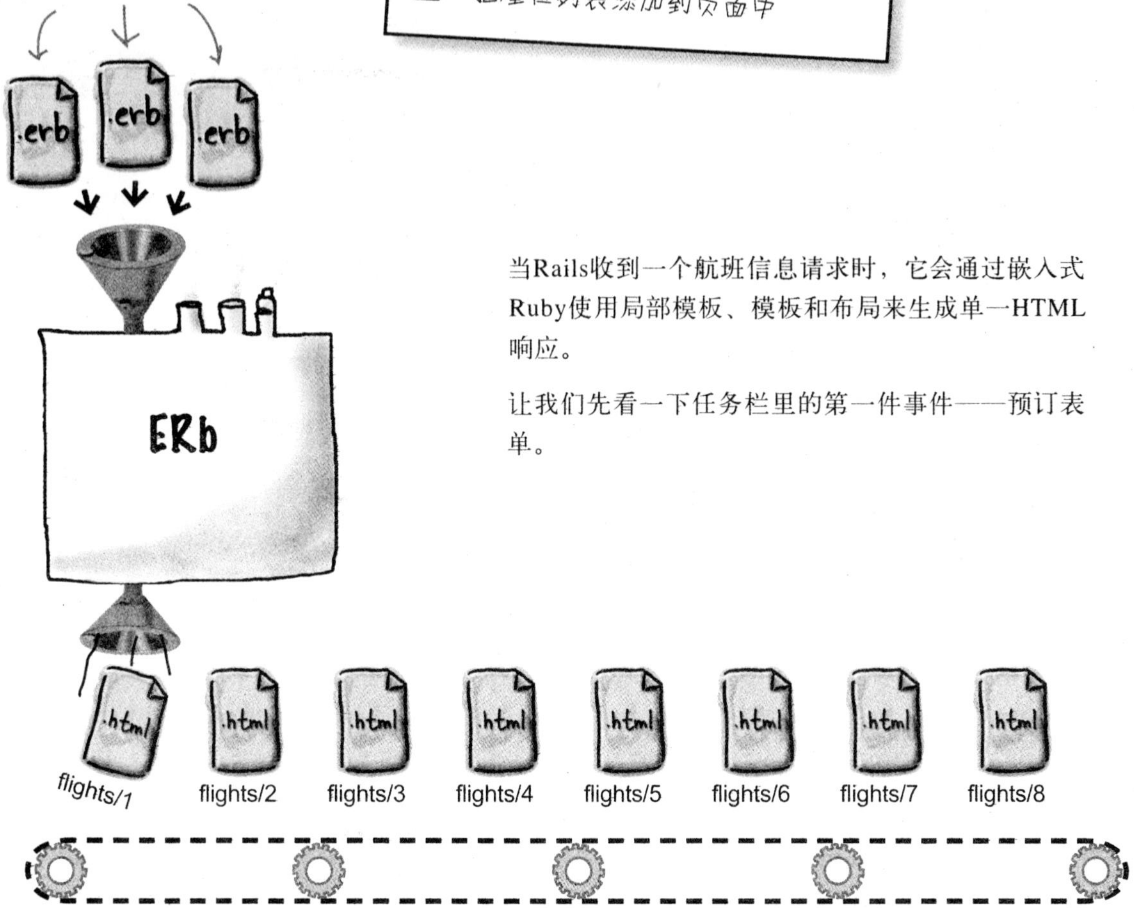

当Rails收到一个航班信息请求时，它会通过嵌入式Ruby使用局部模板、模板和布局来生成单一HTML响应。

让我们先看一下任务栏里的第一件事件——预订表单。

我们如何创建预订表单局部模板？

局部模板只是另外一种ERb文件而已，所以它们包含着与模板**相同的标签类型**。下面是我们的_ new _ seat.html.erb局部模板的内容。它包含了与新座位页面一模一样的代码，这也就意味着我们需要做的就是拷贝app/views/seats/new.html.erb，然后把它另存为app/views/seats/ _ new.html.erb。

```
<h1>New seat</h1>
<% form_for(@seat) do |f| %>
  <%= f.error_messages %>
  <p>
    <%= f.label :flight_id %><br />
    <%= f.text_field :flight_id %>
  </p>
  <p>
    <%= f.label :name %><br />
    <%= f.text_field :name %>
  </p>
  <p>
    <%= f.label :baggage %><br />
    <%= f.text_field :baggage %>
  </p>
  <p>
    <%= f.submit "Create" %>
  </p>
<% end %>
<%= link_to 'Back', seats_path %>
```

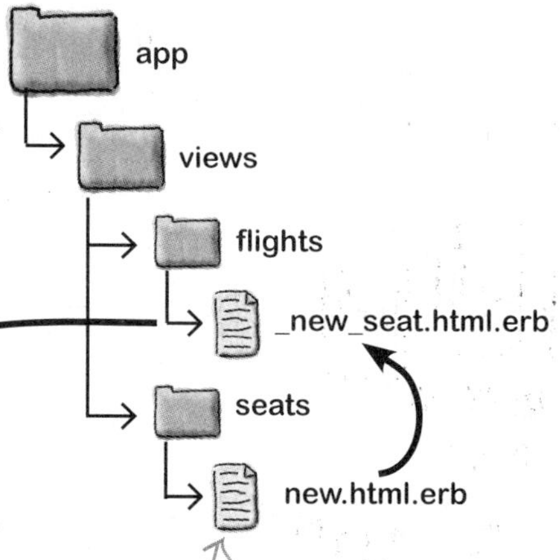

通过拷贝app/views/seats/new.html.erb并另存为app/views/flights/_new_seat.html.erb来创建局部模板。前缀_使它成为一个局部模板。

我们需要去掉指向所有座位列表的链接。我们不需要它。

我们可能已经把局部模板留在了“seats”文件夹中，但是我们要把它移到“flights”文件夹，这样更易于调用。另一件重要的事件是局部模板以字符_开始。Rails通过字符_来区分页面模板和局部模板。

现在我们需要在模板中包含局部模板

创建局部模板仅仅完成了一半的工作。我们现在需要修改航班的show.html.erb页面模板来把局部模板**包含**在它的输出里。局部模板与模板一样，仅仅只是一段伪装成HTML样子的Ruby代码。就像Ruby代码可以调用其他代码一样，模板也可以很方便地调用局部模板。

那么你如何调用一个局部模板呢？通过添加一个`render`命令到航班页面中：

```
<p>
  <b>Departure:</b>
  <%=h @flight.departure %>
</p>
<p>
  <b>Arrival:</b>
  <%=h @flight.arrival %>
</p>
<p>
  <b>Destination:</b>
  <%=h @flight.destination %>
</p>
<p>
  <b>Baggage allowance:</b>
  <%=h @flight.baggage_allowance %>
</p>
<p>
  <b>Capacity:</b>
  <%=h @flight.capacity %>
</p>
<%= render :partial=>"new_seat" %>
<%= link_to 'Edit', edit_flight_path(@flight) %> |
<%= link_to 'Back', flights_path %>
```

"new_seat"指向_new_seat.html.erb局部模板

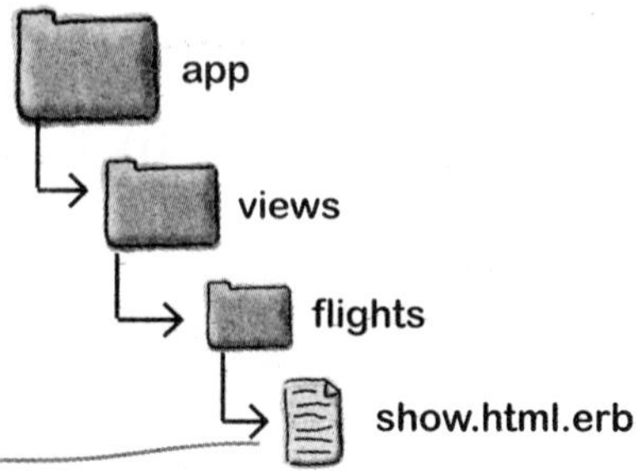

注意！

你不应该在render调用中使用实际文件名。

即使局部模板以_开始且以.html.erb结束，但当你以render来调用局部模板时，这两者都必须省略。

render调用让嵌入式Ruby处理相应的局部模板并把它的输出添加到文件的这个位置。

局部模板现在应该出现在航班页面中了。

试驾

让我们看看show.html.erb航班页面并检查预订表单是否正确显示。如果我们输入一些航班信息到这个系统里然后通过这个URL来看一下第一个航班：

```
http://localhost:3000/flights/1
```

我们看到如下的输出：

这是show.html.erb航班页面生成的输出。

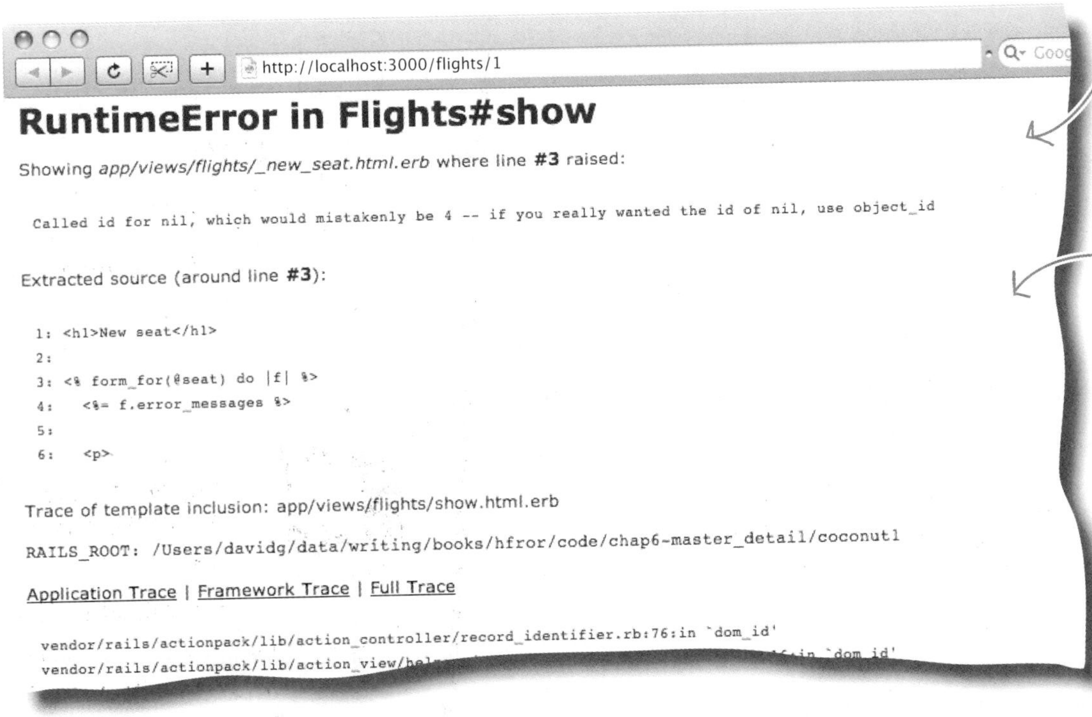

这儿发生了什么？

一个奇怪的错误发生了。在我们插入局部模板之前，航班页面还一切正常，那么问题出在哪儿呢？

动动脑

请查看“试驾”部分里生成的错误和局部模板中的代码，你能够找出导致错误的原因吗？

```
<h1>New seat</h1>
<% form_for(@seat) do |f| %>
  <%= f.error_messages %>
  <p>
    <%= f.label :flight_id %><br />
    <%= f.text_field :flight_id %>
  </p>
  <p>
    <%= f.label :name %><br />
    <%= f.text_field :name %>
  </p>
  <p>
    <%= f.label :baggage %><br />
    <%= f.text_field :baggage %>
  </p>
  <p>
    <%= f.submit "Create" %>
  </p>
<% end %>
```

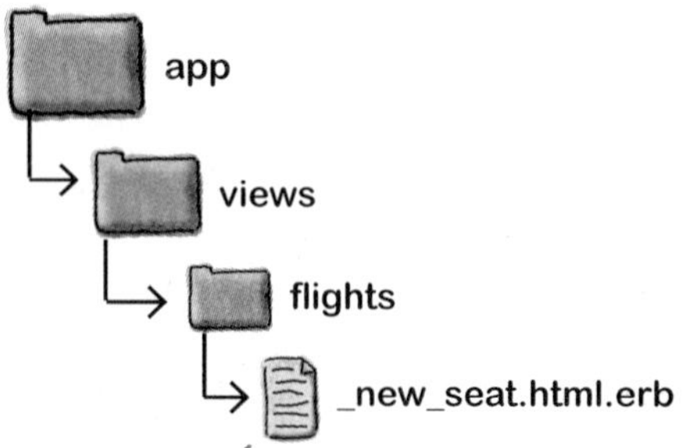

我们需要给局部模板一个seat变量！

问题出在ERb代码包含了一个对@seat变量的引用。为什么这是一个问题呢？

```
<h1>New seat</h1>
<% form_for(@seat) do |f| %>
```

问题出在对这个@seat变量的引用。

这个文件过去是与SeatsController相关联的页面模板。SeatsController这样初始化@seat实例变量：

```
@seat = Seat.new
```

但是现在这个文件变成了一个将被FlightsController使用的局部模板，而这个控制器并没有@seat实例变量。所以我们需要把@seat改成一个名为seat的局部变量：

我们使用局部变量seat，而不是@seat变量。

```
<h1>New seat</h1>
<% form_for(seat) do |f| %>
  <%= f.error_messages %>
  <p>
    <%= f.label :flight_id %><br />
    <%= f.text_field :flight_id %>
  </p>
  <p>
    <%= f.label :name %><br />
    <%= f.text_field :name %>
  </p>
  <p>
    <%= f.label :baggage %><br />
    <%= f.text_field :baggage %>
  </p>
  <p>
    <%= f.submit "Create" %>
  </p>
<% end %>
```

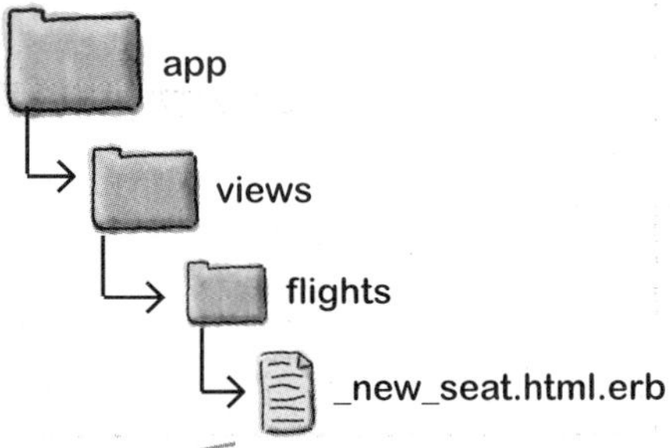

seat被称为**局部变量**是因为在这个局部模板之外没有谁会读取或者改写它。但是如果需要在外部访问，我们该如何为局部模板的seat变量传递值呢？

你可以把局部变量传递给局部模板

局部模板和模板很大程度上就像Ruby的方法或者函数。当一个模板渲染(render)一个局部模板时，它有一点像一个函数调用另一个函数。

由于局部模板就像函数，你可以像下面这样传递参数：

这儿是赋予局部变量seat的值。

```
<%= render :partial=>"new_seat", :locals=>{:seat=>____________} %>
```

这会调用_new_seat.html.erb局部变量。

这是我们传递给局部模板的局部变量的哈希。

这是在哈希里用来设置seat变量值的一个单一局部变量成员。

render方法能够接受一个名为`locals`的哈希。在哈希里，你可以包含一组通过变量名来索引的值。如同Rails的其他地方那样，名字使用与**符号**(symbol)一样的表达方式。

但是我们应该给`seat`赋予什么值呢？让我们看一下原先SeatsController所使用的值：

```
def new
  @seat = Seat.new
```

由于表单会被用来初始化seat，所以我们只需要给表单传递一个新创建的`seat`对象：

这需要替换成对app/views/flights/show.html.erb中局部模板的调用。

```
<%= render :partial=>"new_seat", :locals=>{:seat=>Seat.new} %>
```

那么这样是否就解决了航班页面的问题呢？

没有蠢问题

问： 局部模板只能使用局部变量吗？

答： 不是。局部模板能够看到所有页面模板能看到的实例变量（以@开始的变量）。但是推荐在局部模板中使用局部变量。

问： 为什么？

答： 这可以让局部模板更少依赖于其他代码。页面模板密切依赖于控制器，所以对它们来说，看到控制器的所有实例变量没有什么问题。但是局部模板与控制器并没有那样紧密的关联性。很多应用程序使用共享的局部模板，那些局部模板被多个控制器所使用。如果局部模板仅仅使用局部变量，你就会发现它们更容易管理。

试驾

当seat对象被正确初始化之后，上一次的错误应该可以避免了。让我们刷新航班页面：

这次表单被正确渲染了。我们得到了一个局部的seat变量，所以没有问题了。

任务列表

- [x] 创建一个预订表单局部模板
- [x] 把预订表单添加到页面中
- [ ] 创建一个座位列表局部模板
- [ ] 把座位列表添加到页面中

我弄不明白了。我现在位于3号航班的页面上，但我不得不把航班号填到表单里。我觉得系统应该知道我所要的航班号——它就在这个页面上！

我们可以把航班id号传递给预订表单局部模板。

但是表单应该如何使用这个id呢？表单怎样才能提供为域提供一个默认值，而**无需**询问用户？

看起来我们并没有完成这一步——还有一些事件要做……

任务列表

- [x] 创建一个预订表单局部模板
- [ ] 把预订表单添加到页面中
- [ ] 创建一个座位列表局部模板
- [ ] 把座位列表添加到页面中

磨笔上阵

你可以在创建Seat对象时指定航班号。在`flights/show.html.erb`文件中添加你所需的代码：

```
<%= render :partial=>"new_seat", :locals=>{:seat=>Seat.new(.....................................)} %>
```

磨笔上阵 解答

你可以在创建Seat对象时指定航班号。在flights/show.html.erb文件中添加你所需的代码：

```
<%= render :partial=>"new_seat", :locals=>{:seat=>Seat.new( :flight_id=>@flight.id )} %>
```

这是一个带有点号“.”的航班id。

这段代码来自于app/views/flights/show.html.erb。

这是一个带有下划线“_”的航班id。

我们可以传入哈希值来设置模型对象的初始值。

```
<p>
  <b>Departure:</b>
  <%=h @flight.departure %>
</p>

<p>
  <b>Arrival:</b>
  <%=h @flight.arrival %>
</p>

<p>
  <b>Destination:</b>
  <%=h @flight.destination %>
</p>

<p>
  <b>Baggage allowance:</b>
  <%=h @flight.baggage_allowance %>
</p>

<p>
  <b>Capacity:</b>
  <%=h @flight.capacity %>
</p>

<%= render :partial=>"new_seat", :locals=>{:seat=>Seat.new(:flight_id=>@flight.id)} %>

<%= link_to 'Edit', edit_flight_path(@flight) %> |
<%= link_to 'Back', flights_path %>
```

你的show.html.erb页面模板现在看起来应该像这个样子：

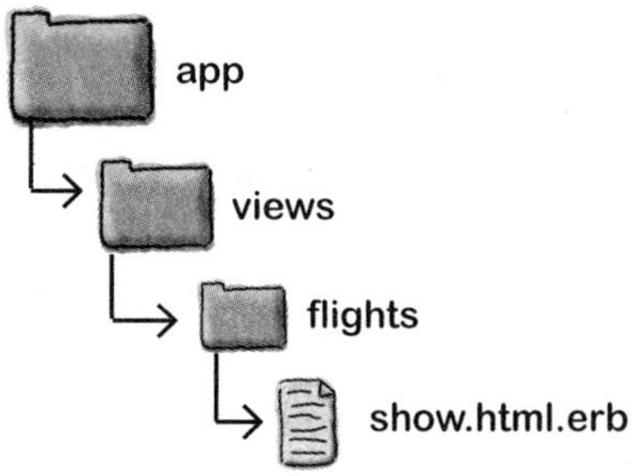

代码池谜题

用户不应该需要输入航班号，所以我们需要通过一个隐藏域来存储航班号。你能够组织下面的代码片段来实现吗？

我们要把老的flight_id域拿走。

```
<h1>New seat</h1>
<% form_for(seat) do |f| %>
  <%= f.error_messages %>
  ..........................................................
  <p>
    <%= f.label :name %><br />
    <%= f.text_field :name %>
  </p>
  <p>
    <%= f.label :baggage %><br />
    <%= f.text_field :baggage %>
  </p>
  <p>
    <%= f.submit "Create" %>
  </p>
<% end %>
```

隐藏域的代码需要出现在这儿。

这是app/views/flights/_new_seat.html.erb。

注意：代码池里的每个代码片段只能使用一次——而且你并不需要都用上！

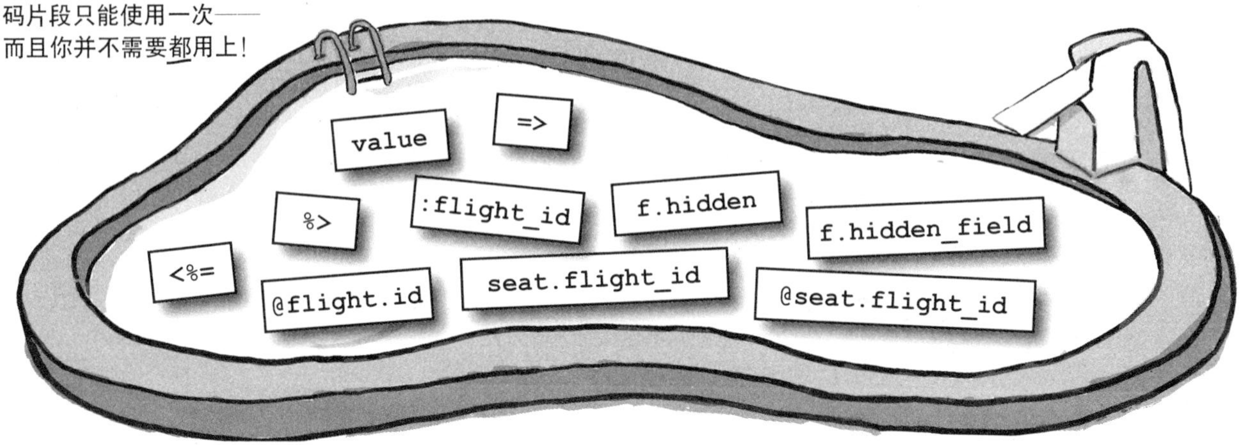

代码池谜题解答

用户不应该需要输入航班号，所以我们需要通过一个隐藏域来存储航班号。你能够组织下面的代码片段来实现吗？

```
<h1>New seat</h1>
<% form_for(seat) do |f| %>
  <%= f.error_messages %>
  <%= f.hidden_field :flight_id %>
  <p>
    <%= f.label :name %><br />
    <%= f.text_field :name %>
  </p>
  <p>
    <%= f.label :baggage %><br />
    <%= f.text_field :baggage %>
  </p>
  <p>
    <%= f.submit "Create" %>
  </p>
<% end %>
```

seat对象已经有航班id了，所以我们不需要给它传值。

限制域总是以“_field”结束。

这是app/views/flights/_new_seat.html.erb。

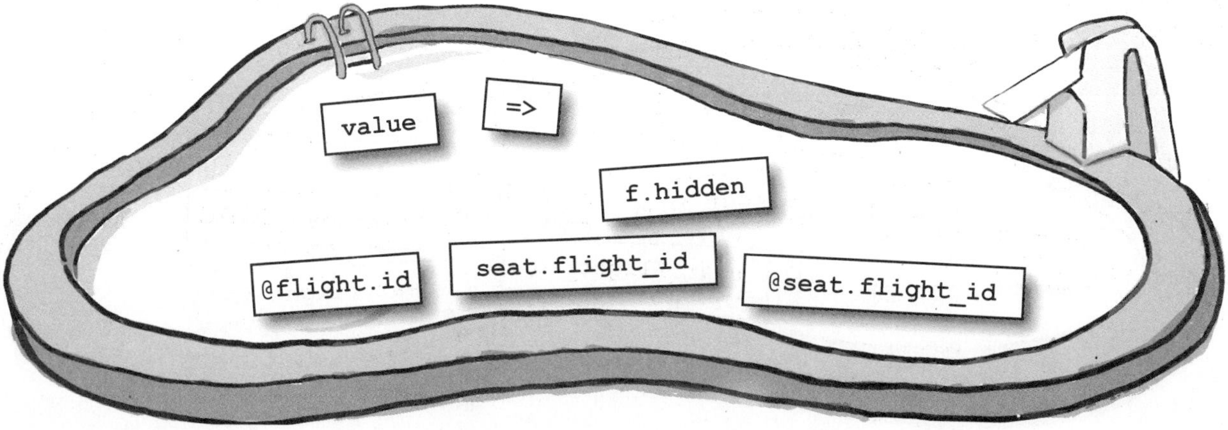

试驾

现在当我们来到航班页面时，航班号域已经从表单上消失……正如同我们希望的那样。

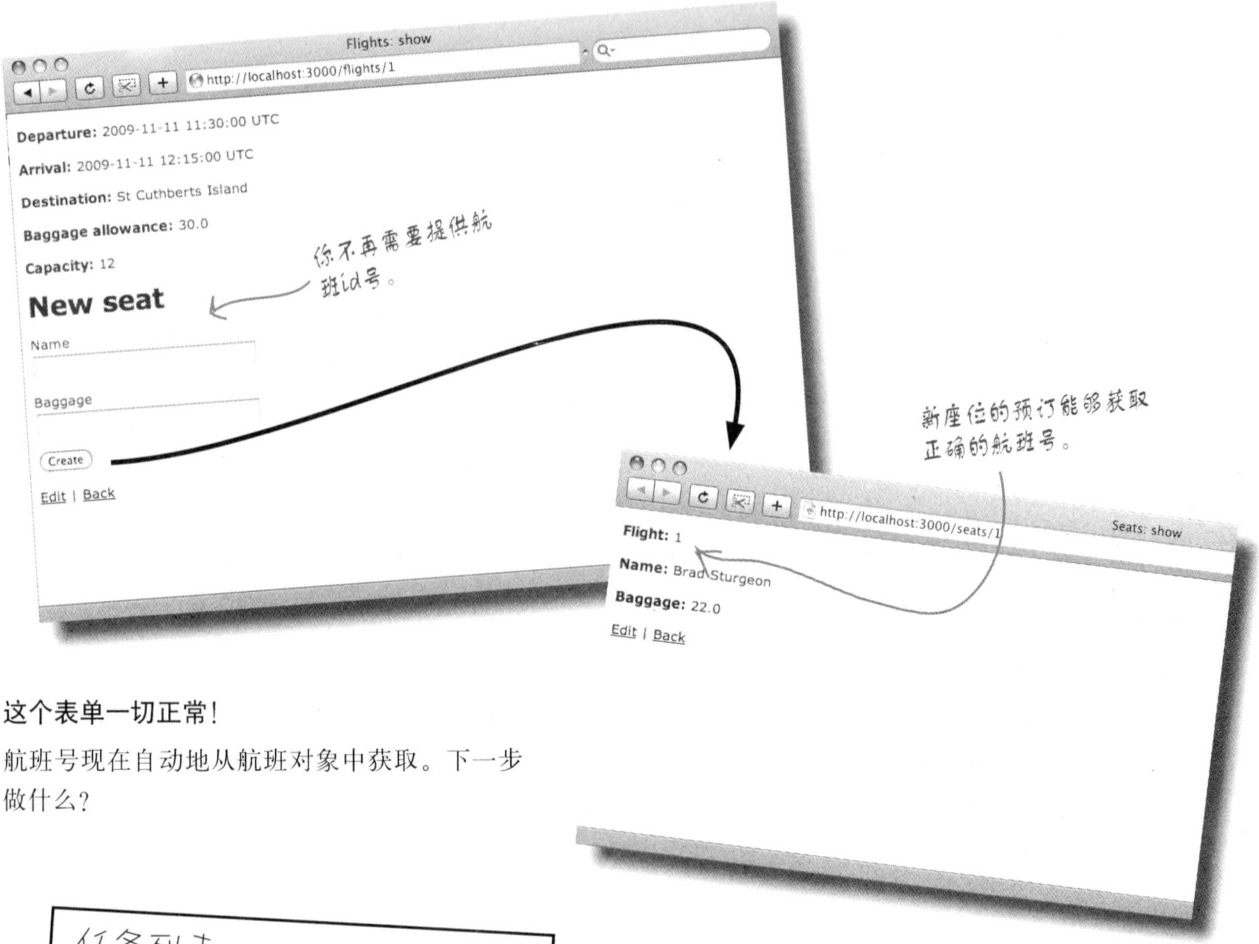

这个表单一切正常！

航班号现在自动地从航班对象中获取。下一步做什么？

任务列表

- [x] 创建一个预订表单局部模板
- [x] 把预订表单添加到页面中
- [ ] 创建一个座位列表局部模板
- [ ] 把座位列表添加到页面中

下面我们需要创建一个座位列表局部模板。

我们还需要为座位列表做一个局部模板

我们可以使用与我们转化预订表单差不多的方式来转化座位“index”列表——拷贝原来的座位模板文件到一个局部模板文件中。我们把这个新局部模板命名为_ seat _ list.html.erb：

这是文件的底部——之上是数据表单台头和标题。

```
<% for seat in @seats %>
  <tr>
    <td><%=h seat.flight_id %></td>
    <td><%=h seat.name %></td>
    <td><%=h seat.baggage %></td>
    <td><%= link_to 'Show', seat %></td>
    <td><%= link_to 'Edit', edit_seat_path(seat) %></td>
    <td><%= link_to 'Destroy', seat, :confirm => 'Are
              you sure?', :method => :delete %></td>
  </tr>
<% end %>
<%= link_to 'New seat', new_seat_path %>
```

你需要把@seats实例变量重命名为seats。

你不需要显示航班id，因为它就在航班页面里。

去掉指向“New seat”页面的链接，因为我们不需要它。

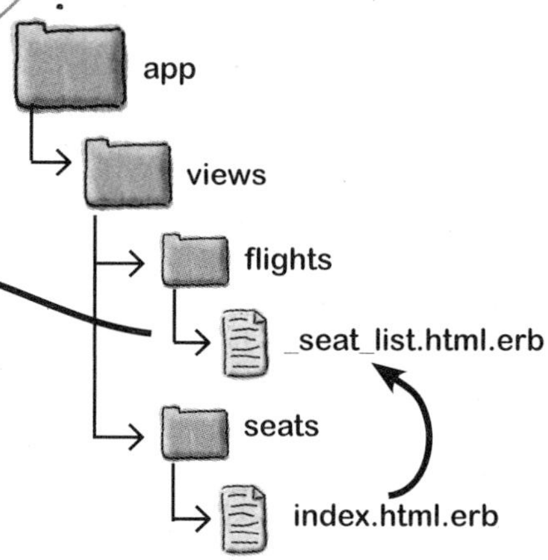

拷贝/seats/index.html.erb并另存为/flights/_seat_list.html.erb来创建局部模板。

但是座位列表局部模板需要一个座位数组

座位的“index”页面显示了一个名为@seats的SeatsController实例变量的内容。SeatsController是在index.html.erb被显示之前创建了这个实例变量。但现在会怎样呢？我们把index.html.erb模板拷贝到了一个在运行FlightsController之后才显示的局部模板……所以我们就没有了这样一个包含座位数组的@seats实例变量。

这就意味着我们需要为新的_ seat _ list.html.erb局部模板提供一个座位数组。那么我们应该为这个座位数组提供什么样的数据呢？下面是SeatsController初始化@seats的过程：

```
def index
  @seats = Seat.find(:all)
```

现在，让我们按照类似的方法来调用座位列表，然后看看它是如何运作的：

我们把这个调用添加到app/views/flights/show.html.erb。

我们把这个作为座位数组的值来传递。

```
<%= render :partial=>"seat_list", :locals=>{:seats=>Seat.find(:all)} %>
```

这会运作吗？让我们看看……

试驾

完成所有的修改，添加新的局部模板，然后检验一下这个应用。

现在所有需要的页面内容都出现了。

这个部分由_seat_list.html.erb局部模板生成。

这个部分由_new_seat.html.erb局部模板生成。

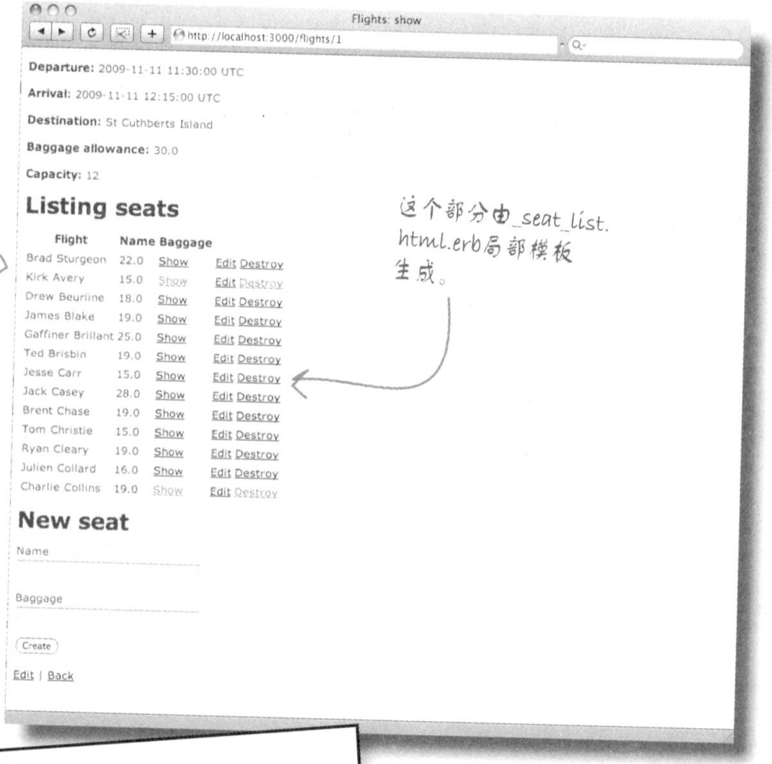

任务列表

- [x] 创建一个预订表单局部模板
- [x] 把预订表单添加到页面中
- [x] 创建一个座位列表局部模板
- [x] 把座位列表添加到页面中

这个表单看起来一切正常，**让我们看看用户是怎么想的。**

人们最终登上了错误的航班

每个人都觉得这个系统看起来不错，所以这个系统就正式运行了。不幸的是，没过多久就有人报告错误了……

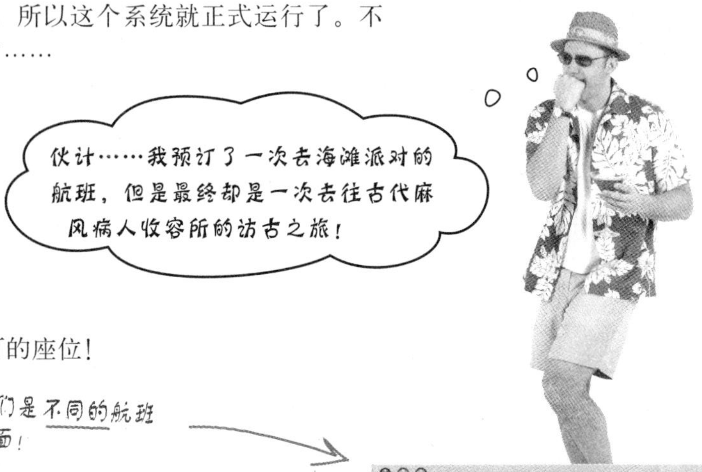

究竟发生了什么？

航班页面显示了**所有**航班的**所有**预订的座位！

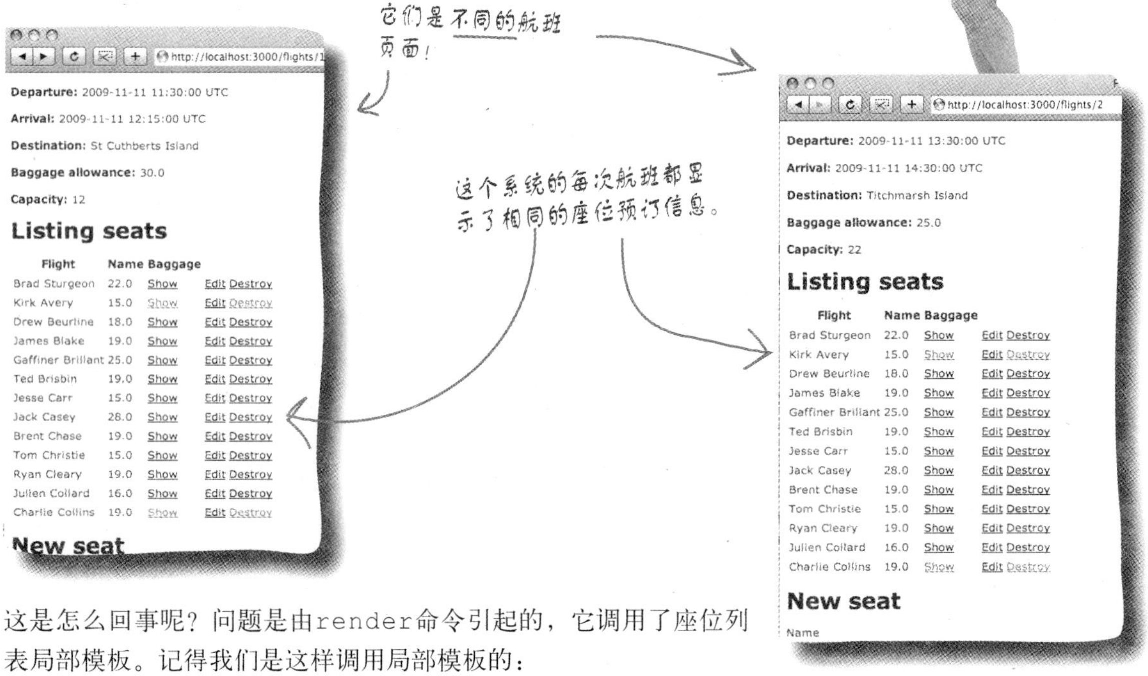

这是怎么回事呢？问题是由render命令引起的，它调用了座位列表局部模板。记得我们是这样调用局部模板的：

```
<%= render :partial=>"seat_list",
        :locals=>{:seats=>Seat.find(:all)} %>
```

这会显示数据库里的所有座位列表。当座位列表处在为座位数据设计的index页面时没有问题……但是现在我们是根据航班来显示数据，我们需要限制显示的座位使得只有属于当前航班的座位才可以被显示。

我们可以只修改查询器……但是更好的方法是创建**关系**(relationship)。

关系把不同模型连接起来

你经常会发现特定模型对象常常被一起使用，就像航班和座位预订那样。你需要使用一种类型的数据，比如航班号，来在另一种类型中查找相关对象，就像航班中预订的座位。

你可以只使用查询器来读取相关对象。比如，如果你有一个名为@flight的航班对象，你可以这样找到相关的座位对象：

返回座位对象数组。

```
Seat.find_all_by_flight_id(@flight.id)
```

但实际上通过**关系**来**连接**两个模型会更简单。

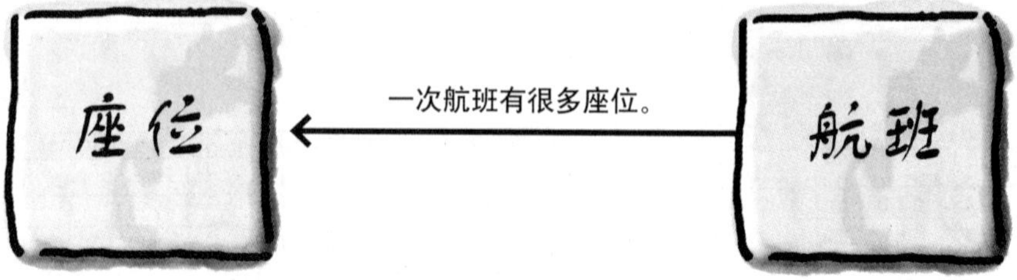

它们在模型层就连接起来了，你就用不着编写任何代码来处理这种关系。

关系使得某种类型的对象成为另一种类型的属性。比如，如果我们在航班模型上创建一个关系，让它连接到座位模型，我们就可以如下引用一次航班所关联的座位：

```
@flight.seats
```

它可以返回与前面查询器一样的结果，但是定义两个模型之间的关系能够简化你的代码并减少你为每个模型定义查询器时可能出现的差错。它也让你的代码更容易阅读。

听起来不错，那我们如何让关系运作呢？

放大关系

关系将通过匹配seat.flight _ id和flight.id字段中的数据来把座位和航班表中的数据连接起来：

在Rails里名字很重要。

seat.flight_id 匹配flight.id

id	departure	arrival	destination	baggage_allowa...	capacity	created_at	updated_at
1	2009-11-11 11:...	2009-11-11 12:...	St Cuthberts I...	30	12	2008-11-11 11:...	2008-11-11 11:...
2	2009-11-11 13:...	2009-11-11 14:...	Titchmarsh Isl...	25	22	2008-11-11 12:...	2008-11-11 12:...
3	2009-11-11 08:...	2009-11-11 09:...	St Augustine L...	8	4	2008-11-11 12:...	2008-11-11 12:...

id	flight_id	name	baggage	created_at	updated_at
1	1	Brad Sturgeon	22	2008-11-11 11:...	2008-11-11 11:...
2	1	Kirk Avery	15	2008-11-11 12:...	2008-11-11 12:...
3	1	Drew Beurline	18	2008-11-11 12:...	2008-11-11 12:...
4	1	James Blake	19	2008-11-11 12:...	2008-11-11 12:...
5	1	Gaffiner Brill...	25	2008-11-11 12:...	2008-11-11 12:...
6	1	Ted Brisbin	19	2008-11-11 12:...	2008-11-11 12:...
7	1	Jesse Carr	15	2008-11-11 12:...	2008-11-11 12:...
8	1	Jack Casey	28	2008-11-11 12:...	2008-11-11 12:...
9	2	Brent Chase	19	2008-11-11 12:...	2008-11-11 12:...
10	2	Tom Christie	15	2008-11-11 12:...	2008-11-11 12:...
11	2	Ryan Cleary	19	2008-11-11 12:...	2008-11-11 12:...
12	2	Julien Collard	16	2008-11-11 12:...	2008-11-11 12:...
13	2	Charlie Collins	19	2008-11-11 12:...	2008-11-11 12:...

为了让关系能够运作，座位表中的域**必须**被命名为**flight_id**，而且这个域**必须**为整型。

这是因为航班表中被匹配的航班号域需要与这个域相连接。

有效的关系意味着当Rails看到如下代码时：

```
@flights.seats
```

这看起来像是个属性，但是它实际上是两个表之间的关系。

它会将其转译成下面的代码：

```
Seat.find_all_by_flight_id(@flight.id)
```

但我们如何定义关系呢？

我们将给予Flight模型一个名为seats的额外属性，所以我们需要在Flight模型代码里定义这个关系：

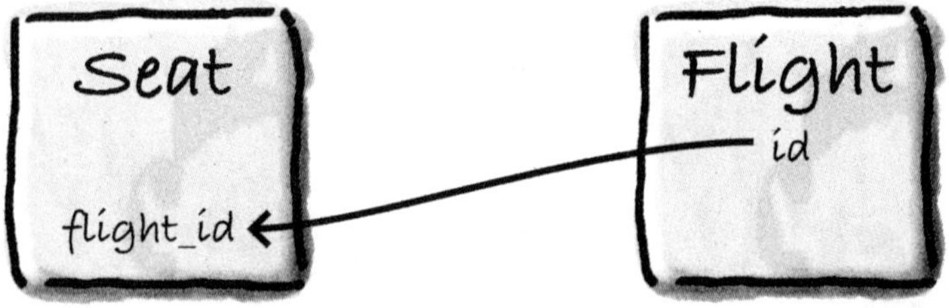

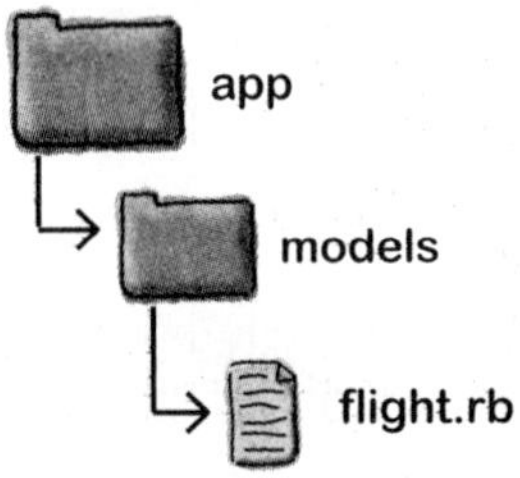


```
class Flight < ActiveRecord::Base
  has_many :seats
end
```

这就是关联。一次航班有多个座位。

has_many命令接受关系模型的名称，另外，由于它将被用来查找相关的座位数组，所以模型名称是复数。这样，has_many的参数是:seats**而不是**:seat（后者没有最后的“s”）。一旦关系生效，你就可以如下使用你的新属性：

```
@flight.seats
```

seats属性返回一个与航班相关联的seat对象数组。

这就是seats属性，它实际上是用于匹配座位的finder的结果。

磨笔上阵

重写app/views/flights/show.html.erb模板中的这一行来使用你的新关系：

```
<%= render :partial=>"seat_list", :locals=>{:seats=> ........................................} %>
```

磨笔上阵解答

重写app/views/flights/show.html.erb模板中的这一行来使用你的新关系：

```
<%= render :partial=>"seat_list", :locals=>{:seats=> @flight.seats } %>
```

试驾

完成所有的修改，然后重新载入这个页面！航班页面现在仅仅显示分配给指定航班的座位。所以，当我们查看航班号为1和3的页面时，它们拥有不同的座位列表：

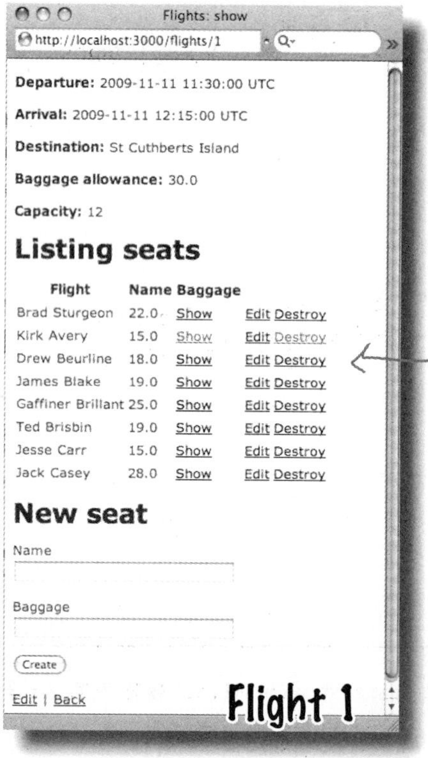

不同的航班现在有不同的座位。

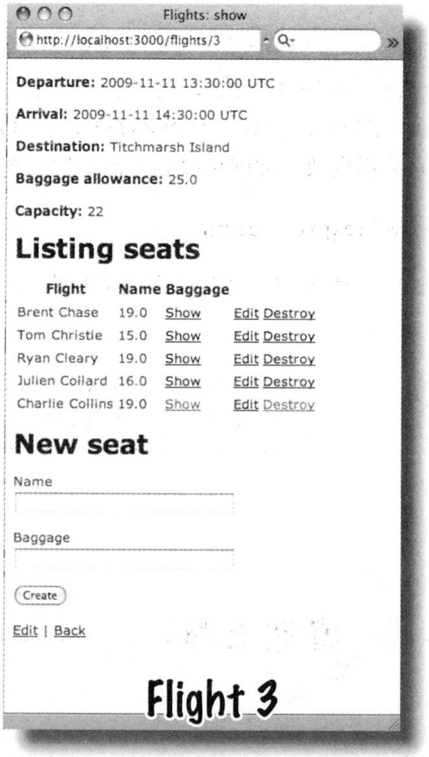

但有些人有太多的行李

现在航班上的行李出现了问题。到达机场的有些人带了太多的行李——超出了他们的航班允许的重量。航班数据记录了最大行李重量限额，但很多乘客都不高兴，因为他们在预订座位时已经告诉航空公司他们会携带多少行李，但系统没有给出任何提示。这个系统需要适当地修改来防止人们在预订座位时输入过重的行李量……在他们还没有获得预订好的座位之前。

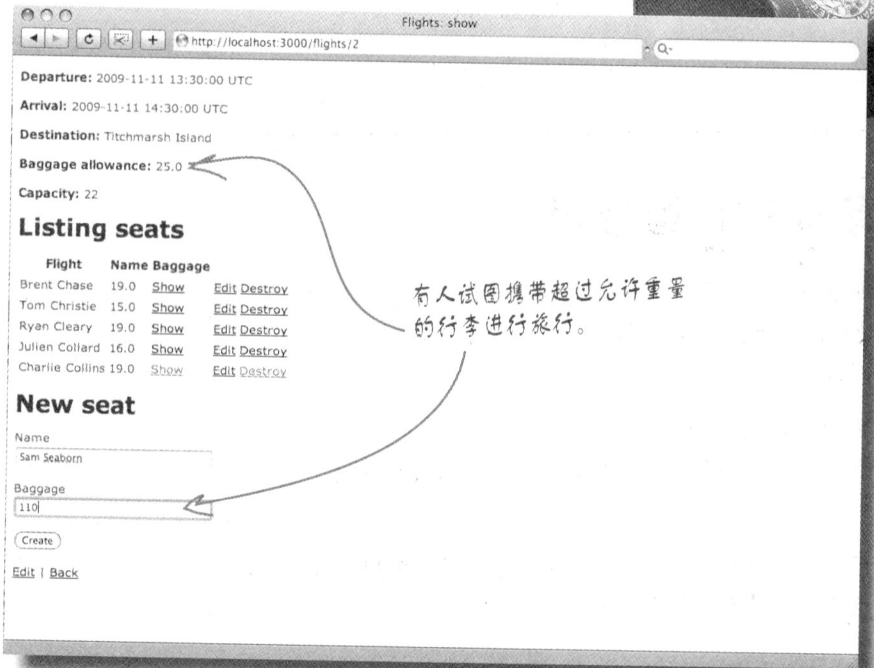

有人试图携带超过允许重量的行李进行旅行。

磨笔上阵

在Rails中，我们通过验证器（validator）来检查数据。你认为下面哪个验证器应该被用来阻止乘客携带过多行李？

- ☐ 没有。我们需要自行编写。
- ☐ validates_length_of
- ☐ validates_format_of
- ☐ validates_uniqueness_of
- ☐ validates_inclusion_of

磨笔上阵解答

在Rails中，我们通过验证器（validator）来检查数据。你认为下面哪个验证器应该被用来阻止乘客携带过多行李？

- [x] 没有。我们需要自行编写。
- [ ] validates_length_of
- [ ] validates_format_of
- [ ] validates_uniqueness_of
- [ ] validates_inclusion_of

我们需要编写自己的验证器

Rails提供了一组内置的验证器，它们能够执行很多简单的测试，比如数据是否输入或者数据是否使用了正确的格式。但是有时你需要使用一些基本验证器无法实现的检查功能。

在行李的例子里，Rails并没有提供validates_too_much_baggage这样的验证器，也不存在最大值验证器。所以我们需要编写出我们自己的验证器。

如果你在Seat代码中创建一个名为validate的方法，这个方法**总是**在数据被保存或者更新到数据库之前被模型对象调用：

这儿是另一个表明Rails里的命名很重要的例子。通过使用特定名字——validate，Rails就知道你的方法要做什么。

```
class Seat < ActiveRecord::Base
  def validate
    if name == flight_id
      errors.add_to_base("Your name is the same as your flight number")
    end
  end
end
```

errors.add_to_base(...)命令把一条消息插入到错误列表中。如果有一条错误消息被创建，保存或者更新操作就会被终止，而用户就会回到表单来修正错误。

编写一个自定义验证器来核实航班预订的行李重量小于航班的限定重量。

编写一个自定义验证器来核实航班预订的行李重量小于航班的限定重量。

```
class Seat < ActiveRecord::Base
  def validate
    if baggage > Flight.find(flight_id).baggage_allowance
      errors.add_to_base( "You have too much baggage")
    end
  end
end
```

从航班对象中找出行李限重。你可以通过查询器和航班号读取航班对象。

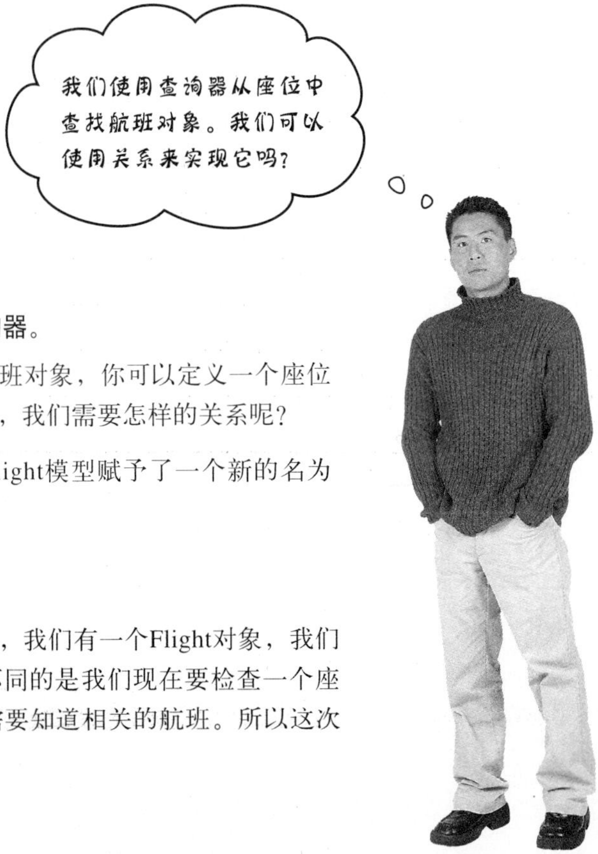

推荐使用关系而不是手工的查询器。

无需使用查询器来查找相关的航班对象，你可以定义一个座位和航班之间的关系。但问题在于，我们需要怎样的关系呢？

之前创建关系的时候，我们为Flight模型赋予了一个新的名为`seats`的属性：

```
@flight.seats
```

但我们这次应该怎么做呢？之前，我们有一个Flight对象，我们希望知道相关的座位是什么。不同的是我们现在要检查一个座位对象，而为了实现这点我们需要知道相关的航班。所以这次我们需要怎样的关系呢？

我们需要反转关系

这次我们需要一个是上次的**相反方向**的关系。给定一个特定的座位对象，我们需要获得相关的航班：

我们需要在座位上有如下的属性：

```
@seat.flight
```

这次，我们将从Seat到Flight……而且我们只要一条记录，给定座位所相关的航班。

我们需要知道某个座位属于哪个航班。每个座位应该仅有一个航班。你认为应该怎样编写代码呢？

Rails代码冰箱磁铁

为了从一个座位对象中获得相关的航班，你需要为模型添加代码。但是应该给哪个模型添加哪些代码呢？请使用下面的代码冰箱磁铁来填空。

关系将被定义在 .... 模型上，它的命令如下：

....

上面使用了关系的模型中的if条件如下：

if ....

flight　belongs_to　:seat　baggage_allowance　connects_with

Flight　has_many　look_for　:flights　:seats

Seat　>　.　:flight　seat　baggage　<

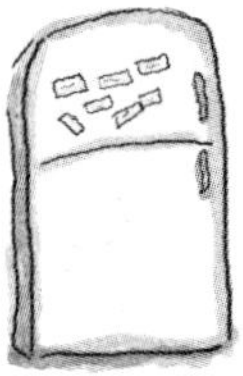

Rails代码冰箱磁铁解答

为了从一个座位对象中获得相关的航班，你需要为模型添加代码。但是应该给哪个模型添加哪些代码呢？请使用下面的代码冰箱磁铁来填空。

关系将被定义在 **Seat** 模型上，它的命令如下：

belongs_to **:flight**

上面使用了关系的模型中的if条件如下：

if **baggage** **>** **flight** **.** **baggage_allowance**

Flight　has_many　:seat　seat　look_for　<　:flights　connects_with　:seats

---

现在Seat模型看起来是什么样子？

让我们完成针对Seat模型的修改：

```
class Seat < ActiveRecord::Base
  belongs_to :flight
  def validate
    if baggage > flight.baggage_allowance
      errors.add_to_base("You have too much baggage")
    end
  end
end
```

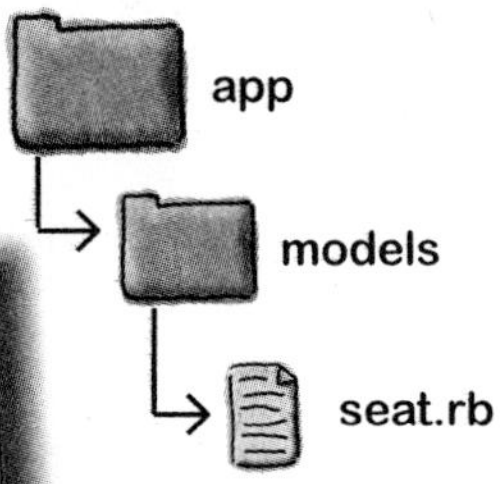

将你的Seat模型更新到这个版本。

试驾

现在当你试图预订一个携带行李超过航班限重的座位时会发生什么？
试试看……

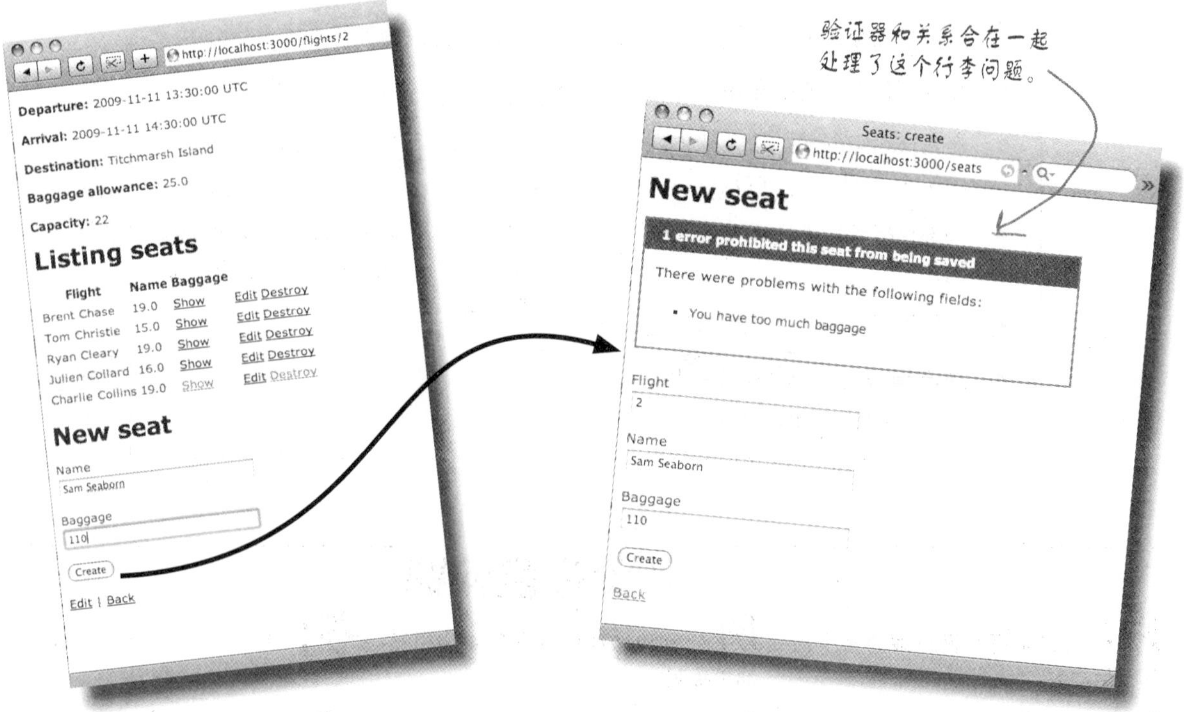

复习要点

- 把你的页面分解成多个**局部模板**会让页面更容易维护。
- 局部模板、模板和布局是三种**嵌入式Ruby**的文件类型。
- 局部模板被用来生成页面的片段。
- 模板创建页面的**主要内容**。
- 布局被用来创建页面中标准的HTML包装（wrapper）。
- 局部模板可以被模板和布局**调用**。
- 局部模板可以被赋予**局部变量**。
- 局部模板必须以_开始并以.html.erb结束。
- 你可以使用render函数调用一个局部模板。
- **关系**使我们更容易在其他模型中查找相关数据。
- 关系像**查询器**那样工作。
- has_many属性返回数组。
- belongs_to属性返回单一对象。
- 你可以通过为你的模型添加一个名为validate的方法来创建自定义验证器。

没有蠢问题

问： 我必须把页面分解为多个局部模板吗？

答： 不是必须，但是多个小文件通常更容易维护。

问： 为什么？

答： 如果有错误，在很多小文件中定位出错的代码会比较容易。

问： 还有其他原因使得我需要局部模板吗？

答： 重用。如果你有一个标准的菜单或者联系方式部分，你可以在不同的模板和布局中重用它。

问： 我应该如何从布局中调用局部模板呢？

答： 使用render方法，就像你在模板中做的那样。

问： 那么关系会让表通过关键域进行连接？

答： 是的。默认情况下，关系通过连接一个表的id域和另一个表中以_id结尾的域来实现连接。这就是为什么航班表中的id能够连接座位表中的flight_id。

问： 那么座位表中的字段名必须被叫做flight_id？

答： 是的。如果你不这么做，Rails就不知道如何建立关系。

问： flight_id是何种数据类型有关系吗？

答： 好问题。它需要是整型，因为Rails的id域使用整型。

请扩展自定义验证器，使得它也能核实预订的座位没有超过航班的载客量。

[提示：所有的数组都有一个叫做size的方法，它返回数组中元素的个数。]

```
class Seat < ActiveRecord::Base
  belongs_to :flight
  def validate
    if baggage > flight.baggage_allowance
      errors.add_to_base("You have too much baggage")
    end
    .......................................

      ................................................

    ...
  end
end
```

习题解答

请扩展自定义验证器，使得它也能核实预订的座位没有超过航班的载客量。

[提示：所有的数组都有一个叫做size的方法，它返回数组中元素的个数。]

```
class Seat < ActiveRecord::Base
  belongs_to :flight
  def validate
    if baggage > flight.baggage_allowance
      errors.add_to_base("You have too much baggage")
    end
    if flight.seats.size >= flight.capacity
      errors.add_to_base( "The flight is fully booked")
    end
  end
end
```

没有蠢问题

问： 嘿——等一下……为什么用“>=”这个条件？我们不是在检查是否有超过允许座位数的情况吗？

答： 是的。但是记住，关系像查询器那样工作。当我们评估flight.seats时，我们是从数据库中读取座位信息。这个验证器检查是发生在新的座位预订被保存到数据库之前，所以当前即将被添加的座位并没有被计算在内。这就是为什么你需要>=。

试驾

完成所有前面各页所说的修改，然后再次检验这个应用。

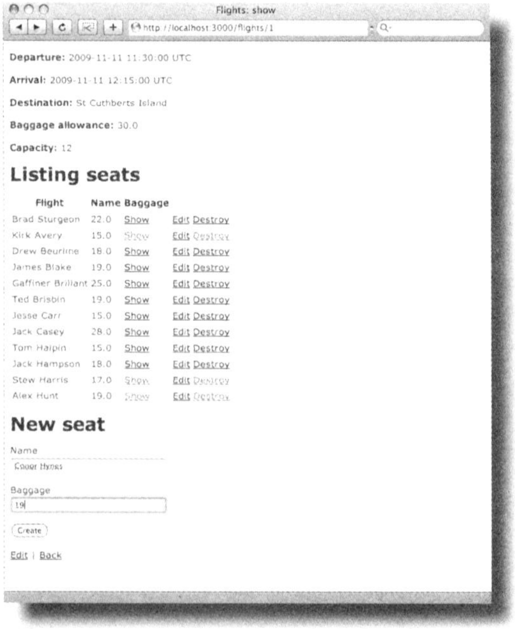

现在页面能够正确地列出航班座位信息。但是，如果有人打算在一个满员航班上预订座位会发生什么呢？

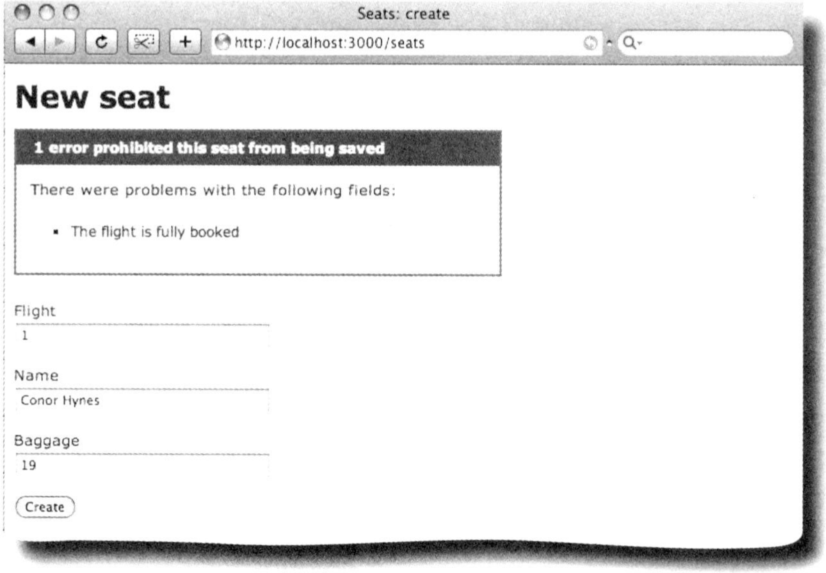

这个系统在椰子航空投入运行

航线上的生活真美好。游客和本地居民发现他们可以轻而易举地使用这个系统。航班不再出现行李超载和超员预订情况。事实上，员工可以更高效地利用时间……

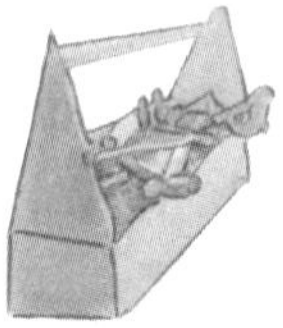

你的Rails工具箱中的工具

你已经把第6章收入囊中了，现在你已经把建立你的大多数连接的能力加入了工具箱。

Rails工具

render :partial=>"name" 显示_name.html.erb

使用render :partial=>"name", :locals=>{:var1=>"val1"}来把变量传递给一个局部模板

自定义的验证器代码保存在名为validate的模型方法里

errors.add_to_base(...) 创建一个错误消息

belongs_to 定义了从对象到其父对象之间的关系

has_many是反向的关系

7 ajax

减少流量

人们希望获得最佳的生活体验……以及最佳的应用体验。无论你多么精通Rails，对于一些传统Web应用你可能也会做得不那么成功。有时候用户想要更**动态**的东西或者能够回应他们的每一次突发奇想的东西。Ajax使你能够搭建**快速的，反应灵敏的Web应用**，它是专门设计用来给予用户**Web应用必须提供的最佳体验**，而Rails已经提供了一组它自己的Ajax库，你随时可以使用。是时候**方便快捷地把Ajax精华**添加到你的Web应用了，让用户享有比以前更佳的体验。

椰子航空有个新的促销计划

椰子航空展开了一个新的促销计划：每次航班的最后三个座位仅售一半价钱！

但有个问题。很显然，每个人都想抢到这最后三个座位，所以在办理登机手续临近的那最后一两个小时里，乘客们不断地点击浏览器上的重载按钮，希望能够获得一张便宜的机票。不幸的是，不断增长的流量给椰子航空的服务器造成了巨大的压力。

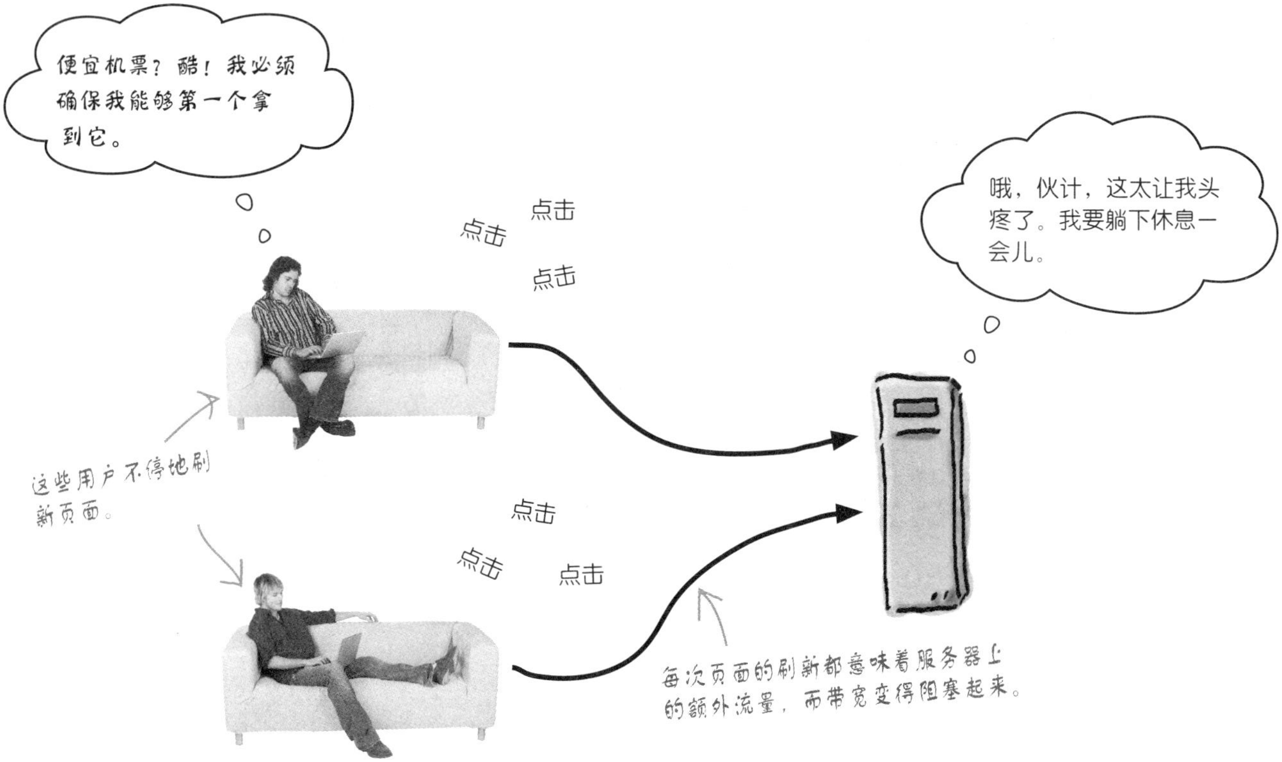

额外的请求导致椰子航空网站变慢了。有太多人查询即将离港的航班信息，这导致其他用户无法通过这个网站来预订他们所需航班的座位。椰子航空需要你来检查一下这个应用，看看有没有什么方法能够减少不断冲击服务器的流量。

页面的哪一部分变化最快？

网络流量的大部分内容来自于航班详细信息页面——也就是会列出航班座位预订情况的页面。这个页面由app/views/flights/show.html.erb模板、_seat_list.html.erb以及_new_seat.html.erb局部模板生成。下面是这个页面的三个主要部分：

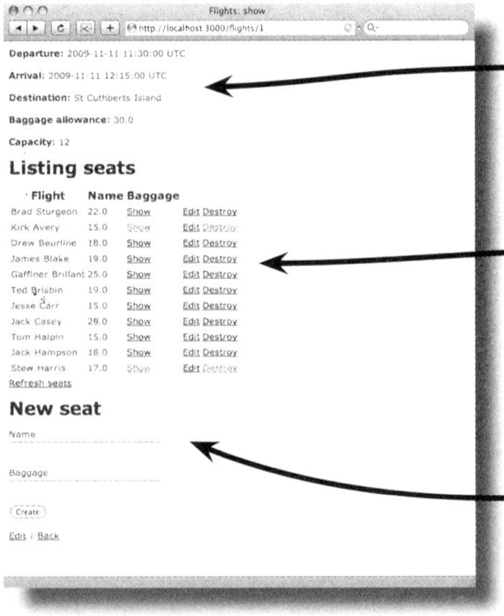

航班信息

这包含了航班的行李限重以及最大座位数信息。

座位预订列表

航班目前预订的座位都显示在这儿。

座位预订表单

用户使用这个表单来实际预订一个座位。

当用户按下浏览器上的重载按钮时，整个页面都需要从服务器被请求。这意味着服务器需要再次从模板和局部模板生成页面，而这全部的内容必须被包装到航班布局中。现在，如果每次只有一两个请求，这不会导致任何问题，但是服务器正被大量的处理占领。

我们有什么方法可以减轻服务器的负载吗？

磨笔上阵

这是服务器组织页面的过程。请指出你认为哪个嵌入式Ruby文件会产生用户关心的更新数据。

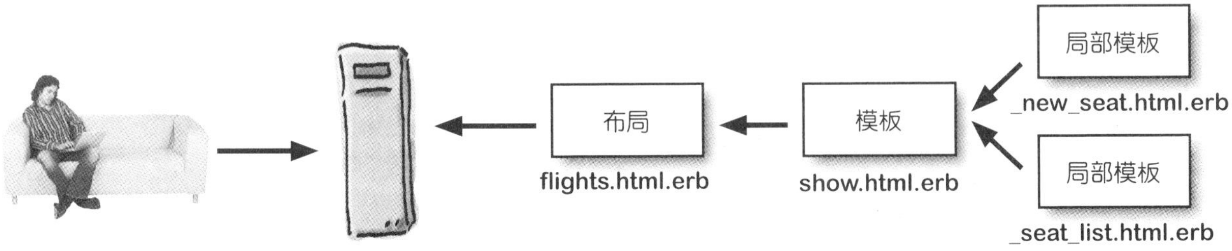

磨笔上阵 解答

这是服务器组织页面的过程。请指出你认为哪个嵌入式Ruby文件会产生用户关心的更新数据。

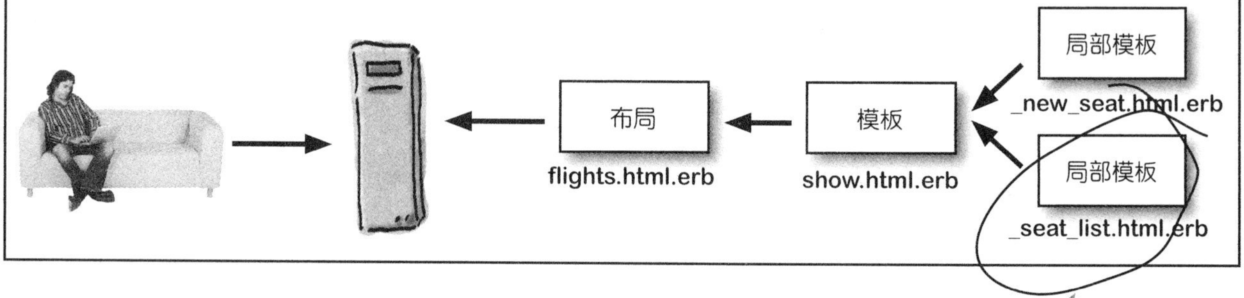

我们需要一种方法来仅仅更新座位列表

当用户刷新网页时，大部分内容并没有变化。唯一有变化的地方是显示座位预订情况的区域。

用户点击浏览器上的重载按钮时实际发生了什么呢？好吧，“重载”告诉浏览器再次请求整个页面，这是因为整个页面是唯一可以请求的内容。这个应用目前并不允许浏览器请求更小的部分。现在的情况是，这个页面唯一被关心的内容是预订座位的列表，但是浏览器只能够通过请求整个页面来获得座位列表。

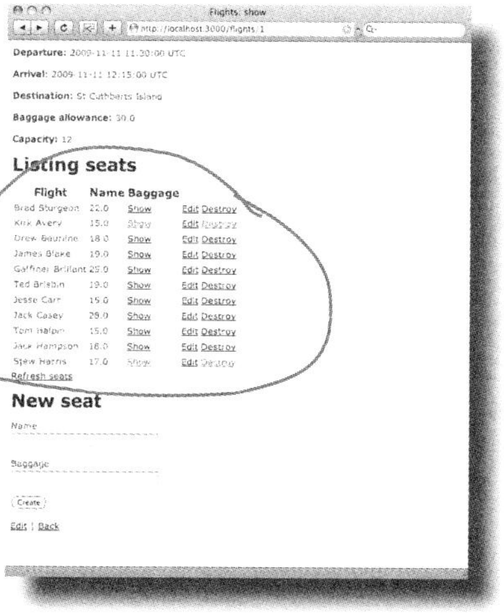

接下来我们需要做的第一件事情，就是修改应用使得网页被关注的部分——座位列表——可以通过单独的请求获得。我们需要允许浏览器请求一个能够产生座位列表的特定URL。

磨笔上阵

你应该如何在routes.rb中定义一个路由（route），使它匹配针对/flights/:flight_id/seats的请求，并将其映射到seats控制器中名为flight_seats的动作（action）？

....

....

代码冰箱磁铁

完成seats控制器中的flight_seats方法：

```
def flight_seats

  .......... = ............(params[............])

  .......... ..........=> ..................  , :locals=>{:seats=> ..............}

end
```

@flight

:partial

Flight.find

"flights/seat_list"

:flight_id

@flight.seats

render

磨笔上阵 解答

你应该如何在routes.rb中定义一个路由（route），使它匹配针对/flights/:flight _ id/seats的请求，并将其映射到seats控制器中名为flight _ seats的动作（action）？

```
map.connect '/flights/:flight_id/seats', :action=> 'flight_seats',
:controller=>'seats'
```

记得把这条路由添加到config/routes.rb中现有路由的上方。

代码冰箱磁铁解答

完成seats控制器中的flight _ seats方法：

```
def flight_seats
  @flight = Flight.find(params[:flight_id])
  render :partial=>"flights/seat_list", :locals=>{:seats=>@flight.seats}
end
```

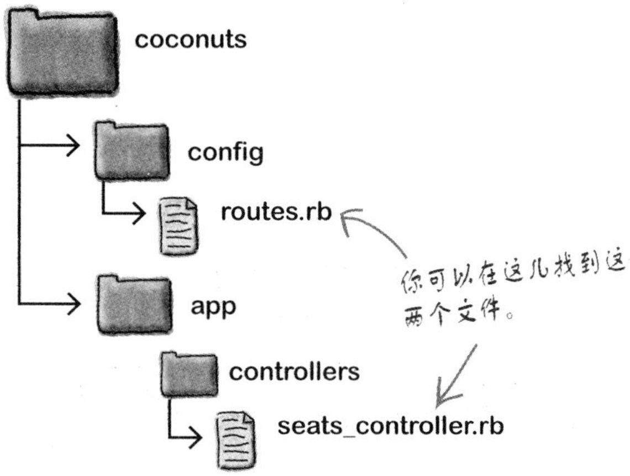

这样做！

把上面的两段代码添加进**routes.rb**和**seats_controller.rb**。

试驾

设想一下，在id = 2的航班上已经有些被预订的座位。如果我们输入URL：

http://localhost:3000/flights/2/seats

我们会看到什么呢？

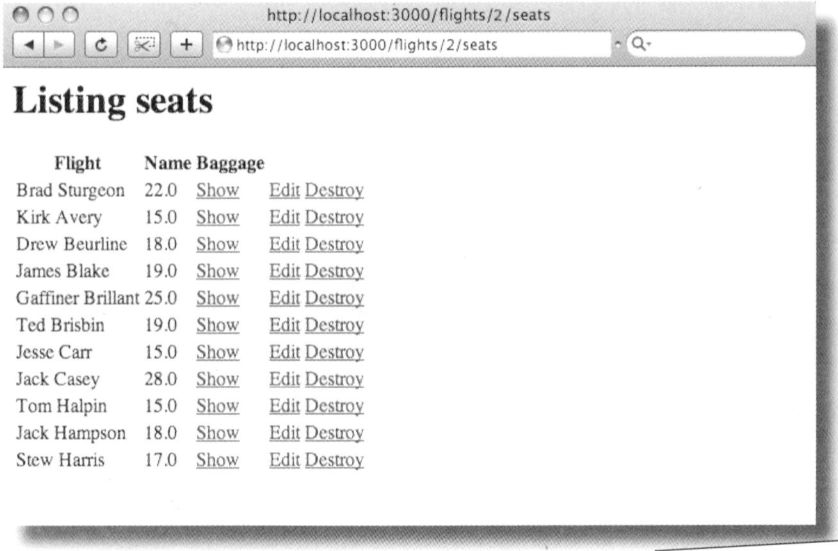

我们创建的路由会把/flights/2/seats映射到flight_seats动作和seats控制器，同时会创建一个称为flight.id=2的请求参数。控制器将查看数据库中航班号为2的座位信息并通过seat_list局部模板生成一些HTML并返回给浏览器。

看一下右边控制器生成的HTML。你注意到了什么？

得到的HTML并不是一个完整的网页，它仅仅是网页的一个**片段**（fragment）。我们能对它做些什么呢？我们不可能让用户查看这样的页面而不是转到航班页面，因为这看起来一点都不直观。再说，用户可能需要预订一个座位，所以我们也希望用户能够停留在航班页面上。

我们需要让浏览器请求这个页面部分，然后使用它来更新整个页面的座位列表。

但怎么实现呢？

```
<h1>Listing seats</h1>
<table>
  <tr>
    <th>Flight</th>
    <th>Name</th>
    <th>Baggage</th>
  </tr>
  <tr>
    <td>Brent Chase</td>
    <td>19.0</td>
```

这个是控制器从seat_list局部模板生成的页面片段。

浏览器不总是更新整个页面吗？

当用户点击“重载”按钮时，浏览器请求整个网页：

坏消息是所有的浏览器都是这么做的。完整请求被固化在了浏览器的大脑里。“重载”按钮意味着“重新载入整个网页”，不管怎么说，这就是发生的事情……

但为什么会这样呢？

过去，浏览器只能针对整个页面来工作。HTML中没有什么标识可以让浏览器仅仅请求页面的一部分内容……要么全部，要么就什么都没有。即使现在我们能够提供页面的片段也不管用。浏览器自身没有任何方法来请求以及使用页面片段。

那我们怎样才能绕过这个问题呢？

幸运的是，我们可以使用一种技巧来让浏览器仅仅更新页面的部分内容。这种技巧就是：

我们主动获取一些内容而不是让浏览器来发出请求。

还有什么方法可以发送请求？

每个浏览器的大脑中都有一个JavaScript**引擎**。JavaScript允许你修改浏览器的常规操作。JavaScript能够动态更改网页的外观，它能够更新正在显示的HTML的内容，它还能够在页面里响应事件，比如按钮按下后的情况。更重要的是，JavaScript也能够**发送**不依赖于浏览器的**请求**。

但这儿的**不依赖**是指什么呢？JavaScript的确能够告诉浏览器跳转到另一个页面，但它还能够实现更多更巧妙的功能。JavaScript能够在后台静悄悄地给Web服务器发送请求并读取服务器返回的内容。这些都不需要让浏览器跳转到不同的URL。JavaScript能够发送几十条甚至上百条的后台请求，而你感觉不到任何异常。浏览器看起来就像它正在显示一个页面那样。

这一点之所以如此重要就在于JavaScript能够发送**后台请求**(background request)，或者说**异步请求**(asynchronous request)，来获得座位列表的最新版本。当页面片段被返回时，JavaScript能够使用这个片段来更新显示预订座位列表的那个页面区域。

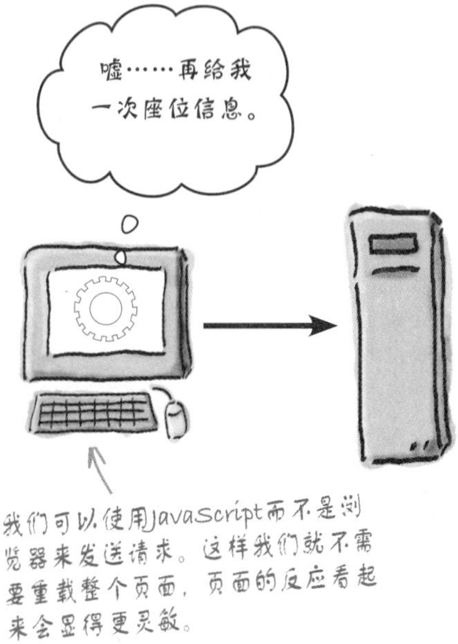

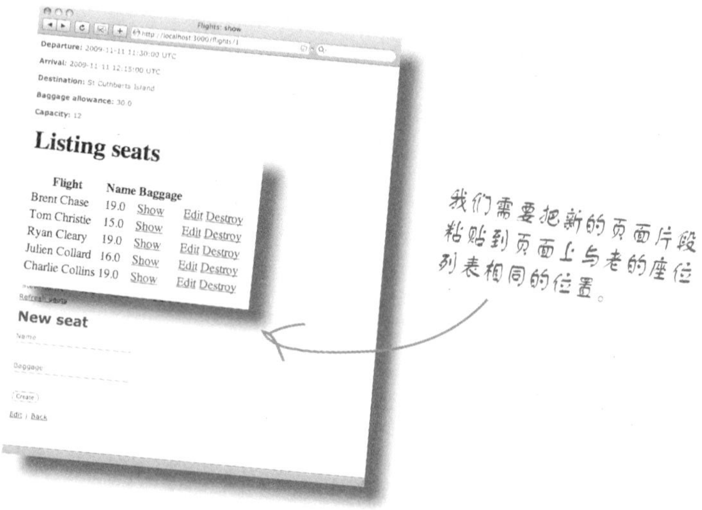

使用JavaScript来更新当前页面被称为Ajax，Rails提供了大量的Ajax内置支持。但我们应该如何使用它呢？

首先我们需要包含Ajax库……

但我们如何让浏览器中的JavaScript发送异步请求？这种处理似乎有些复杂。事实上，需要在浏览器里运行很多JavaScript代码来发送Ajax请求。这些代码不仅需要处理请求的细节，而且它还要使用一种与大多数浏览器兼容的方式来实现。自行创建和调试这个方式对于大多数人来说绝对是个噩梦，所以很多Ajax应用都使用标准的JavaScript库来简化这一过程。Rails提供了这种内置的库，叫做Prototype。

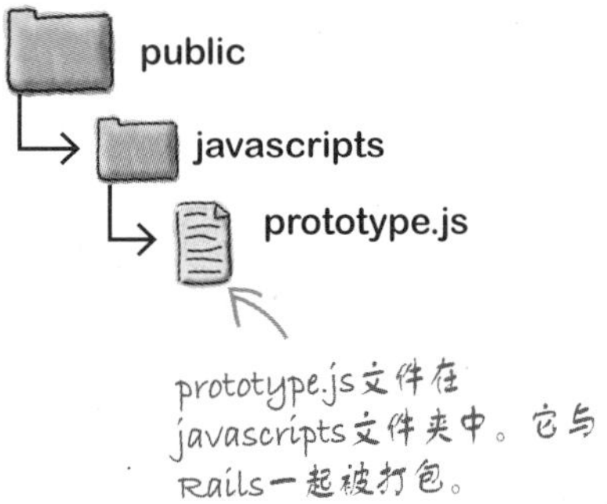

Prototype库位于javascript文件夹中名为`prototype.js`的文件里。但是即使这个库被包含在应用代码中，它也不会被自动包含在应用所生成的网页里。为了确保Prototype可以被浏览器访问到，你需要在你的布局中包含一个对它的引用：

```
<!DOCTYPE html PUBLIC "-//W3C//DTD XHTML 1.0 Transitional//EN"
      "http://www.w3.org/TR/xhtml1/DTD/xhtml1-transitional.dtd">
<html xmlns="http://www.w3.org/1999/xhtml" xml:lang="en" lang="en">
<head>
  <meta http-equiv="content-type" content="text/html;charset=UTF-8" />
  <title>Flights: <%= controller.action_name %></title>
  <%= stylesheet_link_tag 'scaffold' %>
  <%= javascript_include_tag 'prototype' %>
</head>
<body>
<p style="color: green"><%= flash[:notice] %></p>
<%= yield %>
</body>
</html>
```

这一行确保了Prototype Ajax库可以被Web浏览器访问到。

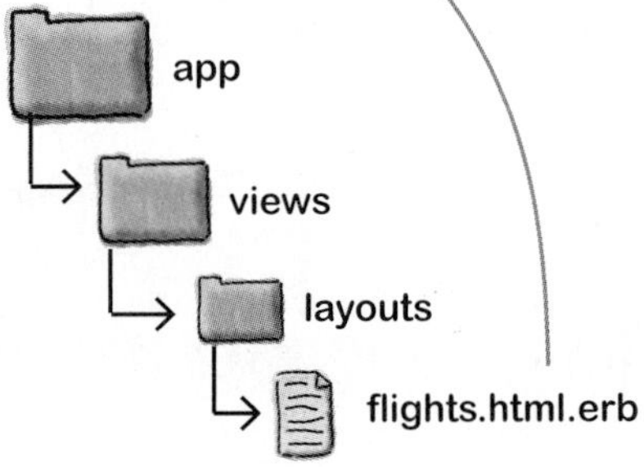

`javascript_include_tag`辅助函数可以确保浏览器从正确的URL下载Prototype库。

一旦你把Ajax库安装到了你的网页里，你就可以开始创建一些自定义的Ajax代码了。

……接下来我们需要添加一个Ajax“Refresh”链接

Ajax库使得给服务器发送异步请求变得简单了，但是库本身不可能自动替你实现自定义的Ajax代码。那么我们需要什么样的自定义代码呢？

我们的网络问题是由于用户点击他们的浏览器上的重载按钮，这导致了为他们和其他用户提供服务的服务器变慢。我们可以通过在网页上添加一个标记为“Refresh（刷新）”的链接来解决这个问题。这个链接将仅仅更新页面上的座位预订信息，由于它下载较少的HTML，所以会比浏览器上的“Reload”按钮更快。它也会减少服务器的负载，让其他客户更容易访问服务器。

那么“Refresh”链接将如何工作呢？Ajax完全由JavaScript来实现，所以我们需要让这个链接产生一个JavaScript事件。这个链接的事件将调用Prototype库，让它发送一个针对该页seat _ list区域最新内容的请求。当HTML从浏览器返回时，JavaScript将动态地将页面上的seats替换为新的HTML。

代码看起来应该是什么样子呢？

磨笔上阵

这段代码添加一个JavaScript链接到Flight的show.html.erb模板中。请写下每段代码的作用。

```
<div id="seats">  <- ......................................
<%= render :partial=>"seat_list", :locals=>{:seats=>@flight.seats} %>
</div>

<%= link_to_remote(  <- ......................................
    "Refresh seats",  <- ......................................
    :url=>"/flights/#{@flight.id}/seats",  <- ......................................
    :method=>"get",  <- ......................................
    :update=>"seats") %>  <- ......................................

<%= render :partial=>"new_seat", :locals=>{:seat=>
      Seat.new(:flight_id=>@flight.id)} %>
```

磨笔上阵解答

这段代码添加一个JavaScript链接到Flight的show.html.erb模板中。请写下每段代码的作用。

```
<div id="seats">  ← 我们指定需要更新的页面部分。
<%= render :partial=>"seat_list", :locals=>{:seats=>@flight.seats} %>
</div>

<%= link_to_remote(  ← 创建一个JavaScript按钮来更新seats。
    "Refresh seats",  ← 这是按钮的标题。
    :url=>"/flights/#{@flight.id}/seats",  ← 获取新座位列表的URL。
    :method=>"get",  ← 这表明我们只是读取，不更新数据。
    :update=>"seats") %>  ← 这是我们正在更新的页面部分的id。

<%= render :partial=>"new_seat", :locals=>{:seat=>
      Seat.new(:flight_id=>@flight.id)} %>
```

当嵌入式Ruby处理到show.html.erb模板时，它将生成一个HTML链接，这个链接在被点击时会调用Ajax库：

这个辅助函数生成这段HTML。

链接在它的onclick事件上调用Prototype Ajax库。

```
</div>

<a href="#" onclick="new Ajax.Updater('seats', '/flights/1/
seats', {asynchronous:true, evalScripts:true, method:'get',
parameters:'authenticity_token=' + encodeURIComponent('7cb578
0328778ef35ee9d26689784bba0d562170')}); return false;">Refresh
seats</a>

<h1>New seat</h1>
```

没有蠢问题

问： 什么是异步请求？

答： 异步请求就是运行在**后台**的请求。异步请求由JavaScript生成。

问： 它与普通请求有哪些不同？

答： 普通请求在用户点击链接或者输入URL时产生。异步请求则在JavaScript响应某个事件时产生。

问： 重载页面真的需要占用那么多带宽吗？

答： 如果页面的其他部分需要大量的HTML的话就会。而且，浏览器会试图重载页面上的图片，这也会占用较多的带宽。再加上页面的其他部分也需要大量处理才能够被创建出来。Ajax可以保持页面的其他部分不变，减轻了服务器的负载。

问： 我必须要懂JavaScript才能写Ajax代码吗？

答： Rails会为你生成Ajax代码，所以你并不需要了解JavaScript。但是，如果你懂JavaScript，你就能够更好地控制Ajax调用产生的方式，也能够更好地理解你的应用程序是如何运作的。

问： 生成的JavaScript创建了一个名为“authenticity-token”的参数。它是用来做什么的呢？

答： Rails使用**真实性令牌**（authenticity token）来保证请求来自于Rails生成的页面。没有真实性令牌，Rails将拒绝该请求。

问： 令牌是如何工作的？

答： 它是一个由Rails生成的值。包含这个值的请求被认为来自于Rails创建的页面，而不是那些试图访问你的系统的第三方应用的页面。

问： 你刚才说Ajax请求由JavaScript而不是浏览器发出，但JavaScript不就是浏览器的一部分吗？

答： 是的，但是JavaScript引擎可以发送不同于普通浏览顺序的请求——这是关键点所在。Ajax请求允许你更新页面的一部分而不需要发送整个页面的请求，也不会修改浏览器的浏览历史。

问： 为什么我们要使用javascript_include_tag辅助函数而不是直接输入HTML来载入JavaScript呢？

答： 如果你想自己写HTML，直接的HTML也能工作，但是Rails开发人员在有可能的情况下都会尽量使用辅助函数。辅助函数通常比HTML正文要短小，而且它们会为你填写应用相关的配置信息。例如，javascript_include_tag辅助函数将把路径设置到标准的javascript目录下：“/javascripts/...”。

问： 这听起来没什么大不了的。

答： 辅助函数还在JavaScript位置的最后添加了一个长数值。

问： 这有什么用处？

答： 这意味着如果你的JavaScript库发生了任何改变，用户将总是能够获得最新的版本。

试驾

现在JavaScript按钮已经就绪，是时候来看看我们的应用长什么样了。重新载入你的应用来检验一下。

1 **第一个用户来到航班页面预订座位。**
他能够看到航班的具体信息、已经被预订的座位列表以及预订表单。在座位列表和预订表单之间则是新的Ajax按钮。

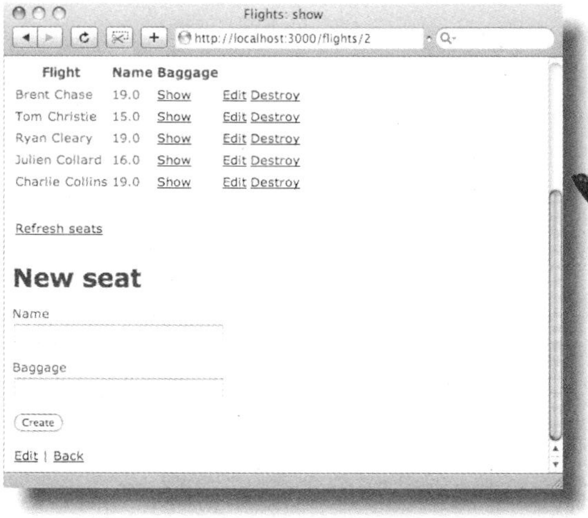

2 **第二个用户访问了这个页面并预订了一个座位。**
当表单被提交时，她的页面进行了相应的刷新，她能够看到她新预订的座位信息。其他后续来到这个页面的人也能够看到。但是第一个用户呢？

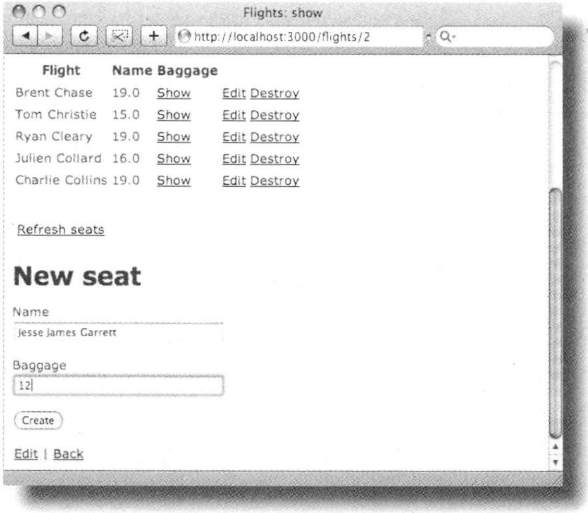

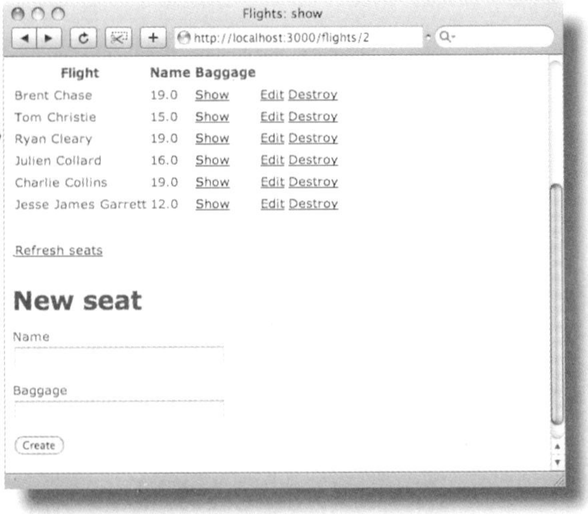

3 **第一个用户可以通过点击刷新按钮来查看最新的座位预订情况。**

这个按钮触发一个JavaScript事件，而这个事件又调用了Ajax库来刷新座位列表，显示最新的座位预订信息。

系统工作得挺好，但是有些用户在想为什么他们一定要坐在那儿不停地点击一个按钮来查看新的座位预订信息。如果页面能够在有新的预订发生时自动地更新，那该多方便呀。

但这可能吗？

浏览器需要主动询问更新

但是要实现自动更新页面有个问题，这个问题来自于Web的工作方式。在一个完美的世界里，只要预订座位信息有变化，Web应用就能告知用户。不幸的是，Web服务器并不是这样工作的。它们仅仅在被询问时才有回应。

服务器仅在获得**请求**时才发送**响应**。如果服务器有些它想让浏览器知道的新信息，它做不了任何事情，只能等浏览器来询问新信息。

这意味着如果我们想让浏览器在座位列表变化时被自动告知，那我们只会失望而归。相反，我们需要让浏览器不断询问，再问，继续问……

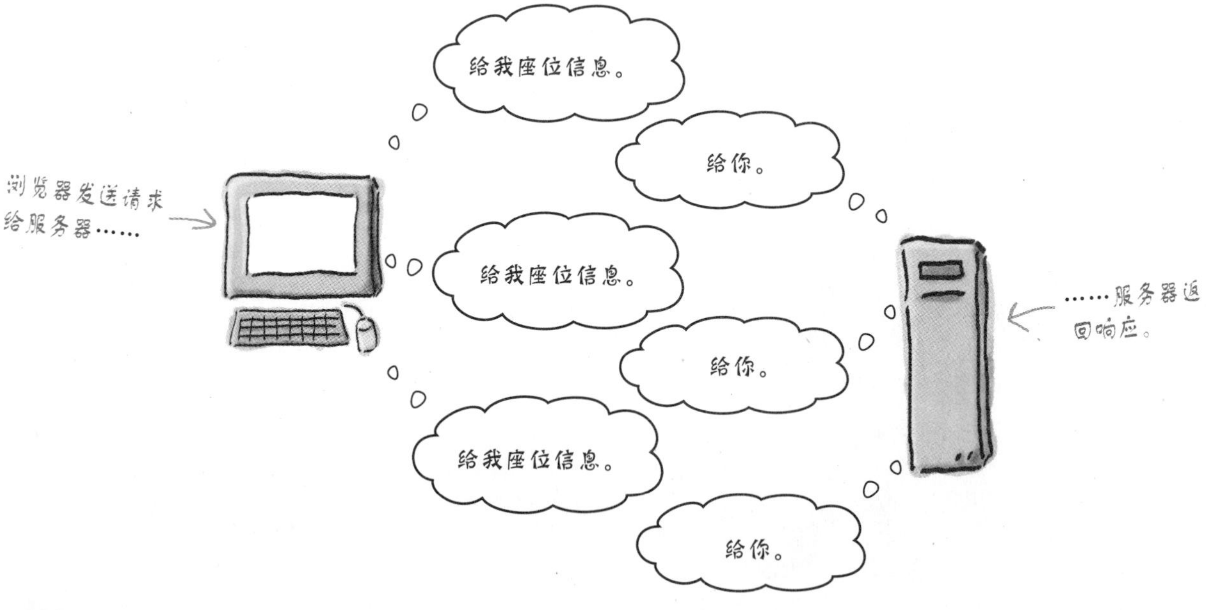

我们一定要让浏览器反复询问吗?

回想一下Ajax“Refresh”链接的工作方式。有人点击它时，链接产生一个JavaScript事件，这个事件相应地调用Prototype库，请求下载座位列表的新版本。

关键之处在于这一切起源于一个事件，一个发生在JavaScript之外的事件。

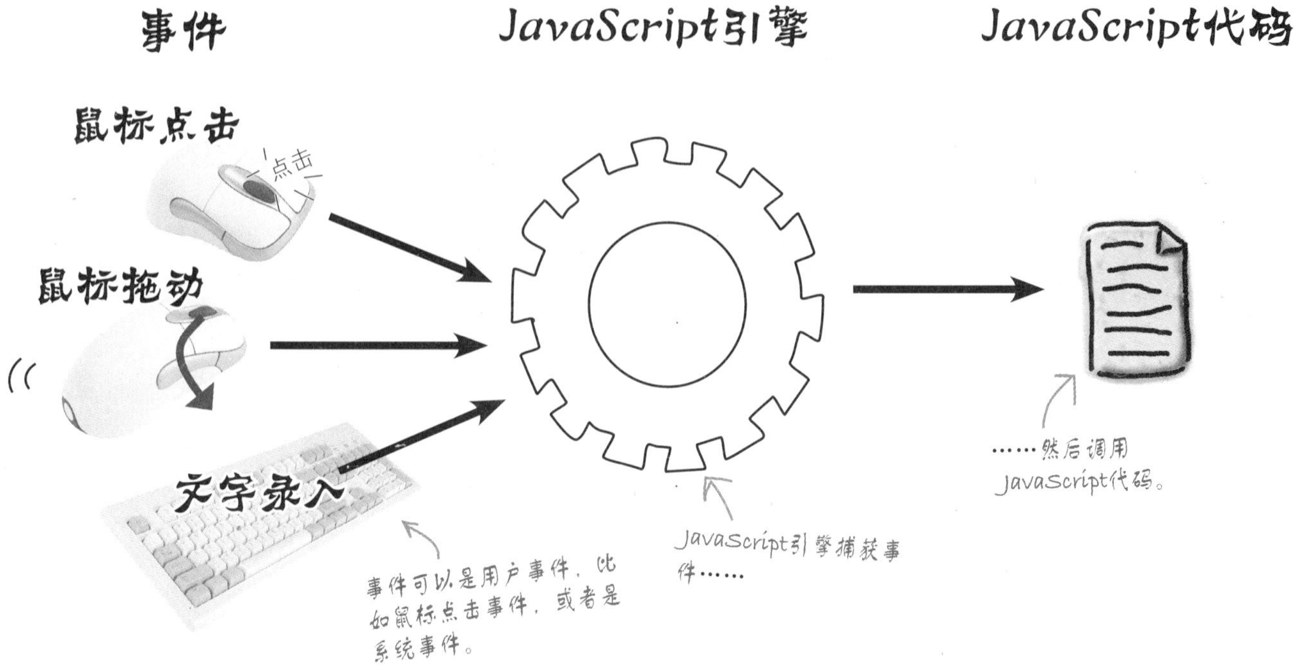

一些JavaScript可以把自己注册到某个事件上，也就是说当事件发生时，相应的JavaScript就能运行。

在我们的例子里，我们需要不断地运行相同的JavaScript代码。那么哪种事件可以做到这一点呢？好吧，它肯定不是由用户动作产生的某个事件。相反，我们需要把JavaScript注册到一个**定时器**事件上。

定时器是一个系统事件，它按照固定时间间隔发生，通常为每隔几秒。我们需要创建一个定时器，然后把“更新座位列表”的JavaScript注册到它上面。

幸运的是，Rails可以帮助我们实现它。

你可以像监听按钮事件一样监听定时器事件

通过点击按钮来运行一段Ajax代码与每隔几秒钟运行一遍Ajax代码的唯一差异在于你正在监听哪种事件。

由于这个原因，我们在页面模板中放置的Ruby代码事实上很像我们用来创建JavaScript按钮的代码：

```
<%= periodically_call_remote(
    :url=>"____________________",
    :method=>"get",
    :update=>"________",
    :frequency=>"____") %>
```

用来创建JavaScript以便于监听定时器的辅助函数。

获取新座位列表的URL。

这表明我们只是读取，不更新数据。

这是我们正在更新的页面部分的id。

两个定时器事件之间的秒数。

这段代码将创建一段每隔几秒就发送一次新座位列表请求的JavaScript。然后它将根据从服务器端返回的HTML来更新页面的指定部分。这个辅助函数与创建JavaScript按钮的那段代码的唯一差异在于：

1. 按钮需要标题文字。

2. 定时器需要被给定一个频率。

磨笔上阵

航班页面依然需要包含刷新按钮，但是它也需要定时器代码。编写定时器代码并把它添加到app/views/flights/show.html.erb中，使得座位列表能够每分钟自动更新3次：

....

....

....

....

....

....

没有蠢问题

问： 真的没有办法让服务器联系到浏览器吗？

答： 浏览器可以维护一个与服务器之间的开放式连接（open connection），但这意味着即使那些很少用到的应用也会需要大量的连接。轮询（poll）服务器是更常用的方法。

问： 定时器的频率总是以秒为单位吗？

答： 是的，频率总是以秒为单位。这看起来有些古怪，它被称为频率但并没有给出频率（比如1分钟内触发多少次）。相反，它给出“周期”，也就是两次触发之间的时间间隔。。

问： 默认频率是多少？

答： 默认情况下，频率是10秒。

问： 局部页面的id从哪儿来？

答： HTML中的每个标签都可以赋予一个id。它能够唯一标记网页的特定部分。通常，Ajax应用把局部页面包裹在一个带有id的<div>标签内。这样你就能够一次性地为单一标签或者一组HTML标签赋予id。

磨笔上阵 解答

航班页面依然需要包含刷新按钮，但是它也需要定时器代码。编写定时器代码并把它添加到app/views/flights/show.html.erb中，使得座位列表能够每分钟自动更新3次：

```
<%= periodically_call_remote(
    :url=> "/flights/#{@flight.id}/seats",
    :method=> "get",
    :update=> "seats",
    :frequency=> "20" ) %>
```

你的show.html.erb应该包含如下代码：

```
  <%=h @flight.baggage_allowance %>
</p>
<p>
  <b>Capacity:</b>
  <%=h @flight.capacity %>
</p>
<div id="seats">
<%= render :partial=>"seat_list", :locals=>{:seats=>@flight.seats} %>
</div>
<%= link_to_remote
   "Refresh seats", :url=>"/flights/#{@flight.id}/seats",
   :method=>"get", :update=>"seats" %>
<%= periodically_call_remote(
   :url=>"/flights/#{@flight.id}/seats",
   :method=>"get", :update=>"seats", :frequency=>"20") %>
<%= render :partial=>"new_seat", :locals=>{:seat=>Seat.new(:flight_id=>@flight.id)} %>
```

这是show.html.erb文件底部的内容。

试驾

现在定时器代码已经被添加，系统应该能够自动更新座位预订信息而无需用户干预。

1 **第一个用户来到航班页面打算预订一个座位。**
他能够看到航班的详细信息。

2 **当他正在预订座位时，第二个用户访问了这个页面。**
她很快就预订了这架航班上的一个座位并提交了数据。

3 **第一个用户自动看到新的预订信息。**
即使第一个用户没有动键盘，页面也会在20秒内自动更新座位列表。

新的预订信息自动显现。

Ajax真情指数

本周访谈：
应用Ajax来加快脚步。

Head First: 你好，Ajax，欢迎欢迎。很高兴你……

Ajax: 我也很高兴。

Head First: ……参加今天的访谈。

Ajax: 哦，我刚刚打断了你。

Head First: 那完全……

Ajax: 我经常这么干。不好意思。我可能有些，你知道的，超前。

Head First: 你是一种忙碌的技术？

Ajax: 你看到了？我刚刚更新了数据表！什么——技术？我不属于技术。我是一种生活方式，伙计！或者说至少我是一种编写Web应用的方式。

Head First: 什么意思？

Ajax: 好吧，Rails、JavaScript、Prototype——这些家伙是软件。这么说没有任何问题。这很酷，但是我在它们之上。Prototype只是一个实现了我的支持库。

Head First: 那你是什么呢？

Ajax: 我是一种设计技巧。当你发送一个异步JavaScript请求来更新一个网页时，你就会用到我。

Head First: 异步？那就是说你的请求……

Ajax: ……打断了通常的浏览器处理，是啊。请求在后台产生而用户还停留在当前页。

Head First: 几乎任何事件都能触发Ajax请求？

Ajax: 是啊。XHR能够被几乎任何——任何一种JavaScript事件触发。

Head First: 你能再说一遍吗——XH……？

Ajax: XHR。不好意思。XHR是我的Ajax请求的小名。“XML HTTP请求（XML HTTP Request）”是正式的名字。

Head First: 你说你不是软件，但人们确实安装了Ajax库，不是吗？

Ajax: 你可以重头开始编写你自己的代码，但是的确，大多数人会使用Ajax库，比如Protoype库。Ajax库可以创建请求并处理返回的内容。

Head First: Ajax请求返回什么样的数据呢？

Ajax: 各种各样，五花八门，伙计。HTML格式的页面片段，XML格式或者JavaScript格式的数据，甚至是JavaScript自身。

Head First: 我明白了。再多说一些吧，JavaScript……

Ajax: 那是啥？哦，不好意思，老兄——要走了。

Head First: 什么？

Ajax: 有人刚刚点击了一个JavaScript按钮。这个点击事件提到了我的名字。再见……

Head First: Ajax，谢谢……

Ajax: 不客气。

有些人的单身派对有问题了

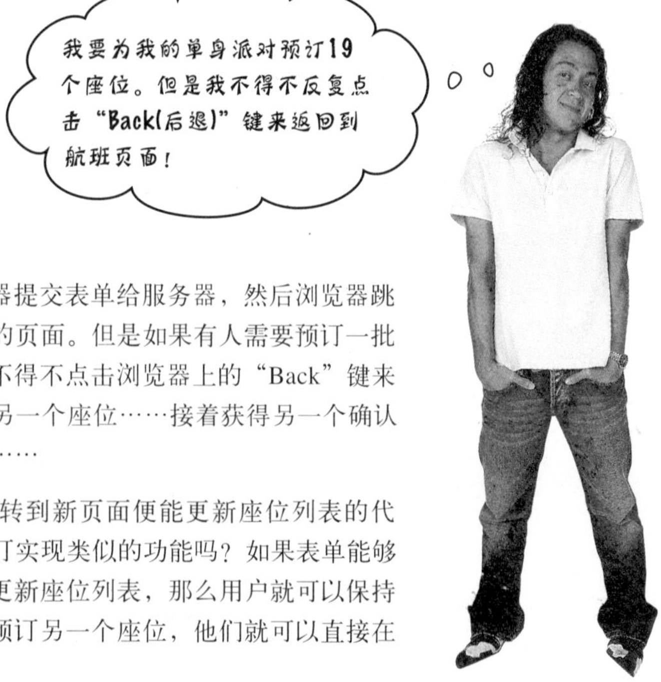

当你预订一个座位时，浏览器提交表单给服务器，然后浏览器跳转到一个显示了预订的座位的页面。但是如果有人需要预订一批座位呢？这种情况下，他们不得不点击浏览器上的“Back”键来返回到航班页面，然后预订另一个座位……接着获得另一个确认信息，再次点击“Back”键……

目前我们已经编写了无需跳转到新页面便能更新座位列表的代码。那么我们能够为座位预订实现类似的功能吗？如果表单能够发送预订请求给服务器然后更新座位列表，那么用户就可以保持在同一页面。如果他们需要预订另一个座位，他们就可以直接在当前页进行预订。

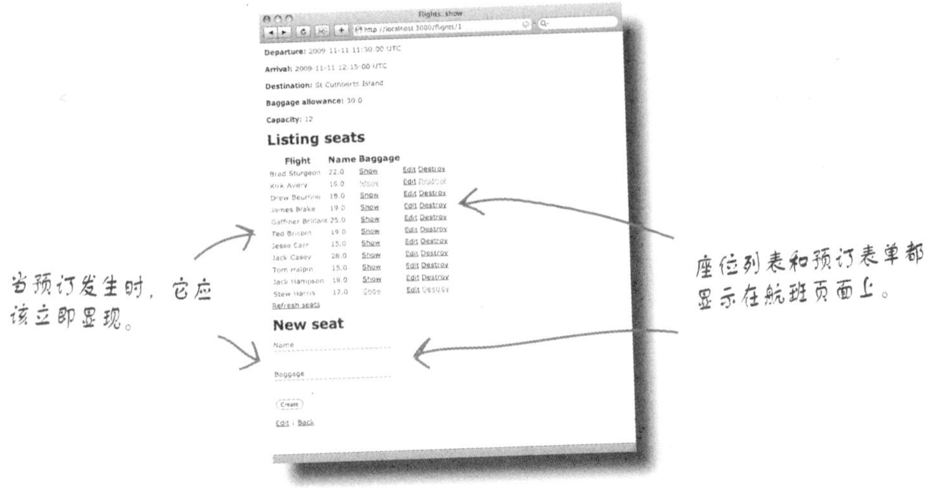

表单需要生成一个Ajax请求

我们知道，如果让浏览器提交表单，我们会被送到另一个页面去。这就像我们前面遇到的当用户点击浏览器的“Reload”按钮时所发生的问题——这是浏览器的内置行为，我们无法改变。

我们应该怎么办？我们需要使用一种不同的表单。这种情况下我们不能使用标准的HTTP表单，我们需要使用JavaScript表单，然后让它来产生一个请求。

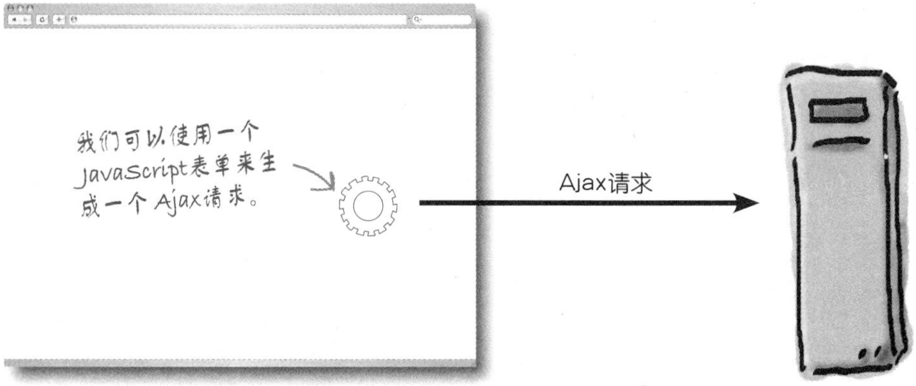

与只是要求浏览器提交表单数据不同的是，我们需要提交按钮生成一个JavaScript事件，这个事件将使用Ajax请求来提交表单数据。为什么这一点很重要呢？因为这样的话，预订座位的动作就不会导致浏览器切换到其他页面。

表单需要由JavaScript来控制

所以我们需要将简单的HTTP表单转化成能够生成JavaScript事件的表单，同时这个表单还需要动态更新当前页面，而不是让浏览器跳转到不同URL。下面是预订表单局部模板的内容：

```
<% form_for(seat) do |f| %>
  <%= f.error_messages %>

  <%= f.hidden_field :flight_id %>
  <p>
    <%= f.label :name %><br />
    <%= f.text_field :name %>
  </p>
  <p>
    <%= f.label :baggage %><br />
    <%= f.text_field :baggage %>
  </p>
  <p>
    <%= f.submit "Create" %>
  </p>
<% end %>
```

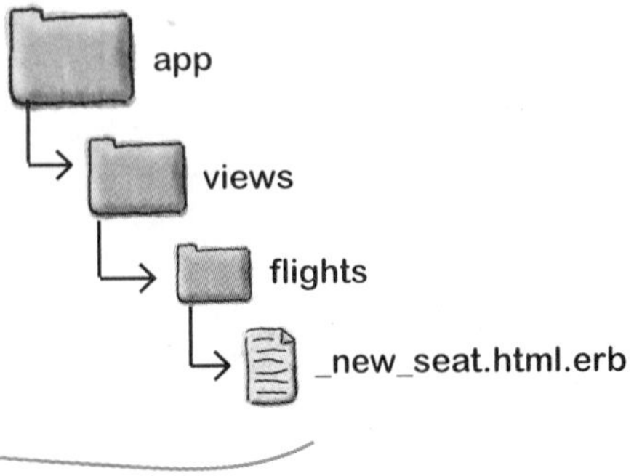

但我们怎样才能让表单以这样完全不同的方式运作呢？我们需要修改这行代码：

```
<% form_for(seat) do |f| %>
```

成这样：

```
<% remote_form_for(seat, :update=>'seats' ) do |f| %>
```

这个改动很小，但是这种改动的背后却是表单将以非常不同的方式运作……

试驾

当用户转到航班页面（http://localhost:3000/flights/2）时，预订表单看起来和以前没有不同：

当然，幕后的HTML有很大的差异。那么当一个新的座位被预订时会发生什么？

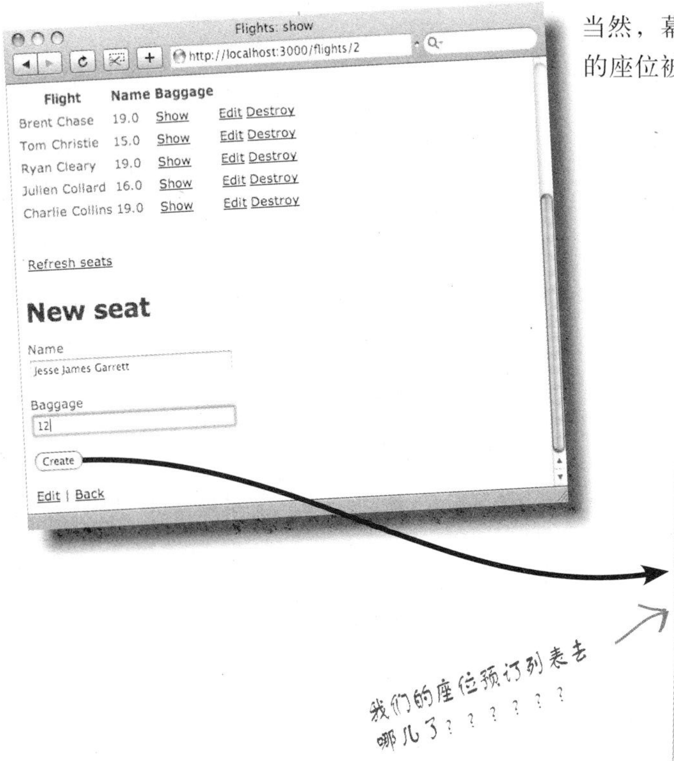

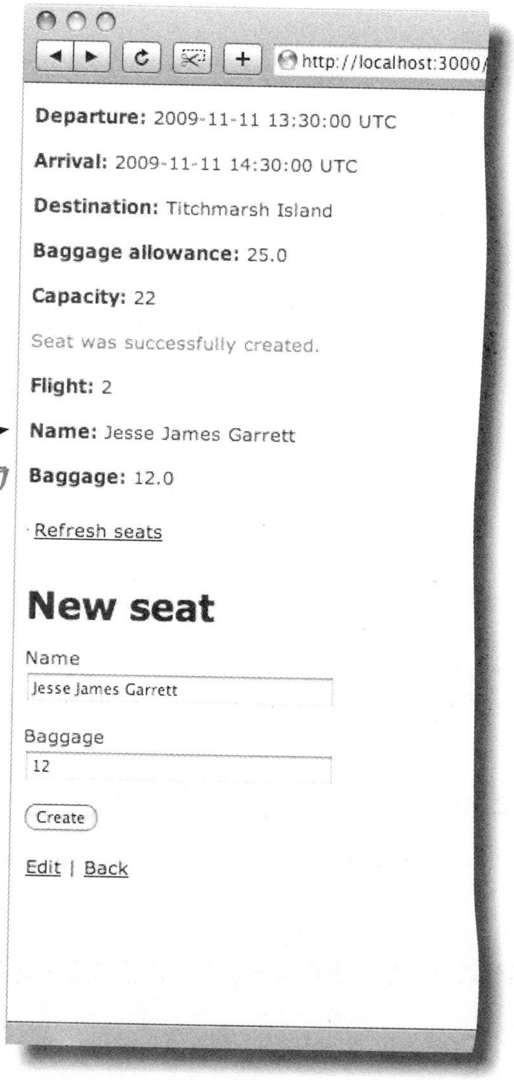

有些不对。检查一下你的数据库……座位被正确预订了，但是航班页面显示错误，为什么呢？

我们修改了视图中的代码，但是控制器代码——服务器端的代码——依然在做着与以前一样的事情，它返回了新预订座位的详细信息的HTML。而我们所需要的是座位列表的最新信息。

让我们来修改控制器代码。

我们需要替换create方法

seats控制器中现有的create方法如下所示：

```
def create
  @seat = Seat.new(params[:seat])
  respond_to do |format|
    if @seat.save
      flash[:notice] = 'Seat was successfully created.'
      format.html { redirect_to(@seat) }
      format.xml  { render :xml => @seat, :status => :created,
                    :location => @seat }

    else
      format.html { render :action => "new" }
      format.xml  { render :xml => @seat.errors,
                    :status => :unprocessable_entity }

    end
  end
end
```

如果你不清楚这些代码是做什么的也没关系，反正我们很快就会替换掉它们。

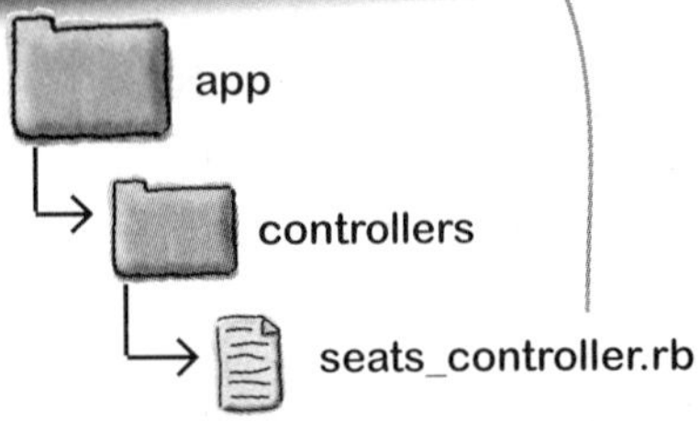

我们需要把它替换成创建Seat对象的代码，保存对象到数据库，然后渲染一份座位列表的新拷贝。但是这样的代码应该如何实现呢？

磨笔上阵

编写一个新的create方法，这个方法将总是根据表单数据来创建Seat对象，接着把新对象保存到数据库中，然后渲染seat_list局部模板的内容。

....

....

....

....

....

磨笔上阵 解答

编写一个新的create方法，这个方法将总是根据表单数据来创建Seat对象，接着把新对象保存到数据库中，然后渲染seat_list局部模板的内容。

```
def create
  @seat = Seat.new(params[:seat])
  @seat.save
  render :partial=>'flights/seat_list', :locals=>{:seats=>@seat.flight.seats}
end
```

像以前一样创建seat对象。→ `@seat = Seat.new(params[:seat])`

`@seat.save` ← 不用担心保存是否成功。

这让你能够为航班上所有的座位渲染出座位列表。→ `render :partial=>'flights/seat_list', :locals=>{:seats=>@seat.flight.seats}`

这段代码会有怎样的效果呢？

新的create方法表明，当Ajax表单提交一个新的预订时，它将从服务器那儿接收一份座位列表的新拷贝：

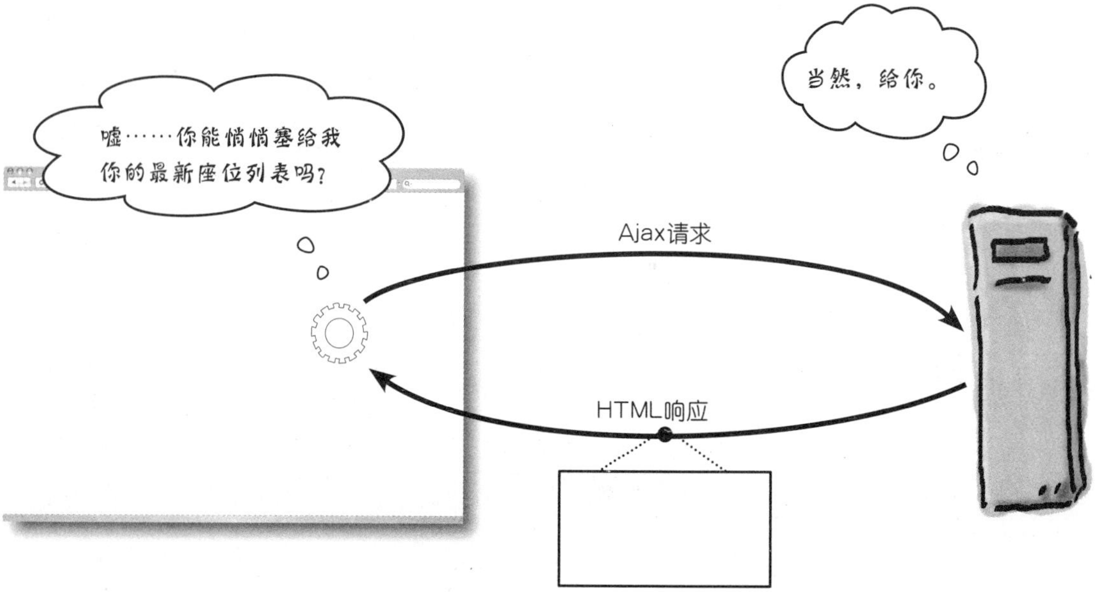

试驾

假定一个用户来到航班页面并提交了一个新的座位预订请求：

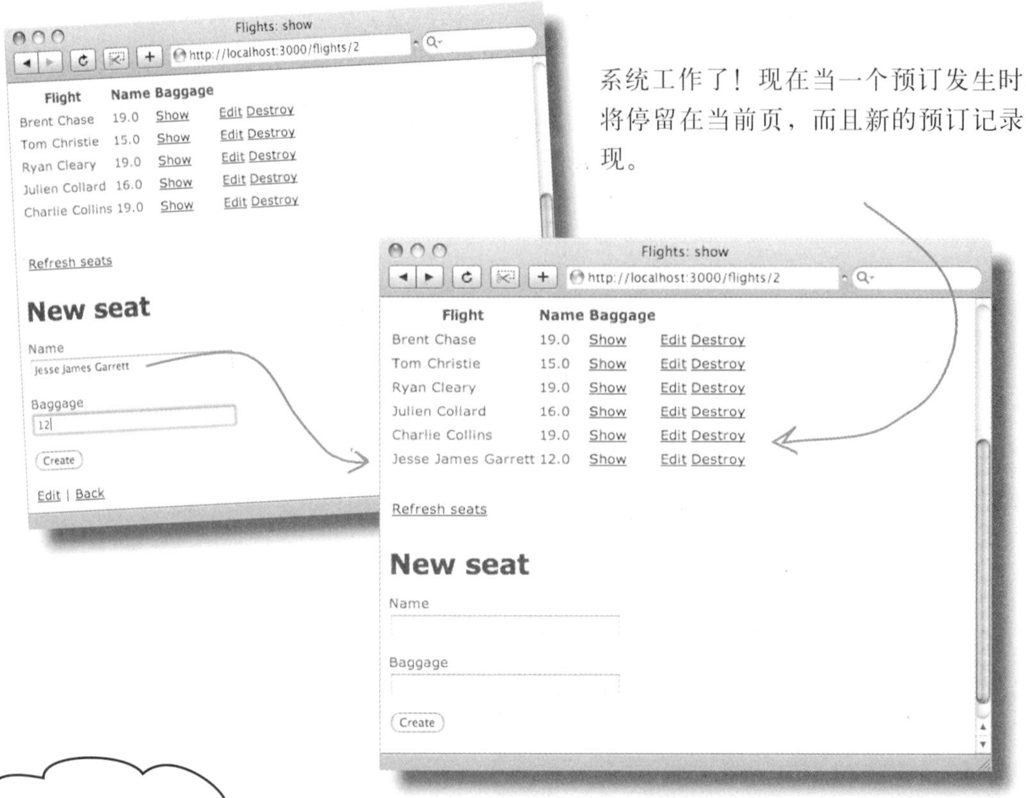

系统工作了！现在当一个预订发生时，浏览器将停留在当前页，而且新的预订记录也立即显现。

复习要点

- JavaScript能够给服务器发送**后台请求**。
- JavaScript能够使用返回的HTML来更新**部分页面**。
- 使用后台请求来更新页面被称为Ajax。
- 这种请求被称为XML HTTP请求（XHR）。
- JavaScript可以在**事件**发生时运行。
- 事件可以是**用户动作**（比如鼠标点击）的结果或者**系统事件**（比如定时器）。
- 如果你不希望表单导致浏览器跳到新页面，你需要把它转化成**Ajax表单**。
- 你需要把`form _ for`改成`remote _ form _ for`来使得一个表单变成Ajax表单。
- 处理表单请求的**控制器代码**能够返回用来更新页面的HTML。
- 如果你给表单一个`:update`参数，它就会知道在页面的哪一部分来放置返回的HTML。

没有蠢问题

问： 为什么我们只需要修改表单辅助函数而不用涉及表单中的所有域？

答： 表单中的域可以保持不变是因为它们和以前那样仅仅包含数据域。Ajax表单和“常规”HTML表单唯一的差别在于Ajax表单的onsubmit事件调用Prototype库而不是提交这个表单。其他地方没有区别。

问： 我看到其他地方的Ajax表单由“form_remote_for”生成。这有区别吗？

答： 没有——form_remote_for只是remote_form_for的别名。它们实现的功能是一样的。

问： 如果我要转化一个未绑定的form_tag呢？

答： 有个Ajax form_remote_tag可以被用来作为替换。

问： 我不明白。“表单”可以替换“页面”中的HTML？？？

答： 不是这样。表单调用JavaScript函数来产生一个Ajax请求；是JavaScript函数替换了页面中的HTML。

问： 当服务器收到表单请求时，这个请求还和以前一样吗？

答： 这个请求就与它是从一个HTML表单中发送出来的一样。Prototype会构造这个请求让它看起来就是一个完美的常规HTML请求。

问： Ajax表单使用什么样的HTTP方法？

答： 就像HTML表单那样，Ajax表单默认使用POST方法。

问： 但我能够修改这个方法，对吗？

答： 你可以通过在辅助函数中提供一个:method=>参数来修改POST方法。

我是谁？

一大群穿戴着全套戏服的Ajax俱乐部成员正在玩“我是谁？”的派对游戏。它们将给你一个线索，你将尝试根据它们所说的来猜出它们是谁。假定它们所说的都是真的。请在右边的空白处填写出这些出席者。

今晚的出席者：

迄今为止你见过的任何一位迷人的Ajax成员都可能出现！

	名字
我是Rails用来从浏览器中产生Ajax请求的库。	....
我是运行在浏览器中的语言。	....
我是Ajax应用程序中使用的请求，我的朋友叫我XHR。	....
我是一个事件，但是我不是用户事件。	....
我被用来根据对象生成Ajax表单。	....
我能够调用注册在我身上的浏览器代码。	....

我是谁?

一大群穿戴着全套戏服的Ajax俱乐部成员正在玩“我是谁？”派对游戏。它们将给你一个线索，你将尝试根据它们所说的来猜出它们是谁。假定它们所说的都是真的。请在右边的空白处填写出这些出席者。

今晚的出席者：

迄今为止你见过的任何一位迷人的Ajax成员都可能出现！

	名字
我是Rails用来从浏览器中产生Ajax请求的库。	Prototype
我是运行在浏览器中的语言。	JavaScript
我是Ajax应用程序使用的请求，我的朋友叫我XHR。	XML Http请求
我是一个事件，但是我不是用户事件。	系统事件
我被用来根据对象生成Ajax表单。	remote_form_for
我能够调用注册在我身上的浏览器代码。	事件

航班预订有个问题

当单身派对组织者碰到这个问题时，他正在预订他的单身派对之旅。他开始预订座位的时候还有好多空位，但是接下来……

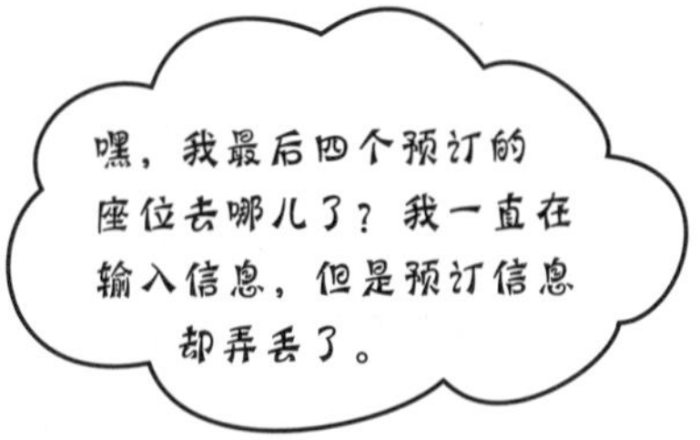

有人在同一时间预订了座位。

虽然Ajax表单能够正常预订座位，我们简化的控制器代码却没有检查是否有任何错误情况，也没有查看航班是否已经满员。

那么我们需要做什么？除了显示座位列表的最新情况之外，控制器代码还需要更新页面的通知区域来表明预订是否成功。

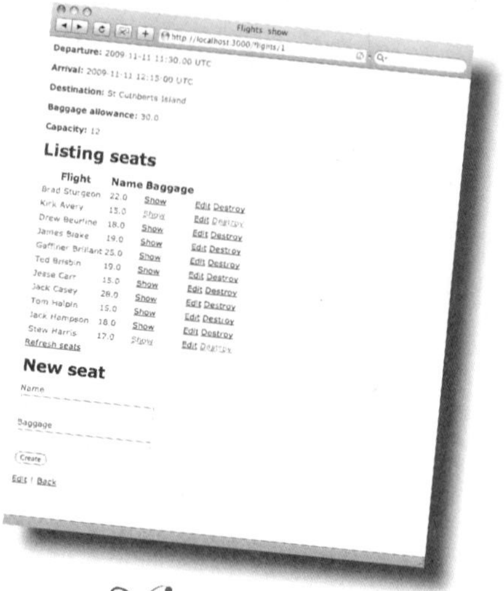

动动脑

这听起来很简单，但你能够看出什么问题吗？

我们只知道如何一次更新页面的一部分内容

到目前为止，当我们发送Ajax请求时，我们总是仅仅使用服务器返回的HTML更新页面的一部分内容：

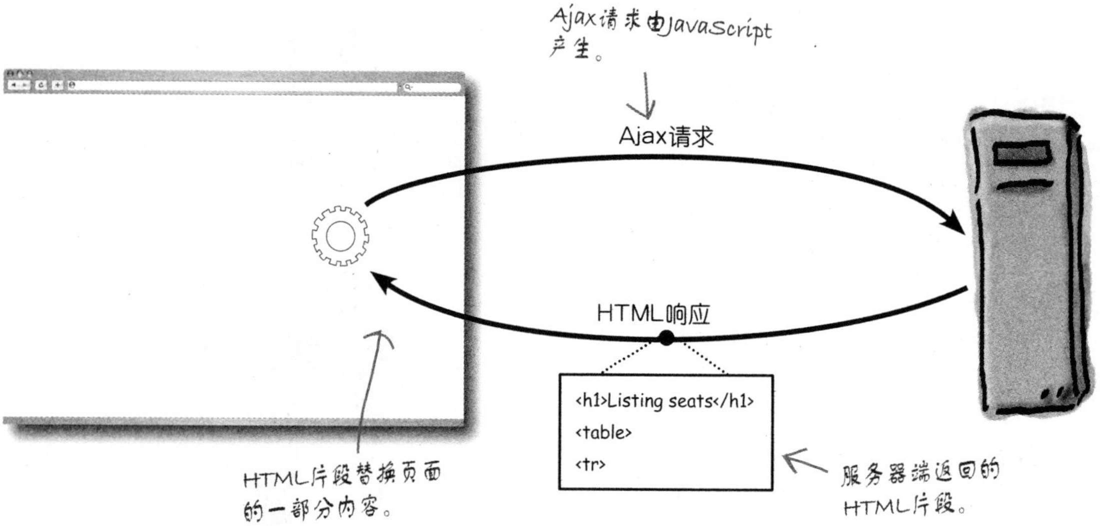

那么这次有什么不同呢？

这次的差异在于我们需要同时更新座位列表和页面顶部的通知区域。它们是两块完全独立的、需要被替换的HTML片段。

那么我们如何使用服务器端的单一响应来实现针对页面的多处更新呢？或者发送多段HTML？

实际上有更简洁的方法来实现基于单一请求结果的多个操作。

这儿的技巧便是在响应中返回一些不同于HTML的东西。

控制器需要返回JavaScript而不是HTML

如果控制器返回HTML数据给浏览器，JavaScript通常只是简单地处理它，比如用它来替换页面的某一部分。但是如果控制器返回JavaScript给浏览器，那么无论控制器需要让它实现多少事情，返回的代码都可以完成。

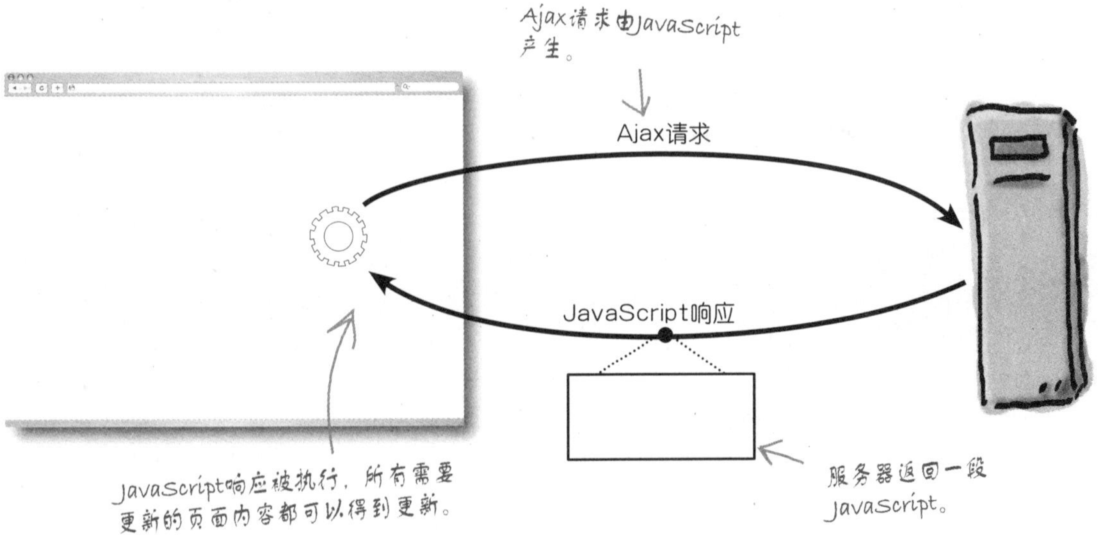

所以，如果控制器希望更新页面上的座位列表，直接显示一条确认消息，然后执行一些花哨的动画来让整个页面颠倒过来，所有这些所需做的只是返回恰当的JavaScript代码。无论JavaScript包含什么，它都会被执行。

[品味专家的忠告：你绝对不会想要这么做的]

哦，太好了。那么我们只需要返回JavaScript，对吧？但是我不懂JavaScript。难道你在说我必须学习一门完整的语言，仅仅是为了能够在一个页面上执行多处改动？？？

你可以让Rails为你编写JavaScript。

如果控制器需要返回JavaScript而不是HTML，你可能以为你需要了解如何编写JavaScript代码。但实际上你不需要。

Rails提供了一个叫做**JavaScript生成器**的对象，它能够完成正如它的名字所提示的功能——它**生成JavaScript**。

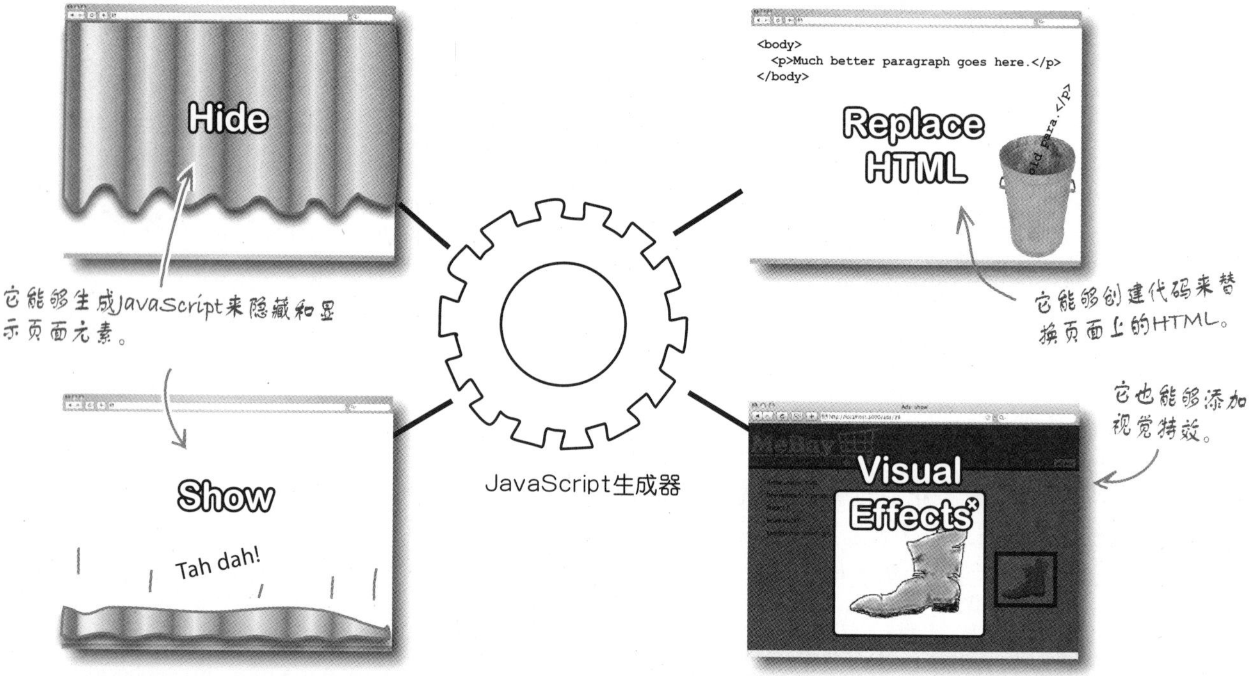

事实上，虽然懂得JavaScript大有益处，但是大多数时候，你返回给浏览器的JavaScript代码实现着很多标准化的事情，比如替换一段HTML，或者隐藏页面的某一部分，或者调用一些JavaScript库函数来实现一个动画。而JavaScript生成器能够编写代码来为你实现这儿的每一件事情。

你所要做的仅仅是正确地调用它。

代码冰箱磁铁

完成控制器代码以生成JavaScript，用来替换'notice' <div/>中的HTML来表明座位被成功预订。

```
def create
  @seat = Seat.new(params[:seat])
  render :update do |page|
    if ........................
      page. .............................................., ........................................................................
    else
      page. .............................................., ........................................................................
    end
  end
end
```

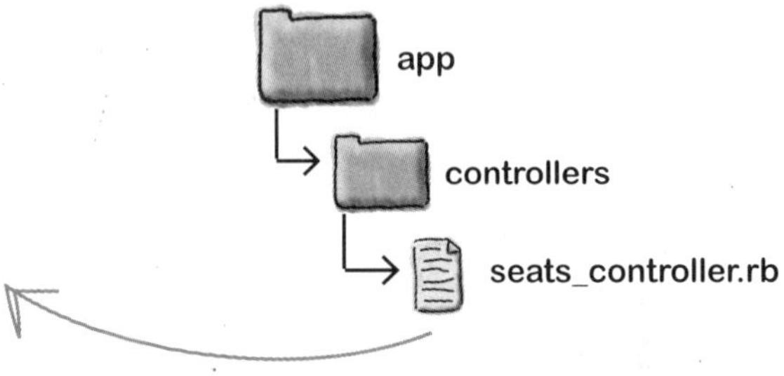

'Sorry - the seat could not be booked'

replace_html

'notices'

@seat.save

'notice'

replace_html

'Seat was successfully booked'

代码冰箱磁铁解答

完成控制器代码以生成JavaScript，用来替换'notice' <div/>中的HTML来表明座位被成功预订。

```
def create
  @seat = Seat.new(params[:seat])
  render :update do |page|
    if @seat.save
      page.replace_html 'notice' , 'Seat was successfully booked'
    else
      page.replace_html 'notice' , 'Sorry - the seat could not be booked'
    end
  end
end
```

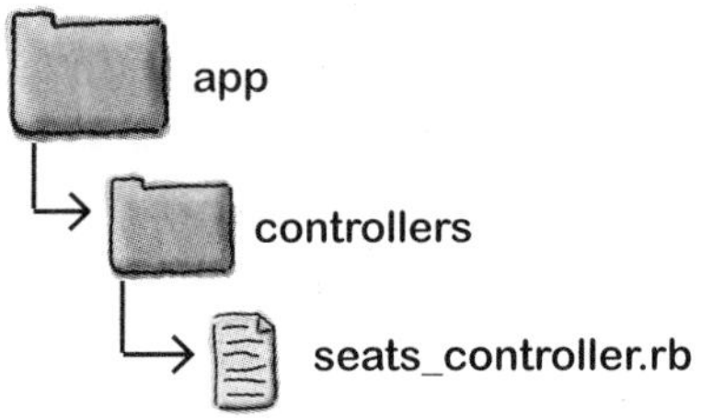

控制器代码生成了JavaScript来更新网页中带有id=‘notice’的区域。那么网页中的这块区域是哪儿呢？好吧——航班页面的布局包含了一个位于每页顶部用于通知的特定输出区域。你需要修改航班布局并为<p>元素添加一个id：

```
<p style="color: green" id="notice">
  <%= flash[:notice] %>
</p>
```

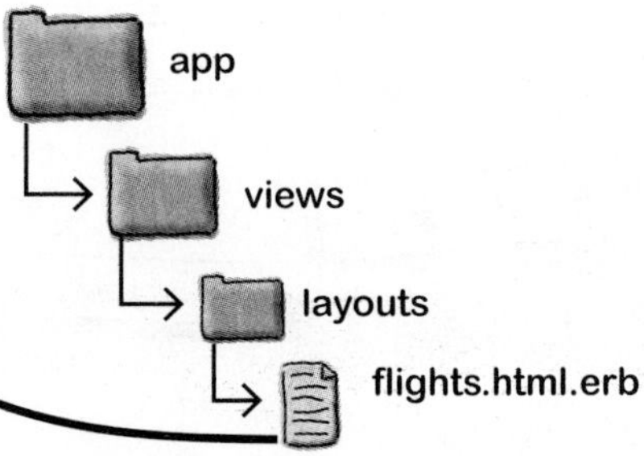

那么Rails生成了些什么？

JavaScript生成器创建了如下的JavaScript：

你肯定*不想*自己编写这个……

```
try {
Element.update("notice", "Seat was successfully booked");
Element.update("seats", "<h1>Listing seats</h1>\n\n<table>\n
<tr>\n    <th>Flight</th>\n    <th>Name</th>\n    <th>Baggage</
th>\n  </tr>\n\n\n  <tr>\n    <td>Brad Sturgeon</td>\n    <td>22.0</
td>\n    <td><a href=\"/seats/1\">Show</a></td>\n    <td><a href=\"/
seats/1/edit\">Edit</a></td>\n    <td><a href=\"/seats/1\" onclick=\"if
(confirm('Are you sure?')) { var f = document.createElement('form');
f.style.display = 'none'; this.parentNode.appendChild(f); f.method =
'POST'; f.action = this.href;var m = document.createElement('input');
m.setAttribute('type', 'hidden'); m.setAttribute('name', '_
method'); m.setAttribute('value', 'delete'); f.appendChild(m);var s
= document.createElement('input'); s.setAttribute('type', 'hidden');
s.setAttribute('name', 'authenticity_token'); s.setAttribute('value',
'aec87b235224924109e33b3207d464c64207e733'); f.appendChild(s);f.
submit(); };return false;\">Destroy</a></td>\n  </tr>\n\n  <tr>\n
<td>Kirk Avery</td>\n    <td>15.0</td>\n    <td><a href=\"/
seats/2\">Show</a></td>\n    <td><a href=\"/seats/2/edit\">Edit</
a></td>\n    <td><a href=\"/seats/2\" onclick=\"if (confirm('Are
you sure?')) { var f = document.createElement('form'); f.style.
display = 'none'; this.parentNode.appendChild(f); f.method = 'POST';
f.action = this.href;var m = document.createElement('input');
m.setAttribute('type', 'hidden'); m.setAttribute('name', '_
method'); m.setAttribute('value', 'delete'); f.appendChild(m);var s
= document.createElement('input'); s.setAttribute('type', 'hidden');
s.setAttribute('name', 'authenticity_token'); s.setAttribute('value',
```

这段代码会在Ajax预订表单被提交到控制器时被返回给浏览器。以前，浏览器将获取控制器返回的内容，并用它来更新页面的某一区域。但是现在，我们让浏览器执行返回结果。我们希望它运行我们的生成的JavaScript。

但我们如何告知表单执行返回的JavaScript响应？

如果你没有表明在哪儿放置响应，那么它就会被执行

让我们看一眼生成Ajax表单的嵌入式Ruby代码：

```
<% remote_form_for(seat, :update=>'seats') do |f| %>
  <%= f.error_messages %>

  <%= f.hidden_field :flight_id %>
  <p>
    <%= f.label :name %><br />
    <%= f.text_field :name %>
  </p>
  <p>
    <%= f.label :baggage %><br />
    <%= f.text_field :baggage %>
  </p>
  <p>
    <%= f.submit "Create" %>
  </p>
<% end %>
```

这段代码创建了所有需要在表单的“Create”按钮被点击时触发Ajax请求的JavaScript。接下来，这个表单接受服务器端返回的任何响应，用它来替换页面中标记为id = ‘seats’的那些区域。

当服务器返回HTML给浏览器时一切正常。但是现在它要返回JavaScript，而我们并不希望表单把它放到任何地方。我们希望表单能够执行它，这是非常不同的处理方式。

实际上我们需要在页面模板中做的修改很小。为了让表单执行代码，我们要做的仅仅是去掉更新参数：

更新参数已经被删除。

```
<% remote_form_for(seat) do |f| %>
```

试驾

现在，当一个座位被预订时，表单会显示一个成功或者失败消息。

但页面没有更新座位列表。我们需要生成额外的JavaScript来更新座位列表。

磨笔上阵

你需要编写额外的调用来根据适当的局部模板中的内容更新座位列表。

```
page.replace_html '..............', :partial => '.....................',
     :locals => {.................. => ...........................................}
```

磨笔上阵 解答

你需要编写额外的调用来根据适当的局部模板中的内容更新座位列表。

这是我们正在更新的<div>

这将使用 app/view/flights/_seat_list.html.erb 局部模板

```
page.replace_html 'seats', :partial => 'flights/seat_list',
        :locals => { :seats => @seat.flight.seats }
```

航班中的座位数组

已完成的代码将实现几件事情

已完成的代码如下所示：

```
def create
  @seat = Seat.new(params[:seat])
  render :update do |page|
    if @seat.save
      page.replace_html 'notice', 'Seat was successfully booked'
    else
      page.replace_html 'notice', 'Sorry - the seat could not be booked'
    end
    page.replace_html 'seats', :partial => 'flights/seat_list',
      :locals => {:seats => @seat.flight.seats }
  end
end
```

我们可以随时调用JavaScript生成器page上的方法。所以如果座位保存正确，page对象就会生成代码来更新通知，它也会创建JavaScript来更新座位列表。

试驾

现在当新座位被预订时，不仅会出现确认消息，而且座位列表页也得到了更新：

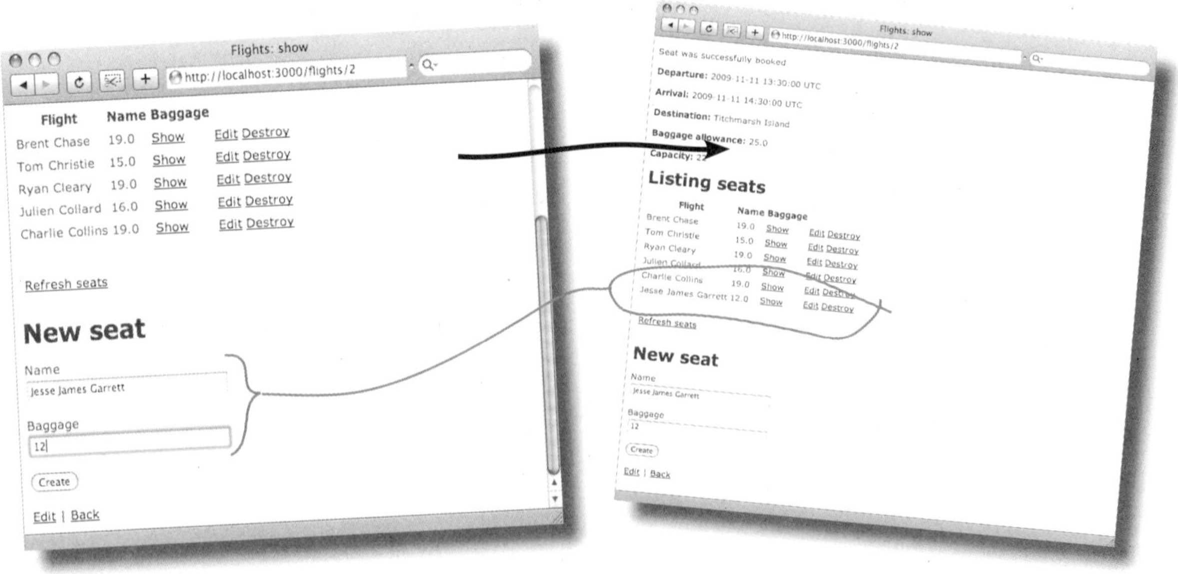

这个系统投入了运行，人们能够快速地预订多个座位了。

你的Rails工具箱中的工具

你已经把第7章收入囊中了，现在你已经把添加Ajax到你的应用中的能力加入了你的工具箱。

Rails工具

Ajax应用使用JavaScript生成后台请求

Protoype库为你提供了大多数实现Ajax的函数

Rails提供了几个Ajax辅助函数：

<%= link_to_remote %>将创建一个Ajax链接

<%= periodically_call_remote %>启动一个Ajax定时器

<%= remote_form_for %>创建一个Ajax表单

如果Ajax辅助函数被给予:update参数，它们将会替换网页中符合匹配id的区域。

如果:update参数被省略，它们将执行控制器返回的JavaScript。

8 XML和多种表现形式

现在看起来都不一样了……

你不可能一直取悦每个人。你能吗？我们已经看过了你如何使用Rails来快速且简单地开发能够**完美满足一系列需求**的Web应用。但是如果又有**其他需求出现**的话该怎么办？如果有些人想要**基本的网页**，而另外一些人则想要Google混搭（mashup），还有更多的人希望你的应用能够作为RSS源（feed）存在，你又该怎么做呢？你将在本章中创建同样基础数据的**多种表现形式**，让你能够以**最少的代码**来呈现**最大的灵活性**。

在世界各地登山

Head First Climbers是为世界各地的登山爱好者设计的网站。登山者在探险途中发回报告，记录他们已经攀登的山脉的位置和时间，同时也报告他们发现的危险的特性，比如岩石滑坡和雪崩。

很明显，这些信息对于其他登山者的安全来说非常重要，很多登山者就直接在岩壁上使用手机和GPS接收器来阅读和记录信息。在这种使用方式下，系统将能够拯救很多生命而且——不管怎样——网站也不会有太大的流量。

那为什么它不受欢迎呢？

应用非常简单。它仅仅是下面这个数据结构的支架版本：

Incident	
山脉（mountain）	*string*
纬度（latitude）	*decimal*
经度（longitude）	*decimal*
时间（when）	*datetime*
标题（title）	*string*
描述（description）	*text*

id	mountain	latitude	longitude	when	title	description
1	Mount Rushless	63.04348055...	-150.993963...	2009-11-21 11:...	Rock slide	Rubble on the ...
2	Mount Rushless	63.07805277...	-150.977869...	2009-11-21 17:...	Hidden crev...	Ice layer cove...
3	Mount Lotopaxo	-0.683975	-78.4365055...	2009-06-07 12:...	Ascent	Living only on...
4	High Kanuklima	11.123925	72.72135833...	2009-05-12 18:...	Altitude si...	Overcome by th...

正如你现在注意到的，支架是开始一个应用的好方法，但是你总是需要修改代码来把通用的支架代码改造得更加适合于你的用户正在试图解决的问题。

那么这个应用需要改些什么呢？

这样做！

创建一个匹配这个数据结构的支架式应用。

用户讨厌这个界面！

没花多久时间便找到网站不受欢迎的原因：**用户界面**。

这个系统被用于管理空间数据——它记录了发生在全世界的特定地点和时间的事件。位置信息使用下面两个数据来记录：

- **纬度**（latitude）。这表征了地点在赤道以北或者以南的距离。
- **经度**（congitude）。这表征了地点在本初子午线以西或者以东的距离。

用户能够正常记录他们的数据：他们只要从GPS接收器里读取纬度和经度信息就可以了。但他们在阅读和解释来自于其他登山者的信息时却遇到了大麻烦。

所以人们能够添加数据到应用中，但是他们无法理解从这个应用中获取的数据。这减少了访问者，而越少的访问者意味着越少的信息被添加……这将导致更少的人来使用这个应用。这就是个恶性循环。

必须要做一些事了，否则网站就会失去更多的业务而不得不关闭。

动动脑

请思考一下应用需要呈现的数据。**你**会如何显示这些信息呢？什么是最佳的手段来让这些信息能够容易被需要它的登山者们理解？

数据需要在地图上

系统记录了地理数据，它应该被显示在地图上。

正确的数据能够被保存，而其他基本功能（创建、读取、更新、修改和删除）都可用。问题在于**表达**（presentation）。位置信息通过两个数据来存储——纬度和经度——但这并不意味着我们必须以这种方式来显示它们。

与其看到这样的内容……

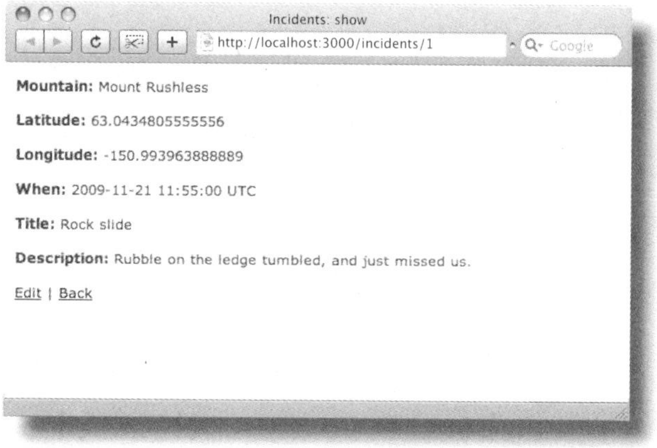

……不如让登山者看到如下的内容：

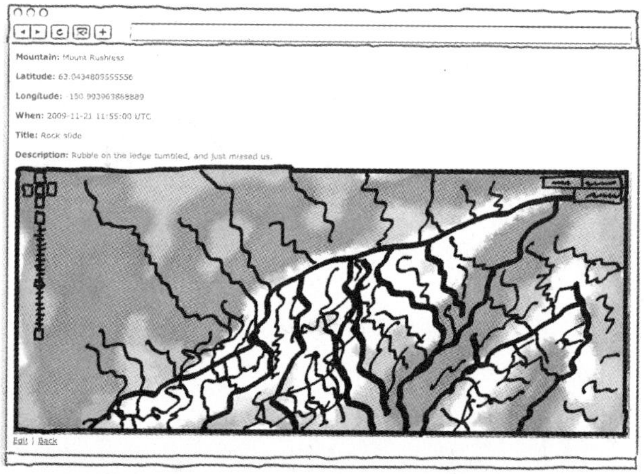

显而易见，现在需要对界面做大刀阔斧的修改了，所以网站工程师决定他们不修改整个应用，而是首先运行一个小型的试点项目来创建一个能够显示事件并让它在地图上呈现的页面。但是他们不知道怎么做，他们需要你的帮助。

你需要做的第一件事是什么？

我们需要创建一个新的动作

我们不希望修改现有的代码——我们只希望添加内容。在确保新界面可以工作之前，我们不希望让现有用户受到任何影响。毕竟，剩下的已经不多了……

所以我们将添加一个名为show _ with _ map的新动作。现在，有人能够看到有个事件使用如下的URL：

```
http://localhost:3000/incidents/1
```

我们将创建这个页面的新版本：

```
http://localhost:3000/incidents/map/1
```

这样，试点用户只需要添加/map来跳转到这个页面的新版本。我们使用如下的路由：

记得把这个作为第一条路由添加到你的your config/routes.rb文件中。

```
map.connect 'incidents/map/:id', :action=>'show_with_map', :controller=>'incidents'
```

磨笔上阵

我们通过拷贝app/views/incidents/show.html.erb文件来创建页面模板。新文件叫什么名字呢？

……………………………………………………………………………………

事件（incidents）控制器需要一个新方法来读取合适的Incident模型对象并把它存储到名为@incident的实例变量中。请在下面写出新方法：

……………………………………………………………………………………

……………………………………………………………………………………

……………………………………………………………………………………

……………………………………………………………………………………

……………………………………………………………………………………

磨笔上阵 解答

我们通过拷贝app/views/incidents/show.html.erb文件来创建页面模板。新文件叫什么名字呢？

app/views/incidents/show_with_map.html.erb

事件（incidents）控制器需要一个新方法来读取合适的Incident模型对象并把它存储到名为@incident的实例变量中。请在下面写出新方法：

```
def show_with_map
  @incident = Incident.find(params[:id])
end
```

show_with_map 是动作的名字。

这是URL中的id号。

这样做！

现在创建页面模板和新的控制器方法。

新动作看起来可以工作……

现在，如果你查看事件页面的两个版本，我们会看到他们都能够显示正确的数据。你注意到了什么？

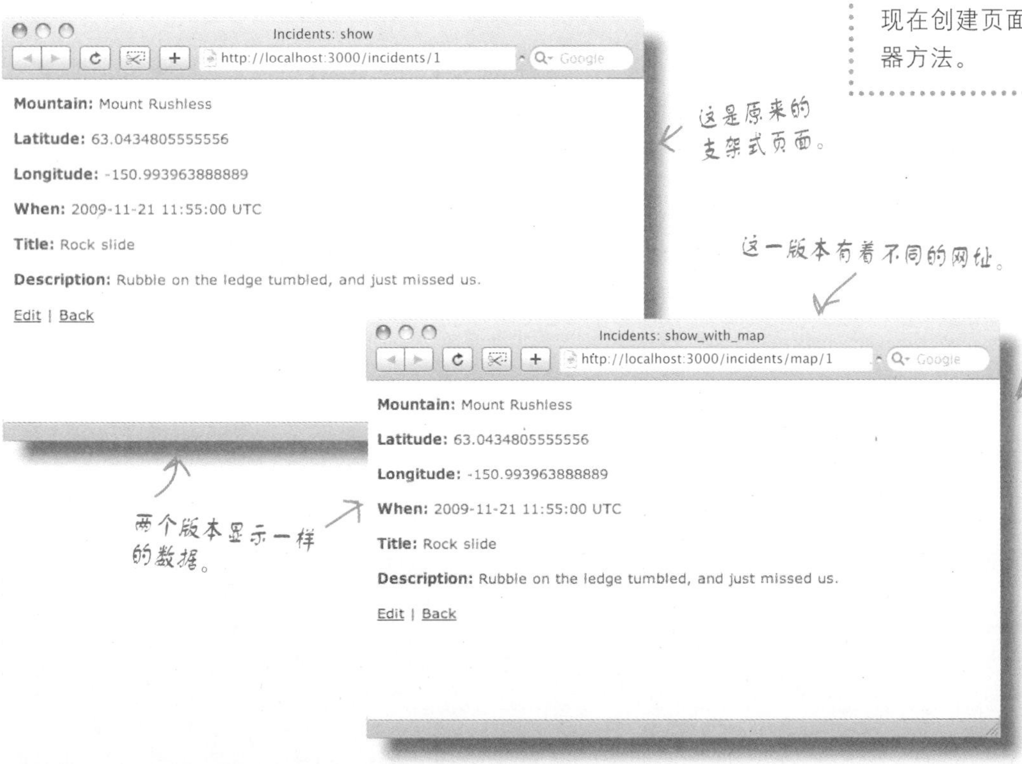

这是原来的支架式页面。

这一版本有着不同的网址。

这一版调用新的show_with_map动作。

两个版本显示一样的数据。

事情页面的两个版本看起来完全相同——这是一个问题。

新页面需要一幅地图……这才是关键！

我们当然不希望新版页面看起来一样。我们需要添加一幅地图。

我们该怎么做？我们不可能自己搭建一个地图系统。相反，我们将创建一个**混搭**（mashup）。混搭是指聚合了来自Web中其他网站的数据和服务的Web应用。

大多数地图服务允许你在自己的Web应用里嵌入地图，而这儿我们将使用Google提供的地图服务。Google Maps给你提供了很多灵活性。你不仅能够在网页中嵌入地图，你还能不费太多工夫就把你自己的数据添加到地图上，并且编程控制用户如何与地图和数据交互。

下面是这个页面如何工作的概述：

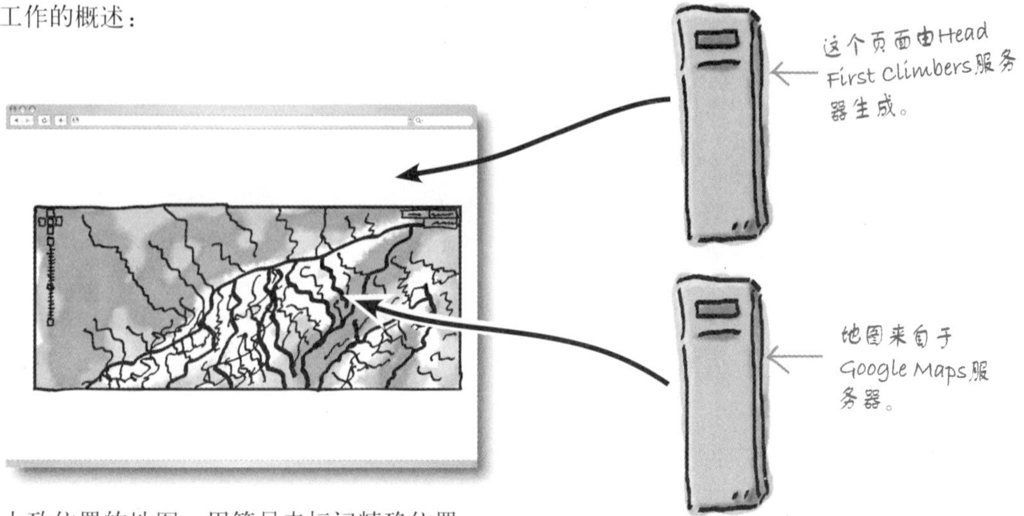

会显示被记录事情的大致位置的地图，用符号来标记精确位置。

Head First Climbers应用将生成调用地图的代码和显示在地图上的数据，但是地图本身以及一大堆允许用户执行类似于拖动地图或者缩放功能的代码将来自于Google Maps服务器。虽然Google提供了很多代码，但我们依然需要提供两个东西：

- 调用地图的HTML和JavaScript。这有一些复杂，所以我们把所需的HTML和JavaScript放在不同的局部模板中，这样我们可以在页面模板中调用这些局部模板。
- 我们需要在地图上显示的数据。一开始我们将使用一个范例数据文件来确保地图能够正常工作。

那么地图代码看起来是什么样子呢？

我们需要什么样的代码呢？

我们需要下面名为_map.html.erb的局部模板中的代码：

下载它！

```
<%
  google_key='ABQIAAAAnfs7bKE82qgb3Zc2YyS-oBT2yXp_' +
    'ZAY8_ufC3CFXhHIE1NvwkxSySz_REpPq-4WZA27OwgbtyR3VcA'
  full_page ||= false
  show_action ||= nil
  new_action ||= nil
  data ||= nil
%>
<div id="map"
  align="right"
  style="border: 1px solid #979797;
                min-width: 400px;
 <%             if full_page -%>
                min-height: 800px;
                height: 800px;
 <%             else -%>
                min-height: 400px;
                height: 400px;
 <%             end -%>
                background-color: #FFFFFF;
                border: 1px solid #999999;
                padding: 10px;"></div>
...
```

这行密钥使得地图能够在"本地主机(localhost)"上工作。

这儿没有足够的空间来显示所有的局部模板代码，但是你能够在http://tinyurl.com/hfrailsmap下载这个文件。

这段代码实现了什么？首先，它调用了Google Maps服务器上的一些JavaScript，这些JavaScript将在网页上生成一幅地图。该地图具有内嵌的拖动和缩放功能。

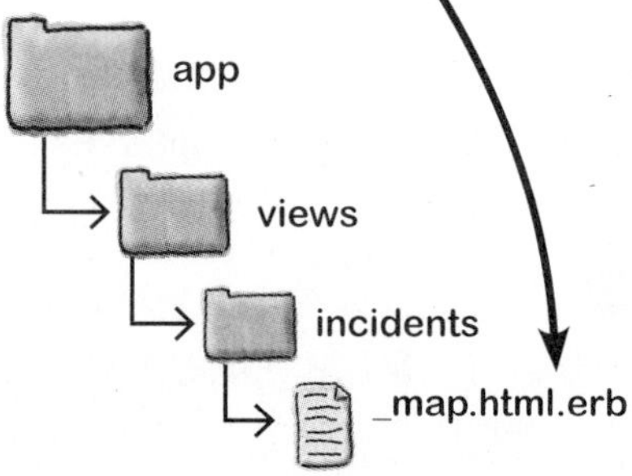

但是基本的Google代码无法实现我们需要的一切。它并不载入和显示任何我们的本地数据。所以，在_map.html.erb局部模板中的代码还要从文件中载入位置数据，它使用该数据来移动地图到正确的位置并在指定点显示一个图标。

但这段代码有一点点复杂……

这段代码仅能工作在本地主机上

Googleo为代码的使用做了限制。他们强调你必须说明你将在哪台主机使用他们的代码。这就意味着你在www.yourowndomain.com上使用它之前，你需要告诉Google这一点。为了确保人们能够遵守这个条款，这段代码仅在你提供给它一个**Google Maps密钥**时才能运行。密钥是为一个特定主机名而生成的，如果你试图把Google地图嵌入到其他地方的页面，地图将拒绝运行。

但这对我们而言不是问题。我们使用的`_map.html.erb`局部模板包含了针对本地主机的Google Maps密钥——所以只要你在自己的机器上运行就没有问题。不过请记住，当你希望在其他地方运行这段代码时，你需要先申请你自己的密钥。

极客新知

如果你想要在自己的Web应用中嵌入Google地图，你需要与Google签署协议。为了做到这一点，请访问如下URL：http://tinyurl.com/mapreg。

磨笔上阵

你需要在`show_with_map.html.erb`模板中包含局部模板map。我们需要传入一个名为`data`的具有地图数据文件路径的本地变量。我们将使用测试文件`/test.xml`来实现这一目的。

请编写调用局部模板的代码。

....

....

....

磨笔上阵解答

你需要在show _ with _ map.html.erb模板中包含局部模板map。我们需要传入一个名为data的具有地图数据文件路径的本地变量。我们将使用测试文件/test.xml来实现这一目的。

请编写调用局部模板的代码。

你需要在show_with_map.html.erb文件中插入这行代码。

```
<%= render (:partial=> 'map' , :locals=>{:data=> '/test.xml' }) %>
```

现在我们需要地图数据

在我们能够验证嵌入式地图之前，我们需要为它提供地图数据。作为开始我们将直接使用test.xml测试文件它的内容如下所示：

下载它！

为了免去你输入这么多数字，你可以从http://tinyurl.com/maptest下载test.xml文件。

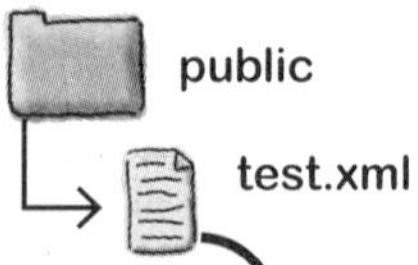


```
<data>
  <description>This is an example description</description>
  <latitude>63.0434805555556 </latitude>
  <longitude>-150.993963888889</longitude>
  <title>Test Data</title>
</data>
```

地图数据提供了测试事件的纬度和经度。当载入Google地图时，我们的局部模板map将把这个文件的内容传递给它，这样事件就能够被居中显示了。

试驾

那么当我们输入如下URL会发生什么呢：

`http://localhost:3000/incidents/map/1`

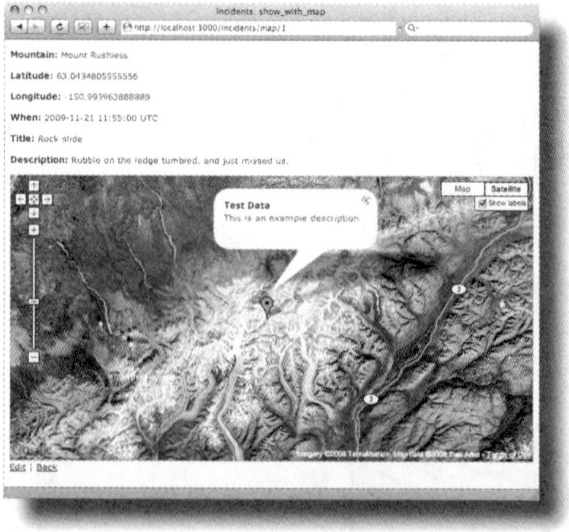

地图工作了！但如果我们想跳转到一个不同的URL呢？

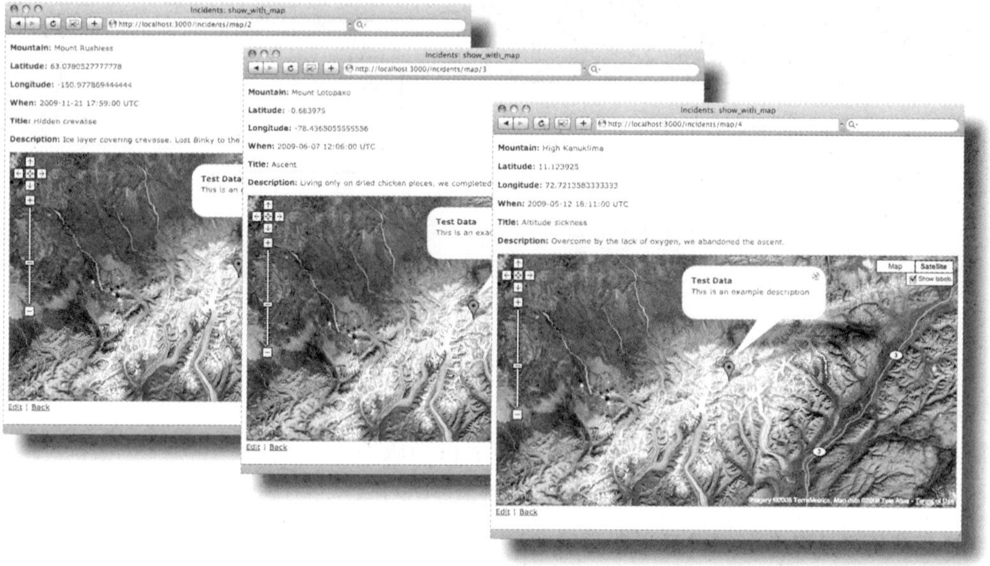

无论选择什么样的事件，每幅地图看起来都一样。这是因为每幅地图都在使用相同的数据：test.xml文件的内容。

为了让地图显示指定事件的位置，我们需要为每个页面生成不同的数据文件。

我们需要生成什么样的数据呢？

我们把XML数据传递给地图，而XML数据描述了单个事件的位置。每个位置包括纬度、经度、标题和描述。我们需要为每个事件生成这样的XML数据。

所以系统将如下工作：

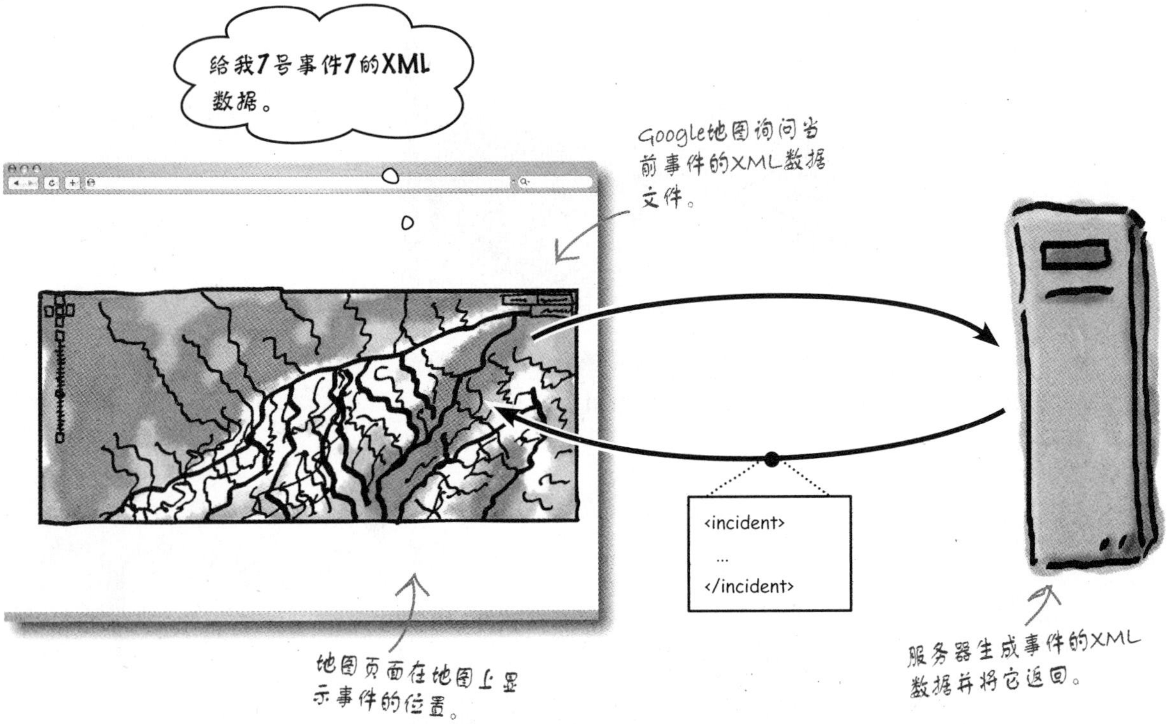

如果你感到似曾相识的话就太好了！Google Maps实际上使用Ajax来运作。还记得我们在前一章如何使用Ajax来下载座位列表的新版本吗？Google Maps使用相同的方法来为每个事件的位置请求XML数据。

所以下一步就是生成数据。我们从哪儿获取数据呢？

我们从模型中生成XML

生成的XML数据将来自于Incident模型。我们将只使用四个属性：纬度(latitude)、经度(longitude)、标题(title)和描述(description)。

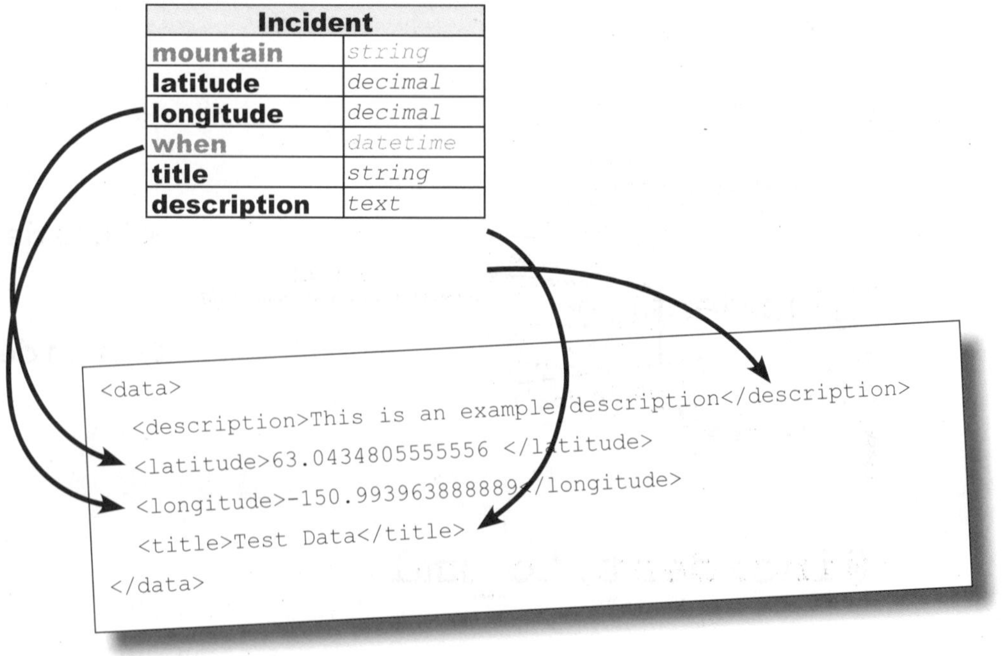

但我们如何生成XML呢？在某种程度上，这有点像生成网页。毕竟XML和HTML非常相近。而且正如网页包含了来自于模型的数据那样，我们的XML文件也将包含来自于模型的数据。

所以一种方法就是创建一个包含XML标签而不是HTML标签的页面模板：

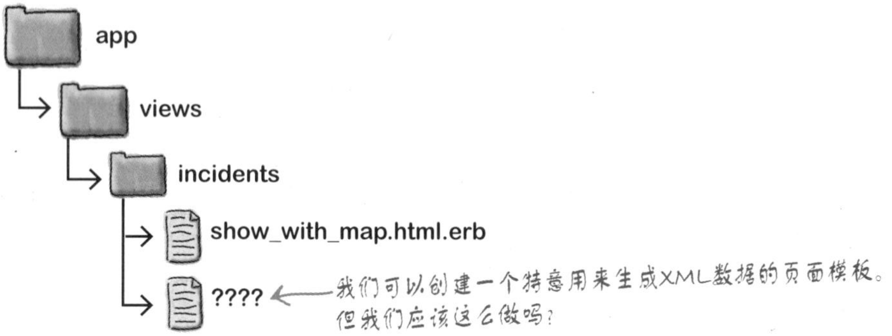

这种方法能够奏效，但是我们有更好的方法……

模型对象能够生成XML

模型对象包含数据。XML文件也包含数据。所以某种意义上模型对象就能生成它们的XML版本。每个模型对象有一个返回XML字符串的方法to _ xml：

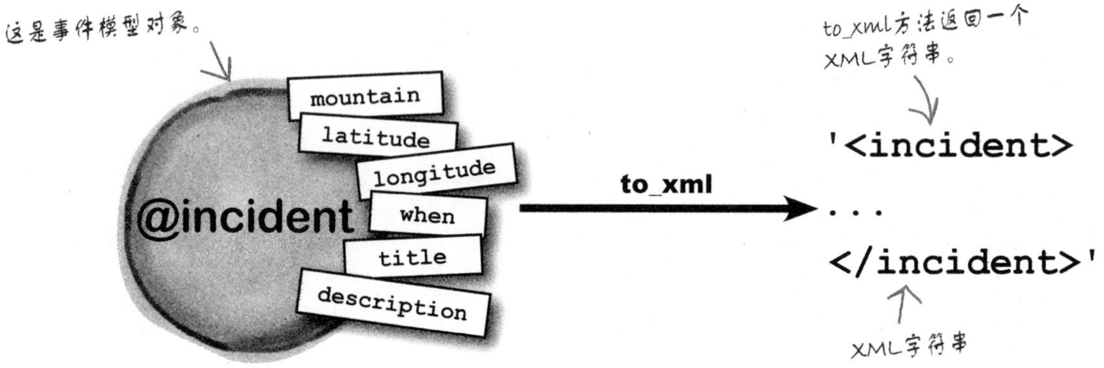


```
@incident.to_xml
```

to_xml方法返回了一个代表这个模型对象的XML字符串。

但是创建XML仅仅完成了一半的工作。另一半是把XML返回给浏览器。我们没有用页面模板，所以所有的工作不得不交给控制器来处理渲染XML……

控制器代码看起来是什么样呢？

我们可以修改show _ with _ map方法来输出XML：

```
def show_with_map
  @incident = Incident.find(params[:id])
  render :text=>@incident.to_xml
end
```

这是我们已经在读取的incident对象。

render方法返回XML。

text参数包含我们将要返回给浏览器的数据。

这将创建一个描述incident对象的XML字符串。

render方法把XML返回给浏览器。我们前面见过这个render方法，但是这次稍稍有些区别。大多数时候你使用render来从一个模板或者局部模板中生成一个网页。但是你也可以只给它传递一个字符串对象——而这就是我们现在的做法。

极客新知

为了简化编程，Rails工程师也允许你给render方法传递一个名为:xml的参数：

```
render :xml=>@incident
```

如果render方法被传入一个使用:xml参数的对象，它将调用对象的to _ xml方法并把结果返回给浏览器。render命令的:xml版本将生成与我们的控制器里的render命令一样的内容，但是它也会把响应中的mime-type设置成text/xml。不过现在我们还是用上面的:text版本。

没有蠢问题

问： 再说一遍，这次render方法做了什么？

答： render为浏览器生成一个响应。当你的浏览器要求一个页面时，那就是请求。render生成需要返回的内容。

试驾

那么现在当我们到达如下URL时会有什么结果呢:

`http://localhost:3000/incidents/map/1`

Source of: http://localhost:3000/incidents/map/1

```
<?xml version="1.0" encoding="UTF-8"?>
<incident>
  <created-at type="datetime">2009-11-21T11:59:31Z</created-at>
  <description>Rubble on the ledge tumbled, and just missed us.</description>
  <id type="integer">1</id>
  <latitude type="decimal">63.0434805555556</latitude>
  <longitude type="decimal">-150.993963888889</longitude>
  <mountain>Mount Rushless</mountain>
  <title>Rock slide</title>
  <updated-at type="datetime">2009-11-21T11:59:31Z</updated-at>
  <when type="datetime">2009-11-21T11:55:00Z</when>
</incident>
```

控制器现在返回了XML，它包含的数据来自于`id = 1`的事件对象。

但有没有问题呢？我们生成的XML看起来和范例XML一样，但还是有一些不同：

- 我们生成了太多的属性。例数据文件仅仅包含包括纬度、经度、标题和描述信息。但是这段XML包含了事情的**所有**内容，甚至包括了事情记录被创建的日期和时间。

- XML文件的根名是错误的。生成的XML从我们使用的变量中获取了根名，`<incident>`。但是我们需要一个根名为`<data>`的XML。

```
<data>
  <description>This is an example
    description</description>
  <latitude>63.0434805555556 </latitude>
  <longitude>-150.993963888889</longitude>
  <title>Test Data</title>
</data>
```

XML的格式基本正确，但是还有一点点瑕疵。

我们需要修改`to_xml`产生的XML。

代码冰箱磁铁

to _ xml方法有一些可选的参数能够让我们修改返回的XML。看看你是否能够找出这些参数应该被赋予的值：

```
def show_with_map
  @incident = Incident.find(params[:id])
  render :text=>@incident.to_xml(
  ..........=>[..........,..........,..........,..........],
  ..........=> ..........)
end
```

:id

:root

"change"

:title

:description

:except

:xml

:longitude

"xml"

:updated_at

:latitude

:only

"data"

代码冰箱磁铁解答

to _ xml方法有一些可选的参数能够让我们修改返回的XML。
看看你是否能够找出这些参数应该被赋予的值：

```
def show_with_map
  @incident = Incident.find(params[:id])
  render :text=>@incident.to_xml(
    :only =>[ :latitude , :longitude , :title , :description ],
    :root => "data" )
end
```

因为我们使用了
render :text=>...
这样的render命令版本，我们可以使
用to_xml中的选项来更改输出。

```
:id
"change"
:except
:xml
"xml"
:updated_at
```

没有蠢问题

问： 我们不是应该在模型中生成XML吗？

答： 你可以这么做，但这并不是个好主意。你可能需要在不同的场合生成不同的XML。如果你在模型中为每种XML格式添加代码，模型将很快就会过载。

试驾

现在，当我们来到如下URL时：

`http://localhost:3000/incidents/map/1`

我们将得到一个有些变化的XML。

Source of: http://localhost:3000/incidents/map/1

```
<?xml version="1.0" encoding="UTF-8"?>
<data>
  <description>Rubble on the ledge tumbled, and just missed us.</description>
  <latitude type="decimal">63.0434805555556</latitude>
  <longitude type="decimal">-150.993963888889</longitude>
  <title>Rock slide</title>
</data>
```

你已经能够修改XML来使得它仅仅显示我们需要的数据，而且它也有了一个恰当命名的根元素。现在它看起来比较接近原来的范例XML文件了。

`to _ xml`方法并不允许你对它所生成的XML做大量的修改，但是它对于大多数应用来说已经足够……也包括为定制地图而给Google发送XML的情况。

通过很小的修改，`to_xml`便给了我们所需要的XML。

此时，在20 000英尺的高度……

有些使用试点程序的人遇到了问题。

网页消失了！在最后一次修改之前，如下的URL：

```
http://localhost:3000/incidents/map/1
```

能够生成网页。问题是，现在这个URL仅仅返回XML，而不是一幅漂亮的Google地图。

在你的最后一次修改之前：

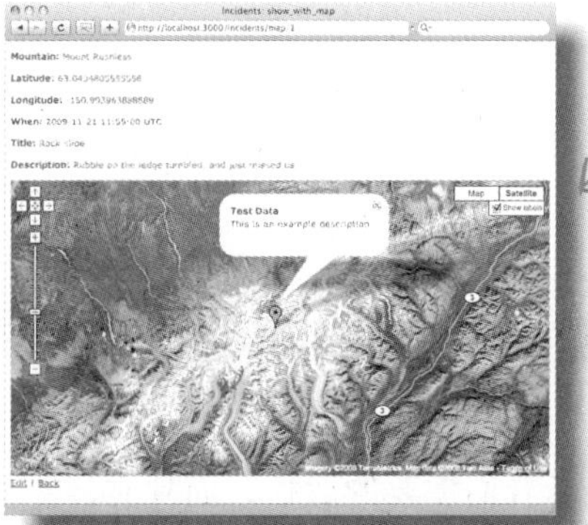

在修改之前，我们有一个能够在Google地图上显示我们数据的网页。

修改之后，所有我们看到的返回就是这个XML。

在你的最后一次修改之后：

Source of: http://localhost:3000/incidents/map/1

```
<?xml version="1.0" encoding="UTF-8"?>
<data>
  <description>Rubble on the ledge tumbled, and just missed us.</description>
  <latitude type="decimal">63.0434805555556</latitude>
  <longitude type="decimal">-150.993963888889</longitude>
  <title>Rock slide</title>
</data>
```

我们需要生成XML和HTML

show _ with _ map动作原来会使用show _ with _ map.html.erb页面模板生成一个网页。但是一旦我们为控制器方法添加了一个render调用之后，Rails就忽略了那个模板而仅仅生成XML：

```
def show_with_map
  @incident = Incident.find(params[:id])
  render :text=>@incident.to_xml(
    :only=>[:latitude,:longitude,:title,:description],
    :root=>"name")
end
```

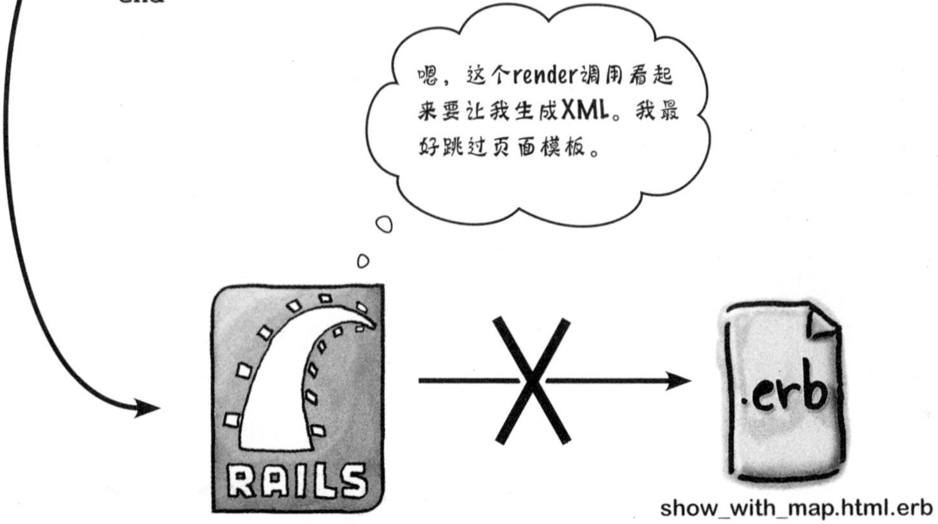

当然，这个逻辑是成立的，因为动作不可能同时生成XML和HTML。

但我们还是需要一个网页来显示地图，而地图也依然需要XML地图数据。我们该怎么办呢？

我们需要使用一种方法来调用控制器以生成HTML，我们还需要使用另一种方法来调用控制器以生成XML。

Mark: 另一个动作？

Bob: 当然。一个用来生成XML而另一个用来生成HTML。

Laura: 好吧，这不是一个好主意。

Bob: 为什么？

Laura: 这意味着重复的代码。两个方法都需要编写代码来读取事件对象。

Bob: 那有什么关系。就一行而已。

Laura: 目前来说是的。但是如果我们将来还要修改一些地方呢？

Mark: 你是说比如模型被修改？

Laura: 或者也可能是我们要从其他地方获取数据的情况，比如从一个Web服务。

Bob: 这没什么大不了的。让我们先考虑我们现在的问题吧，好不？

Mark: 我不知道。Laura，你会怎么做呢？

Laura: 很简单。我将给动作传递一个参数，告诉它我们需要什么样的格式。

Mark: 这应该能行。

Bob: 得了吧，太花工夫了。

Laura: 比创建另一个动作花的代价要小。

Mark: 但还有一个问题……

Laura: 什么？

Mark: URL不是确定了我们需要的信息吗？

Laura: 所以？

Mark: 我们不是要为这两种格式使用相同的URL吗？

XML和HTML仅仅只是表现形式而已

虽然HTML和XML看起来大不一样，它们其实只是相同内容的不同视觉表现形式而已。HTML网页和XML地图数据都描述了相同的Incident对象数据。事件是核心数据，有时它被称为**资源**。

资源是网页所呈现的数据，而网页则被称为资源的一种**表现形式**（representation）。以Incident对象为例。Incident对象就是资源，事件网页和地图数据XML文件都是资源的表现形式。

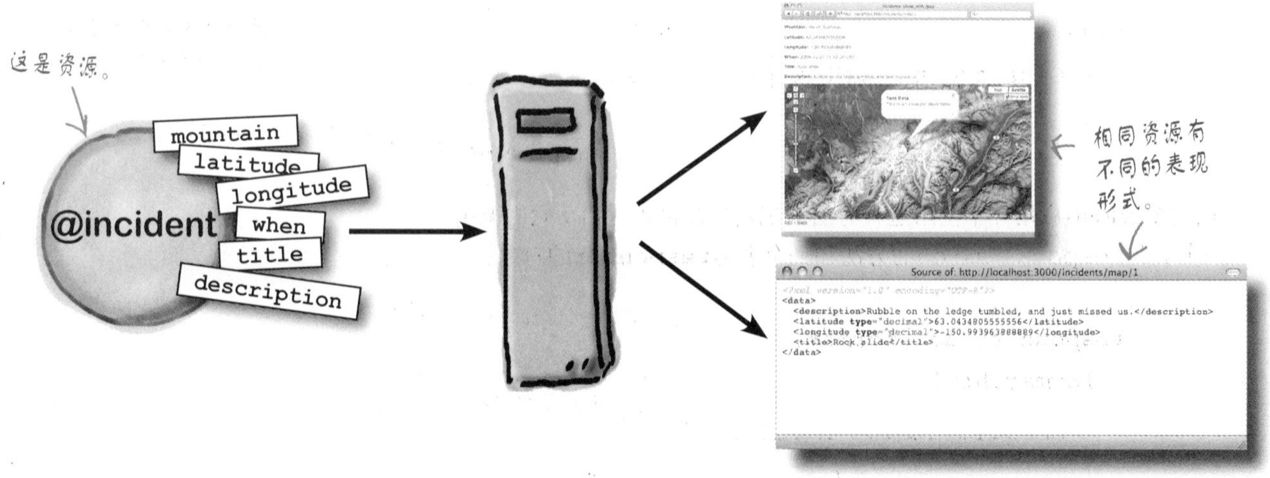

把Web想象成一系列资源和表现形式是名为REST的设计架构的组成部分。REST也是Rails的架构。你的应用有越多的REST成分，它会在Rails上运行得更好。

但这对我们有什么帮助呢？好吧，为了更好地遵守REST，XML数据和网页需要使用相同的URL（Uniform Resource Locator，**统一资源定位器**），因为它们都代表了相同的资源。比如：

```
http://localhost:3000/incidents/maps/1
```

但为了让事情变得简单，我们可以（稍稍）妥协一下REST设计而使用下面的URL来实现两种表现形式：

```
http://localhost:3000/incidents/maps/1.xml
http://localhost:3000/incidents/maps/1.html
```

一个URL返回XML数据，而另一个返回HTML。

我们应该如何确定使用哪一种格式？

如果我们添加一条路径中包含格式的额外路由：

```
map.connect 'incidents/map/:id.:format', :action=>'show_with_map',
   :controller=>'incidents'
```

这将根据扩展名来记录格式。

我们将能够从XML中读取所请求的格式，然后再根据如下的代码来作决定：

```
if params[:format] == 'html'
  # Generate the HTML representation
else
  # Generate the XML representation
end
```

http://localhost:3000/incidents/map/1.html

这个扩展名将被保存在:format域中。

http://localhost:3000/incidents/map/1.xml

但大多数Rails应用并不使用这种方法来确定生成格式。相反它们调用一个名为respond _ to do的方法和一个名为**responder**的对象：

```
respond_to do |format|
  format.html {
    ____________________
  }
  format.xml {
    ____________________
  }
end
```

format是一个"responder"对象。

这儿是生成网页的代码。

这儿是生成XML的代码。

这段代码实现了相似的功能。这儿的format对象是个响应器（responder）。响应器能够根据请求所要求的格式来确定是否需要运行代码。所以当用户请求HTML时，以上代码就会运行传递给format.html的代码。当用户请求XML时，响应器会运行传递给format.xml的代码。

为什么Rails程序员不直接使用if语句呢？毕竟，这样不是更简单吗？好吧，响应器具有**额外的能力**。例如，它可以设置响应的媒体类型（mime type）。媒体类型告诉浏览器响应中包含了怎样的数据类型。通常来说，推荐使用respond _ to do来确定生成哪一种表示格式。

控制器中的show _ with _ map方法需要确定它该生成XML还是HTML。请编写这个方法的新版本来使用响应器生成正确的表现形式。

提示：如果你需要生成HTML，除了读取模型对象外，控制器还需要做什么？

show _ with _ map.html.erb页面模板当前调用map局部模板并把/test.xml文件传递给它。如果该页面模板要调用生成的XML文件，局部模板调用应该是什么样子呢？

习题解答

控制器中的show _ with _ map方法需要确定它该生成XML还是HTML。请编写这个方法的新版本来使用响应器生成正确的表现形式。

提示：如果你需要生成HTML，除了读取模型对象外，控制器还需要做什么？

没有其他了！当生成HTML时，我们可以让Rails调用show_with_map.html.erb模板。

```
def show_with_map
 @incident = Incident.find(params[:id])
 respond_to do |format|
  format.html {
  }
  format.xml {
   render :text=>@incident.to_xml(
    :only=>[:latitude,:longitude,:title,:description],
    :root=> "data" )
  }
 end
end
```

这儿可以为空——Rails会帮我们调用模板。

show _ with _ map.html.erb页面模板当前调用map局部模板并把/test.xml文件传递给它。如果该页面模板要调用生成的XML文件，局部模板调用应该是什么样子呢？

```
<%= render(:partial=> 'map', :locals=>{:data=> "#{@incident.id}.xml" }) %>
```

没有蠢问题

问： 如果format.html部分不需要任何代码，我们可以直接省略它吗？

答： 不行。你还是需要加上format.html，否则Rails就无法知道它需要响应HTML输出的请求。

试驾

当我们查看位于以下URL的XML版本的页面时：

http://localhost:3000/incidents/map/1.xml

我们将得到事件的XML版本：

Source of: http://localhost:3000/incidents/map/1.xml

```
<?xml version="1.0" encoding="UTF-8"?>
<data>
  <description>Rubble on the ledge tumbled, and just missed us.</description>
  <latitude type="decimal">63.0434805555556</latitude>
  <longitude type="decimal">-150.993963888889</longitude>
  <title>Rock slide</title>
</data>
```

那么HTML版本呢：

http://localhost:3000/incidents/map/1.html

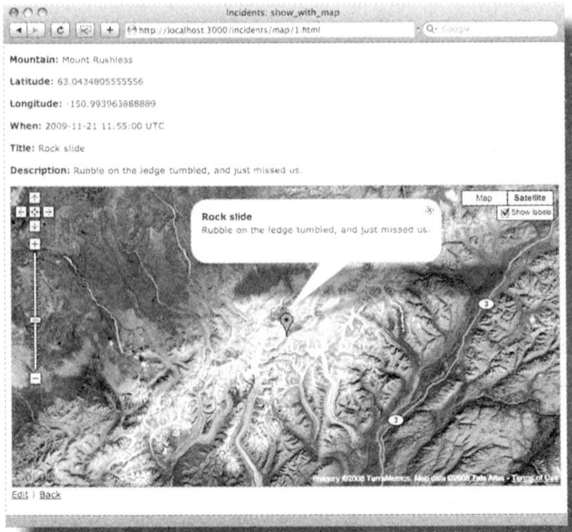

http://localhost:3000/incidents/map/3.html

系统工作了。现在不同的事件显示了不同的地图。但在我们替换当前运行版本之前，我们最好确保我们真的理解代码是如何运作的。

这究竟是怎样发生的呢？

地图页面是如何工作的呢？

让我们来深入了解发生的一切以及HTML页面是如何被渲染的。

1 **控制器发现需要返回一个HTML页面。**

浏览器指向了HTML版的页面。控制器意识到浏览器请求的是HTML而不是XML，所以它调用`show_with_map.html.erb`。HTML被返回给客户端浏览器。

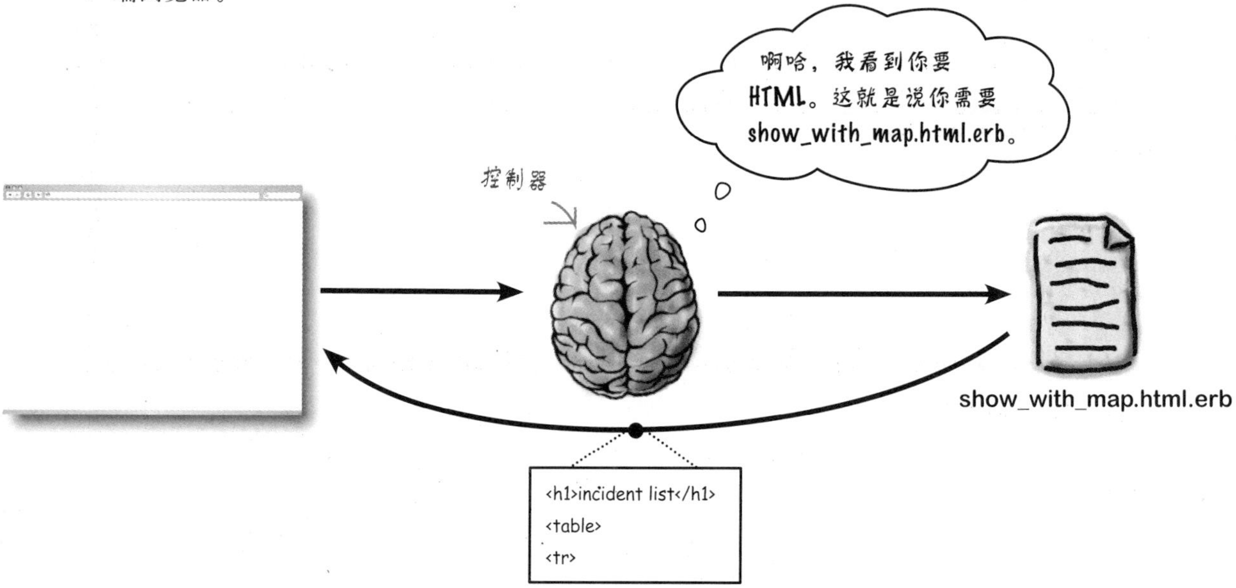

2 **JavaScript请求Google地图。**

网页中的JavaScript向Google Maps服务器请求地图数据。Google服务器返回该数据。

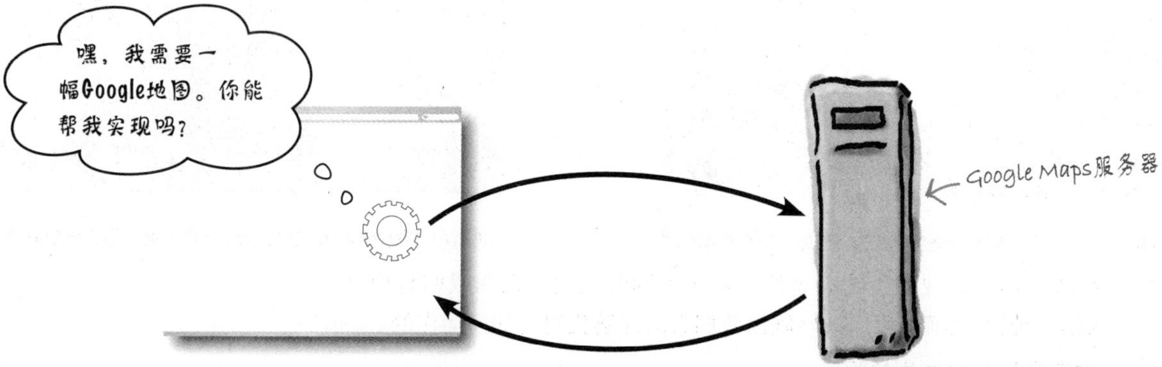

3 JavaScript请求事件的XML数据。

网页中的JavaScript从控制器那儿请求事件的XML数据，然后它在地图上显示该数据。

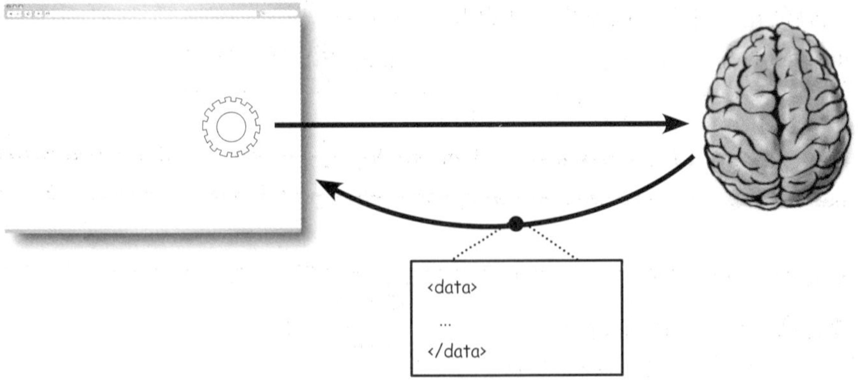

没有蠢问题

问： 你刚才说资源总是应该使用相同的URL。为什么呢？

答： 并不一定要这样，但是REST——Rails的主要设计原则——要求这样。

问： 但是如果格式出现在URL中，不就意味着不同的URL被用在了相同的资源上吗？

答： 是的，当然是这样。把格式加入到URL中是完全REST式设计下的一种折中做法……至少有一点点是这样。但它是一种很常见的技巧。它很简单，而且运作得很好。

问： 所以没有办法用相同的URL来表达不同的格式？

答： 有一种方法可以实现。如果请求中包含“Accepts:”这样的头来表明——比如——请求“text/xml”，那么响应器将运行代码来返回XML格式。

问： 有没有什么方法把你不希望包含在to_xml输出中的属性列举出来？

答： 有。我们可以不使用:only参数，相反，我们使用:except参数。Rails在一致性方面很显著，你会发现Rails中有若干地方具有可选参数:only。在所有这些地方你都可以切换到:except参数来表明哪些是你不需要的。

问： 有方法可以让控制器判断出这是来自于JavaScript的Ajax请求还是来自于浏览器的请求吗？

答： 算有吧。request.xhr?表达式通常对Ajax请求返回“true”而对简单的浏览器请求返回“false”。问题在于它只适用于Prototype库，它并不适用于所有的Ajax库。

问： 为什么有时我必须要调用render而有时又不用？

答： 如果你愿意使用默认模板（名字与动作匹配的模板），你就可以省略render调用。

问： 你说过被生成的XML和HTML只是不同的表现形式，但是它们并没有包含相同的信息，对吧？

答： 确实——它们的信息并不相同。为单一事件生成的XML包含了比HTML表现形式更少的数据。但是它们都表达了同一资源的信息，所以它们都是相同事件的表现形式。

代码可以正式运行了

我们的新版位置页面工作得挺好，所以让我们用show _ with _ map代码来替换支架式“show”动作吧。

1. **删除路由。**
   我们为测试代码创建了自定义的路由，所以我们需要从routes.rb文件中删除它们：

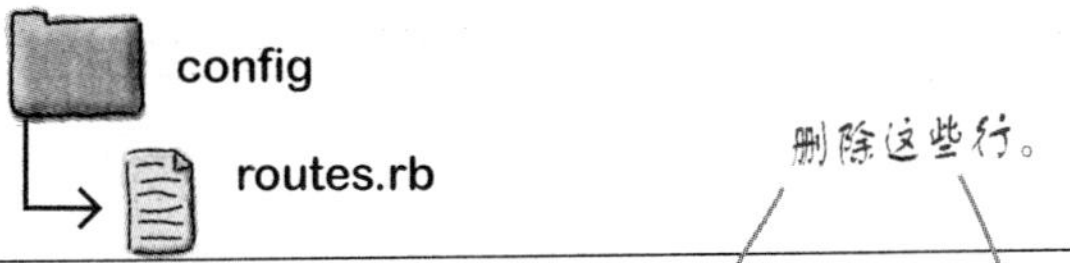


```
ActionController::Routing::Routes.draw do |map|
  map.connect 'incidents/map/:id', :action=>'show_with_map', :controller=>'incidents'
  map.connect 'incidents/map/:id.:format', :action=>'show_with_map', :controller=>'incidents'
  map.resources :incidents
```

2. **在控制器中重命名show_with_map方法。**
   show _ with _ map将会成为我们的新show方法。所以让我们删除现有的show方法并把show _ with _ map重命名为show。

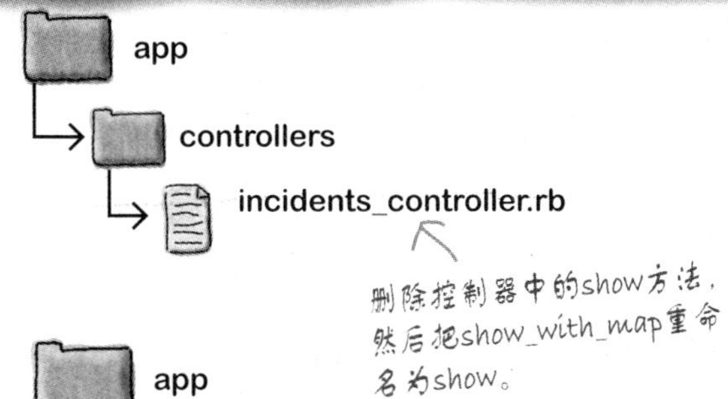

3. **然后重命名show_with_map.html.erb模板。**
   这是说我们需要删除现有的show.html.erb并把它替换为show _ with _ map.html.erb模板。

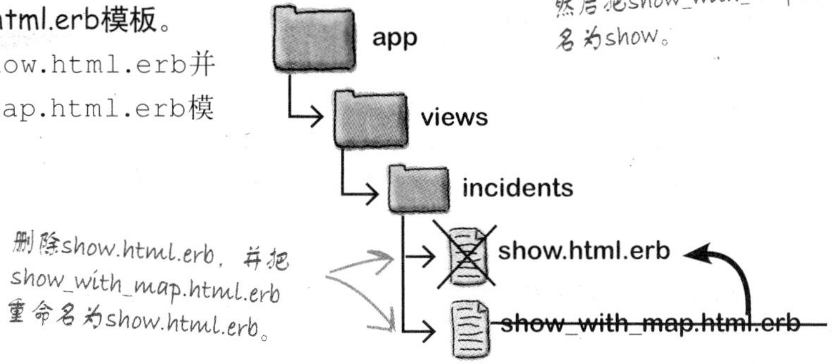

没有蠢问题

问： 如果路由不见了，正确的格式如何被选中呢？

答： map.resource路由设置了完整的路由。这些路由也包括格式。

问： 为什么索引页面改到“/incidents/1”而不是“/incidents/1.html”？Rails怎么知道它将是HTML呢？

答： 如果没有指定格式，Rails会假定它是HTML……这对我们来说也比较方便。

问： map.resources是什么？

答： 它生成支架要用的标准路由集。

试驾

现在地图版本的页面已经替换了默认的“show”动作。所以主索引页面链接到了地图页面，而不是文本页面。

但还有一件事——这个索引页面是不是有些……无趣？尤其是与其他漂亮的地图页面作比较的时候！

长篇习题

用户已经开始询问索引页面能否显示所有被记录下来的事件，而幸运的是，只要我们提供正确的XML数据，_map.html.erb局部模板就能够生成多点地图。

下面是事件(incidents)控制器中现有的index方法。请重写这个方法来从所有事件的数组中生成XML。你只需要将根元素修改为“data”就可以了。

```
def index
  @incidents = Incident.find(:all)

  respond_to do |format|
    format.html # index.html.erb
    format.xml  { render :xml => @incidents }
  end
end
```

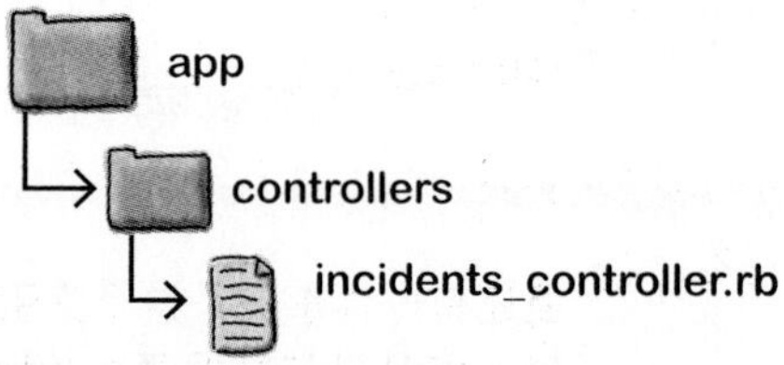

索引页面需要包含一幅地图。编写代码在指定点插入地图。你需要把XML版索引页面的路径作为地图数据传入。

```
<h1>Listing incidents</h1>

<table>
  <tr>
    <th>Mountain</th>
    <th>Latitude</th>
    <th>Longitude</th>
    <th>When</th>
    <th>Title</th>
    <th>Description</th>
  </tr>

<% for incident in @incidents %>
  <tr>
    <td><%=h incident.mountain %></td>
    <td><%=h incident.latitude %></td>
    <td><%=h incident.longitude %></td>
    <td><%=h incident.when %></td>
    <td><%=h incident.title %></td>
    <td><%=h incident.description %></td>
    <td><%= link_to 'Show', incident %></td>
    <td><%= link_to 'Edit', edit_incident_path(incident) %></td>
    <td><%= link_to 'Destroy', incident, :confirm => 'Are you sure?',
            :method => :delete %></td>
  </tr>
<% end %>
</table>


......................................................................................................................

<br />
<%= link_to 'New incident', new_incident_path %>
```

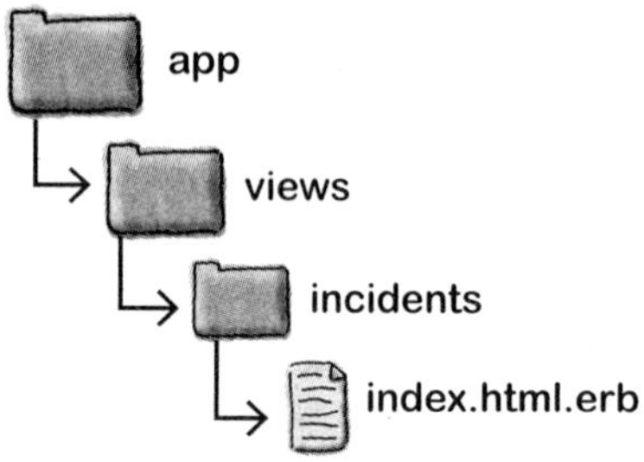

长篇习题解答

用户已经开始询问索引页面能否显示所有被记录下来的事件，而幸运的是，只要我们提供正确的XML数据，_map.html.erb局部模板就能够生成多点地图。

下面是事件控制器中现有的index方法。请重写这个方法来从所有事件的数组中生成XML。你只需要将根元素修改为“data”就可以了。

```
def index
  @incidents = Incident.find(:all)

  respond_to do |format|
    format.html # index.html.erb
    format.xml  { render :xml => @incidents }
  end
end
```

```
def index
  @incidents = Incident.find(:all)

  respond_to do |format|
    format.html # index.html.erb
    format.xml {
      render :text=>@incidents.to_xml(:root=> "data")
    }
  end
end
```

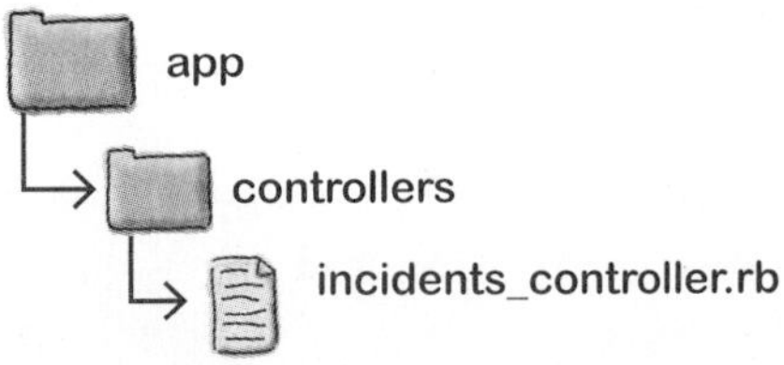

索引页面需要包含一幅地图。编写代码在指定点插入地图。你需要把XML版索引页面的路径作为地图数据传入。

```
<h1>Listing incidents</h1>

<table>
  <tr>
    <th>Mountain</th>
    <th>Latitude</th>
    <th>Longitude</th>
    <th>When</th>
    <th>Title</th>
    <th>Description</th>
  </tr>

<% for incident in @incidents %>
  <tr>
    <td><%=h incident.mountain %></td>
    <td><%=h incident.latitude %></td>
    <td><%=h incident.longitude %></td>
    <td><%=h incident.when %></td>
    <td><%=h incident.title %></td>
    <td><%=h incident.description %></td>
    <td><%= link_to 'Show', incident %></td>
    <td><%= link_to 'Edit', edit_incident_path(incident) %></td>
    <td><%= link_to 'Destroy', incident, :confirm => 'Are you sure?',
            :method => :delete %></td>
  </tr>
<% end %>
</table>

<%= render (:partial=> 'map', :locals=>{:data=> "/incidents.xml"}) %>

<br />

<%= link_to 'New incident', new_incident_path %>
```

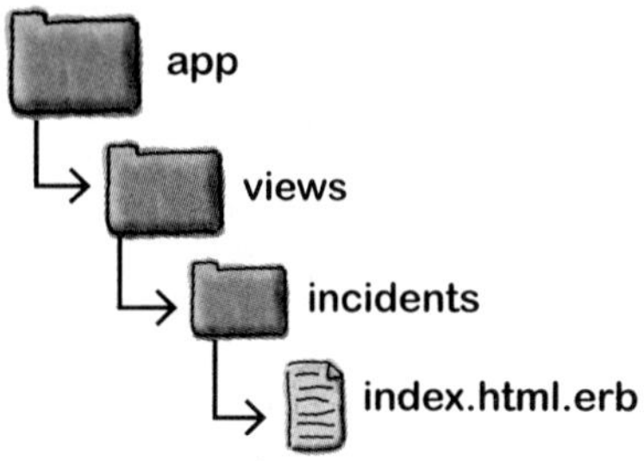

试驾

现在当用户来到首页时，他们可以看到地图上的事件列表。当某个事件被点击时，详细信息会被显示出来，同时还会显示一个指向事件自己的页面的链接。

大多数网站现在都提供了RSS**新闻源**（news feed），它能够提供指向某个网站上的主要资源的便捷链接。

但一个RSS新闻源是什么样子呢？

RSS源就是XML

登山网站的RSS源文件如下所示：

```
<rss version="2.0">
  <channel>
    <title>Head First Climbers News</title>
    <link>http://localhost:3000/incidents/</link>
    <item>
      <title>Rock slide</title>
      <description>Rubble on the ledge tumbled, and just missed us.</description>

      <link>http://localhost:3000/incidents/1</link>
    </item>
    <item>
```

这就是一个XML文件。如果你使用RSS新闻阅读器，或者你的浏览器能够订阅RSS新闻源，它们会下载一个类似的文件，这个文件将包含指向新闻故事的一组链接和描述。

那么我们如何生成一个这样的RSS源呢？

动动脑

RSS中有没有什么标签让你看起来觉得特别奇怪或者不清楚吗？你觉得channel用来做什么？link呢？

我们将创建一个名叫news的动作

让我们这样创建一个新的路由：

```
map.connect '/incidents/news', :action=>'news', :controller=>'incidents', :format=>'xml'
```

磨笔上阵

请编写出这个新动作的控制器方法。它需要通过`updated_at`来找出过去24小时内的所有事件。然后它应该通过调用匹配事件的数组的`to_xml`来渲染默认的XML。

提示：Ruby表达式`Time.now.yesterday`返回一个正好是24小时之前的date-time值。

磨笔上阵解答

请编写出这个新动作的控制器方法。它需要通过updated _ at来找出过去24小时内的所有事件。然后它应该通过调用匹配事件的数组的to _ xml来渲染默认的XML。

提示：Ruby表达式Time.now.yesterday返回一个正好是24小时之前的date-time值。

```
def news
  @incidents = Incident.find(:all, :conditions=>[ 'updated_at > ?' , Time.now.yesterday])
  render :xml=>@incidents
end
```

你也可以使用:text=>@incidents.to_xml。

试驾

这是news动作生成的XML：

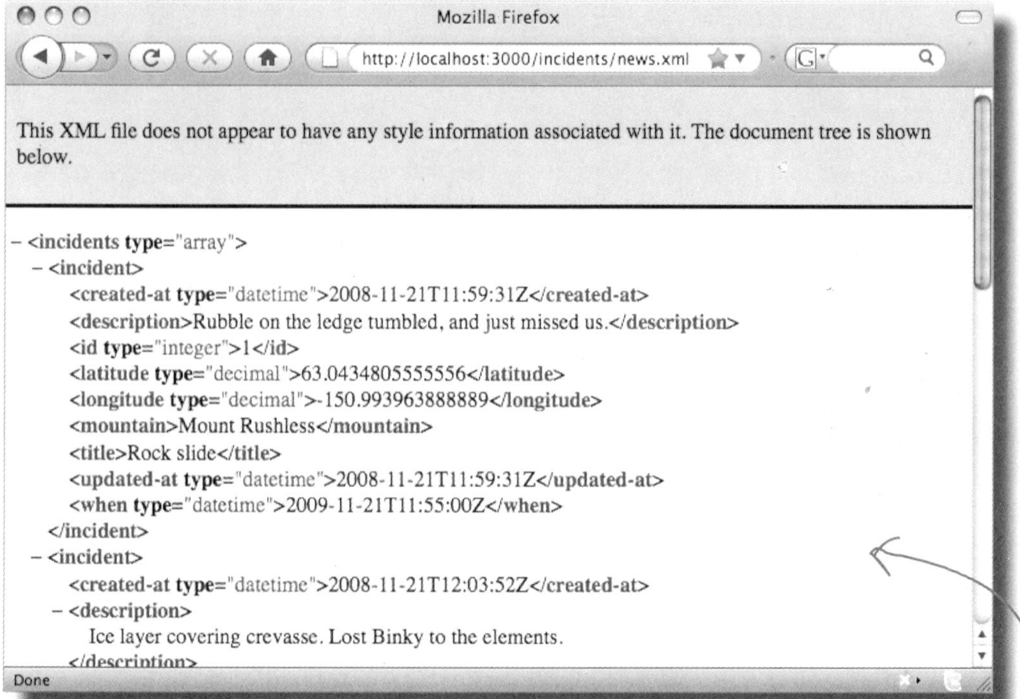

记住——这是与时间相关的，所以只有那些24小时之内被修改过的事件才会显示出来。

我们为正确的数据生成了XML，但是它的格式并不是我们的RSS新闻源所期望的。这就足够好了，我们以前遇到过相同的问题。当我们为位置数据生成XML时，它也是错误的格式，而我们能够纠正它。

我们只需要用相同的方法来修改这个XML……不是吗？

动动脑

把这个XML转化成能够匹配RSS新闻源的数据结构有没有什么问题呢？

我们必须更改XML的结构

to _ xml方法允许我们对它所产生的XML做一些简单的修改。我们可以交换名字以及选择需要包含的数据项。但它是否足以让我们把现有的XML变成我们想要的XML呢？

这是我们现有的……

```
<?xml version="1.0" encoding="UTF-8"?>
<incidents type="array">
  <incident>
    <created-at type="datetime">2008-11-21T11:59:31Z</created-at>
    <description>Rubble on the ledge tumbled, and just missed us.</description>
    <id type="integer">1</id>
    <latitude type="decimal">63.0434805555556</latitude>
    <longitude type="decimal">-150.993963888889</longitude>
    <mountain>Mount Rushless</mountain>
    <title>Rock slide</title>
```

```
<rss version="2.0">
  <channel>
    <title>Head First Climbers News</title>
    <link>http://localhost:3000/incidents/</link>
    <item>
      <title>Rock slide</title>
      <description>Rubble on the ledge tumbled, and just missed us.</description>
      <link>http://localhost:3000/incidents/1</link>
    </item>
    <item>
```

……但这是我们想要的。

我们需要更强大的XML处理能力

新闻源XML无法通过to _ xml方法来生成。虽然to _ xml能够轻微地修改XML输出，它无法彻底改变XML的结构。比如，to _ xml不能在不同层次间移动元素；它也不能把多个元素组合起来。to _ xml被设计用来快速且简单地调整XML输出，但这也导致了它缺乏灵活性。

为了获得更强大的XML处理能力，我们需要一些其他的技术……

所以我们将使用一种新模板：XML Builder

如果我们创建一个HTML页面模板，我们就能够生成任何我们想要的XML。毕竟，HTML和XML非常接近：

这看起来非常像HTML。

```
<rss version="2.0">
  <channel>
    <title>Head First Climbers News</title>
    <link>http://localhost:3000/incidents/</link>
    <% for incident in @incidents %>
    <item>
      <title><%= h incident.title %></title>
      <description><%= h incident.description %></description>
```

不过Rails提供了一种特殊的模板类型，它特别设计用来生成XML，称为XML Builder模板（XML Builder Template）。

XML Builder与页面模板在相同的目录下，而且它们的用法也相似。如果有人请求一个XML响应（通过在URL末尾添加.xml），控制器只需要从模型中读取数据，Rails就会自动调用XML Builder模板。这就意味着我们可以从**news**动作中去掉一行代码：

这是incidents控制器的“new”方法。

```
def news
  @incidents = Incident.find(:all, :conditions=>['updated_at > ?', Time.now.yesterday])
  render :xml=>@incidents
end
```

现在这段代码将直接从模型中读取数据，剩下的活都可以交给XML Builder模板了。

那么XML Builder长什么样呢？

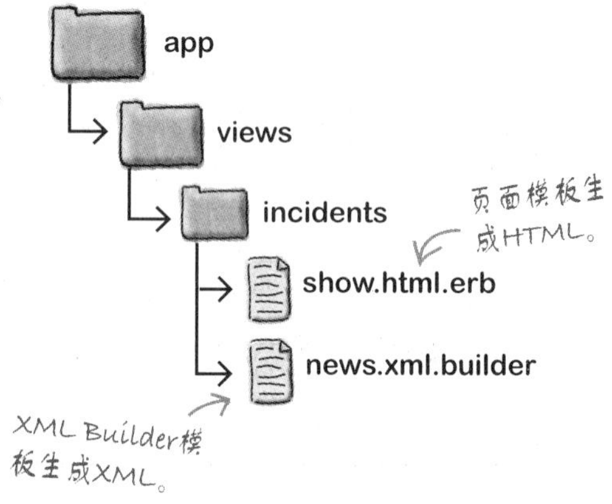

放大XML Builder

页面模板设计得就像撒了些Ruby代码的HTML文件。XML Builder则不同。它们是纯粹的Ruby，但是它们会带有一个类似于XML的结构。例如下面这个：

```
xml.sentence(:language=>'English') {
  for word in @words do
    xml.word(word)
  end
}
```

将生成如下的东西：

```
<sentence language="English">  ← 属性
  <word>XML</word>
  <word>Builders</word>
  <word>Kick</word>  ← 元素
  <word>Ass!</word>
</sentence>
```

那么为什么Rails工程师引入了一个不同的模板呢？为什么XML Builder不像页面模板那样工作呢？为什么它不使用嵌入式Ruby呢？即使XML和HTML非常接近——在XHTML的情况中它们从技术上来说是一样的——人们使用HTML和XML的方式仍有些不同。

- 网页通常包含了一大推HTML标记来让页面变得漂亮，而来自数据库的数据只占网页的很少一部分。

- 另一方面，XML的大多数内容更可能是来自于数据和条件逻辑，它极少可能来自于XML标记。

使用Ruby——而不是XML——作为主要的语言，使得XML Builder更精简也更易于维护。

代码池谜题

你的**任务**是从代码池中选出代码片段，并把它们放到下面代码中的空白处。每个代码片段只能使用一次，而且你**不**需要使用所有的代码片段。你的**目标**是完成生成RSS的XML Builder模板。

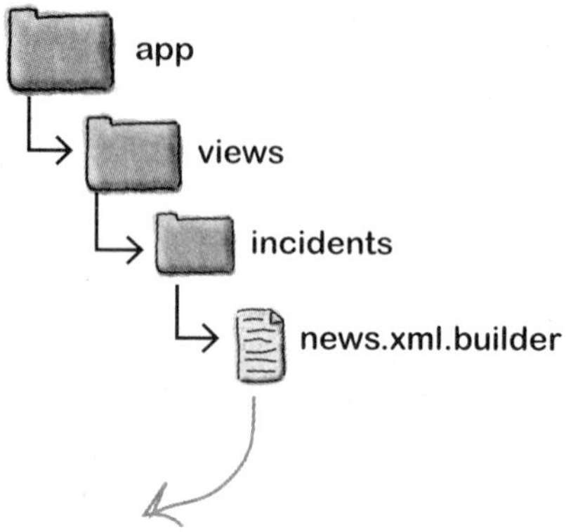


```
.............(..............................) {
  xml.channel {
    xml.title(.............................................)
    xml.link("http://localhost:3000/incidents/")
    for incident in ......................
      xml.item {
        xml...............(incident.title)
        ..............................(.......................................)
        xml.link("http://localhost:3000/incidents/#{......................}")
      }

    ..................

  ..................
}
```

注意：代码池里的每个代码片段只使用一次！

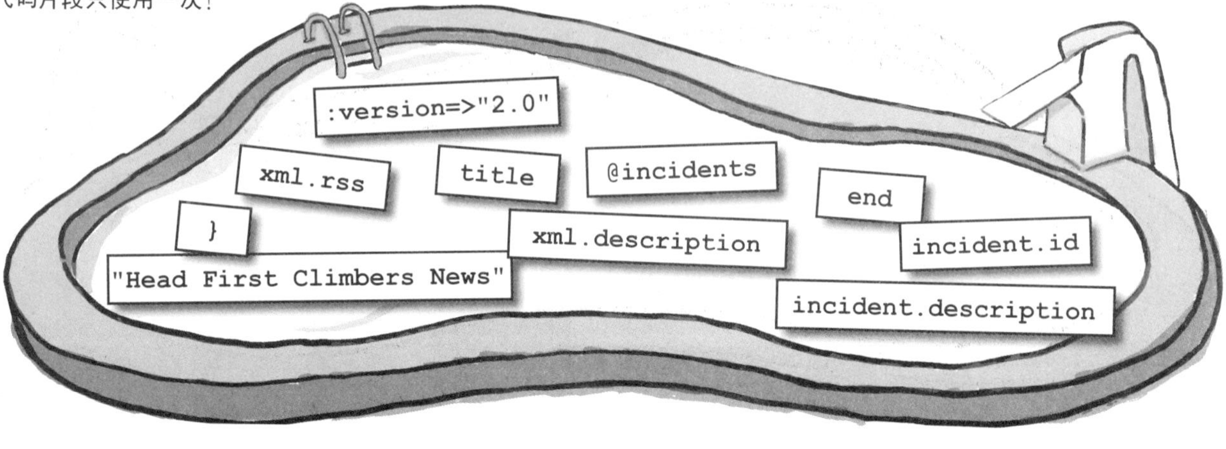

代码池谜题解答

你的任务是从代码池中选出代码片段，并把它们放到下面代码中的空白处。每个代码片段只能使用一次，而且你不需要使用所有的代码片段。你的目标是完成生成RSS的XML Builder模板。

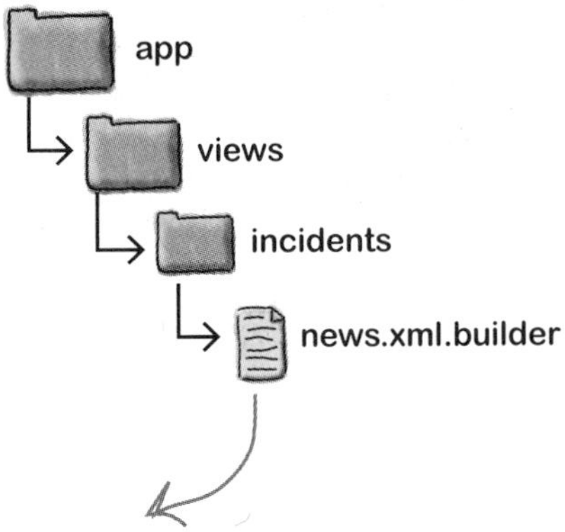


```
xml.rss(:version=>"2.0") {
  xml.channel {
    xml.title("Head First Climbers News")
    xml.link("http://localhost:3000/incidents/")
    for incident in @incidents
      xml.item {
        xml.title(incident.title)
        xml.description(incident.description)
        xml.link("http://localhost:3000/incidents/#{incident.id}")
      }
    end
  }
}
```

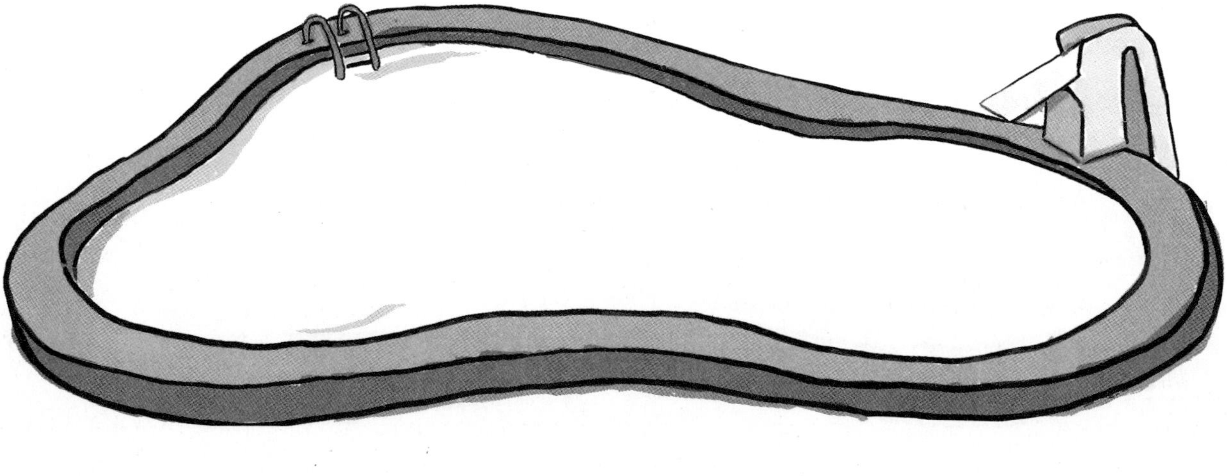

现在让我们把源加入到页面中

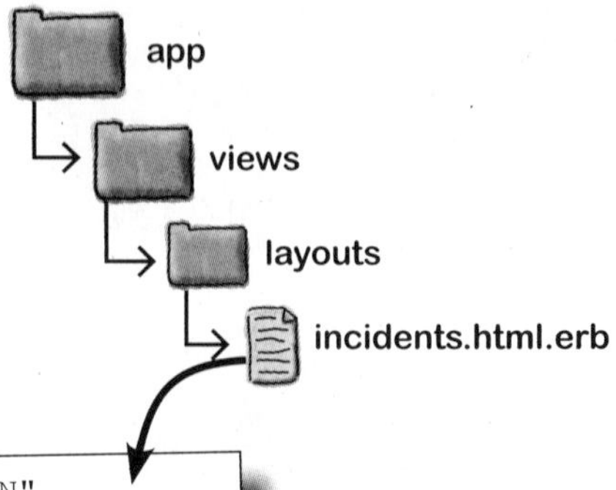

但用户如何找到这个源呢？浏览器通过查找页面中的<link... />引用来发现新闻源的存在。

Head First Climbers的工作人员希望新闻源能够出现在每个页面上，所以我们通过auto_discovery_link辅助函数把指向RSS源的引用添加到incidents布局文件中：

```
<!DOCTYPE html PUBLIC "-//W3C//DTD XHTML 1.0 Transitional//EN"
      "http://www.w3.org/TR/xhtml1/DTD/xhtml1-transitional.dtd">

<html xmlns="http://www.w3.org/1999/xhtml" xml:lang="en" lang="en">
<head>
  <meta http-equiv="content-type" content="text/html;charset=UTF-8" />
  <title>Incidents: <%= controller.action_name %></title>
  <%= stylesheet_link_tag 'scaffold' %>
  <%= auto_discovery_link_tag(:rss, {:action=>'news'}) %>
</head>
<body>

<p style="color: green"><%= flash[:notice] %></p>

<%= yield  %>

</body>
</html>
```

这将创建如下的链接：

```
<link href="http://localhost:3000/incidents/news.xml"
  rel="alternate" title="RSS" type="application/rss+xml" />
```

但为了验证它是否工作，我们需要再次启动我们的Web浏览器。

试驾

现在，当用户来到网站，一个RSS源图标就出现在他们的浏览器中：

不同的浏览器可能有不同的方式来表明它们发现了一个新闻源。

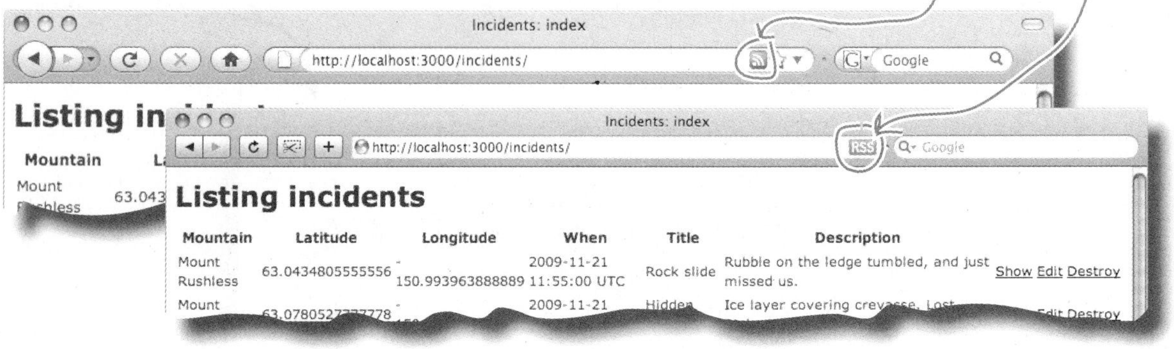

如果用户订阅这个源，或者仅仅读取它，他们就会看到过去24小时内被贴出的事件。

在世界最高点！

网站上的第一手新闻中有一条是我们无畏的登山者贴出的，数以千计的登山者听到了这个好消息。

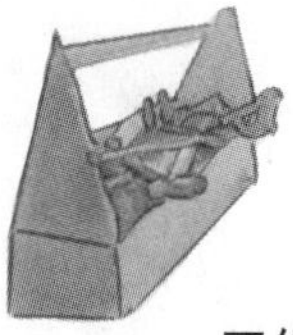

你的Rails工具箱中的工具

你已经把第8章收入囊中了，现在你已经把使用XML来以多种形式表现你的页面的能力加入了你的工具箱。

Rails工具

to_xml为任何模型对象生成XML

:only和:root参数允许你修改to_xml格式

respond_to创建一个_responder_对象，该对象能够帮助你为同一资源生成不同的表现形式

XMLBuilder模板和创建XML的网页模板相似.

XML Builder模板比起简单使用to_xml来说具有更大的灵活性

响应器设置响应的mime-type，也决定调用页面模板还是XML Builder模板

9 REST与Ajax

更上一层楼

是时候巩固你的混搭技术了。到目前为止你已经看过如何添加Google地图到你的Web应用中来清晰地展现为空间数据。但是如果你想要**扩展已经存在的功能**呢？请继续读下去，我们会为你展示如何添加**更先进的Ajax精华**到你的**混搭式应用**（mash-ups)中。而且，你会通过这种方式学习到更多REST的知识。

事件太多了！

随着用户界面的改进，访问Head First Climbers网站的人数急剧攀升。但麻烦的是，太多的事件（incident）记录下来以至于人们很难把它们都看完。

网站的索引页面使用两种方式来显示信息。

❶ 页面顶部是用纬度和经度记录的详细的事件列表。麻烦的是，很多人需要翻过这部分内容才能到达页面底部的地图区域。

❷ 当你点击某个事件时，网页会把裁减后的详细信息显示在一幅地图上。这儿的问题在于不是所有的数据都显示在这幅地图上。

这两者都不是那么完全让人满意。用户很难从列表中定位事件，而这正是我们添加地图的原因。但是地图并没有显示所有的可用数据。那么我们该怎么办呢？

地图可以显示更多的详细信息

完美的解决方案是让地图做更多的事件。如果它能够显示事件的更多有用信息，我们就可能可以去掉事件列表而让整个主页变成一个多功能的大地图。这就意味着我们不需要通过多个页面来显示更多的数据。

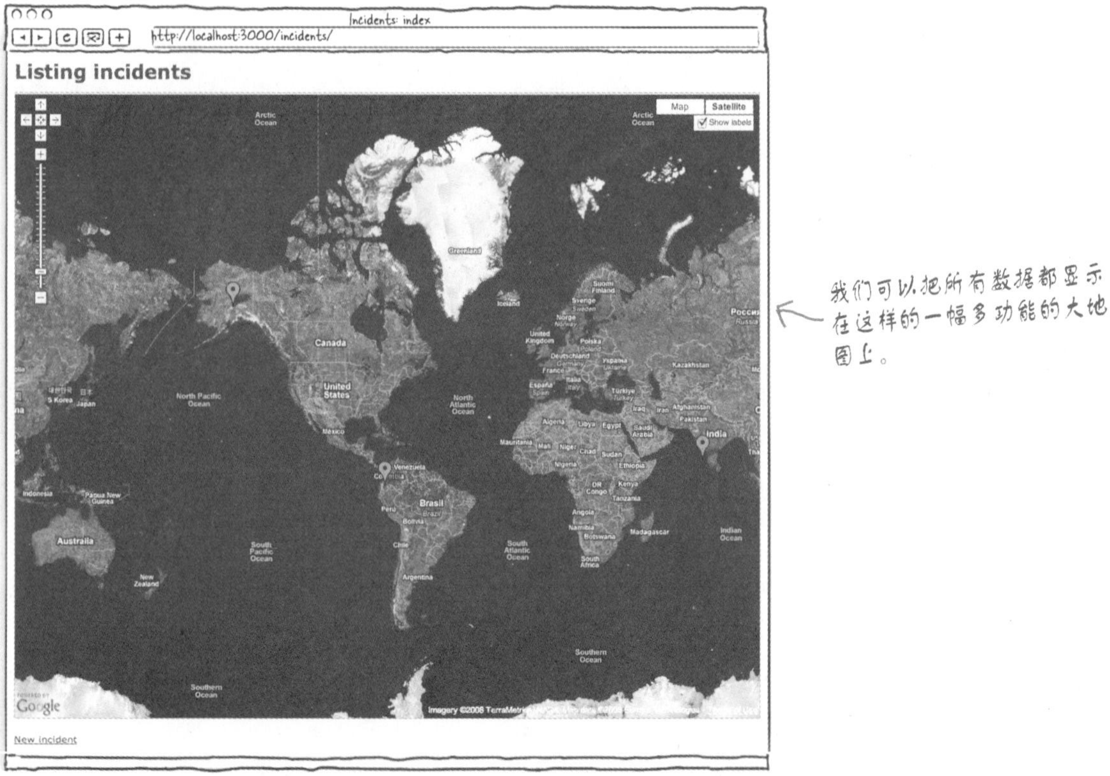

还有一个问题：地图局部模板的代码**已经下载好了**。它简单易用，但是我们真要修改这段代码吗？幸运的是，地图局部模板使用了一个开发技巧使得我们不需要触及下载的代码。但这个技巧是什么呢？

动动脑

对于我们**不用**修改下载的代码就能更改地图，你是怎么想的？

我们能够扩展基于Ajax的地图

编写地图局部模板的人觉得人们很快就会希望扩展地图的工作方式。由于地图局部模板调用Google Maps，而Google Maps又是使用Ajax建立的，这就使得通过Ajax来扩展地图成为可能。

在前一章，地图的工作方式是通过向服务器端发送请求来获取一个包含系统中所有登山事件记录的详细信息的XML文件。默认情况下，地图会显示XML中包含的标题和描述。

但是地图局部模板也允许你传入显示某个事件的信息的**动作**名称。这个动作可以是任何你想要的动作，所以如果你愿意，你甚至可以生成类似于事件show页面最初版本那样的页面。

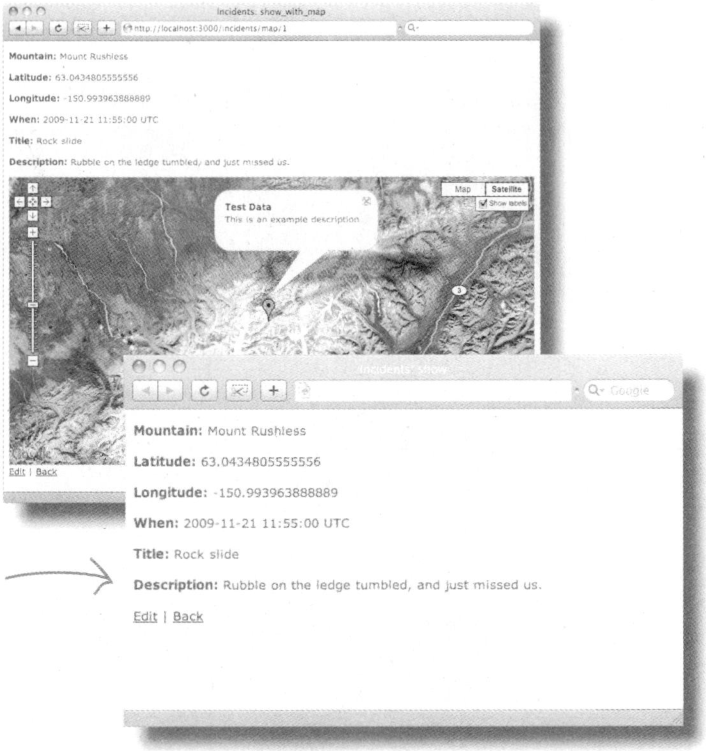

我们需要在地图的信息窗口显示这个输出。

我们要让_map.html.erb局部模板生成Ajax请求，这就意味着它需要访问Prototype库。我们可以通过与前面一样的方法来实现这点，也就是在布局文件中添加如下的对JavaScript库的引用：

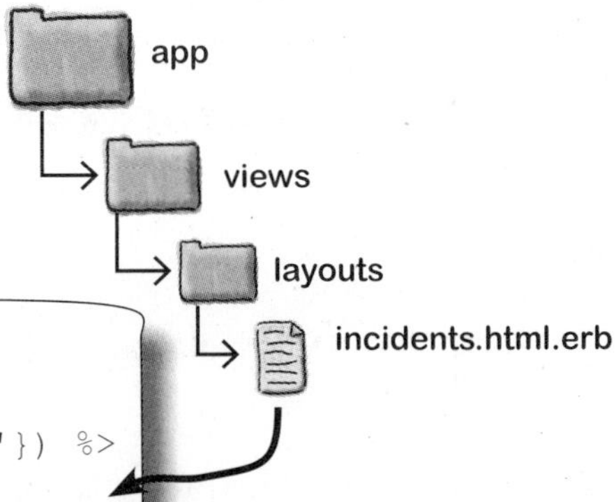


```
  <%= stylesheet_link_tag 'scaffold' %>
  <%= auto_discovery_link_tag(:rss, {:action=>'news'}) %>
  <%= javascript_include_tag 'prototype' %>
</head>
```

但我们怎样才能改变索引页面呢？

更改主页所要做的第一件事件就是删除事件列表来让地图变得更大：

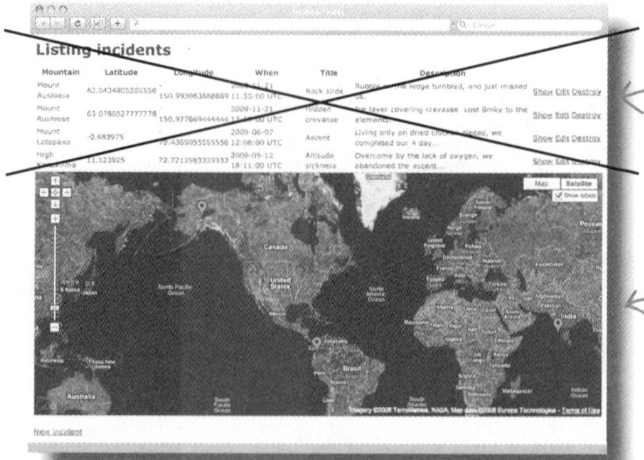

我们需要删除事件列表。

我们要让地图变得更大。

我们还需要告知地图局部模板用来显示事件信息的动作名称。所以变化还是有一些的，但实际上它会让`index.html.erb`模板比以前简单很多。

事实上，下面是我们将会留下的内容：

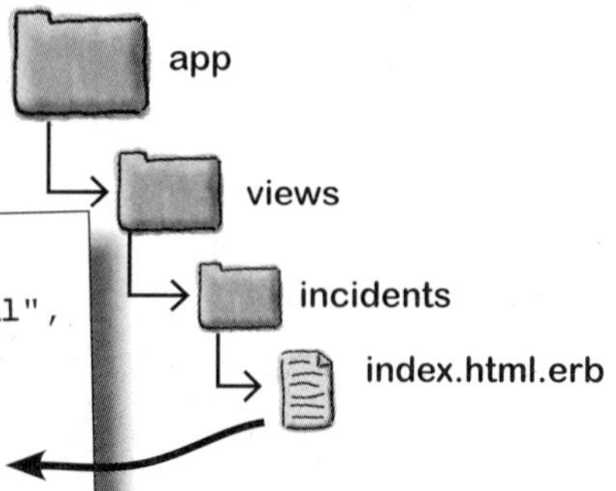

这表明我们将生成一幅大地图来充满整个页面。

```
<h1>Listing incidents</h1>
<%= render (:partial=>'map', :locals=>{:data=>"/incidents.xml",
      :full_page=>true, :show_action=>'show'}) %>
<br />
<%= link_to 'New incident', new_incident_path %>
```

我们将修改"show"动作来生成信息窗口的内容。

当地图局部模板通过这种方式被调用时，它就**改变了它的行为**。以前，当一件事件被点击时，局部模板运行一段默认的JavaScript来在弹出的信息窗口中显示标题和描述。这个改动表明当地图上的某件事件被点击时，局部模板将调用`show`动作并在窗口中显示这个动作的响应。

或者说，一旦我们让show动作生成正确的输出，它至少就会这样。

“show”动作需要生成怎样的内容？

我们已经有一个show动作了，它生成包含事件详细信息和事件的位置地图的网页。

但现在我们不需要这么多内容了。show动作只需要生成事件的文本详细信息就行，由于信息将在地图上的某个点被点击之后显示，所以我们就不用再显示纬度和经度。

还有一个不同的地方：我们只需要一个**页面片段**。我们不需要由页面模板生成的标准HTML样板。这就意味着我们的动作需要从局部模板中生成。我们把这个局部模板取名为_show.html.erb。

我们可以跳过纬度和经度——用户会知道位置的。

我们不需要地图。

磨笔上阵

请完成控制器的“show”方法里的空行来实现调用_show.html.erb局部模板：

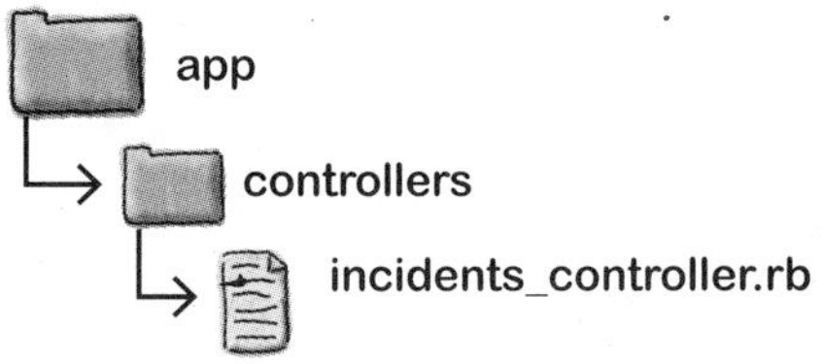


```
def show
  @incident = Incident.find(params[:id])
  respond_to do |format|
    format.html {
      ..............................................................
    }
    format.xml {
      render :text=>@incident.to_xml(
        :only=>[:latitude,:longitude,:title,:description],
        :root=>"data")
    }
  end
end
```

代码冰箱磁铁

请完成新的_show.html.erb局部模板的代码。记住——你不需要显示所有的信息。

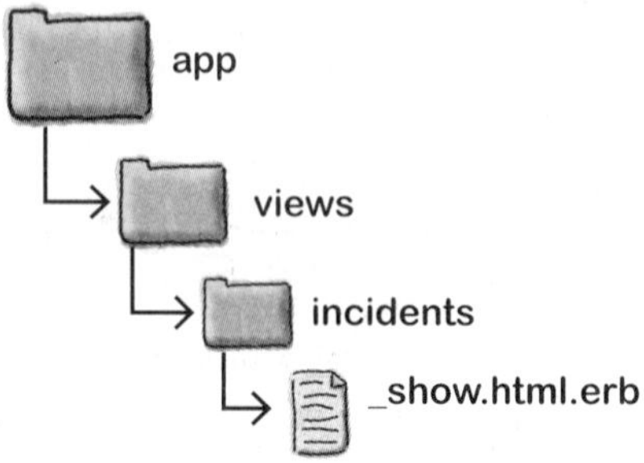


```
<p>
  <b> .......................... </b>
  <%=h ........................................ %>
</p>

<p>
  <b> ........................</b>
  <%=h .................................. %>
</p>

<p>
  <b> ....................</b>
  <%=h ..................................... %>
</p>

<p>
  <b> ..............................</b>
  <%=h .............................................. %>
</p>
```

```
incident.longitude
Mountain:
incident.title
Longitude:
incident.description
When:
incident.mountain
Latitude:
incident.when
Description:
Title:
incident.latitude
```

磨笔上阵 解答

请完成控制器中的“show”方法里的空行来实现调用_show.html.erb局部模板：

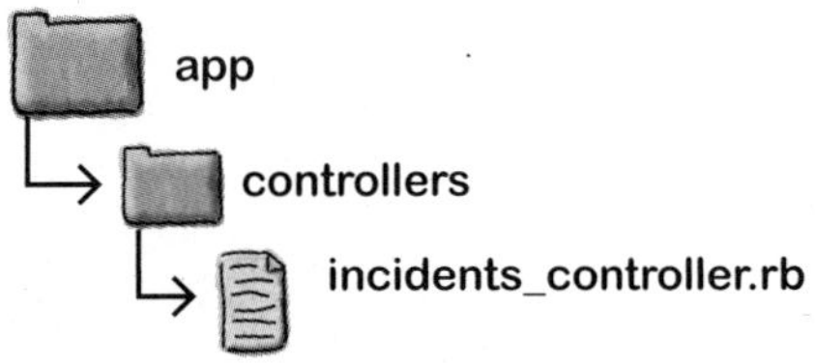


```
def show
   @incident = Incident.find(params[:id])
   respond_to do |format|
     format.html {
       render :partial=> 'show', :locals=>{:incident=>@incident}
     }
     format.xml {
       render :text=>@incident.to_xml(
         :only=>[:latitude,:longitude,:title,:description],
         :root=>"data")
     }
   end
 end
```

代码贴冰箱磁铁解答

请完成新的_show.html.erb局部模板的代码。记住——你不需要显示所有的信息。

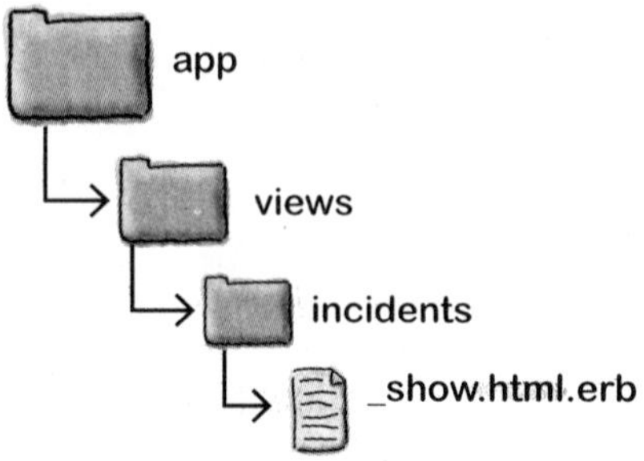


```
<p>
  <b>Mountain:</b>
  <%=h incident.mountain %>
</p>

<p>
  <b>When:</b>
  <%=h incident.when %>
</p>

<p>
  <b>Title:</b>
  <%=h incident.title %>
</p>

<p>
  <b>Description:</b>
  <%=h incident.description %>
</p>
```

`incident.longitude` `Latitude:` `Longitude:` `incident.latitude`

试驾

现在如果我们来到索引页面，可以确定的是——事件列表已经消失而地图变得更大了。更重要的则是当用户点击地图上某个事件时发生的变化：

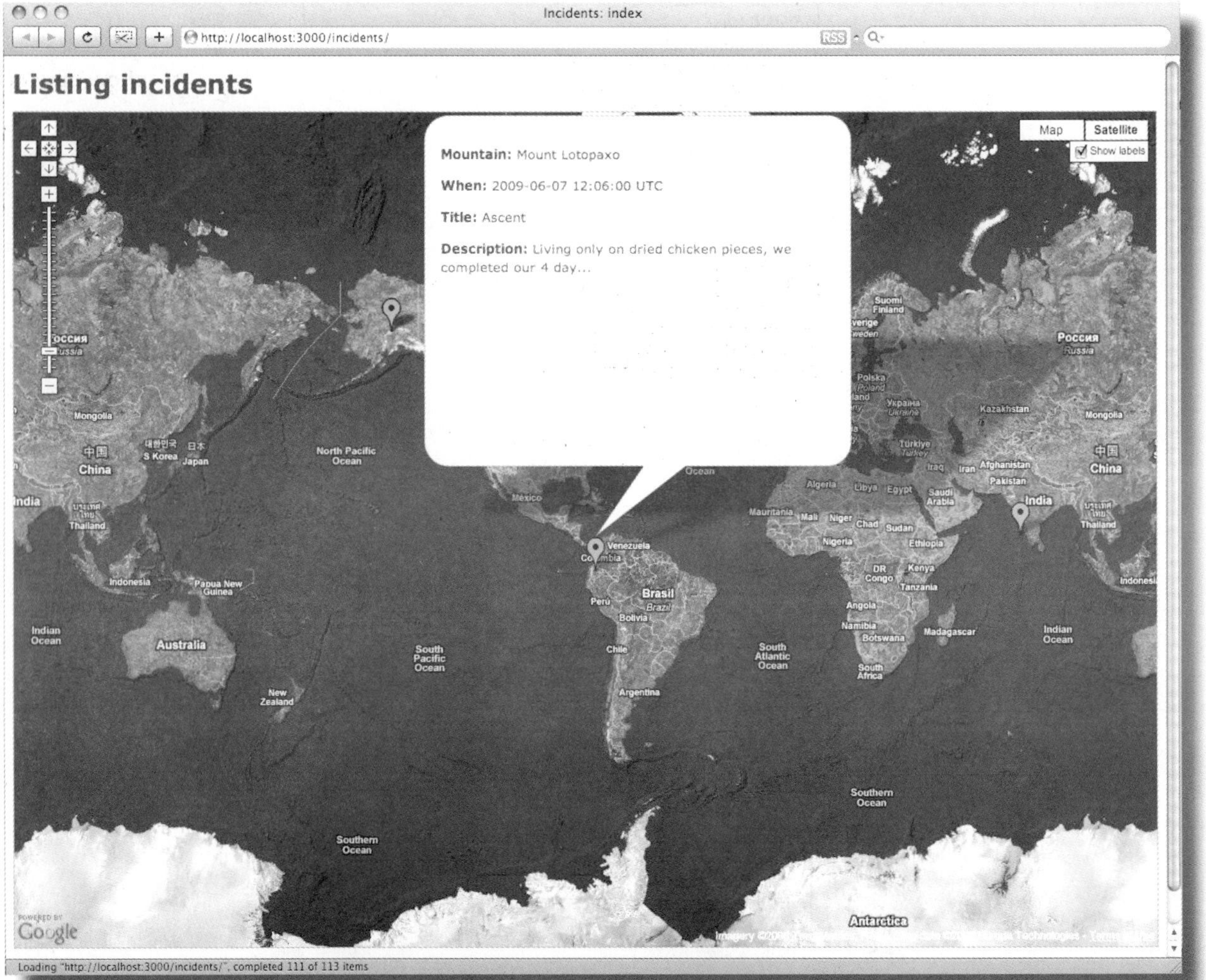

当地图检测到某个事件上的鼠标点击时，它会生成一个Ajax请求给show动作，而这将生成事件的HTML格式的详细信息。地图会接收到HTML并用它来替换事件的信息窗口中的内容。最后信息窗口被显示给用户。

新的地图功能成功了！

新的地图功能赢得了登山者们的热烈欢迎。他们不再需要翻过很长的事件列表才能来到地图区域。现在他们能够直接从地图上获得他们需要的所有信息。只剩下一件事件了……

登山者们想要使用地图来报告新事件。

他们能够使用GPS设备来找到他们的纬度和经度然后把这些信息输入，但是如果他们能够直接点击地图上的某个点并在那儿填写其他详细信息，这个网站就更加易用了，那样，登山者们的数据录入就会快很多。

在地图上输入数据与我们现在实现的方式比起来如何呢？

我们也需要使用Ajax来创建请求

如果有人想要创建一个新的事件报告，当前他们必须经过如下几个步骤：

1 **点击首页上的新事件链接（New Incident link）。**
你无法在首页上直接输入数据，相反，你需要通过一个指向“new”页面的链接。

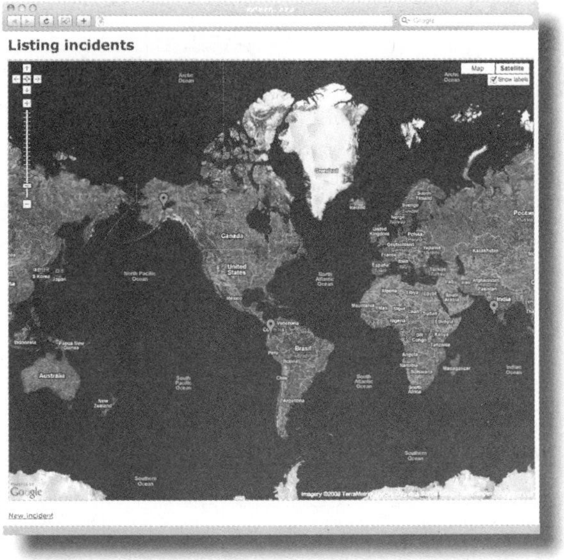

这儿是创建新事件的链接……

2 **在New页面上手工输入纬度和经度。**
这一页并没有地图，所以你需要手工输入纬度和经度并保存记录。

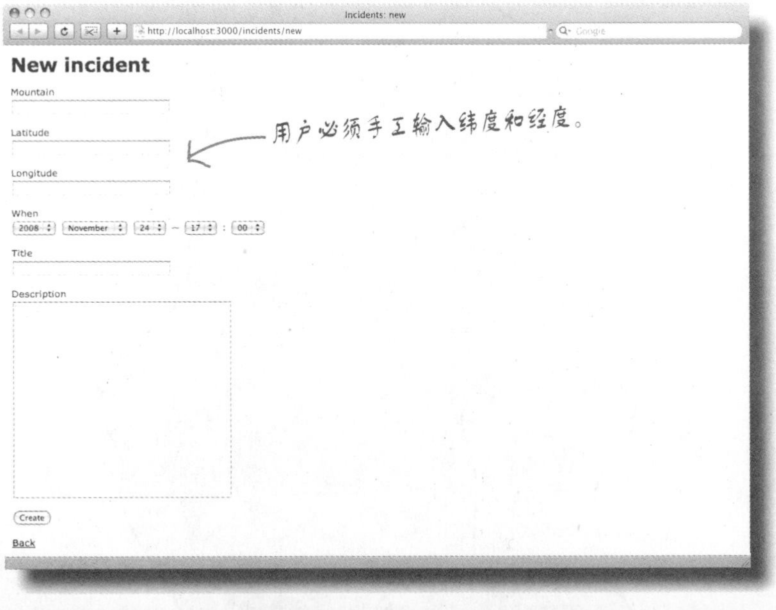

3 你创建的事件被显示出来。

一旦你点击保存按钮，你就被重定向来到了我们刚刚创建好的缩小版的“show”页面。如果你需要创建第二个事件或者回到主地图，你就需要多次点击后退按钮来到首页——在那儿你可以重新开始所有的步骤。

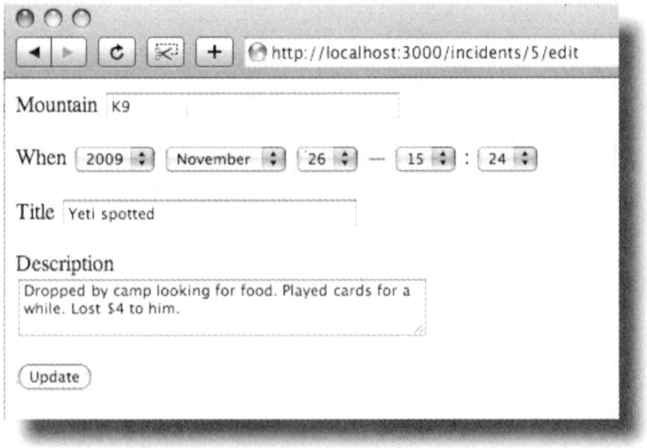

那么哪些需要做修改呢？

与遍历上述所有步骤不同的是，用户希望界面可以更加简单。他们希望直接在地图上进行点击并使用弹出窗口中的表单来填写详细信息。

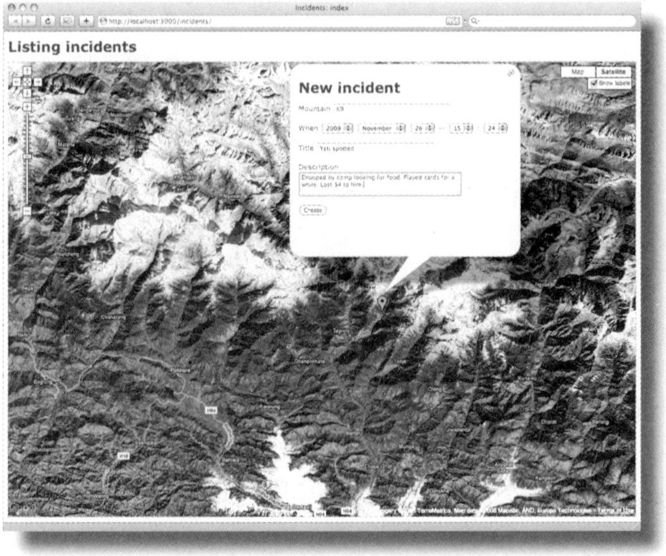

为了实现这一点，我们需要使用Ajax来生成“new”表单。我们还需要在有人点击地图上某个新位置时让地图来调用这个表单。但怎样实现呢？

地图局部模板可以让我们指定一个“new”动作

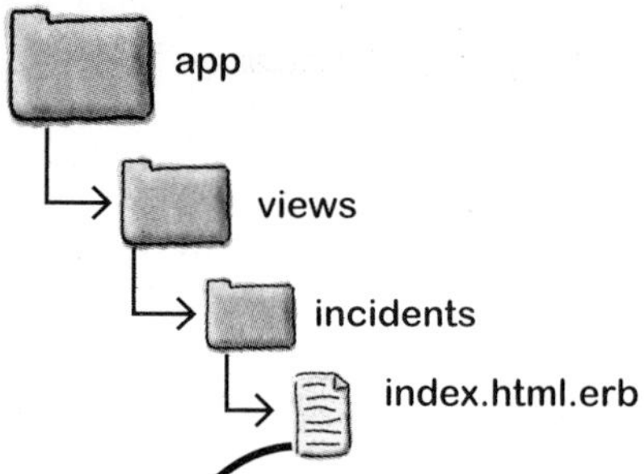

目前为止，我们已经看过如何在地图上显示事件的详细信息。但是我们应该如何创建新事件呢？

_map.html.erb局部模板允许我们指定一个动作来处理新事件，这与它允许我们指定显示事件详细信息的动作一样。这就意味着我们可以如下在index.html.erb文件中添加一个“new”动作，就像下面这样：

```
<h1>Listing incidents</h1>
<%= render (:partial=>'map', :locals=>{:data=>"/incidents.xml",
    :full_page=>true, :show_action=>'show', :new_action=>'new' }) %>
<br />
<%= link_to 'New incident', new_incident_path %>
```

我们将使用“new”动作来生成地图上的表单。

我们不再需要首页上的链接来创建新事件，所以我们可以抛弃这两行代码。

如果有人在地图上点击一个新地点，_map.html.erb将创建一个新的标记并弹出一个信息窗口，该窗口包含“new”动作返回的内容。

我们已经有一个为应用定义的“new”动作，但是它生成的是整个网页。我们不需要显示整个网页，而是需要“new”动作来创建一个将被显示在弹出信息窗口里的页面片段。我们也需要确保当用户提交“new”表单时，表单依然停留在地图上。

所以我们将创建一个名为_new.html.erb的局部模板来生成一个Ajax表单。

你需要为表单创建一个_new.html.erb局部模板。请完成该表单的代码。记住——用户不需要输入纬度和经度的值，但是表单依然需要记录这些值。

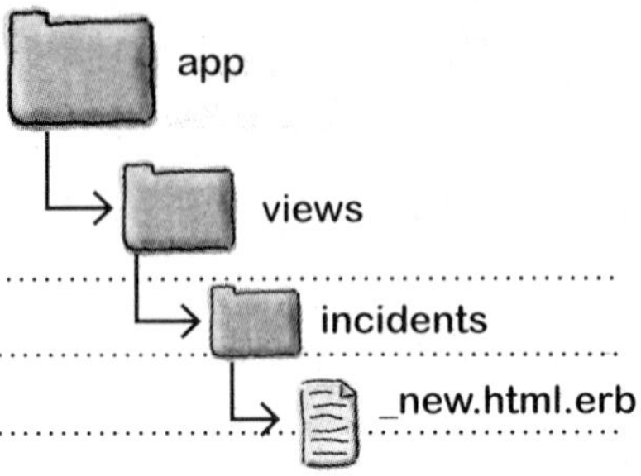


```
<h1>New incident</h1>
<% remote_form_for(incident) do |f| %>
......................................................
......................................................
......................................................
......................................................
......................................................
......................................................
......................................................
......................................................
......................................................
......................................................
......................................................
......................................................
......................................................
......................................................
......................................................
  <p>
    <%= f.submit "Create" %>
  </p>
<% end %>
```

当地图调用“new”动作时，它把新事件的位置信息作为请求参数发出。请完成incidents_controller.rb的new方法中的代码，使得它能够正确地调用局部模板：

```
format.html {
  @incident.latitude=params['latitude']
  @incident.longitude=params['longitude']
  ......................................................
}
```

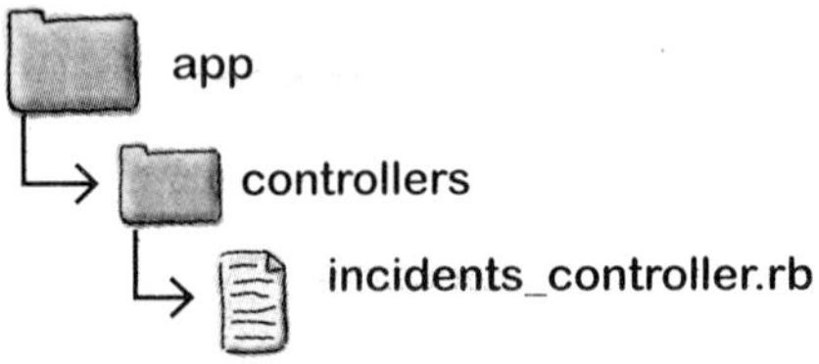

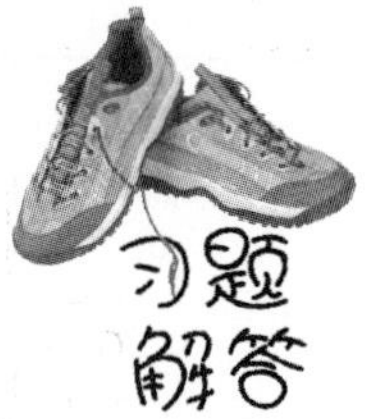

你需要为表单创建一个_new.html.erb局部模板。请完成该表单的代码。记住——用户不需要输入纬度和经度的值，但是表单依然需要记录这些值。

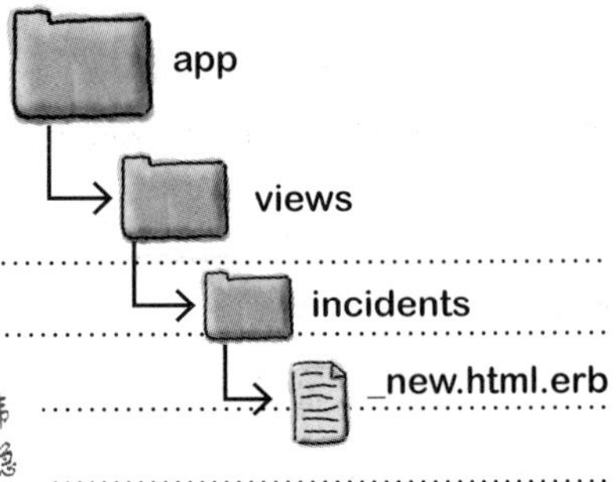


```
<h1>New incident</h1>
<% remote_form_for(incident) do |f| %>
  <p>
    <%= f.label :mountain %> <%= f.text_field :mountain %>
  </p>
  <%= f.hidden_field :latitude %>
  <%= f.hidden_field :longitude %>
  <p>
    <%= f.label :when %> <%= f.datetime_select :when %>
  </p>
  <p>
    <%= f.label :title %> <%= f.text_field :title %>
  </p>
  <p>
    <%= f.label :description %><br/>
    <%= f.text_area :description, :rows=>3 %>
  </p>
  <p>
    <%= f.submit "Create" %>
  </p>
<% end %>
```

我们依然需要记录表单中的纬度和经度，但是它们被作为隐藏域保存。

你的代码可能会有些不同。

当地图调用“new”动作时，它把新事件的位置信息作为请求参数发出。请完成incidents_controller.rb的new方法中的代码，使得它能够正确地调用局部模板：

```
format.html {
  @incident.latitude=params['latitude']
  @incident.longitude=params['longitude']
  render :partial=>'new', :locals=>{:incident=>@incident}
}
```

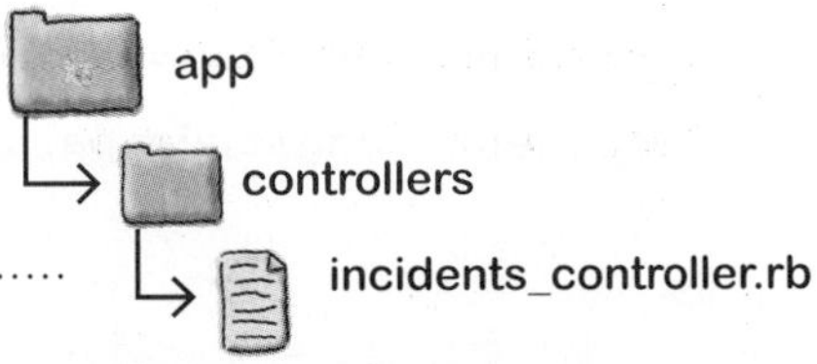

试驾

现在当用户来到首页并点击地图上的新地点时，他们能够使用一个弹出表单来输入详细信息。当“Create”按钮被点击时，表单依然停留在屏幕上，但是一条新记录被显示在数据库中。

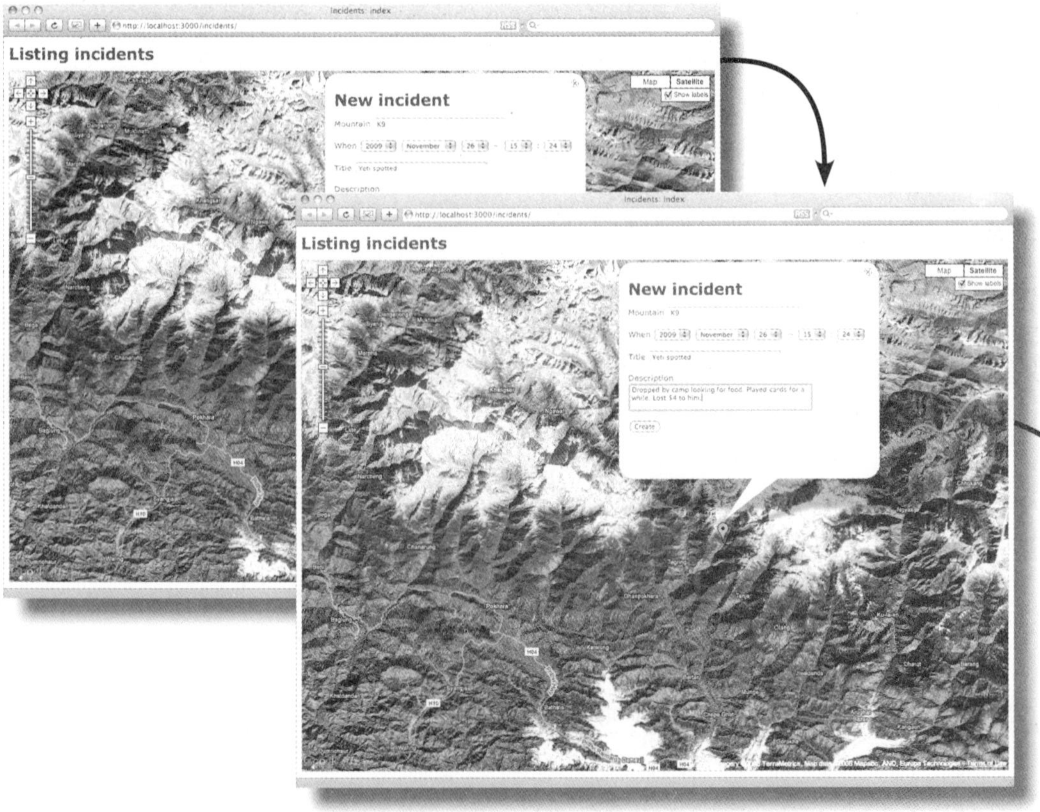

id	mountain	latitude	longitude	when	title	description
1	Mount Rushless	63.04348055...	-150.993963...	2009-11-21 11:...	Rock slide	Rubble on the ...
2	Mount Rushless	63.07805277...	-150.977869...	2009-11-21 17:...	Hidden crev...	Ice layer cove...
3	Mount Lotopaxo	-0.683975	-78.4365055...	2009-06-07 12:...	Ascent	Living only on...
4	High Kanuklima	11.123925	72.72135833...	2009-05-12 18:...	Altitude si...	Overcome by th...
5	K9	28.38535964...	84.48623657...	2009-11-26 15:...	Yeti spotted	Dropped by cam...

那么是不是一切正常呢？

登山者困惑了。

虽然表单正常工作而且事件也被保存到了数据库中，但是事实上看起来什么事都没有发生。当用户点击“Create”按钮时，并没有任何反馈来表明记录被保存了。这就意味着用户会不断点击Creat按钮，而数据库将收到很多条重复的记录。

需要做一些修改。在我们刚刚使用支架实现应用的那个时候，当用户使用“new”页面报告一个事件时，浏览器将立即跳转到“show”页面。这会确认数据被保存到了数据库。

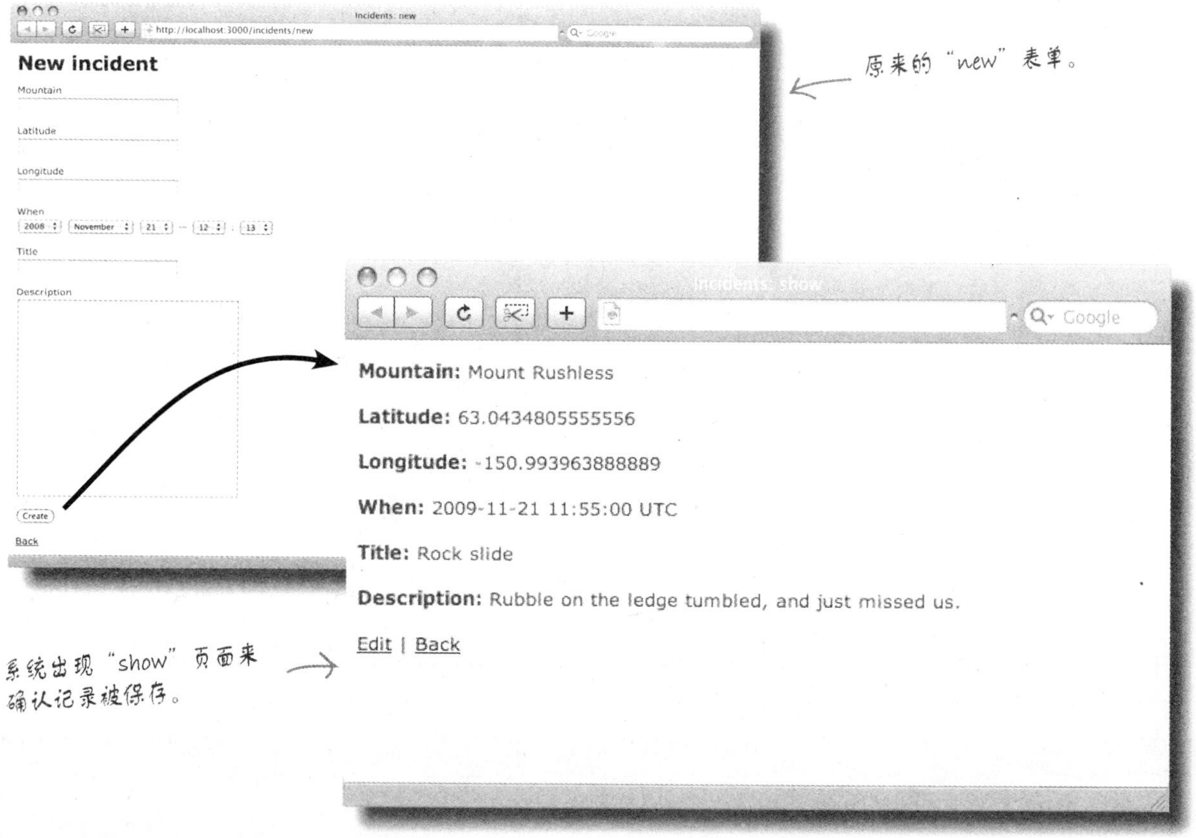

我们可以在Ajax应用中有类似的东西吗？

我们如何证明一件事件已经被保存？

系统确实需要使用“show”动作在弹出窗口中显示创建的记录。所以如果有人输入某个事件的详细信息，弹出窗口将变为显示这个事件的只读版本。

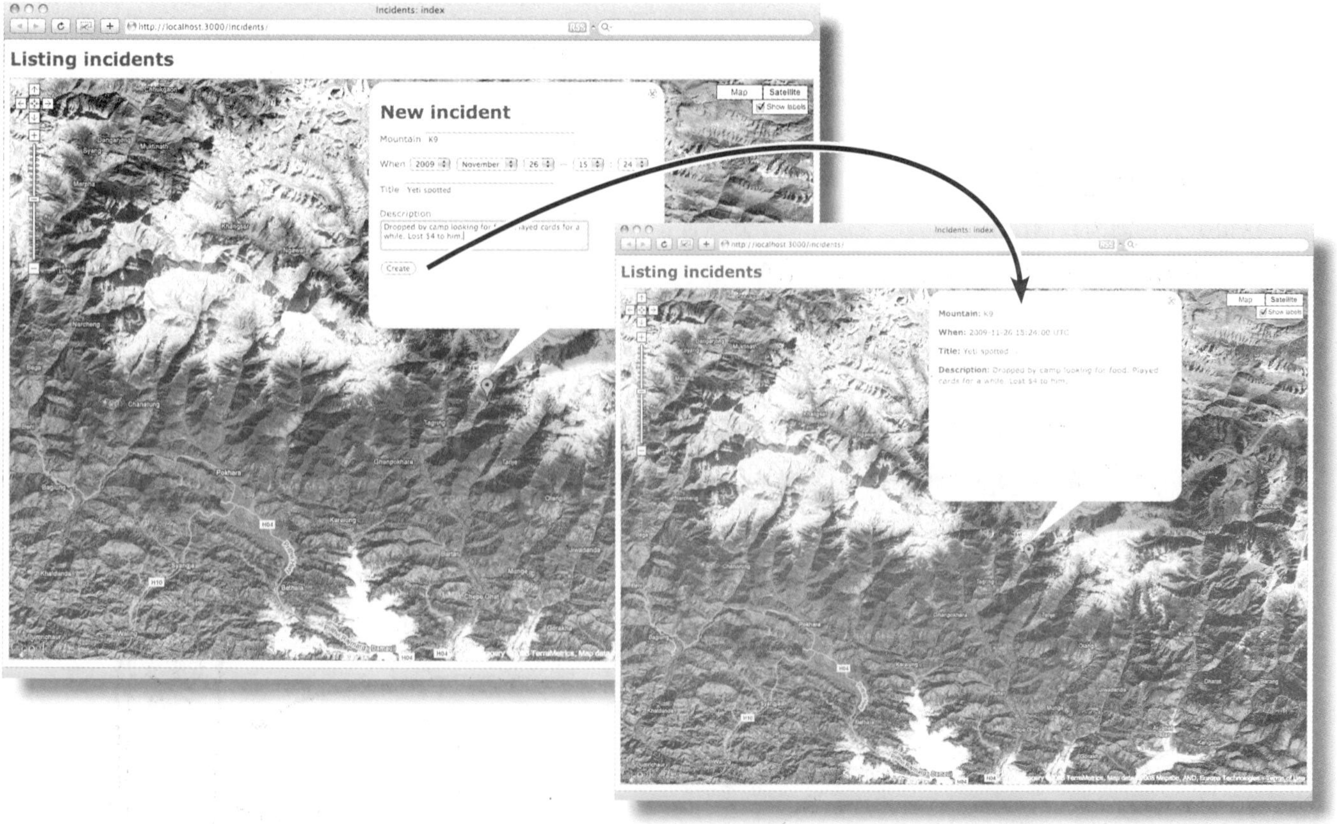

在这种方式下，弹出的信息窗口将像一个小型浏览器一样工作，前进到新的事件信息。当然我们的代码不能让浏览器前进到新信息页面。我们需要让登山者停留在当前页……只是能够看到显示的新信息。

动动脑

Ajax表单需要被事件的“show”动作返回的内容所替换。你认为你如何才能够实现它呢？

表单需要更新弹出窗口的<div>的内容

虽然Google Maps看起来几乎就是个桌面应用，但它基本上还是归结为HTML和JavaScript。它就是一个网页。这意味着弹出的信息窗口——以及其他所有内容——都只是HTML片段。

弹出窗口的内容通过如下代码被定义在`<div>`元素里：

```
id='map_info'
```

这很重要，因为我们使用Ajax表单来创建一个新事件报告，而Ajax表单可以**被用来使用它们的id**动态更新局部页面。

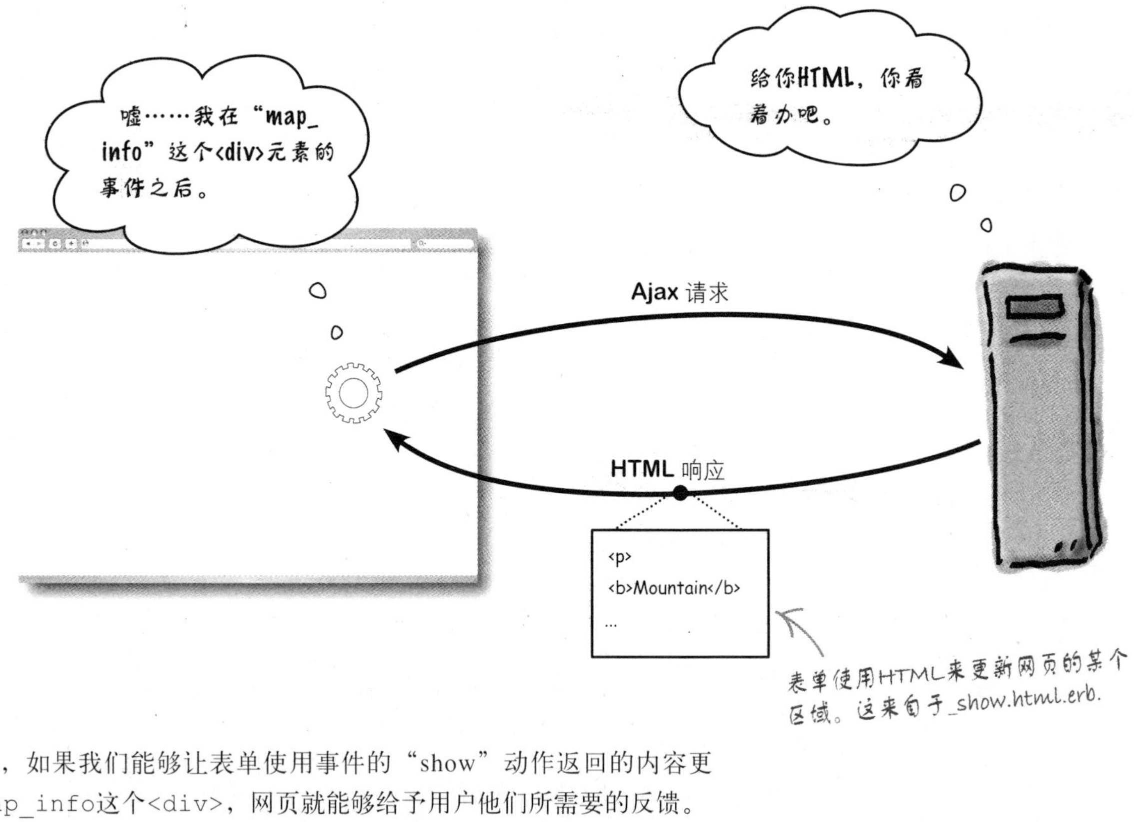

所以，如果我们能够让表单使用事件的“show”动作返回的内容更新`map_info`这个`<div>`，网页就能够给予用户他们所需要的反馈。

磨笔上阵

这是“new”表单的部分代码。记住，表单需要使用表单的响应内容来更新页面，请完成代码:

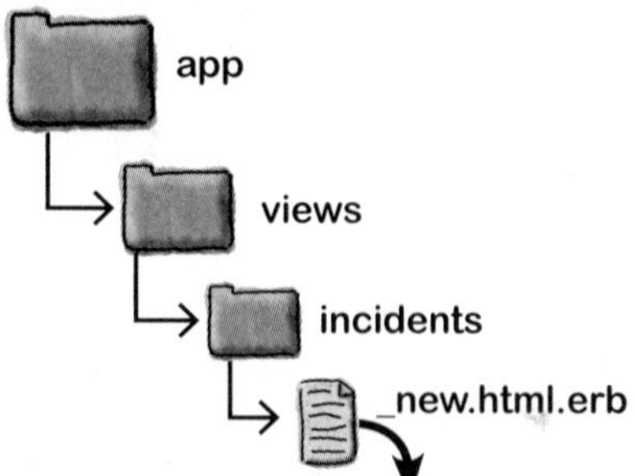


```
<% remote_form_for(incident, .......................................... ) do |f| %>
  <p>
    <%= f.label :mountain %> <%= f.text_field :mountain %>
  </p>
```

“new”表单把自身提交给“create”动作。这是控制器上的create方法。请标出你认为需要的修改。

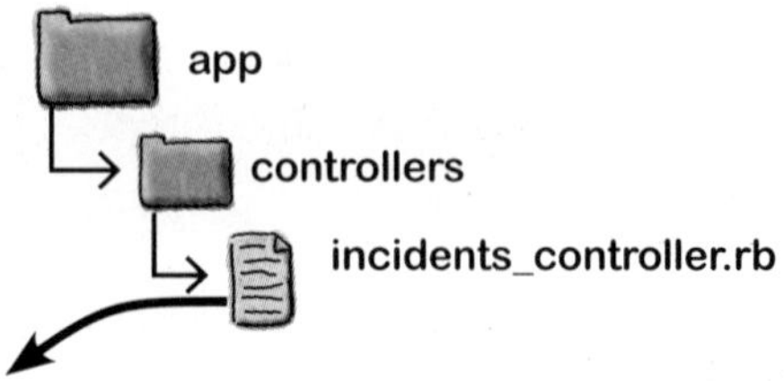


```
def create
  @incident = Incident.new(params[:incident])

  respond_to do |format|
    if @incident.save
      flash[:notice] = 'Incident was successfully created.'
      format.html { redirect_to(@incident) }
      format.xml  { render :xml => @incident, :status => :created,
            :location => @incident }
    else
      format.html { render :action => "new" }
      format.xml  { render :xml => @incident.errors,
            :status => :unprocessable_entity }
    end
  end
end
```

磨笔上阵 解答

这是“new”表单的部分代码。记住，表单需要使用表单的响应内容来更新页面，请完成代码:

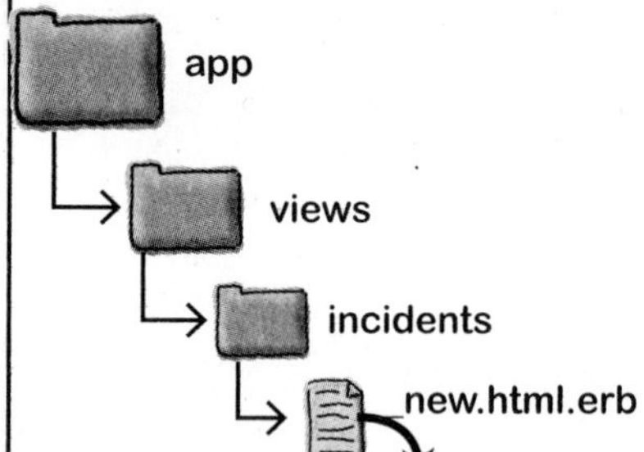

:update=> 'map_info'

```
<% remote_form_for(incident, :update=> 'map_info') do |f| %>
  <p>
    <%= f.label :mountain %> <%= f.text_field :mountain %>
  </p>
```

“new”表单把自身提交给“create”动作。这是控制器上的create方法。请标出你认为需要的修改。

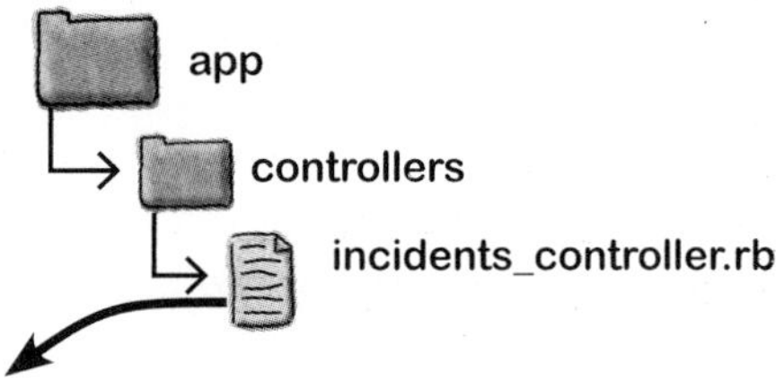


```
def create
  @incident = Incident.new(params[:incident])

  respond_to do |format|
    if @incident.save
      flash[:notice] = 'Incident was successfully created.'
      format.html { redirect_to(@incident) }
      format.xml  { render :xml => @incident, :status => :created,
           :location => @incident }
    else
      format.html { render :action => "new" }
      format.xml  { render :xml => @incident.errors,
           :status => :unprocessable_entity }
    end
  end
end
```

create动作中不需要任何修改。当表单被提交时，create动作把记录插入到数据库中，然后把请求重定向到“show”动作。而“show”动作现在生成的是显示新事件的详细信息的HTML片段。这就已经是我们想要的了。

试驾

那么现在当用户创建一个事件时会发生什么呢？

在地图上点击某个新地点就会像以前一样显示Ajax表单：

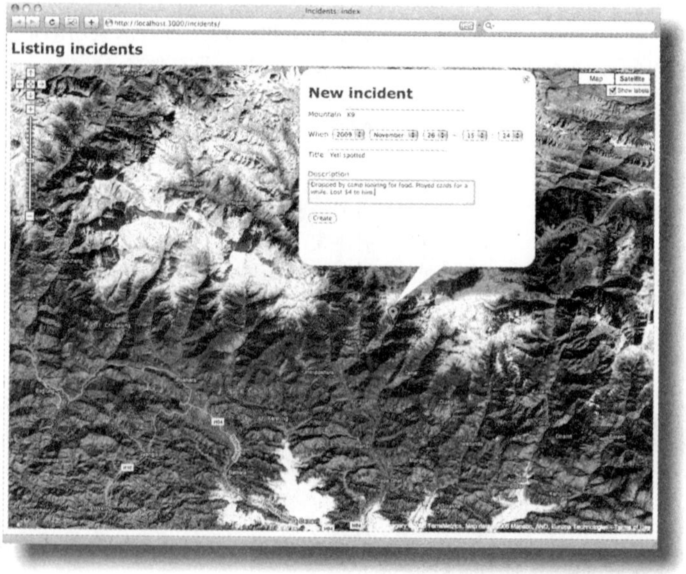

但是当用户点击“Create”按钮时，系统不仅会将记录保存到数据库中，而且它会返回一个包含事件的详细信息的页面片段，Ajax表单会使用这个页面片段来更新弹出窗口中map_info <div>的内容。

弹出窗口中的“map_info”这个<div>得到了更新。

没有蠢问题

问： 如果用户的浏览器不支持JavaScript会怎样？

答： 地图应用将无法运行。像Google Maps这样的Ajax应用需要JavaScript。

问： 如果Google Maps是Ajax应用，那为什么上一章我们不用引入Prototype库？

答： Google Maps调用所有来自Goolg服务器的Ajax库，所以它不需要Prototype库。

问： 那为什么这次我们需要引入Prototype库？

答： 如果你把动作名称传递给地图局部模板，那么这个局部模板就需要发送Ajax请求给服务器。这样它就需要Prototype库…… 这部分处理与Google Maps是无关的。

问： 有没有什么地方在用户禁用JavaScript的情况下让应用脱离地图运行？

答： 如果你修改控制器的话就能做到。控制器决定了显示哪一个视图，所以它能够在没有JavaScript的情况下运行不同的页面模板和局部模板。

问： 我还是不明白respond_to是如何工作的。如果说format.html是一种方法调用的话，在它之后的{...}中的代码又是怎么回事呢？

答： 在Ruby中，方法可以把`{...}`（或者`do...end`）中的代码片段作为参数来看待。所以在`{`和`}`之间的代码会作为参数传递给format.html，而format.html则决定了是否运行这段代码。

问： 地图局部模板是如何工作的？

答： 它并不是那么复杂，但是它大多数都是JavaScript，所以在这儿我们并没有讨论太多的细节。不过你可以查阅《深入浅出JavaScript》来了解更多这种类型的内容。

问： 但是我真的想知道它是如何工作的！

答： 你最好从_map.html.erb文件看起。如果你想要了解更多我们所提及的JavaScript，《深入浅出JavaScript》是本很不错的参考书 :-)

雪崩!

目前我们已经可以让用户在地图上看到更多详细信息，而且也能够在地图上直接创建新事件。但是编辑功能呢？

现在编辑是如何实现的……

支架在两个地方为你提供编辑选项。

在原先支架版本的“index”页面中，你可以点击任一记录之后的“Edit”链接来跳转到编辑表单。但是现在我们无法这么做了，因为索引页面的事件列表已经被地图所取代。我们知道地图局部模板并没有内置的“Edit”功能。

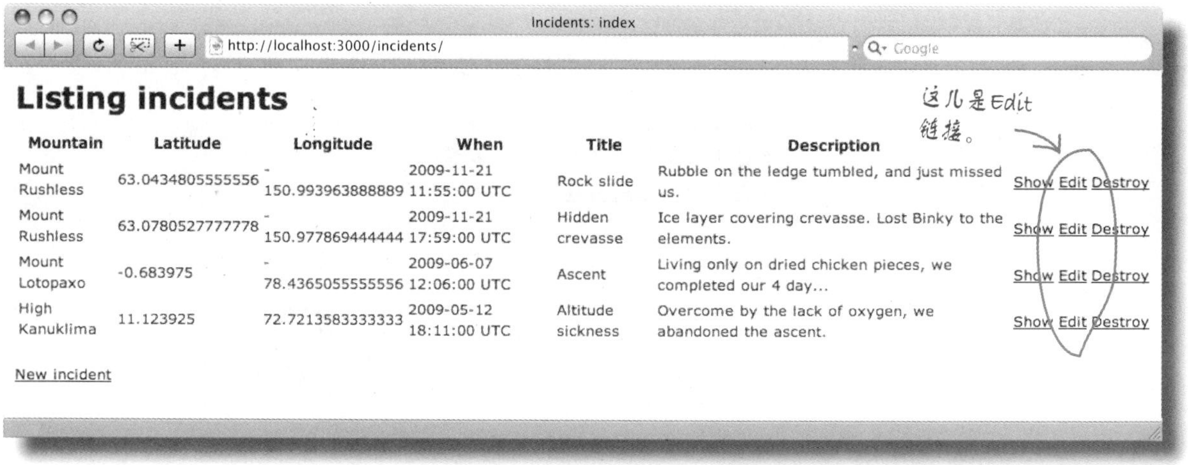

那么在原来的支架版本中我们还能在哪儿编辑事件呢？好吧，另一个地方就在事件的“show”页面。在应用的支架版本里，在“show”页面中有个“Edit”链接。

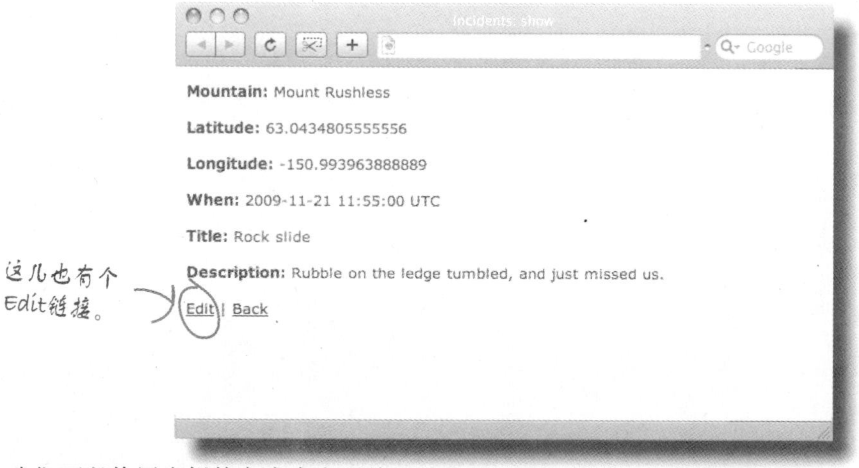

我们可以使用类似的方式来实现编辑功能吗？我们是否可以考虑在弹出窗口显示的事件内容里添加一个“Edit”链接呢？

这样可行吗？

我们可以在弹出窗口中加入一个“Edit”链接

我们需要在详细信息中添加一个“Edit”链接，而这个详细信息将在有人选中地图上的某个事件时显现。当有人点击“Edit”链接时，我们把map_info <div>的内容替换成显示一个编辑表单，然后用户可以使用这个表单来修改记录。

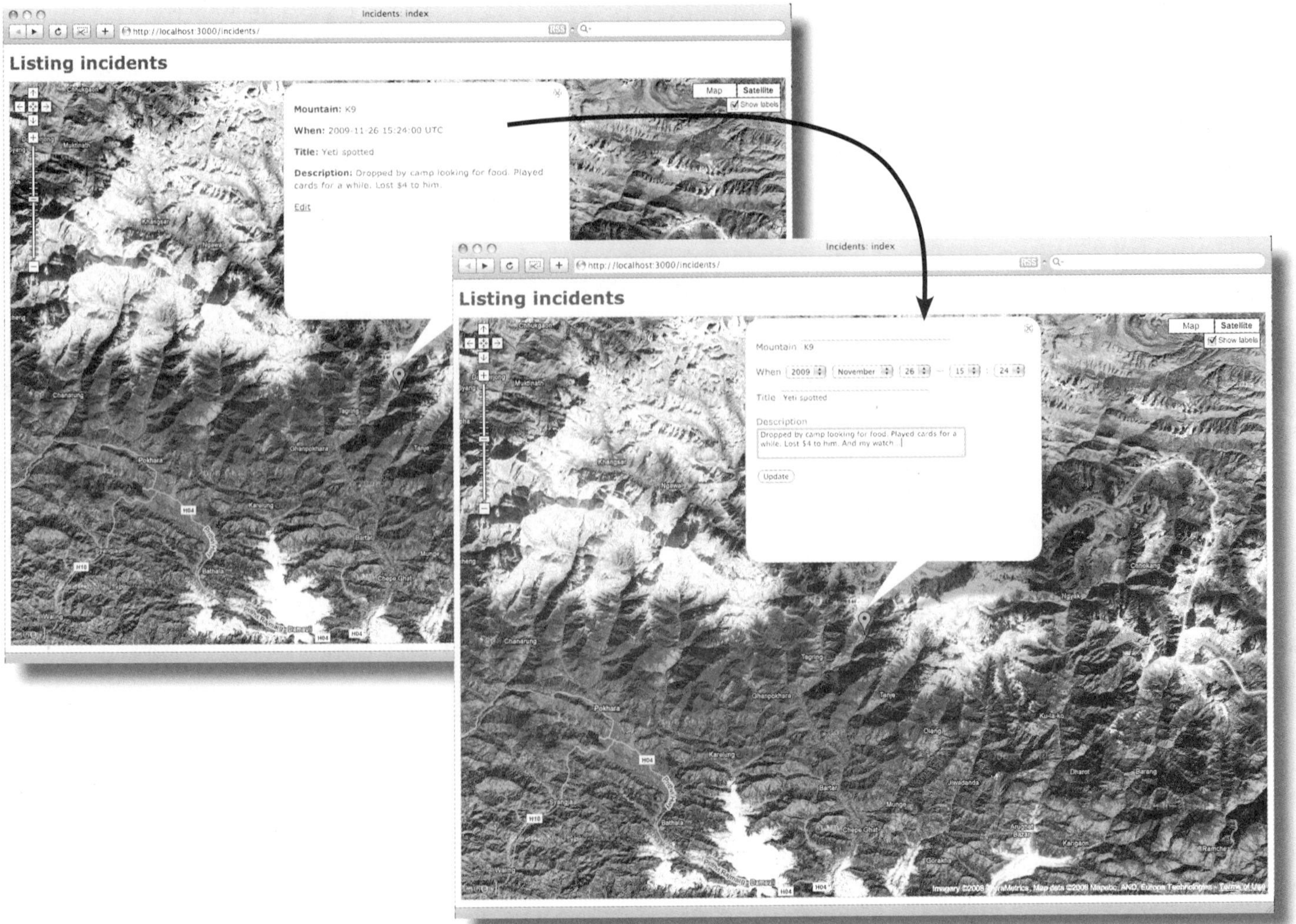

我们已经有了实现好的“show”功能。“Edit”表单与“new”表单差不多，而且我们也有控制器中用来修改记录的服务器端代码。

还能有多难?

我们从修改“edit”动作开始

我们需要生成显示在弹出窗口中的编辑表单。为此，我们将创建一个名为_edit.html.erb的局部模板。这个局部模板看起来与_new.html.erb很像：

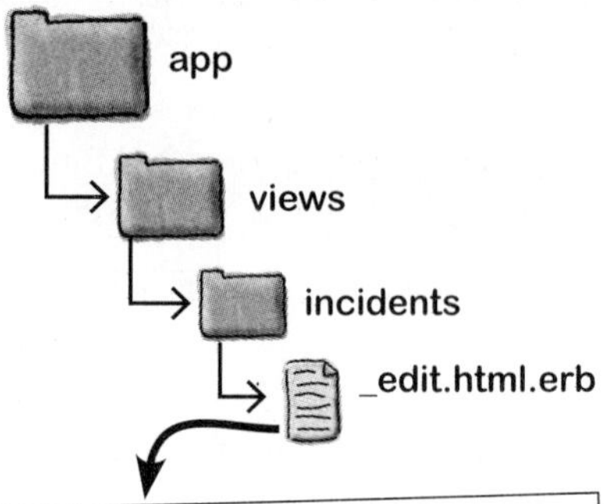


```
<% remote_form_for(incident, :update=>'map_info') do |f| %>
  <p><%= f.label :mountain %> <%= f.text_field :mountain %></p>
  <%= f.hidden_field :latitude %>
  <%= f.hidden_field :longitude %>
  <p><%= f.label :when %> <%= f.datetime_select :when %></p>
  <p><%= f.label :title %> <%= f.text_field :title %></p>
  <p><%= f.label :description %><br/><%= f.text_area :description, :rows=>3 %></p>
  <p>
    <%= f.submit "Update" %>
  </p>
<% end %>
```

_edit.html.erb和_new.html.erb中的代码是一样的，但我们还是使用了两个文件。

为什么要有两个局部模板呢？

这两个局部模板基本上是一样的代码，但保持两个局部模板是比较好的做法。目前它们看起来一样，可是将来就不一定了。

比如，我们可能会修改“new”和“edit”页面所提供的功能。我们可能会在用户插入一个事件数据后就不再允许修改。我们也可能把两个页面的外观做得完全不一样。

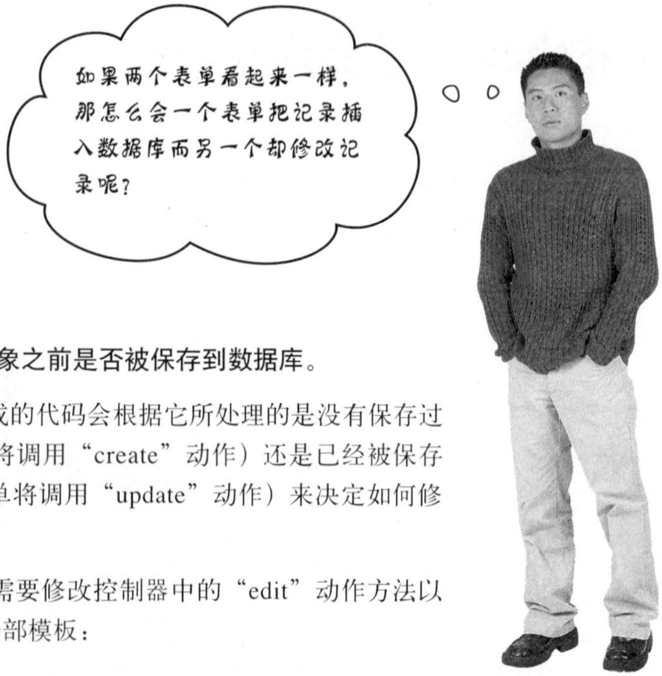

Rails能够知道表单的模型对象之前是否被保存到数据库。

所以form_for辅助函数生成的代码会根据它所处理的是没有保存过的对象（这种情况下，表单将调用“create”动作）还是已经被保存过的对象（这种情况下，表单将调用“update”动作）来决定如何修改。

除了创建局部模板，我们还需要修改控制器中的“edit”动作方法以在它被调用时返回“edit” 局部模板：

```
def edit
  @incident = Incident.find(params[:id])
  render :partial=>'edit', :locals=>{:incident=>@incident}
end
```

没有蠢问题

问： Rails如何知道一个对象是否已经被保存过？

答： 它调用一个名为“new_record?”的方法。这个方法在对象从没被保存过的情况下返回ture。

问： 为什么“new_record?”方法在末尾有个问号？

答： 这是Ruby的规范。大多数返回ture或者false的方法都会在它们的名字中包含一个问号。

问： 为什么我们必须要有纬度和经度的隐藏域？

答： 我们不希望用户去编辑它们。

问： 是——我知道这一点。但是为什么要在表单中提到它们呢？

答： 表单对象会转化成表单中的域。如果它们没有在表单域中出现，它们就不会出现在记录中。

问： 但我们不是也没有id、created_at和updated_at域吗？

答： 确实——但Rails知道需要这几个域，所以form_for辅助函数会为你创建它们。

我们还需要在show页面上增加一个新链接

我们现在应该可以生成编辑表单了，但是用户怎样才能到达编辑表单呢？我们需要让用户在查看事件的详细信息时也能看到一个“Edit”链接。这个链接需要被添加到_show.html.erb局部模板。

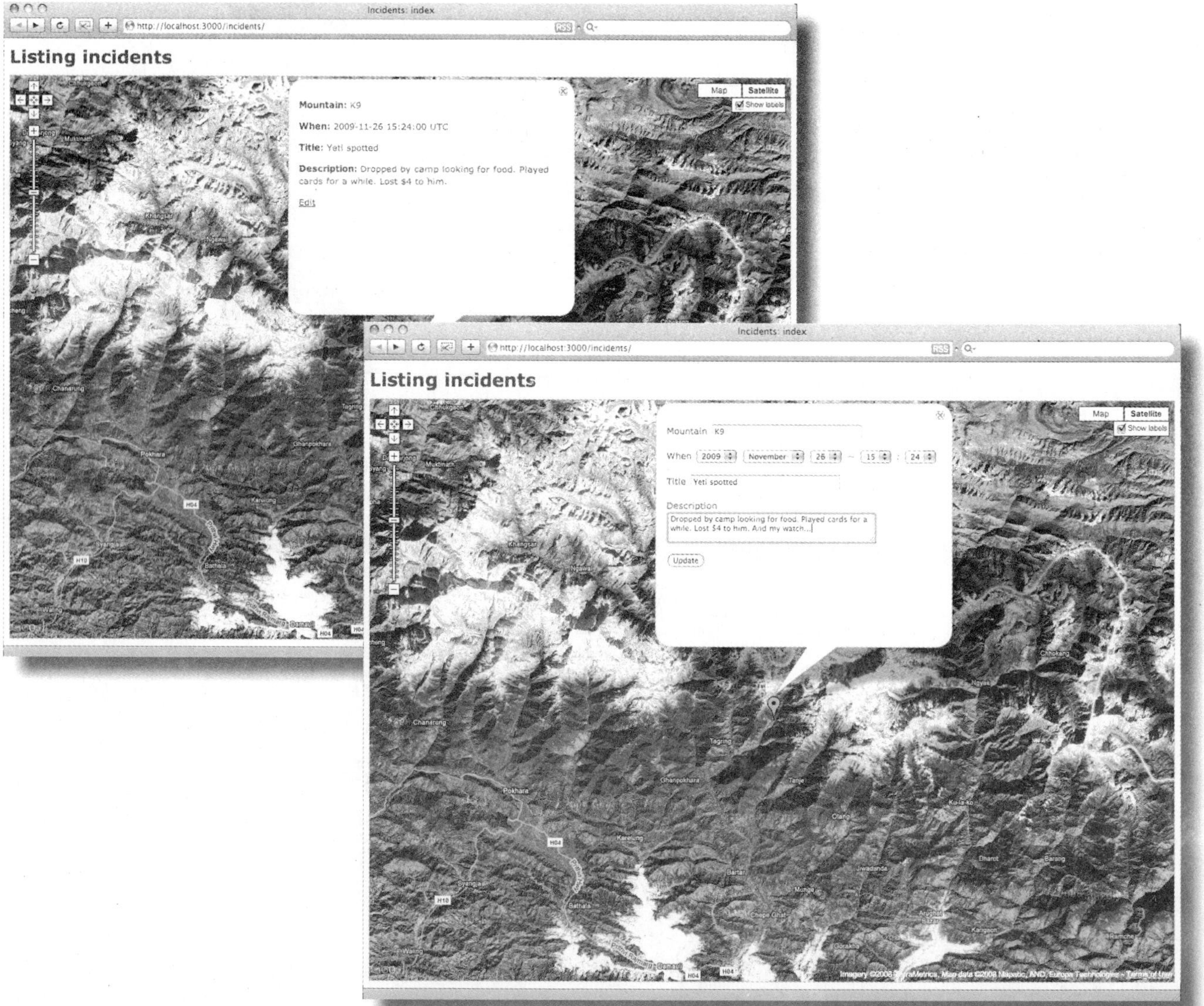

我们将使用link_to辅助函数来生成链接。

那么我们该如何使用link_to辅助函数?

`link_to`辅助函数有两个参数：链接的显示文本和链接的目的地。

```
<p><%= link_to "Edit", "/incidents/#{incident.id}/edit" %></p>
```

好吧，就这样吧。我已经受够了这些我们一直在使用的古怪丑陋的路径。为什么我们必须输入这些长字符串？我们不是已经在路由中定义了路径吗？难道我不可以直接说“这是incident对象的edit路径”或类似的东西吗？

这是很不错的建议。

迄今为止我们已经使用字符串来创建了大量的路径和URL。但如果我们将来希望改变链接的格式会怎样呢？我们可以很快就改好路由中的内容，但是我们的代码中有大量冗余的包含路径的字符串。

在两个地方拥有相同的信息不是一个好习惯，因为它破坏了一条重要的Rails原则：

不要重复你自己

我们以前不是说过吗？

不过如果路由已经记下路径和URL的结构呢？也许我们最好先仔细研究一下路由。

放大REST风格的路由

目前我们使用map.connect命令在config/routes.rb中创建了多条路由：

```
map.connect 'incidents/map/:id', :action=>'show_with_map', :controller=>'incidents'
```

不过当你编辑由Rails支架生成的routes.rb文件时，你可能已经注意到它里面的路由使用了一个不同的命令：

```
map.resources :incidents
```

这个命令生成一组被称为**REST风格（RESTful）路由**的标准路由。这些路由使得用户能够访问应用的CRUD操作。你可以使用rake工具在控制台上检验这些路由：

```
File Edit Window Help RESTfulRoutesRule
> rake routes
```

```
                                  /incidents/news.xml             {:controller=>"incidents", :action=>"news"}
incidents                  GET    /incidents                      {:controller=>"incidents", :action=>"index"}
formatted_incidents        GET    /incidents.:format              {:controller=>"incidents", :action=>"index"}
                           POST   /incidents                      {:controller=>"incidents", :action=>"create"}
                           POST   /incidents.:format              {:controller=>"incidents", :action=>"create"}
new_incident               GET    /incidents/new                  {:controller=>"incidents", :action=>"new"}
formatted_new_incident     GET    /incidents/new.:format          {:controller=>"incidents", :action=>"new"}
edit_incident              GET    /incidents/:id/edit             {:controller=>"incidents", :action=>"edit"}
formatted_edit_incident    GET    /incidents/:id/edit.:format     {:controller=>"incidents", :action=>"edit"}
incident                   GET    /incidents/:id                  {:controller=>"incidents", :action=>"show"}
formatted_incident         GET    /incidents/:id.:format          {:controller=>"incidents", :action=>"show"}
                           PUT    /incidents/:id                  {:controller=>"incidents", :action=>"update"}
                           PUT    /incidents/:id.:format          {:controller=>"incidents", :action=>"update"}
                           DELETE /incidents/:id                  {:controller=>"incidents", :action=>"destroy"}
                                  /:controller/:action/:id
```

每一行都是单个路由，而有些路由取了名字。而edit_incident则是“/incidents/:id/edit”路由的名字。

但这又是如何帮助我们清理代码中的路径的呢？

Rails为每个命名路由（named route）提供了辅助函数

这些REST风格路由的名字至关重要，因为它们将帮助你在代码里指向特定的路由。它们允许你把如下的路径：

```
"/incidents/#{incident.id}/edit"
```

改成：

```
edit_incident_path(@incident)
```

对于每个命名路由，Rails都给予你相应的辅助函数来生成在本地服务器上的路径和完整URL。

在本地服务器上的路径

`edit_incident_path(@incident)` returns `/incidents/3/edit` if `@incident` has `id = 3`

完整URL

`edit_incident_url(@incident)` returns `http://localhost:3000/incidents/3/edit`

它们被称为REST风格的路由辅助函数，因为它们能够把**资源**或者模型对象作为参数。记住——REST设计的一条原则就是把Web应用当作资源容器。

在调用`incidents`和`new_incident`的辅助函数时无需传入资源参数——比如`incidents_url`和`incidents_path`。

路由辅助函数不仅可以从你的代码中删除冗余路径，而且它们更容易阅读并会减少输入错误路径的可能性。

那么这会给我们的代码带来哪些变化呢？它会把这段代码：

```
<p><%= link_to "Edit", "/incidents/#{incident.id}/edit" %></p>
```

改成：

```
<p><%= link_to "Edit", edit_incident_path(incident) %></p>
```

试驾

一旦“Edit”链接被添加到“show”局部模板中，我们再次点击地图上现有的事件会发生什么呢？

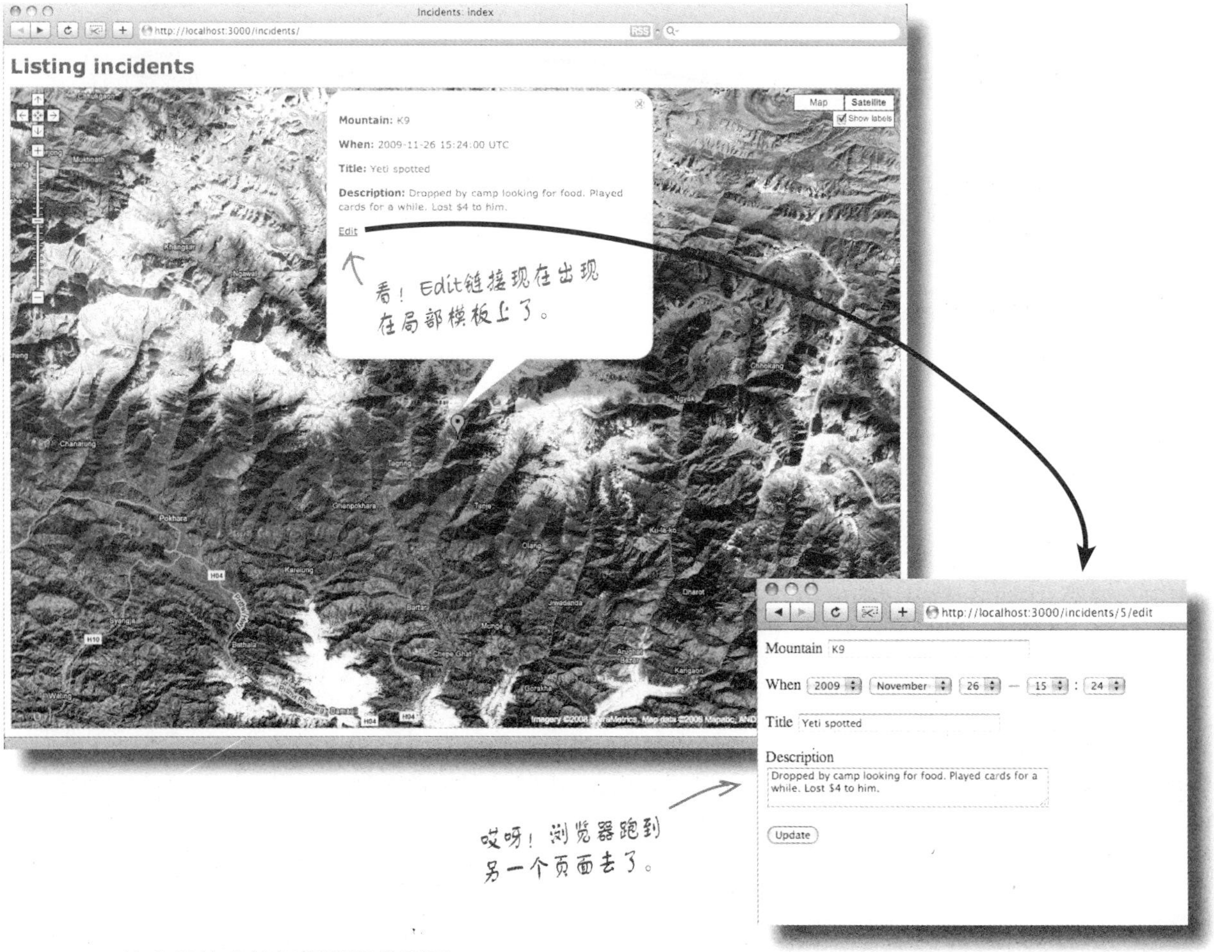

这个链接直接把浏览器带到了：

```
http://localhost:3000/incidents/5/edit
```

问题是，现在这个链接把_edit.html.erb局部模板的内容送回给了浏览器，这看起来就像在另外一个页面一样。

我们需要停留在浏览器的当前页，那么我们怎样修正它呢？

让Ajax链接来拯救我们

我们前面创建的“new”表单能够替换弹出信息窗口内容的原因是它给服务器发送了Ajax请求。它使用服务器的响应来替换map_info <div>的内容。

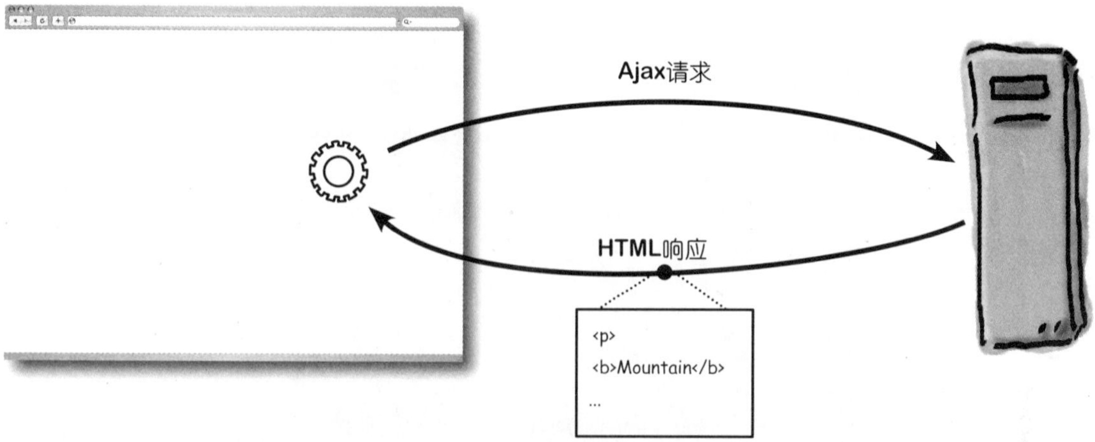

但是我们刚刚添加的链接并不像这样运作。它仅仅告诉浏览器链接到另一个页面。如果我们创建一个Ajax链接而不是浏览器链接的话，我们就能解决这个问题。

Ajax链接的工作方式与Ajax表单很像。当你点击一个Ajax链接时，它并不会让浏览器跳转到另一个页面，相反，它会生成一个Ajax请求给服务器并使用返回的响应来更新页面的局部内容。如果这个过程看起来很熟悉的话，那是因为Ajax链接与我们前面用于刷新椰子航空座位列表的Ajax按钮几乎一样。

我们需要做如下修改来把链接转为Ajax链接：

```
<p><%= link_to "Edit", edit_incident_path(incident) %></p>
```

变成这样:

```
<p><%= link_to_remote "Edit", :update => "map_info",
        :url=>edit_incident_path(incident) %></p>
```

这是我们希望链接更新的局部页面。

这是会生成更新所需HTML的URL。

现在这个链接应该能够从服务器那儿生成一个编辑表单并在弹出窗口中显示它了。让我们看看现在它是怎样工作的。

试驾

当我们点击一个事件时，信息窗口与以前完全一样。

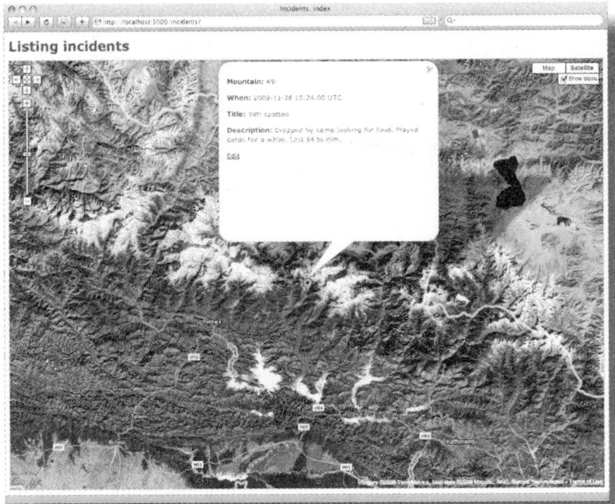

链接看起来也一样，但是请记住实际上它不再是一个简单的链接。相反，这儿有大量JavaScript的魔法在起作用，等着在链接被点击时来产生一个Ajax请求。那么当我们点击它时会发生什么呢？

啊哦。这看起来有些糟糕……

我们期望的编辑表单并没有出现，相反，我们得到了这个奇怪的“未知动作（Unknown action）”错误。究竟发生了什么？

我们需要深入调查一下路由……

我们用错了路由！

当Rails接收到链接发送过来的Ajax请求时，Ajax链接发送了正确的请求至：

`http://localhost:3000/incidents/5/edit`

但Rails并没有把这个请求匹配到`edit_incident`路由，相反，它匹配了一条默认路由：

```
                                     /incidents/news.xml           {:controller=>"incidents", :action=>"news"}
incidents                    GET     /incidents                    {:controller=>"incidents", :action=>"index"}
formatted_incidents          GET     /incidents.:format            {:controller=>"incidents", :action=>"index"}
                             POST    /incidents                    {:controller=>"incidents", :action=>"create"}
                             POST    /incidents.:format            {:controller=>"incidents", :action=>"create"}
new_incident                 GET     /incidents/new                {:controller=>"incidents", :action=>"new"}
formatted_new_incident       GET     /incidents/new.:format        {:controller=>"incidents", :action=>"new"}
edit_incident                GET     /incidents/:id/edit           {:controller=>"incidents", :action=>"edit"}
formatted_edit_incident      GET     /incidents/:id/edit.:format   {:controller=>"incidents", :action=>"edit"}
incident                     GET     /incidents/:id                {:controller=>"incidents", :action=>"show"}
formatted_incident           GET     /incidents/:id.:format        {:controller=>"incidents", :action=>"show"}
                             PUT     /incidents/:id                {:controller=>"incidents", :action=>"update"}
                             PUT     /incidents/:id.:format        {:controller=>"incidents", :action=>"update"}
                             DELETE  /incidents/:id                {:controller=>"incidents", :action=>"destroy"}
                                     /:controller/:action/:id
```

路由处理把它匹配到了这条路由上，而不是更上面的edit_incident路由。

Rails尝试把它与靠近底部的默认路由进行匹配，:action参数被设为“5”，而:id参数被设为“edit”。但并没有名为“5”的动作，所以它失败了。

怎么会这样呢？我们的URL（http://localhost:3000/incidents/5/edit）与`edit_incident`路由（/incidents/:id/edit）具有相同的路径格式。它们怎么会没有匹配成功呢？要知道，在我们把链接转成Ajax之前还是它工作得好好的。

动动脑

请再次查看路由列表。原来的链接和Ajax链接指向的是相同的URL。你认为是什么原因导致Ajax链接匹配了错误的路由呢？

HTTP方法是选择路由的一个因素

在路由表中有一列我们没有注意到：

看看这儿是什么……

		/incidents/news.xml	{:controller=>"incidents", :action=>"news"}
incidents	GET	/incidents	{:controller=>"incidents", :action=>"index"}
formatted_incidents	GET	/incidents.:format	{:controller=>"incidents", :action=>"index"}
	POST	/incidents	{:controller=>"incidents", :action=>"create"}
	POST	/incidents.:format	{:controller=>"incidents", :action=>"create"}
new_incident	GET	/incidents/new	{:controller=>"incidents", :action=>"new"}
formatted_new_incident	GET	/incidents/new.:format	{:controller=>"incidents", :action=>"new"}
edit_incident	GET	/incidents/:id/edit	{:controller=>"incidents", :action=>"edit"}
formatted_edit_incident	GET	/incidents/:id/edit.:format	{:controller=>"incidents", :action=>"edit"}
incident	GET	/incidents/:id	{:controller=>"incidents", :action=>"show"}
formatted_incident	GET	/incidents/:id.:format	{:controller=>"incidents", :action=>"show"}
	PUT	/incidents/:id	{:controller=>"incidents", :action=>"update"}
	PUT	/incidents/:id.:format	{:controller=>"incidents", :action=>"update"}
	DELETE	/incidents/:id	{:controller=>"incidents", :action=>"destroy"}
		/:controller/:action/:id	

那么这些GET、POST、PUT和DELETE是什么意思呢？

它们是**HTTP方法**——也叫做**HTTP动词**（HTTP verbs）。每个请求都会使用一个特定的HTTP方法，而Rails使用该方法和路径来决定选择哪条路由。

但它们究竟代表什么呢？

什么是HTTP方法？

不考虑名字的话，HTTP方法与你所能找到的任何Ruby方法，比如控制器的方法，没有任何相似之处。相反，HTTP方法使用在客户端连接服务器时底层的HTTP对话过程中：

使用GET方法

使用POST方法

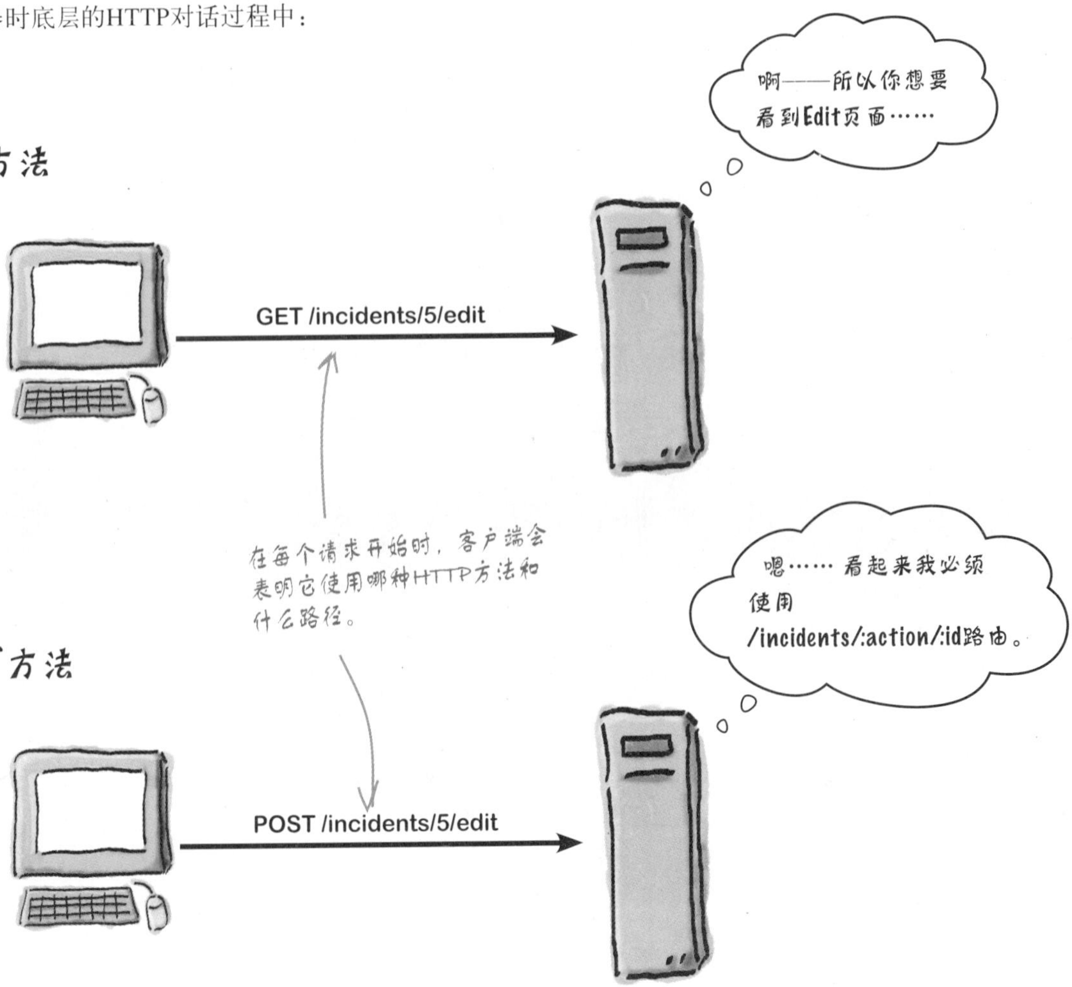

为什么两种版本的链接会做不同的事件呢？好吧——普通的HTML超链接（hyperlink）发送GET请求给服务器。但是，默认情况下，Ajax链接发送POST请求。

所以为了让这个链接能够正常工作，我们还需要让它使用如下的HTTP方法：

```
<p><%= link_to_remote "Edit", :update => "map_info",
       :url=>edit_incident_url(incident), :method=>'get' %></p>
```

试驾

系统工作了！

当我们点击事件链接，我们看到了带有“Edit”链接的信息。当我们点击这个链接，它创建了一个Ajax请求来获取编辑表单，而该表单被用来替换弹出窗口的内容。

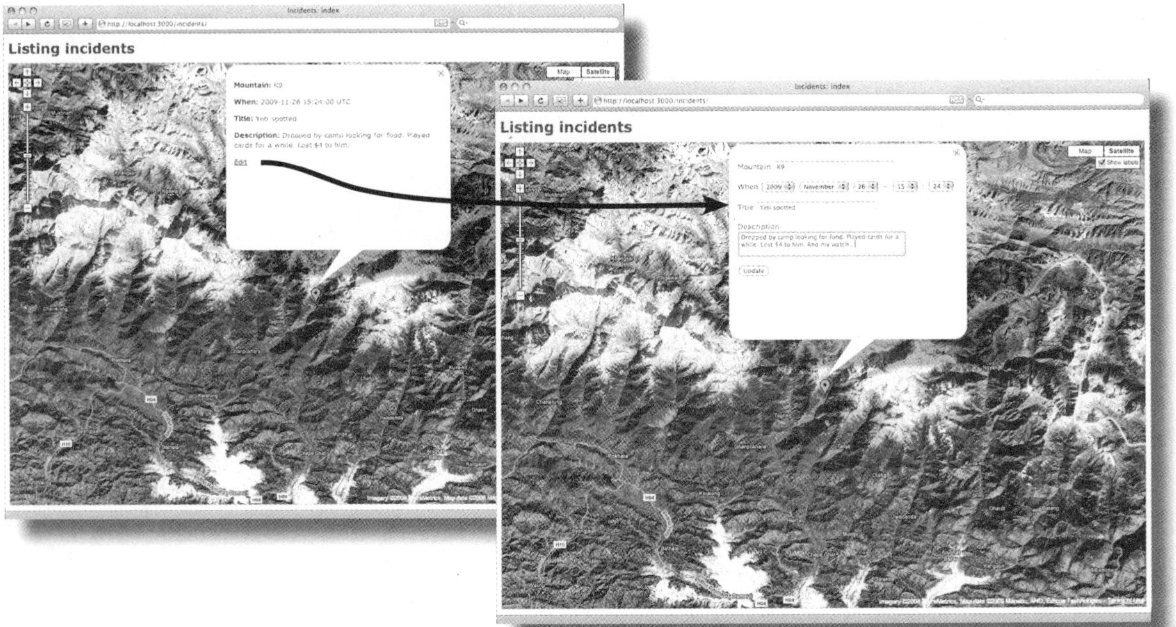

那编辑表单又如何呢？嗯，它就像“new”表单一样好用。它更新事件并重新显示它。

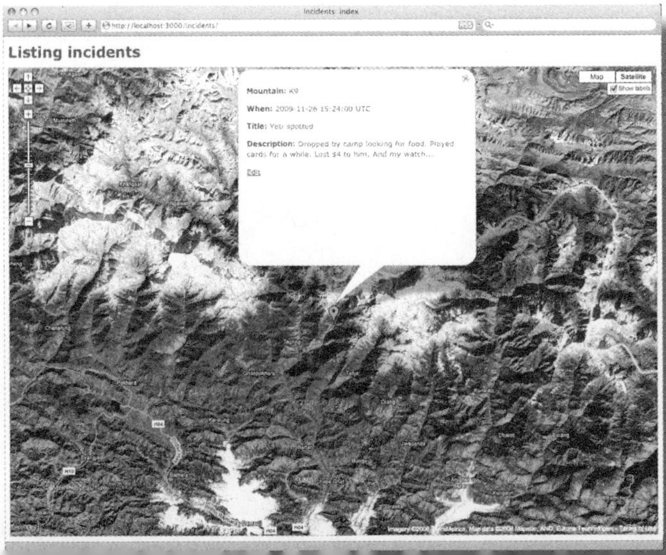

没有蠢问题

问： 使用字符串作为路径真的那么糟糕吗？

答： 字符串可以工作，但是它们难以被读者理解，而且比起辅助函数来说更容易产生错误。

问： 为什么会更容易产生错误呢？

答： 如果你拼写错了一条路由辅助函数的名字，Rails会报告一条错误给你。但如果你在字符串中拼写错了一条路径，系统无法报告该路径错误，也无法报告由于该错误路径而引起的其他错误。

问： 为什么link_to_remote创建了POST请求而link_to却创建了GET请求？

答： link_to创建了一个简单的HTML超链接。浏览器总是为简单超链接使用GET方法。但是link_to_remote创建了一个Ajax请求，而Ajax请求默认总是使用POST方法来提交。

问： 为什么HTTP需要考虑使用GET还是POST？这么做有什么好处？

答： GET请求被设计成可重复的。所以无论你发送多少次相同的GET请求都没有关系。GET请求通常用来读取信息。但是POST被用于每次都可能修改服务器上数据的请求里，所以它们通常用来更新数据库。

问： 那么PUT和DELETE又是什么呢？

答： PUT被用于在数据库中创建新记录的请求。而DELETE则用来删除数据库中的记录。

问： 这对所有Web应用都成立吗？

答： 它适用于Rails应用。使用正确的HTTP方法是REST风格（RESTful）的设计非常重要的一环。

问： 所以这就是为什么form_for能够使用相同的代码来生成可以更新或者插入的表单？

答： 是的。如果对象已经被保存，form_for会生成使用PUT动作的表单。如果对象是新的，那么它会生成使用POST的表单。

问： 有人告诉我浏览器不能使用PUT和DELETE。这是真的吗？

答： 很少有浏览器支持PUT和DELETE。所以为了让这些方法能够工作，Rails添加了另一个名为"_method"的隐藏域来存储HTTP动作的名字。如果收到的请求带有_method="PUT"，Rails将把它作为PUT请求，甚至在它实际使用POST提交的情况下也是如此。

问： 但什么是REST风格的设计呢？

答： 它是一种设计Web应用的方式，它试图更加忠实于web的原有设计。你可以在http://tinyurl.com/28nguu找到更多与它有关的信息。

Head First Climbers需要你！

登山爱好者们非常喜欢这个应用。但是我们认为你可以做的更好。

是时候放下你手头的事件来仔细打量这个应用了。加入更多详细的信息，更多的组件，更多的视觉特效。这儿有一些想法：

为什么用户不能发附件？照片，链接，视频，评论？

把事件与探险队连接起来如何？

把这个混搭式应用与另一个Web 2.0应用混搭起来如何？为什么我们不能直接在K2顶峰推特（Twitter）它？

让用户能够在地图上拖动发生事件的地点怎么样？（你可能需要为此学习一些Google Maps API。请参考http://tinyurl.com/2bfbm2。）

他们能够创建、读取和更新事件。但是什么——没有删除？先解决这个问题怎么样？

不如为来自探险队的事件做些动画？

……其他的呢？

请搭建你的Head First Climbers 应用的最佳版本，然后在Head First Labs的“深入浅出Rails”论坛提交你的URL。你将有机会赢得一堆O'Reilly的好东西，而且会被列入Head First Labs的名人堂里！

访问这儿以获取更多如何进行竞赛的信息。

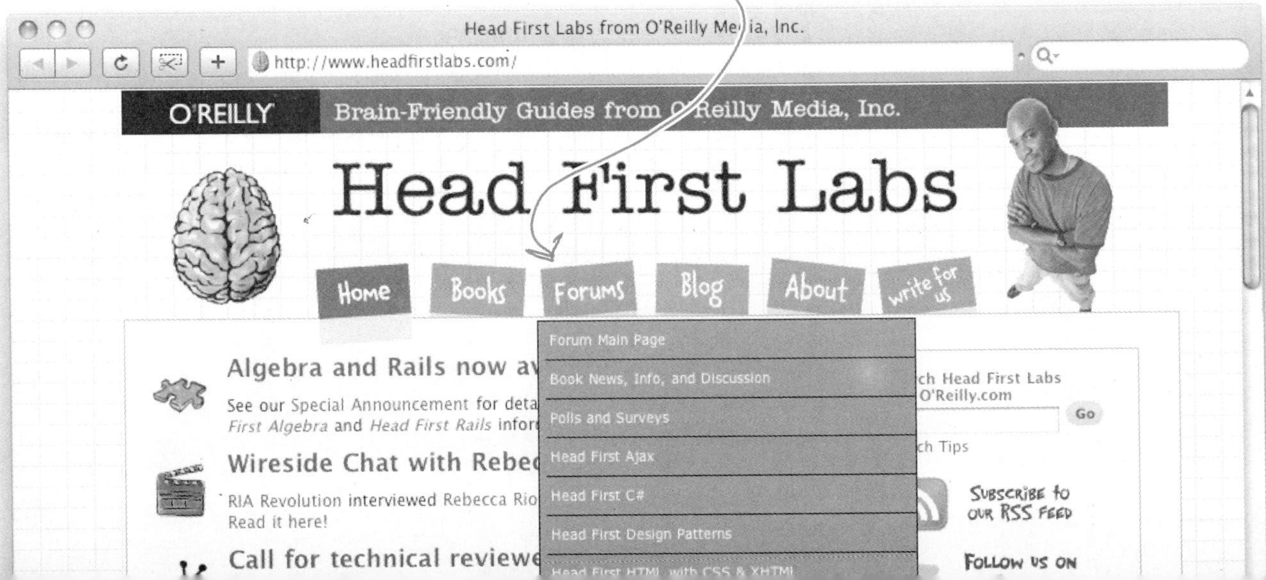

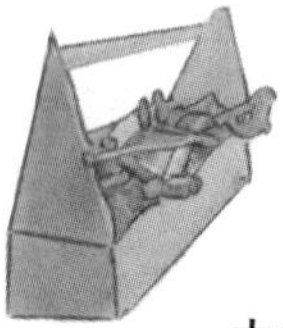

你的Rails工具箱中的工具

你已经把第9章收入囊中了，现在你已经把添加更先进的Rails功能到你的Web应用里的能力加入了你的工具箱。

Rails工具

rake routes显示应用的路由

<route name>_path(object) 返回指定命名路径的路径，该路径使用给定对象的id

edit_<model_name>_path(object) 返回对象的编辑器的路径

new_<model_name>_path返回新建编辑器的路径

把"_path"改成"_url"将会返回一个完整的URL而不再是本地路径

真实世界里的Rails

你已经学到了很多Ruby on Rails的知识。但是为了能够把你的知识运用到**真实世界里**，你还需要思考几件事情。你应该如何把你的应用连接到**另一个数据库**？你该如何**测试**Rails应用？你如何才能最有效地使用Rails和**Ruby语言**？你可以在哪儿找到Rails的**最新进展**？请继续读下去，我们会让你占领有利地形并由此把你的开发技能提升到更高的层次。

迄今为止所有你学到的技术都是有用的，但还有更多需要学习的知识。

是的，完全正确。在真实世界里发生的事情并不总按照它们被设想的方式来运作。不仅如此，而且Rails是一个相当庞大的框架。这本书以及任何其他少于亿万页的书都不可能完全覆盖所有的知识点。

但没有任何理由来认为你还没有准备好！请浏览这最后的十几页来看看你掌握了什么，并顺便学几招你还不知道的技巧。

连连看

我们仅仅介绍了Rails大量辅助函数中的很小一部分，而事实上还有更多可以选择的辅助函数。请看一下你是否能够把下面的辅助函数匹配到它们的实际用途。

`number_to_phone`	让浏览器自动探测一个RSS源。
`number_to_percentage`	允许你为模板代码的运行时间计时。
`error_message_on`	把数字格式化成美国电话号码。
`auto_discovery_link_tag`	把数字格式化成百分数。
`image_tag`	返回年、月、日的选择（select）标签。
`benchmark`	帮助你格式化错误消息。
`date_select`	返回你可以在模板里使用的图像（image）标签。

连连看 解决方案

我们仅仅介绍了Rails大量辅助函数中的很小一部分，而事实上还有更多可以选择的辅助函数。请看一下你是否能够把下面的辅助函数匹配到它们的实际用途。

```
number_to_phone

number_to_percentage

error_message_on

auto_discovery_link_tag

image_tag

benchmark

date_select
```

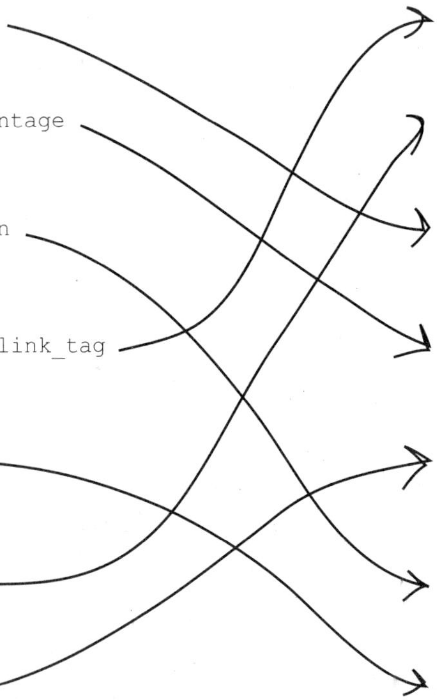

让浏览器自动探测一个RSS源。

允许你为模板代码的运行时间计时。

把数字格式化成美国电话号码。

把数字格式化成百分数。

返回年、月、日的选择（select）标签。

帮助你格式化错误消息。

返回你可以在模板里使用的图像（image）标签。

极客新知

想要查看更多关于Rails当前版本可用的辅助函数的话，请至 **http://tinyurl.com/railshelpers**。

看！这儿有满满一页的Ruby“试试看”

你是否注意到你只需了解很少的Ruby知识便能开发很酷的Rails Web应用？即使如此，多了解一些Ruby有时也会很有用。这儿有一些你可能想要尝试的Ruby例子。请输入它们来看看会发生什么……

试试看！

读取文件的所有行到一个名为“a”的数组中

```
a=File.readlines("filename.txt")
```

对这个数组进行排序

```
a.sort
```

把字符串翻转过来

```
"Bassackwards".reverse!
```

返回翻转过的字符串拷贝

```
"Bassackwards".reverse
```

字符串s是否包含“Waldo”？

```
/Waldo/=~s
```

字符串是一个邮政编码吗？

```
/^\d{5}$/=~"90210"
```

把字符串转化成整数（Fixnum）

```
"12345".to_i
```

把字符串转化成浮点数

```
"3.1415".to_f
```

把对象转化成字符串

```
a.to_s
```

美化打印数组的内容

```
[1,2,3,4,5].inspect
```

美化打印哈希的内容

```
{:a=>1, :b=>"c"}.inspect
```

创建一个带有50个=符号的字符串

```
"="*50
```

从字符串中获取单词数组

```
"to be or not to be".split
```

返回对象的类（数据类型）

```
o.class
```

对浮点数取整到最接近该浮点数

```
(3.14).round
```

求平方根

```
Math.sqrt(16)
```

删除文件

```
File.delete("filename.txt")
```

当前日期和时间

```
Time.now
```

当前年份

```
Time.now.year
```

给方法取个别名

```
alias another_name my_method
```

返回目录中的文件数组

```
Dir.entries("directoryName")
```

Web应用也需要测试

自动化测试是软件开发中至关重要的一环，而直到现在我们都还没有说到它。为什么呢？测试软件的代码需要你彻底理解你所使用的工具，而设计测试用例则比写代码本身更加困难（也更加有趣）。这就是为什么本书着重给予你理解Rails如何工作和思考的技能。只有你理解之后你才可以开始考虑如何测试应用。

但这并不意味着你要在系统完成很久之后才开始测试。根本不是这样的。最好的测试用例应该在你编写你的主程序**之前**就已经写好。

你可以查看《Extreme Programming Explained》，ISBN-13:978-0321278654来获取更多的信息。

Rails本身提供了很多测试支持，几乎比其他所有的框架都多。每个应用都包含了一组测试脚本（在test目录下），而每次你生成支架程序时，Rails也会为你生成一组标准测试用例。所以，如果你来到第1章中编写支架式订票系统所在的目录并且输入：

Rails将为你运行整个测试集。这是否意味着你不再需要编写你自己的测试用例呢？事实上，答案是否定的。作为一名Rails开发人员，你的大部分时间将会花在编写和维护测试用例上。

有哪些类型的测试可用呢？

有三种主要的测试：

单元测试

Rails有时使用一些不同于其他地方的术语。在大多数系统里，“单元测试（unit test）”是指任何独立代码段的测试。但Rails的定义要更具体一些。在Rails中，“单元测试”是指模型类的测试。每当你直接或者通过支架间接生成模型，Rails都会为你在test/unit目录下创建标准的单元测试用例。

功能测试

Rails的功能测试是指独立控制器的测试。功能测试检查你是否发送了特定的请求，你是否获得了特定的响应。你可以在test/functional目录里找到功能测试用例。同样，每当你直接或者通过支架间接生成控制器时，Rails会创建功能测试用例。

集成测试

集成测试是高层次的测试，它看起来有些像测试人员使用的测试脚本。集成测试用例从整体上测试系统。所以它们自动化了典型用户在你的系统上可能做的各种动作。集成测试用例有个专门的目录（test/integration），但是它们并不会自动生成。它们需要针对你的系统来特别设计，所以你需要自行创建它们。

最后，所有测试用例的测试数据都保存在test/fixtures下的数据文件中。fixture只是测试数据集的一个花哨的名字而已。Rails将把fixtures中的数据存储在一个特别的、独立的测试数据库中来使得你的开发（或者实时数据）不会与你的测试所需数据混淆起来。

请查看**http://tinyurl.com/railstest**来获取更多关于Rails中的测试的信息。

上线运行

你的应用不会一直停留在开发阶段，在特定时候，你就可以把它上线了。然后你该怎么做呢？在你的应用代码中指定数据库位置或者诸如此类的配置信息不是一个好主意。毕竟，你并不希望运行版本和测试版本的代码有着不同的实现。你只是希望它们使用不同的数据库而已。

这就是为什么Rails让你指定**环境**（environment）。环境确定了数据库的位置和类型以及其他一些设置，比如应该记录多长的日志消息。

默认情况下，一个应用被设定使用三种不同的环境：

1. **开发环境**
   这是默认使用的环境，也是本书一直使用的环境。开发环境使用db/development.sqlite3数据库。

2. **测试环境**
   这个环境被设置用于自动测试脚本。

2. **产品环境**
   这是你的上线（live）环境。

但你该如何在不同环境之间切换呢？

当你启动服务器时，Rails查找一个名为RAILS_ENV的环境变量。这将告诉Rails使用哪个环境来运行。如果你希望从开发环境切换到产品环境，你就需要设置RAILS_ENV变量：

如果你使用Windows，你需要输入这个……

```
File Edit Window Help
> set RAILS_ENV=production
> ruby script/server
```

……而在Linux、Unix或者Mac下你需要使用这个。

```
File Edit Window Help
> RAILS_ENV=production
> ruby script/server
```

那么你该如何更改数据库配置呢？

如果你查看config/database.yml文件，你就会发现每种环境下的数据库配置信息。

例如，你原来的SQLite产品环境可能设置如下：

```
development:
  adapter: sqlite3
  database: db/development.sqlite3
  timeout: 5000
```

但是如果你想更改产品环境来使用Oracle数据库，那么它可能会被改成如下的配置：

```
development:
  adapter: oracle
  database: mydatabasename
  username: scott
  password: tiger
```

或者，如果你希望上线环境使用安装在与Rails相同的机器上的MySQL数据库，你可以把配置改成：

```
production:
  adapter: mysql
  database: my_db_name
  username: root
  password:
  host: localhost
```

什么是REST？

我们已经在本书中多次看到过REST。Rails如何使用REST？REST设计如何成为新的Rails指导原则？如果你使用REST，你的牙齿会更加闪闪发光，你的生活会更加愉快，而整个世界都会变得美好和灿烂。

让我们从基本概念着手。REST是指**表述性状态转变**（Representational State Transfer**的缩写**），它是一种人们如何设计计算机系统的方式。很显然，我们周围最重要的计算机系统就是万维网（World Wide Web），特别值得注意的是提出REST的人——Roy Fielding——也是HTTP规范的作者之一。

为什么HTTP作者同时也是REST作者就显得重要呢？好吧，因为REST风格的设计就意味着你的应用将按照Web最初的设想来运作。

那么什么是REST的主要设计准则？

1. **最重要的是资源（resource）。**
   这意味着你的系统中所有重要数据都是你可以处理的、独立的、可识别的事物。如果你有一个卖甜甜圈的网站，那么甜甜圈就是资源。

2. **每个资源都有一个合适的名字。**
   在Web上，这就意味着每件东西都有一个URL。

3. **你可以对资源执行一组标准操作。**
   CRUD（Create、Read、Update、Delete）操作是很典型的操作集合，它们被Rails和Web所支持。

4. **客户端和服务器彼此无状态地进行对话**
   这就意味着当一个客户端（比如浏览器）与REST风格的应用对话时，这个过程是一组完全孤立的请求和响应。客户端向服务器发送请求，服务器返回响应，然后对话结束。

所有这些看起来都显而易见，不是吗？它们非常好地描述了Web是如何工作的。

它们确实曾经是Web如何工作的很好的描述。在Web变糟糕之前……

迷失方向的Web应用

设想一下有个Web应用允许人们贩卖多余的火箭零部件：

开发人员可能会创建一个如下的显示火箭零部件的系统：

```
http://www.boosters-r-us.com/airframes/472
```

这个网站与火箭零部件有关，而这个URL可以被用来作为该部件的名字。

但看看当有人更新这个部件的信息时会发生什么，比如说它的价格。系统里的Web表单把信息提交到这个URL：

```
http://www.boosters-r-us.com/airframes/472/update
```

这种做法的问题在于它没有遵循REST原则。为什么这么说呢？因为在REST风格的系统里，URL应该是资源名。而这儿的第二个URL并不表示一件事物，它表示了一个动作。

为什么不遵循REST原则会有问题呢？

你是否曾经在浏览器里重新访问一个URL并被询问是否希望**再次发送数据**？浏览器历史仅仅是URL的列表而这意味着它同时也应该是名字的列表。但是如果一个Web应用使用URL来表征活动，那么当你通过你的历史记录来后退时，浏览器将无法知道你是否希望再做一次该动作。

你只需要使用HTTP动词

我们该如何解决这个问题呢？REST的第三准则表明需要有一组定义好的动作。REST风格的应用使用HTTP方法来定义活动且让URL表示资源的名字：

它们是支架式应用中的REST风格路由里的URL。

CRUD operation	HTTP method	URL
Create a component	POST	http://www.boosters-r-us.com/airframes/
Read a component	GET	http://www.boosters-r-us.com/airframes/472
Update a component	PUT	http://www.boosters-r-us.com/airframes/472
Delete a component	DELETE	http://www.boosters-r-us.com/airframes/472

生活在Edge上

Rails一直都在变化中，你如何才能跟上不断增加的最新最好的特性呢？一种办法是运行在Edge之上。

Rails通过下载并直接安装最新版本的框架到你的应用程序来让你可以轻易便运行在最近的Rails版本（被称为Edge Rails）上。

现在一些其他应用框架想要更新到最新框架版本会异常困难。你不得不通过Web浏览器来下载文件，阅读最新的安装指南，设定路径，确保配置匹配你的系统，以及诸如此类的步骤。这个过程非常复杂以至于很少有人愿意这么做。

但是很多人都在使用Edge Rails。为什么呢？好吧，这不仅仅是因为他们希望使用最新特性。Rails一直都在高速的发展过程中，你可能会发现即使是很小的一次升级都可能让你的应用的一部分代码失效。所以为了确保他们的应用能够始终跟上Rails的演进，他们不希望等上几周或者几个月的时间来升级，有些人甚至每天都会更新一次Edge版本。

但是你如何才能安装Edge　Rails到你的应用中呢？很简单，你只需要这样做：

File Edit Window Help LifeOnTheEdge

```
> rake rails:freeze:edge
```

这条命令就是你所要的一切。rake工具会连接到Rails开发服务器，下载Rails脚本的最新版本，然后把它们安装到你的应用的vendor/rails目录中。每次当你启动Rails服务器时，verndor目录中的代码会在本机的主Rails程序运行之前生效。这就意味着Edge Rails将会被用于这个应用。

在Edge版本上的生活可能会相当惊险。但是有时最好找出版本兼容性的问题，一次一个……

获取更多的信息

即使Rails允许你快速且可靠地创建全功能的Web应用，但毋庸置疑的是你需要很长的时间才能够真正掌握Rails。因为有太多的知识要学。

这就意味着你需要一本非常不错的参考手册。而最好的手册都在网上。Rails一直都在变化中。每天都有新的功能添加到Rails源代码中，而唯一与它保持同步的方法就是上网。这儿有一些很不错的网站可以让你上手：

1. http://www.rubyonrails.org/
   Rails的主页。它不仅仅包含软件，也包含演示、视频和进一步阅读的链接。

2. http://wiki.rubyonrails.org/rails
   这里提供了安装的详细指南和故障诊断，也提供了更多在线资源的链接。

3. http://ryandaigle.com/
   Ryan的博客包含了大量的你可以在Rails中施展的最新招数。

4. http://www.ruby-lang.org/en/
   Ruby语言的最新进展。

内置文档

除了大量的在线资料，你的Ruby on Rails也包含了你所需要的大部分内容，它们可以直接使用。最重要的两个命令行工具是：

```
ri <something>
```

这里的<something>是你想要了解的Ruby类。例如，“ri Array”将会告诉你关于Array类的一切。

另一个有用信息的来源是gem服务器。Gem是最常用的Ruby包管理工具，而且它可能也是你用来安装Rails的命令。Gem有个内置的服务器，它可以提供与你在http://api.rubyonrails.org网站上能够找到的一样的API文档。你可以输入如下命令来启动它：

```
gem server
```

然后在如下URL进行浏览：

```
http://localhost:8808/
```

消遣性读物……

当然，这儿是Head First Labs，我们是书籍工作者。无论在线资料多么美好，它们也比不上一本真实的可以帮助你理解知识的书。现在你已经来到了本书的结尾部分，你的头脑觉得很舒服而且充满了新的Ruby on Rails专业知识，你可能想要抓住这个机会来试试其他一些相关书籍。

《The Ruby Way》

我们喜爱这本“深入浅出”系列的书。它是一本内容丰富，但是又非常优美的著作，由Hal Fulton撰写。这本书将带你进行一次Ruby语言的深入之旅。尤其重要的是，它不仅告诉你语言的细节，而且它还解释了在语言设计背后的哲学。Rails如此卓越的很多因素都直接来自于Ruby，而其中的许多因素都在本书中有所提及。

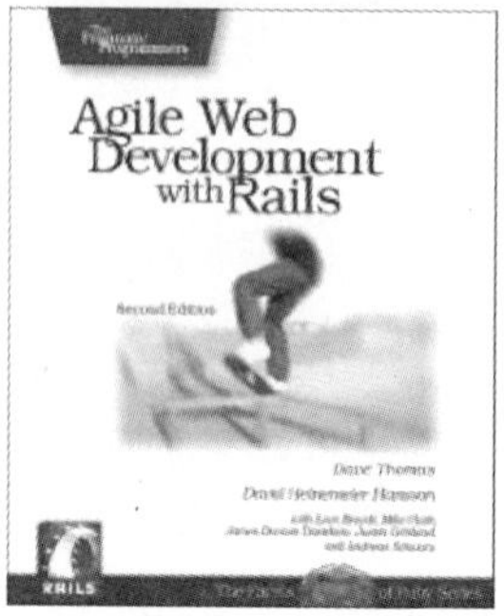

《Agile Web Development with Rails》

这是一本很棒的书，它会把你带入Rails开发。它的有趣之处在于它像一个开发项目一样来撰写。所以几个月前新版刚刚发布，beta版本就被放在网上以供人们阅读和评论。

《Rails Cookbook》

一旦你准备好使用Rails，你就可能需要解决很多很多其他人在你之前曾经不得不处理的问题。不要害怕！《Rails Cookbook》会给你一组美味的预先写好的代码来帮助你度过难关。

相关话题的“深入浅出”系列书籍

现在，除了Ruby和Rails方面的书籍，你可能会发现研读一些相关话题的书籍也有帮助。什么是引导你的大脑进入一个新课题的最佳手段呢？当然是通过“深入浅出”系列书籍！

《深入浅出Ajax（Head First Ajax）》

Rails提供了大量内置的Ajax开发支持，但是为了更好地使用它们，你需要了解Ajax是如何工作的。还有什么比《深入浅出Ajax》更好的方法吗？

《深入浅出JavaScript（Head First JavaScript）》

Ajax建立在JavaScript之上，而如果你非常了解如何使用JavaScript，你将可以让你的应用变得更加强大。《深入浅出JavaScript》是进入该语言的很好的方法。

《深入浅出软件开发（Head First Software Development）》

在本书中，你已经学会了如何在Ruby on Rails框架里开发。如果你希望从编程进步到开发，那么就选择这本书吧。它将教你如何在你的项目中执行计划，如何自动化测试和持续集成测试。

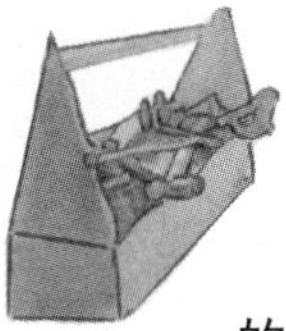

你的Rails工具箱中的工具

你已经把第10章收入囊中了，现在你已经把你需要思考的几件真实世界里的事情加入了你的工具箱。

Rails工具

Rails包含一大堆你可以用在应用里的额外的辅助函数

Ruby语言非常强大。当你在没有太多Ruby知识的情况下就能创建很酷的web应用时，了解更多的Ruby知识会很有用

rake test——在你的应用里运行自动化测试

rake rails:freeze:edge——把最新的Rails版本安装到你的应用里

RAILS_ENV=production——让你的系统运行在一个“在线”数据库上

ri <something> ——给你关于指定Ruby对象的方法的信息

gem server——启动Ruby文档服务器

你的头脑——这是你拥有的最强大的开发工具

离开Rails村……

很高兴有你在Rails村！

看到你的离去我们很伤心，但是没有什么比学以致用更重要的了。你的Rails之旅才刚刚开始，我们已经把你放在驾驶座上了。我们非常想知道你的进展，所以请在Head First Labs网站（www.headfirstlabs.com）上给我们一点反馈，让我们知道Rails是否真的让你的人生变得多彩！